JN280608

初歩からの微分積分

BI/BUN SEKI/BUN

後藤和雄・小島政利 [著]

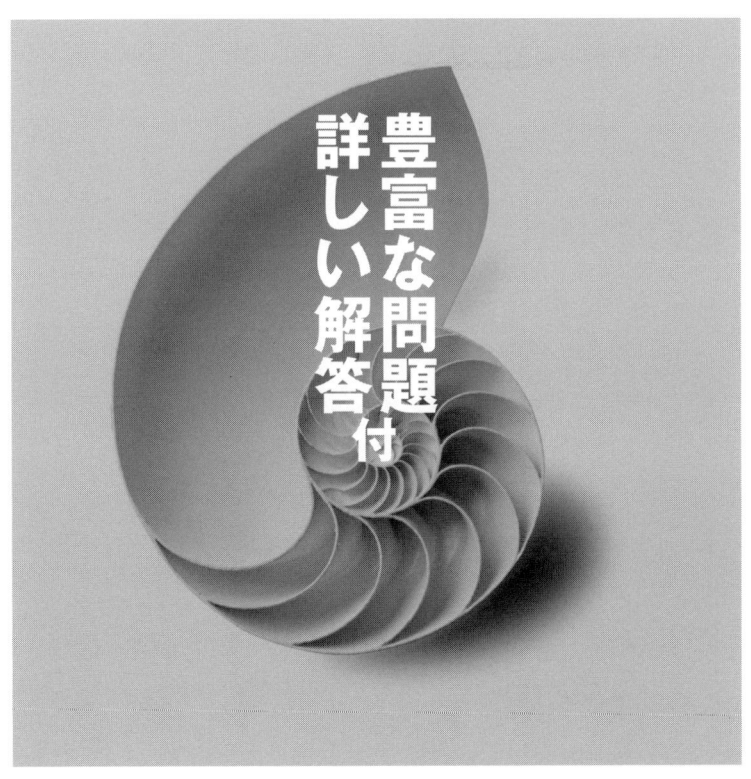

豊富な問題
詳しい解答付

共立出版

まえがき

　数学は自然科学や社会科学などの多方面に応用されており，科学を志す人たちに必要な知識となっている．数学を学習することによって，論理的厳密性や思考力が養われることから，基礎的教養の重要な科目となっている．

　一方では，高等学校での数学の履修の仕方や大学の入試方法も，多様になっている．そのため大学初年度の数学の講義では，1つのクラスにさまざまな数学的基礎知識をもった学生が受講している．

　本書は，このことを考慮して，高等学校の数学Iの内容を基礎に，微分積分とその応用について編纂したものである．

　第1章では，微分積分の学習に必要な初歩の内容も取り扱い，同時に数列や関数の極限を $\varepsilon\text{-}\delta$ 論法で定義し，論理的に記述したところもある．

　第2章以降も微分積分を初歩からていねいに解説している．

　各章ごとに問題と演習問題を取り扱った．そのすべての問題の詳しい解答を第6章に収め，微分積分の演習書としても十分機能するよう配慮している．

　本書によって，必要な基本的な事柄を予習し，さらに，授業で扱わない高い内容も修得していってほしい．新しい視点をもって対応していく能力も身につけていただければ幸いである．

　最後に，本書の出版にご尽力いただいた共立出版（株）松原 茂 氏，小野寺 学 氏に，心より感謝いたします．

　2005年10月

著　者

目次

まえがき ... iii

第 1 章 数列と関数 ... 1
1.1 数列 ... 1
- **1.1.1** 点と座標 ... 1
- **1.1.2** 区間 ... 3
- **1.1.3** 数列の基本性質 ... 3
- **1.1.4** 2 項定理 ... 9
- **1.1.5** 実数の公理 ... 12

1.2 いろいろな関数 ... 14
- **1.2.1** 関数の定義 ... 14
- **1.2.2** 1 次関数 ... 17
- **1.2.3** 2 次関数 ... 18
- **1.2.4** n 次関数 ... 18
- **1.2.5** 分数関数 ... 21
- **1.2.6** 三角関数 ... 22
- **1.2.7** 指数関数 ... 30

1.3 関数の極限と連続関数 ... 32
- **1.3.1** 関数の極限 ... 32
- **1.3.2** 連続関数 ... 38

- 1.3.3 連続関数の基本定理 41
- 1.3.4 逆関数 43
- 1.3.5 無理関数（2次関数の逆関数）........................ 45
- 1.3.6 対数関数 45
- 1.3.7 逆三角関数 47
- 1.3.8 双曲線関数と逆双曲線関数 49
- 1.3.9 媒介変数で表される関数 51
- 第1章：演習問題 52

第2章　1変数の微分　55

- 2.1 微分法 55
  - 2.1.1 微分係数 55
  - 2.1.2 導関数 57
  - 2.1.3 ランダウ (Landau) の記号 58
  - 2.1.4 和差積商の微分法 59
  - 2.1.5 合成関数の微分 60
  - 2.1.6 三角関数の導関数 61
  - 2.1.7 対数関数の導関数 62
  - 2.1.8 指数関数の導関数 63
  - 2.1.9 逆関数の導関数 64
  - 2.1.10 逆三角関数の導関数 64
  - 2.1.11 双曲線関数とその逆関数の導関数 65
  - 2.1.12 媒介変数表示された関数の微分 66
  - 2.1.13 基本的な関数の微分 66
- 2.2 平均値の定理 67
  - 2.2.1 ロルの定理 67
  - 2.2.2 平均値の定理 67
  - 2.2.3 コーシーの平均値定理 68
  - 2.2.4 不定形の極限 69
- 2.3 テイラー (Taylor) の定理 71
  - 2.3.1 高次導関数 71
  - 2.3.2 テイラーの定理 73

		2.3.3 テイラー展開とマクローリン展開	76

       2.3.4 オイラーの公式 79

  2.4 関数のグラフ 79

       2.4.1 極値 79

       2.4.2 グラフの凹凸 81

  第 2 章：演習問題 82

第 3 章　1 変数の積分　　　　　　　　　　　　　　　　　　85

  3.1 不定積分 85

       3.1.1 原始関数・不定積分 85

       3.1.2 置換積分・部分積分 85

       3.1.3 基本的な関数の不定積分 86

  3.2 有理関数の積分 88

       3.2.1 有理関数 $R(x)$ の積分 88

       3.2.2 $R(\sin x, \cos x)$ の積分 90

       3.2.3 $R(e^x)$ の積分 92

       3.2.4 $R\left(x, \sqrt[n]{\dfrac{px+q}{rx+s}}\right)$ の積分 92

       3.2.5 $R\left(x, \sqrt{ax^2+bx+c}\right)$ の積分 93

  3.3 定積分 93

       3.3.1 定積分の定義 93

       3.3.2 定積分の性質 95

       3.3.3 積分の平均値の定理 97

       3.3.4 微分積分の基本定理 97

  3.4 広義積分 98

       3.4.1 広義積分の定義 98

       3.4.2 ベータ (Beta) 関数 100

       3.4.3 ガンマ (Γ) 関数 102

  3.5 定積分の応用 103

       3.5.1 面積 103

       3.5.2 回転体の体積と側面積 105

       3.5.3 曲線の長さ 107

- 3.6 定積分の近似計算 109
  - 3.6.1 長方形による近似 109
  - 3.6.2 台形公式 110
  - 3.6.3 シンプソンの公式 110
- 3.7 π は無理数である 113
- 第 3 章：演習問題 115

第 4 章　偏微分　　　　　　　　　　　　　　　　　　　　　　　　　117

- 4.1 平面の領域 117
- 4.2 2 変数関数 118
  - 4.2.1 2 変数関数の定義 118
  - 4.2.2 2 変数関数のグラフ 119
  - 4.2.3 2 変数関数の極限と連続 120
- 4.3 偏微分 123
  - 4.3.1 偏微分可能と偏微分係数 123
  - 4.3.2 偏導関数 124
  - 4.3.3 高次偏導関数 127
- 4.4 全微分 129
  - 4.4.1 全微分可能 129
  - 4.4.2 接平面 131
- 4.5 合成関数の微分 131
  - 4.5.1 合成関数の微分法 131
  - 4.5.2 ヤコビアン 134
- 4.6 テイラーの定理 134
  - 4.6.1 テイラーの定理 134
  - 4.6.2 マクローリンの定理 137
- 4.7 陰関数定理 139
  - 4.7.1 陰関数 139
  - 4.7.2 陰関数定理 139
- 4.8 関数の極値 141
  - 4.8.1 関数の極大・極小 141
  - 4.8.2 条件付き極値 144

- 4.9 平面曲線 147
  - 4.9.1 平面曲線，接線，法線 147
  - 4.9.2 特異点 148
- 第4章：演習問題 153

第5章 重積分 155
- 5.1 重積分の定義 155
- 5.2 重積分の基本性質 157
- 5.3 重積分の計算 158
  - 5.3.1 長方形上の重積分の計算 158
  - 5.3.2 一般の閉領域上の重積分の計算 160
- 5.4 積分順序の変更 162
- 5.5 重積分の変数変換 166
- 5.6 広義の重積分 170
- 5.7 重積分の応用 172
  - 5.7.1 体積 172
  - 5.7.2 曲面積 173
- 5.8 3重積分 177
- 第5章：演習問題 181

第6章 解 答 183
- 6.1 第1章：問題解答 183
- 6.2 第1章：演習問題解答 196
- 6.3 第2章：問題解答 205
- 6.4 第2章：演習問題解答 214
- 6.5 第3章：問題解答 224
- 6.6 第3章：演習問題 238
- 6.7 第4章：問題解答 249
- 6.8 第4章：演習問題解答 263
- 6.9 第5章：問題解答 273
- 6.10 第5章：演習問題解答 279

補 遺 284
索 引 289

第 1 章

数列と関数

1.1 数列

1.1.1 点と座標

実数 集合の要素の個数やモノの順位などを示すために用いられる，自然数 1，2，3，… と負の自然数 -1，-2，-3，… と 0 の集合を整数という．

整数を分母・分子とする分数によって表される数を有理数という．有理数を小数で表すと，有限小数（$7/4 = 1.75$ のように小数何位かで終わる小数）か，循環小数（$13/11 = 1.1818\cdots$ のように無限につづく小数で何桁かの数字の配列が繰り返される小数）のいずれかになる．

整数を分母・分子とする分数で，表されない数を無理数という．たとえば $\sqrt{2} = 1.41421356\cdots$，$\pi = 3.141592\cdots$ などがその例である．無理数は小数で表したとき，循環小数では表せない無限小数である．

有理数と無理数の集合を実数という．

直線上，平面上および空間の点の位置は，それぞれ座標を用いて表される．

1 次元の点の座標 数直線上では，直線上の点 P と実数 x の間に 1 対 1 の対応がつけられる．この x が P の座標である．P の座標が x であるとき，P(x) とかき，P を点 (x) ともかく．

数直線上の 2 点 P$_1(x_1)$, P$_2(x_2)$ 間の距離 P$_1$P$_2$ は $|x_2 - x_1|$ である．

ここで，$|a|$ は a の絶対値といい，次のように定める．

$$|a| = \begin{cases} a, & a \geq 0 \text{ のとき} \\ -a, & a < 0 \text{ のとき} \end{cases}$$

例題 1.1.1 次の式が成り立つことを示せ．

(1) $|ab| = |a||b|$ 　(2) 三角不等式　$||a| - |b|| \leq |a+b| \leq |a| + |b|$
(3) コーシー–シュワルツの不等式　$(ac+bd)^2 \leq (a^2+b^2)(c^2+d^2)$

解 (1) は明らかである.

(2) の証明. $|a+b| \geqq 0$, $|a|+|b| \geqq 0$ であるから，それぞれを平方して差をとる. $(|a|+|b|)^2 - (|a+b|)^2 = |a|^2 + 2|a||b| + |b|^2 - (a+b)^2 = 2(|a||b| - ab) \geqq 0$. よって，$(|a|+|b|)^2 \geqq (|a+b|)^2$ となり $|a|+|b| \geqq |a+b|$.

次に，$(|a+b|)^2 - (||a|-|b||)^2 = (a+b)^2 - (|a|^2 - 2|a||b| + |b|^2) = 2(ab + |a||b|) \geqq 0$. よって，$||a| - |b|| \leqq |a+b|$.

(3) の証明. $(a^2+b^2)(c^2+d^2) - (ac+bd)^2 = a^2d^2 + b^2c^2 - 2abcd = (ad-bc)^2 \geqq 0$. よって，$(ac+bd)^2 \leqq (a^2+b^2)(c^2+d^2)$. ◇

2 次元の点の座標 平面上では，原点 O で直交する 2 つの数直線によって，座標軸（x 軸と y 軸）を定めると，平面上の点 P と実数の組 (x,y) の間に 1 対 1 の対応がつけられる．この実数の組 (x,y) が P の座標である．P の座標が (x,y) であるとき P(x,y) とかき，P を点 (x,y) ともかく．

このようにして座標の定められた平面を座標平面という．

座標平面上の 2 点 P$_1(x_1, y_1)$, P$_2(x_2, y_2)$ 間の距離 P$_1$P$_2$ は次の式で与えられる．

$$\mathrm{P}_1\mathrm{P}_2 = \sqrt{(x_2-x_1)^2 + (y_2-y_1)^2}$$

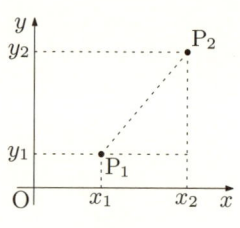

図 1.1

3 次元の点の座標 空間では，原点 O で直交する 3 本の数直線によって，座標軸（x 軸, y 軸, z 軸）を定めると，空間の点 P と実数の組 (x,y,z) との間に 1 対 1 の対応がつけられる．この実数の組 (x,y,z) が P の座標である．P の座標が (x,y,z) であるとき P(x,y,z) とかき，P を点 (x,y,z) ともかく．

空間の 2 点 P$_1(x_1, y_1, z_1)$, P$_2(x_2, y_2, z_2)$ 間の距離 P$_1$P$_2$ は次の式で与えられる．

$$\mathrm{P}_1\mathrm{P}_2 = \sqrt{(x_2-x_1)^2 + (y_2-y_1)^2 + (z_2-z_1)^2}$$

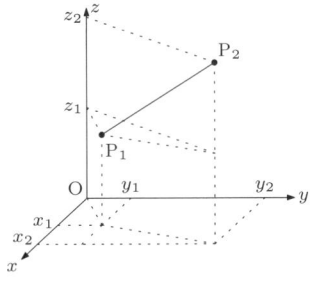

図 1.2

問題 1.1.1 次の 2 点間の距離を求めよ．
(1) $(2, -5)$, $(-1, -3)$ (2) $(0, 0)$, $(-4, -3)$
(3) $(1, 3, 1)$, $(2, 5, 4)$ (4) $(2, 2, -1)$, $(-4, -3, 3)$

問題 1.1.2 次の 3 点を頂点とする三角形の面積を求めよ．
(1) $(2, 1)$, $(-1, 3)$, $(1, 4)$ (2) (a_1, a_2), (b_1, b_2), (c_1, c_2)
(3) $(0, 3, -1)$, $(2, 3, 4)$, $(1, 2, 1)$ (4) (a_1, a_2, a_3), (b_1, b_2, b_3), (c_1, c_2, c_3)

1.1.2 区間

$a < x < b$ を満足する数直線上の点 $P(x)$ のすべての集合のように，両端の点を含まない集合を開区間といい，(a, b) とかく．

$c \leq x \leq d$ を満足する数直線上の点 $P(x)$ のすべての集合のように，両端の点を含む集合を閉区間といい，$[c, d]$ とかく．

$e < x \leq f$ を満足する数直線上の点 $P(x)$ のすべての集合を区間 $(e, f]$ とかく．

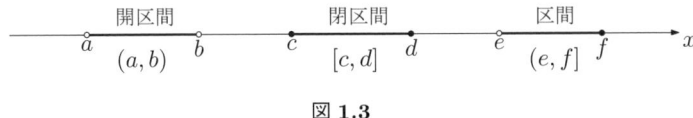

図 1.3

$a \leq x$ を満足する数直線上の点 $P(x)$ のすべての集合を区間 $[a, \infty)$ とかき，数直線上のすべての点の集合を区間 $(-\infty, \infty)$ とかく．

また，（イプシロン）$\varepsilon > 0$ のとき，開区間 $(a - \varepsilon, a + \varepsilon)$ を a の ε 近傍（イプシロン近傍）という．

1.1.3 数列の基本性質

数列 $a_1, a_2, a_3, \ldots, a_n, \ldots$ のように実数を無限に並べたものを（無

限）数列といい，$\{a_n\}$ で表す．a_1 を初項，a_n を第 n 項という．

数列 a, $a+d$, $a+2d$, $\ldots$, $a+(n-1)d$, $\ldots$ を初項 a，公差 d の**等差数列**という．

例題 1.1.2 初項 a，公差 d の等差数列の初項から第 n 項までの和は
$$a+(a+d)+\cdots+(a+(n-1)d) = \sum_{k=1}^{n}(a+(k-1)d) = \frac{n}{2}(2a+(n-1)d)$$
で与えられる．

解 初項から第 n 項までの和を S とする．
$$S = a+(a+d)+\cdots+(a+(n-1)d) \qquad \text{逆に並びかえて}$$
$$S = (a+(n-1)d)+\cdots+(a+d)+a$$
辺々を加えて
$$2S = \{2a+(n-1)d\}+\cdots+\{2a+(n-1)d\} \qquad (n \text{個})$$
$$= n\{2a+(n-1)d\} \qquad \diamondsuit$$

数列 a, ar, ar^2, $\ldots$, ar^{n-1}, $\ldots$ を初項 a，公比 r の**等比数列**という．

例題 1.1.3 初項 a，公比 $r \neq 1$ の等比数列の初項から第 n 項までの和は
$$a+ar+\cdots+ar^{n-1} = \sum_{k=1}^{n}\left(ar^{k-1}\right) = \frac{a(1-r^n)}{1-r}$$
で与えられる．

解 初項から第 n 項までの和を S とする．
$$S = a+ar+\cdots+ar^{n-1} \qquad \text{両辺に } r \text{ を掛けて}$$
$$rS = \quad ar+\cdots+ar^{n-1}+ar^n$$
辺々を引くと
$$(1-r)S = a-ar^n = a(1-r^n) \qquad \diamondsuit$$

数列 $\{a_n\}$ が上に（下に）有界とは，任意の n について
$$a_n \leqq M \qquad (a_n \geqq M)$$
となる定数 M が存在することである．

上にも下にも有界なとき，単に**有界**という．
　$a_n \leqq M$ $(a_n \geqq M)$ を満たす定数 M を $\{a_n\}$ の**上界**（**下界**）といい，最小の上界（最大の下界）を**上限**（**下限**）という．実数の集合 A に対して，A の上限を $\sup A$ で表し，A の下限を $\inf A$ で表す．
　数列 $\{a_n\}$ が**単調増加**（**単調減少**）とは，

$$a_1 \leqq a_2 \leqq \cdots \leqq a_n \leqq a_{n+1} \leqq \cdots, \quad (a_1 \geqq a_2 \geqq \cdots \geqq a_n \geqq a_{n+1} \geqq \cdots)$$

が成り立つことである．単調増加または単調減少のとき，**単調**という．
　数列 $\{a_n\}$ が**狭義の単調増加**（**狭義の単調減少**）とは，

$$a_1 < a_2 < \cdots < a_n < a_{n+1} < \cdots, \quad (a_1 > a_2 > \cdots > a_n > a_{n+1} > \cdots)$$

が成り立つことである．

数列の極限　数列 $\{a_n\}$ において，n を限りなく大きくするとき，a_n が限りなく一定の値 α に近づくとき，数列 $\{a_n\}$ は α に**収束**するといい，α を数列 $\{a_n\}$ の**極限値**という．このとき，

$$\lim_{n \to \infty} a_n = \alpha, \quad n \to \infty のとき a_n \to \alpha, \quad または \quad a_n \to \alpha \ (n \to \infty)$$

と表す．
　収束しない数列は**発散**するという．
　とくに，数列 $\{a_n\}$ において，n を限りなく大きくすると，a_n が限りなく大きくなるとき，数列 $\{a_n\}$ は**無限大に発散**するといい，

$$\lim_{n \to \infty} a_n = \infty, \quad n \to \infty のとき a_n \to \infty, \quad または \quad a_n \to \infty \ (n \to \infty)$$

と表す．同様に

$$\lim_{n \to \infty} a_n = -\infty, \quad n \to \infty のとき a_n \to -\infty, \quad または \quad a_n \to -\infty \ (n \to \infty)$$

も定義される．

注意　「$\infty, (-\infty)$ に収束する」といわない．

　数列 $\left\{\dfrac{1}{n}\right\}$ において，n を限りなく大きくすると，$\dfrac{1}{n}$ は限りなく 0 に近づく．よって

$$\lim_{n \to \infty} \frac{1}{n} = 0 \quad （第1章：演習問題 B1 参照）$$

数列 $\{n^2\}$ については，n を限りなく大きくすると，無限大に発散する．よって，

$$\lim_{n\to\infty} n^2 = \infty$$

数列 $\{(-1)^n\}$ については，値 $1, -1$ を交互に繰り返す．よって，

$$\lim_{n\to\infty} (-1)^n \text{ は発散する．}$$

このようなとき，**振動**するという．

以上の例のように，数列の収束，発散を調べることを極限を求めるという．

問題 1.1.3 次の極限を求めよ．

(1) $\displaystyle\lim_{n\to\infty} \frac{n-5}{2n+3}$ (2) $\displaystyle\lim_{n\to\infty} \frac{4n}{2n^2+1}$

(3) $\displaystyle\lim_{n\to\infty} \frac{(-1)^n n^2 + 5}{n^2 + 3}$ (4) $\displaystyle\lim_{n\to\infty} (\sqrt{n^2+2n-1} - n)$

数列の極限の厳密な定義　極限の定義には「a_n が限りなく一定の値 α に近づくとき」という言葉が用いられている．

近いという概念は，2つを比較したとき，より近い，あるいは，より近くない，といえるにすぎない．

たとえば，1つの数 0.1 に対して，$|a_n - \alpha| \leq 0.1$ のとき，a_n は α に 0.1 以下の近さにある．

「限りなく近づく」ためには，「いくらでも小さな正数」に対して，「その数以下の近さ」に存在していなければならない．

そこで，「任意の正数 ε」に対して，「いつでも a_n と α との距離が ε 以下の近さにある」，といえればよい．

一方，「n を限りなく大きくする」とは，「どんな番号 N を定めても $n \geq N$ となる任意の自然数 n」を考えることである．

したがって，極限値が存在するためには，「各正数 ε ごとに，十分大きな番号 N を定めれば，a_n と α との距離が ε 以下の近さにある」，といえればよい．

ここで番号 N をどのくらい大きくとればよいかは，正数 ε に依存する．

以上より，厳密に議論するときに用いる極限の定義は，次のようになる．

定義（数列の収束）　任意の正数 ε に対して，（十分大きな）自然数 N が存在し，$n \geq N$ を満たすすべての n について，$|a_n - \alpha| < \varepsilon$ が成立するとき，数列 $\{a_n\}$ は α に収束するという．このとき，

$$\lim_{n\to\infty} a_n = \alpha$$

と表す.

このことを簡単に,次のようにかく.

$$\forall \varepsilon > 0, \ \exists N, \ \forall n \geqq N \longrightarrow |a_n - \alpha| < \varepsilon \iff \lim_{n \to \infty} a_n = \alpha$$

注意 記号 $\forall$ は「すべて (All)」または「任意の (Any)」という意味を,$\exists$ は「存在する (Exist)」という意味を,表す数学記号である.All(Any), Exist の A と E をひっくりかえしたものである.

記号 $A \iff B$ は A と B が同値な命題であることを示す.

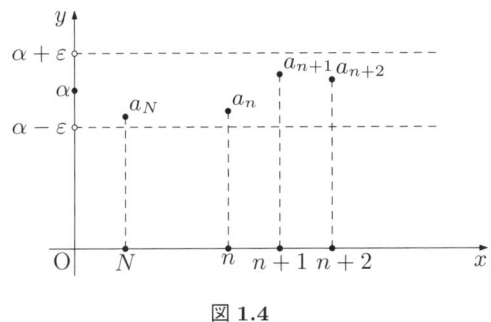

図 1.4

注意 $K \neq 0$ が,ε に無関係な定数とすると,定義は次のようにもかける.

$$\forall \varepsilon > 0, \ \exists N; \ \forall n \geqq N \longrightarrow |a_n - \alpha| < K\varepsilon \iff \lim_{n \to \infty} a_n = \alpha$$

定義 任意の正数 M に対して,自然数 N が存在し,$n \geqq N$ なるすべての n について,$a_n > M$ が成り立つとき,数列 $\{a_n\}$ は無限大に発散するといい,

$$\lim_{n \to \infty} a_n = \infty$$

とかく.

このことを簡単に,次のようにかく.

$$\forall M > 0, \ \exists N, \ \forall n \geqq N \longrightarrow a_n > M \iff \lim_{n \to \infty} a_n = \infty$$

同様に $\lim_{n \to \infty} a_n = -\infty$ も定義される.このような極限の定義を ε–N **論法**という.

$n_1 < n_2 < \cdots < n_i < \cdots$ のとき,数列 $\{a_{n_i}\}$ を数列 $\{a_n\}$ の**部分数列**という.数列の収束の定義より,次の定理がえられる.

> **定理 1.1** 収束する数列の部分数列は，もとの数列の極限値に収束する．

証明 部分列を $\{a_{v_n}\}$ とする．$\{a_n\}$ は収束するから，任意の $\varepsilon > 0$ に対して，
$$\forall \varepsilon > 0, \ \exists N ; \ \forall n \geqq N \longrightarrow |a_n - \alpha| < \varepsilon$$
を満たす．$v_n \geqq n$ であるから，すべての $n > N$ に対して $|a_{v_n} - \alpha| \leqq \varepsilon$ が成り立つ． ◇

> **定理 1.2** 収束する数列は有界である．

証明 収束する数列 $\{a_n\}$ は，$\forall \varepsilon > 0, \ \exists N ; \ \forall n \geqq N \longrightarrow |a_n - \alpha| < \varepsilon$ が成り立つから，$n > N$ で $|a_n| < |\alpha| + \varepsilon$ である．
$K = \max\{|a_1|, |a_2|, \ldots, |a_N|, |\alpha| + \varepsilon\}$ とすれば，すべての自然数 i で，$|a_i| \leqq K$ となる．

ここで，$\max\{k_1, k_2, \ldots, k_n\}$ は $k_1, k_2, \ldots, k_n$ のなかの最大数を表す．同様に，$\min\{k_1, k_2, \ldots, k_n\}$ は $k_1, k_2, \ldots, k_n$ のなかの最小数を表す． ◇

数列の極限の性質

> **定理 1.3** $\lim_{n \to \infty} a_n, \lim_{n \to \infty} b_n$ が収束するとき，次のことが成り立つ．
>
> (1) $\lim_{n \to \infty} (a_n + b_n) = \lim_{n \to \infty} a_n + \lim_{n \to \infty} b_n$
>
> (2) $\lim_{n \to \infty} (a_n - b_n) = \lim_{n \to \infty} a_n - \lim_{n \to \infty} b_n$
>
> (3) $\lim_{n \to \infty} (a_n b_n) = \left(\lim_{n \to \infty} a_n\right)\left(\lim_{n \to \infty} b_n\right)$
>
> (4) $\lim_{n \to \infty} \dfrac{a_n}{b_n} = \dfrac{\lim_{n \to \infty} a_n}{\lim_{n \to \infty} b_n}$ $\quad \left(\lim_{n \to \infty} b_n \neq 0\right)$

証明 ε-N 論法で (1) を証明する．

数列 $\{a_n\}, \{b_n\}$ は，それぞれ α, β に収束するから次の式を満たす．
$$\forall \varepsilon > 0, \ \exists N_1 ; \ \forall n \geqq N_1 \longrightarrow |a_n - \alpha| < \varepsilon$$
$$\forall \varepsilon > 0, \ \exists N_2 ; \ \forall n \geqq N_2 \longrightarrow |b_n - \beta| < \varepsilon$$
$N = \max\{N_1, N_2\}$ とすれば，任意の $n > N$ に対して

$$| (a_n + b_n) - (\alpha + \beta) | \leq | a_n - \alpha | + | b_n - \beta | < 2\varepsilon$$

が成り立つ．よって，収束の定義より証明される．ここで，三角不等式 $| a+b | \leq | a | + | b |$（例題 1.1.1）を用いた． $\diamond$

問題 1.1.4 定理の $(2),(3),(4)$ を ε-N 論法で証明せよ．

1.1.4　2 項定理

$(a+b)^n$ は $(a+b)$ の n 個の積であり，各 $(a+b)$ から a または b を 1 つずつ選んで，n 個の積にしたものの和である．

同類項をまとめた式の $a^{n-r}b^r$ の係数は，n 個のなかから r 個選ぶ，組み合せの数 $\dfrac{n!}{(n-r)!\,r!}$ となることがわかる．この数を ${}_nC_r$ で表す．

ただし，$n! = n \times (n-1)!$, $0! = 1$ と定義する．

例題 1.1.4　$n \geq r$ である 2 つの自然数 n, r について，

$${}_nC_r + {}_nC_{r+1} = {}_{n+1}C_{r+1}$$

が成り立つことを示せ．

解
$$\begin{aligned}
{}_nC_r + {}_nC_{r+1} &= \frac{n!}{(n-r)!\,r!} + \frac{n!}{(n-r-1)!\,(r+1)!} \\
&= \frac{n!((r+1)+(n-r))}{(n-r)!\,(r+1)!} \\
&= \frac{(n+1)!}{(n-r)!\,(r+1)!} = {}_{n+1}C_{r+1}
\end{aligned}$$
$\diamond$

問題 1.1.5　$n \geq r$ である 2 つの自然数 n, r について，

$${}_nC_r = {}_nC_{n-r}$$

が成り立つことを示せ．

$(a+b)^n$ の $n = 1, 2, 3, 4, 5, \ldots$ に対する展開式は次の式で与えられる．

$$\begin{aligned}
a+b &= a+b \\
(a+b)^2 &= a^2 + 2ab + b^2 \\
(a+b)^3 &= a^3 + 3a^2b + 3ab^2 + b^3 \\
(a+b)^4 &= a^4 + 4a^3b + 6a^2b^2 + 4ab^3 + b^4
\end{aligned}$$

$$(a+b)^5 = a^5 + 5a^4b + 10a^3b^2 + 10a^2b^3 + 5ab^4 + b^5$$
$$(a+b)^6 = a^6 + 6a^5b + 15a^4b^2 + 20a^3b^3 + 15a^2b^4 + 6ab^5 + b^6$$
$$(a+b)^7 = a^7 + 7a^6b + 21a^5b^2 + 35a^4b^3 + 35a^3b^4 + 21a^2b^5 + 7ab^6 + b^7$$
$$\cdots$$

これらの右辺の係数を次の図のように順に並べる.

```
              1
            1   1
          1   2   1
        1   3   3   1
      1   4   6   4   1
    1   5  10  10   5   1
  1   6  15  20  15   6   1
1   7  21  35  35  21   7   1
```

この図をパスカルの三角形または算術三角形といい, 早くから東洋および西洋で知られていた.

これらの係数の間には, 例題 1.1.4 の関係式から, 1 以外の数は直上の左上の数と右上の数を加えた数になっている.

定理 1.4 (2 項定理) 次の式が成り立つ.
$$(a+b)^n = a^n + na^{n-1}b + \frac{n(n-1)}{2}a^{n-2}b^2 + \cdots + {}_nC_r a^{n-r}b^r + \cdots + {}_nC_n b^n$$
この右辺を 2 項展開といい, 係数 ${}_nC_r$ は 2 項係数という.

証明 $n=1$ のとき, 右辺は初めの項と終わりの項のみで, 両辺とも $a+b$ で等しい.

一般に n が k のとき, 定理が成り立つと仮定すると, 次の式が成立する.
$$(a+b)^k = a^k + ka^{k-1}b + \frac{k(k-1)}{2}a^{k-2}b^2 + \cdots + {}_kC_r a^{k-r}b^r + \cdots + {}_kC_k b^k$$
この式の両辺に $a+b$ を乗ずると, 左辺は $(a+b)^{k+1}$ である. 一方, 右辺は
$$(a+b)\left(a^k + ka^{k-1}b + \frac{k(k-1)}{2}a^{k-2}b^2 + \cdots + {}_kC_r a^{k-r}b^r + \cdots + {}_kC_k b^k\right)$$

$$= a^{k+1} + (a^k b + ka^k b) + \left(ka^{k-1}b^2 + \frac{k(k-1)}{2}a^{k-1}b^2\right)$$
$$+ \cdots + \left({}_k\mathrm{C}_r a^{k-r}b^{r+1} + {}_k\mathrm{C}_{r+1}a^{k-r}b^{r+1}\right) + \cdots + {}_k\mathrm{C}_k ab^k + {}_k\mathrm{C}_k b^{k+1}$$
$$= a^{k+1} + (k+1)a^k b + \left(k + \frac{k(k-1)}{2}\right)a^{k-1}b^2$$
$$+ \cdots + \left({}_k\mathrm{C}_r + {}_k\mathrm{C}_{r+1}\right)a^{k-r}b^{r+1} + \cdots + (k+1)ab^k + b^{k+1}$$
$$= a^{k+1} + (k+1)a^k b + \frac{k(k+1)}{2}a^{k-1}b^2$$
$$+ \cdots + {}_{k+1}\mathrm{C}_{r+1}a^{k-r}b^{r+1} + \cdots + (k+1)ab^k + b^{k+1}$$

これは，定理の式の n が $k+1$ のときにも成り立つことを示す．よって，数学的帰納法により，定理はすべての n について成立する．　◇

例題 1.1.5 $|a|<1$ ならば $\lim_{n\to\infty} a^n = 0$ であり，$a>1$ ならば $\lim_{n\to\infty} a^n = \infty$ である．

解 $a=0$ ならば明らか．

$0<|a|<1$ ならば $|a|^{-1}>1$ であるから，$h = |a|^{-1} - 1 > 0$ とおく．2 項定理より $(1+h)^n = 1 + nh + \frac{n(n-1)}{2}h^2 + \cdots > nh$ であるから $0<|a|^n = \frac{1}{(1+h)^n} < \frac{1}{nh}$ となり $\lim_{n\to\infty} a^n = 0$ が成り立つ．

$a>1$ ならば $b = \frac{1}{a} < 1$ となり，上の結果を用いて $\lim_{n\to\infty} b^n = 0$ であるから $\lim_{n\to\infty} a^n = \infty$．　◇

例題 1.1.6 $a>1$ で，k は任意の実数とすれば，$\lim_{n\to\infty} \frac{n^k}{a^n} = 0$.

解 $k \leq 0$ ならば，$0 < n^k \leq 1$ で $a^n \to \infty$ より明らか．

$k=1$ のとき $h = a-1$ とする．仮定より $h>0$ である．
$$a^n = (1+h)^n = 1 + nh + \frac{n(n-1)}{2}h^2 + \cdots > \frac{n(n-1)}{2}h^2$$
であるから $0 \leq \frac{n}{a^n} < \frac{2}{(n-1)h^2} \to 0 \, (n\to\infty)$ となり，成り立つ．

$k>0$ ならば，$k<m$ となる整数 m をとる．$\sqrt[m]{a} > 1$ であるから，$k=1$ の場合の結果を利用して，$\lim_{n\to\infty} \frac{n}{(\sqrt[m]{a})^n} = 0$ である．$\frac{n^k}{a^n} < \frac{n^m}{a^n}$ だから，

$$0 \leq \lim_{n \to \infty} \frac{n^k}{a^n} \leq \lim_{n \to \infty} \left(\frac{n}{\sqrt[m]{a^n}} \right)^m = 0$$

である．よって，$\lim_{n \to \infty} \dfrac{n^k}{a^n} = 0$． ◇

1.1.5 実数の公理

この章のはじめに「有理数と無理数の集合」を実数といった．実数が大小の順に並んでいる状態は連続的であって，その間にすきまがない．これを**実数の連続性**という．

実数が連続であることから，どのような定理が成り立つか，これらをワイエルシュトラス (Weierstrass)，カントール (Cantor)，デデキント (Dedekind) らが研究した．しかし，定理を証明しようとするとき，最初に証明なしに認める基本的な定理が必要となる．これを実数の公理という．

本書では**実数の公理**として次の定理を採用する．

> 上に有界な単調増加数列は収束する

この公理から，ワイエルシュトラスの上限下限の定理（第 1 章：演習問題 B6 参照），カントールの定理（第 1 章：演習問題 B5 参照）が証明される．さらに，数直線を 2 つの部分に切断しようとすれば，必ず切断点が出てくるという，デデキントの切断定理も証明される．逆に，これらの定理の 1 つを認めれば，上の公理も証明される．すなわち，これら 4 つの定理は同値な定理であって，いずれか 1 つを実数の公理として採用してもよい．

例題 1.1.7 $a_n = \left(1 + \dfrac{1}{n}\right)^n$ のとき，数列 $\{a_n\}$ は収束することを，実数の公理を用いて示せ．

解 上に有界な単調増加数列であることを証明すればよい．
$\{a_n\}$ を 2 項展開すれば，

$$\left(1 + \frac{1}{n}\right)^n = \sum_{k=0}^{n} {}_n C_k \left(\frac{1}{n}\right)^k$$
$$= 1 + n\left(\frac{1}{n}\right) + \frac{n(n-1)}{2!\, n^2} + \cdots + \frac{n!}{k!\,(n-k)!\, n^k} + \cdots + \frac{n!}{n!\, n^n}$$

$$= 1 + 1 + \frac{1}{2!}\left(1 - \frac{1}{n}\right) + \cdots + \frac{1}{k!}\left(1 - \frac{1}{n}\right)\left(1 - \frac{2}{n}\right) \cdots \left(1 - \frac{k-1}{n}\right)$$
$$+ \cdots + \frac{1}{n!}\left(1 - \frac{1}{n}\right)\left(1 - \frac{2}{n}\right) \cdots \left(1 - \frac{n-1}{n}\right)$$
$$\leqq 1 + 1 + \frac{1}{2!} + \frac{1}{3!} + \cdots + \frac{1}{n!} \leqq 1 + 1 + \frac{1}{2} + \frac{1}{2^2} + \cdots + \frac{1}{2^{n-1}}$$
$$= 1 + \frac{1 - \left(\frac{1}{2}\right)^n}{1 - \frac{1}{2}} < 3$$

となり有界である．ここで，$k! = k(k-1)\cdots 2 \cdot 1 > 2 \cdot 2 \cdots 2 = 2^{k-1}$ を用いた．
次に，単調増加であることを証明する．

$$a_n = 1 + n\left(\frac{1}{n}\right) + \frac{n(n-1)}{2! \, n^2} + \cdots + \frac{n!}{k! \, (n-k)! \, n^k} + \cdots + \frac{n!}{n! \, n^n}$$
$$= 1 + 1 + \frac{1}{2!}\left(1 - \frac{1}{n}\right) + \cdots + \frac{1}{k!}\left(1 - \frac{1}{n}\right)\left(1 - \frac{2}{n}\right) \cdots \left(1 - \frac{k-1}{n}\right)$$
$$+ \cdots + \frac{1}{n!}\left(1 - \frac{1}{n}\right)\left(1 - \frac{2}{n}\right) \cdots \left(1 - \frac{n-1}{n}\right)$$
$$a_{n+1} = 1 + 1 + \frac{1}{2!}\left(1 - \frac{1}{n+1}\right) + \cdots$$
$$+ \frac{1}{k!}\left(1 - \frac{1}{n+1}\right)\left(1 - \frac{2}{n+1}\right) \cdots \left(1 - \frac{k-1}{n+1}\right) + \cdots$$
$$+ \frac{1}{n!}\left(1 - \frac{1}{n+1}\right)\left(1 - \frac{2}{n+1}\right) \cdots \left(1 - \frac{n-1}{n+1}\right)$$
$$+ \frac{1}{(n+1)!}\left(1 - \frac{1}{n+1}\right)\left(1 - \frac{2}{n+1}\right) \cdots \left(1 - \frac{n}{n+1}\right)$$

ここで，$1 \leqq k \leqq n$ に対して

$$\left(1 - \frac{k}{n}\right) < \left(1 - \frac{k}{n+1}\right)$$

であるので，各項の比較により

$$a_n < a_{n+1}$$

である．よって，$\{a_n\}$ は単調増加数列である．

以上より，数列 $\{a_n\}$ は上に有界であり単調増加であるから，実数の公理により数列 $\{a_n\}$ は収束する．　　$\diamond$

数列 $\left\{\left(1+\dfrac{1}{n}\right)^n\right\}$ の極限値を e で表し，e をネイピア (Napier) 数または自然対数の底とよぶ．後述するように，$e = 2.71828\cdots$ であり，この e を底とする対数 $\log_e x$ を自然対数といい，底 e を省略して，単に $\log x$ と表す．

> **定理 1.5 (はさみうちの定理 (原理))** 数列 $\{a_n\}, \{b_n\}, \{c_n\}$ で，すべての n について $a_n \leqq b_n \leqq c_n$ が成り立ち，$\displaystyle\lim_{n\to\infty} a_n = \lim_{n\to\infty} c_n = \alpha$ ならば，$\displaystyle\lim_{n\to\infty} b_n = \alpha$ である．

証明 $a_n \leqq b_n \leqq c_n$ であるから，$a_n - \alpha \leqq b_n - \alpha \leqq c_n - \alpha$. 任意の $\varepsilon > 0$ に対して十分大きな N をとれば，数列 $\{a_n\}, \{c_n\}$ は収束するから $n > N$ で，$-\varepsilon < a_n - \alpha < \varepsilon$，$-\varepsilon < c_n - \alpha < \varepsilon$ である．よって，$-\varepsilon < a_n - \alpha \leqq b_n - \alpha \leqq c_n - \alpha < \varepsilon$. したがって，$|b_n - \alpha| < \varepsilon$ ◇

例題 1.1.8 すべての n について $a_n \leqq b_n$ が成り立ち，$\displaystyle\lim_{n\to\infty} a_n = \alpha, \lim_{n\to\infty} b_n = \beta$ ならば，$\alpha \leqq \beta$ である．

解 $\alpha > \beta$ と仮定する．$\varepsilon = \dfrac{\alpha - \beta}{2} > 0$ に対して，十分大きな N が存在して，$n > N$ なるすべての n について，$|a_n - \alpha| < \varepsilon$，$|b_n - \beta| < \varepsilon$ となる．すなわち $\alpha - \varepsilon < a_n < \alpha + \varepsilon$，$\beta - \varepsilon < b_n < \beta + \varepsilon$ である．よって，$\alpha - \varepsilon - (\beta + \varepsilon) = \alpha - \beta - 2\varepsilon = 0$ から，$b_n < \beta + \varepsilon = \alpha - \varepsilon < a_n$ であり，$a_n > b_n \ (n > N)$ となり，仮定に矛盾する．よって，$\alpha \leqq \beta$. ◇

1.2 いろいろな関数

1.2.1 関数の定義

区間 $[a, b]$ が与えられたとき，この区間に属する任意の数値を x で表すとき，x をこの区間の変数という．これに対して，はじめから特定の数として考える数を定数という．

変数 x の個々の数値に対応して，変数 y をそれぞれ対応させる規則が与えられたとき，y を x の関数といい，$y = f(x)$ とかく．関数 y の値は変数 x の値にともなって変化する．よって，x を独立変数，y を従属変数という．上の関数が与えられたとき，区間 $[a, b]$ を定義域といい，対応する y の値の全体を

値域という．

定義域として，いろいろな区間が考えられる．一般的に，ある数の集合の場合もある．

独立変数 x の1つの値に対して，従属変数 y の値がただ1つ定まるとき，関数 $y = f(x)$ を1価関数，1つより多く定まるとき多価関数という．

以下，特別に断らない場合，関数といえば1価関数とする．

変数 x の値とそれに対応する関数 $y = f(x)$ の値とを組み合わせて，座標平面上の点 (x, y) とするとき，それらの点の集合は一般には曲線である．それを関数 $y = f(x)$ のグラフという．

関数 $y = f(x)$ において

- $f(-x) = -f(x)$ が成り立つとき $f(x)$ は**奇関数**といい，グラフは原点に関して対称である．

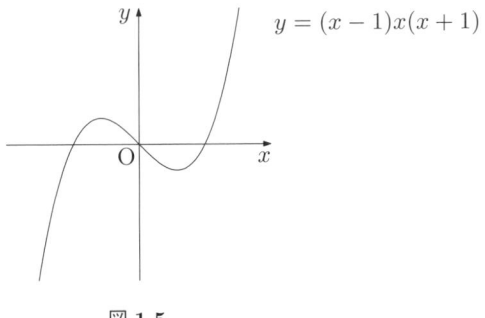

図 **1.5**

- $f(-x) = f(x)$ が成り立つとき $f(x)$ は**偶関数**といい，グラフは y 軸に関して対称である．

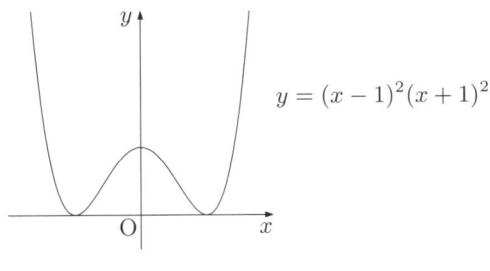

図 **1.6**

- $f(x+k) = f(x)$ が成り立つとき $f(x)$ は周期 k の周期関数といい，区間 $(a, a+k)$ と区間 $(a+(n-1)k, a+nk)$ (n は整数) の部分のグラフは重なる．

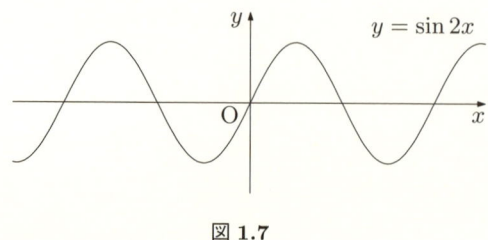

図 1.7

- $y - b = f(x - a)$ のグラフは，$y = f(x)$ のグラフを x 軸方向に a だけ平行移動し，y 軸方向に b だけ平行移動したものである．

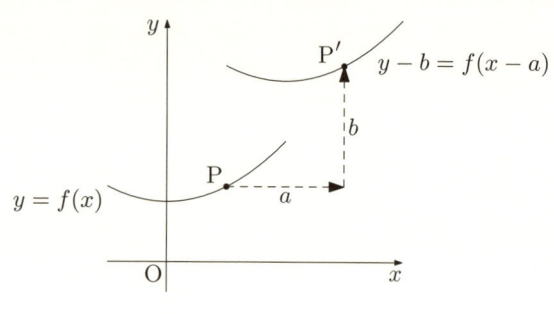

図 1.8

　関数 $f(x)$ が，区間 I の任意の 2 点 x_1, x_2 に対して，$x_1 < x_2$ ならばつねに $f(x_1) < f(x_2)$ $(f(x_1) > f(x_2))$ であるとき，$f(x)$ を区間 I で**狭義の単調増加**（**狭義の単調減少**）関数という．

　つねに $f(x_1) \leqq f(x_2)$ $(f(x_1) \geqq f(x_2))$ のとき，**単調非減少**または**単調増加**（**単調非増加**または**単調減少**）関数という．これらをあわせて単調関数という．

　単調増加（減少）関数のとき，グラフは右上がり（右下がり）になる．

　定義域を D とする関数 $f(x)$ が上に（下に）**有界**とは，D の任意の x に対して，$f(x) < K$ $(f(x) > K)$ が成り立つような定数 K が存在することである．

　関数 $f(x)$ が上と下に有界のとき，単に**有界**であるという．

1.2.2 1次関数

x の 1 つの値に対して，定数 a, b を用いて y の値が $y = ax + b, a \neq 0$ で与えられる関数を 1 次関数という．この関数のグラフは傾きが a で，y 切片が b の直線である．

点 (x_1, y_1) を通り，傾きが m の直線の方程式は

$$y - y_1 = m(x - x_1)$$

である．また，2 点 $(x_1, y_1), (x_2, y_2)$ を通る直線の方程式は

$$x_1 \neq x_2 \text{ のとき } y - y_1 = \frac{y_2 - y_1}{x_2 - x_1}(x - x_1), \qquad x_1 = x_2 \text{ のとき } x = x_1$$

である．

問題 1.2.1 次の 2 点を通る直線の方程式を求めよ．
(1) $(1, 1)$, $(-4, 2)$ (2) $(-2, 5)$, $(0, 3)$ (3) $(p, 0)$, $(0, q)$

問題 1.2.2 2 直線 $y = mx + n$, $y = m'x + n'$, $mm' \neq 0$ が，平行ならば $m = m'$ であり，また，垂直ならば $mm' = -1$ であることを示せ．

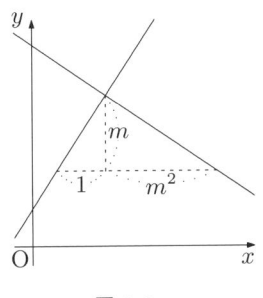

図 1.9

問題 1.2.3 点 $(2, 1)$ を通り，直線 $y = \dfrac{3}{4}x - 2$ に垂直な直線の方程式を求めよ．

問題 1.2.4 直線 $y = \dfrac{5}{2}x - 1$ に関して，点 $(-2, 1)$ と対称な点を求めよ．

問題 1.2.5 点 (p, q) と直線 $y = ax + b$ の距離を求めよ．

1.2.3 2次関数

x の 1 つの値に対して，定数 a, b, c を用いて y の値が $y = ax^2 + bx + c, a \neq 0$ で与えられる関数を 2 次関数という．

この関数のグラフは頂点の座標が $\left(-\dfrac{b}{2a}, -\dfrac{b^2 - 4ac}{4a}\right)$ で，軸は直線 $x = -\dfrac{b}{2a}$ の放物線である．$a > 0$ のとき下に凸，$a < 0$ のとき上に凸なグラフとなる．

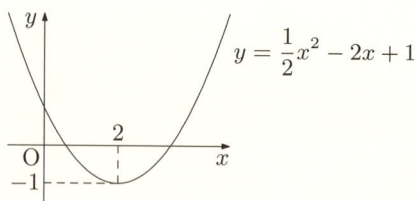

図 1.10 2 次関数のグラフの例

次に，2 次方程式 $ax^2 + bx + c = 0, a \neq 0$ の解は，

$$ax^2 + bx + c = a\left(x + \dfrac{b}{2a}\right)^2 - \dfrac{b^2 - 4ac}{4a} = 0 \quad \text{より} \quad \left(x + \dfrac{b}{2a}\right)^2 = \dfrac{b^2 - 4ac}{4a^2}$$

よって

$$x = \dfrac{-b \pm \sqrt{b^2 - 4ac}}{2a}$$

で与えられる．実数 $D = b^2 - 4ac$ を判別式という．2 次方程式は，判別式 $D > 0$ のとき異なる 2 つの実数解，$D = 0$ のとき重解，$D < 0$ のとき異なる 2 つの虚数解を持つ．

問題 1.2.6 頂点が $(2, 3)$ で，直線 $y = 4x - 2$ と 1 点で接する放物線を求めよ．

問題 1.2.7 2 次関数 $y = ax^2 + bx + c$ がつねに正になるための条件を求めよ．

1.2.4 n 次関数

x の 1 つの値に対して，定数 $a_n, \ldots, a_2, a_1, a_0$ を用いて，y の値が x の n 次多項式（整式）で与えられる関数

$$y = a_n x^n + \cdots + a_2 x^2 + a_1 x + a_0, \quad a_n \neq 0$$

を n 次関数という．

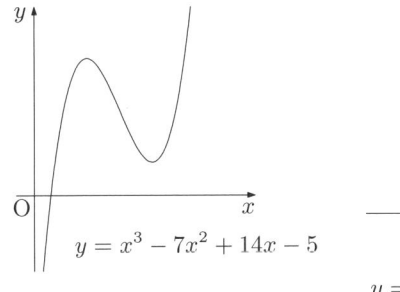
$y = x^3 - 7x^2 + 14x - 5$

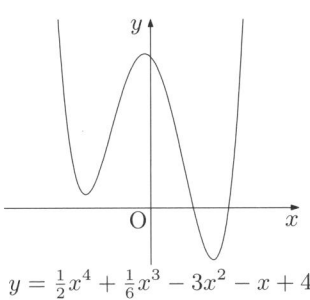
$y = \frac{1}{2}x^4 + \frac{1}{6}x^3 - 3x^2 - x + 4$

図 1.11 3 次関数と 4 次関数のグラフの例

n 次多項式（整式）
$$P(x) = a_n x^n + \cdots + a_2 x^2 + a_1 x + a_0, \quad a_n \neq 0$$
について，次の定理がある．

定理 1.6（剰余の定理） n 次多項式（整式） $P(x)$ を $x - \alpha$ で割ったときの余りは $P(\alpha)$ である．

証明 多項式 $P(x)$ を $x - \alpha$ で割った商を $Q(x)$ とする．1 次式で割るので余りは定数となるから，余りを R とおく．商と余りの関係から
$$P(x) = (x - \alpha)Q(x) + R$$
となる．$x = \alpha$ とおくと（x に α を代入すると）
$$P(\alpha) = 0 \cdot Q(\alpha) + R = R$$
となる． ◇

この定理により，次の定理が成り立つ．

定理 1.7（因数定理） n 次多項式（整式） $P(x)$ は，$P(\alpha) = 0$ ならば $x - \alpha$ で割りきれる．

証明 整式 $P(x)$ を $x - \alpha$ で割った商を $Q(x)$ とする．剰余の定理より，余り $R = P(\alpha) = 0$ だから
$$P(x) = (x - \alpha)Q(x)$$

となり，$P(x)$ は $x-\alpha$ で割り切れる． ◇

さらに，n 次方程式 $P(x)=0$ について次の定理 1.8 が知られている．

定理 1.8（代数学の基本定理） n 次方程式 $P(x)=0$ は（複素数の範囲で）重複度を数えて，ちょうど n 個の解を持つ．

これらの定理から n 次多項式（整式）は（複素数の範囲で）1 次式の積で表される．

複素数 $\alpha = a+bi$（a,b は実数）に対して複素数 $\overline{\alpha}=a-bi$ を α の共役複素数という．ここで，$i=\sqrt{-1}$ とも表され，虚数単位という．$i^2=-1$ である．共役複素数について次の定理 1.9 が知られている．

定理 1.9 複素数 α が n 次方程式 $P(x)=0$ の解ならば，共役複素数 $\overline{\alpha}$ も解である．

この定理より，もし $\alpha = a+bi, b \neq 0$ が解のとき，$P(x)$ は $(x-\alpha)$ と $(x-\overline{\alpha})$ を因数にもつ．
$$(x-\alpha)(x-\overline{\alpha}) = x^2 - 2ax + (a^2+b^2)$$
であることから，次のことがいえる．

> n 次多項式（整式）は実数の範囲で 1 次式と 2 次式の積で表される

例題 1.2.1 複素数の範囲で因数分解すると $x^2+1 = (x+i)(x-i)$．

問題 1.2.8 次の多項式を実数の範囲で因数分解せよ．
(1) x^2-3x+1 (2) x^3+1 (3) x^3-7x+6 (4) x^4+1

3 次方程式と 4 次方程式については，2 次方程式の解の公式と同様に，四則演算と根号を用いて表される解の公式が知られている．5 次以上の方程式には，特別な場合を除いて，そのような解の公式は存在しないことが知られている．したがって，高次の多項式を実際に因数分解することは不可能なことが多い．

1.2.5 分数関数

有理式 分母分子が多項式である式を有理式（分数式）という．

問題 1.2.9 次の式を満たす定数 a, b, c を求めよ．

(1) $\dfrac{2}{(x-2)(x+3)} = \dfrac{a}{x-2} + \dfrac{b}{x+3}$ 　(2) $\dfrac{2x+1}{(x^2+1)(x+2)} = \dfrac{ax+b}{x^2+1} + \dfrac{c}{x+2}$

上の問題のように有理式をより簡単な有理式の和にすることを，**部分分数に分解**するという．（左辺の分母の因数を，右辺の式の分母にしていることに注意．）

問題 1.2.10 次の有理式を実数の範囲で部分分数に分解せよ．

(1) $\dfrac{1}{x^2-3x+1}$ 　(2) $\dfrac{1}{x^3+1}$ 　(3) $\dfrac{1}{x^3-7x+6}$ 　(4) $\dfrac{1}{x^4+1}$

分数関数 x の有理式（分数式）で表される関数を x の分数関数という．
分数関数 $y = \dfrac{cx+d}{ax+b}$ は $y = \dfrac{k}{x-p} + q$ の形に変形してグラフをかく．

例題 1.2.2 $y = \dfrac{2x-3}{x-1}$ のグラフをかけ．

解 $y = \dfrac{2x-3}{x-1} = 2 + \dfrac{-1}{x-1}$ より

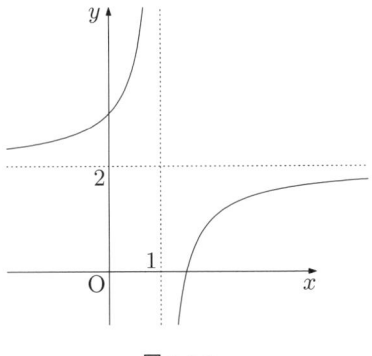

図 **1.12**

問題 1.2.11 $y = \dfrac{3x+1}{2x-5}$ のグラフをかけ．

1.2.6 三角関数

一般角 平面上の点 O からでる半直線 OX, OP によって作られる角 XOP は，はじめに OX の位置にあった半直線が O の周りに回転して OP の位置にくることによってできたと考えられる．このとき，OX を始線，OP を動径という．

　回転には，時計の針の回る向きと同じ向き（**負の向き**という）と，反対（反時計回り）の向き（**正の向き**という）の 2 つの向きがある．

注意 正確な定義は，内部を左手に見ながら回る方向を**正の向き**といい，内部を右手に見ながら回る方向を**負の向き**という．

　角の大きさは，動径が回転した量に，回転の向きが正のときは正の符号を付け，回転の向きが負のときは負の符号を付けて表す．

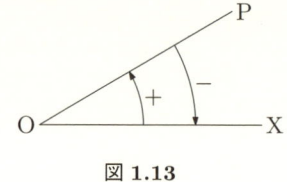

図 1.13

　このように考えた角を一般角という．

角の単位 実用上，角の大きさを表すには，$90°, 15°20'$ のように度数法（六十分法）の単位が使われる．

　このほかに，弧度法がある．この角の単位は数学で使うことが多い．

> **定義（弧度法）** 点 O を中心として半径 r の円をかき，円上の点を A とする．A から円周上を反時計回りに（弧の）長さ r だけ動いた点を B とする．このとき，角 AOB は半径 r に関係なく定まる．
>
> > この角の大きさを **1 ラジアン**（1^{rad}）という．
>
> この角の単位を用いて角の大きさを表すことを**弧度法**という．

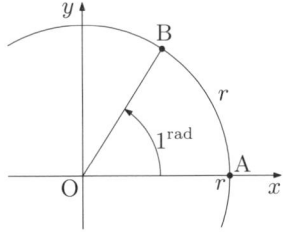

図 1.14

$$180° = \pi^{\text{rad}} \fallingdotseq 3.1416^{\text{rad}}, \quad 90° = \left(\frac{\pi}{2}\right)^{\text{rad}}, \quad 60° = \left(\frac{\pi}{3}\right)^{\text{rad}},$$

$$1° = \left(\frac{\pi}{180}\right)^{\text{rad}}, \quad 1^{\text{rad}} = \left(\frac{180}{\pi}\right)° \fallingdotseq 57.2958°$$

弧度法を用いて角の大きさを表すときは，角の単位 rad は省略される．

三角関数 座標平面上で，x 軸の正の部分を始線にとり，角（シータ）θ（単位 ° または rad）を表す動径と原点 O を中心とする半径 $r > 0$ の円との交点を P(x, y) とする．

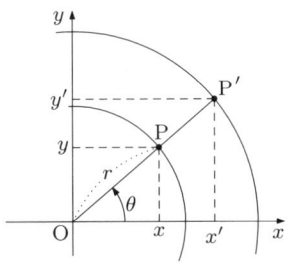

図 1.15

このとき，比の値
$$\frac{x}{r}, \qquad \frac{y}{r}, \qquad \frac{y}{x} \quad (x \neq 0)$$
は半径 r の値に関係なく定まる．そこで，

$$\cos\theta = \frac{x}{r}, \qquad \sin\theta = \frac{y}{r}, \qquad \tan\theta = \frac{y}{x} \quad (x \neq 0)$$

と定義する．それぞれ θ の余弦（コサイン），正弦（サイン），正接（タンジェント）といい，まとめて三角関数という．さらに，$\cos\theta$ の逆数 $\dfrac{1}{\cos\theta}$ は $\sec\theta$（セカント シータ），$\dfrac{1}{\sin\theta} = \operatorname{cosec}\theta$（コセカント シータ）とも表される．

正三角形と直角 2 等辺三角形から次のことがいえる.

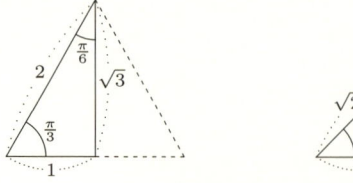

図 1.16

$$\cos 90° = \cos \frac{\pi}{2} = 0, \qquad \cos 60° = \cos \frac{\pi}{3} = \frac{1}{2}$$

$$\cos 45° = \cos \frac{\pi}{4} = \frac{\sqrt{2}}{2}, \quad \cos 30° = \cos \frac{\pi}{6} = \frac{\sqrt{3}}{2}, \quad \cos 0° = \cos 0 = 1$$

$$\sin 90° = \sin \frac{\pi}{2} = 1, \qquad \sin 60° = \sin \frac{\pi}{3} = \frac{\sqrt{3}}{2}$$

$$\sin 45° = \sin \frac{\pi}{4} = \frac{\sqrt{2}}{2}, \quad \sin 30° = \sin \frac{\pi}{6} = \frac{1}{2}, \qquad \sin 0° = \sin 0 = 0$$

$$\tan 60° = \tan \frac{\pi}{3} = \sqrt{3}, \quad \tan 45° = \tan \frac{\pi}{4} = 1$$

$$\tan 30° = \tan \frac{\pi}{6} = \frac{\sqrt{3}}{3}, \quad \tan 0° = \tan 0 = 0$$

問題 1.2.12 次の値を求めよ.

(1) $\cos \dfrac{-\pi}{3}$ (2) $\sin \dfrac{5\pi}{4}$ (3) $\tan \dfrac{-5\pi}{6}$ (4) $\sin \dfrac{15\pi}{4}$

三角関数の相互関係 三角関数の定義とピタゴラスの定理から, 次の関係式が成り立つ.

$$\tan \theta = \frac{\sin \theta}{\cos \theta}, \quad \sin^2 \theta + \cos^2 \theta = 1, \quad 1 + \tan^2 \theta = \frac{1}{\cos^2 \theta}$$

問題 1.2.13

(1) $\sin \theta = -\dfrac{4}{5}$ のとき $\cos \theta$, $\tan \theta$ の値を求めよ.

(2) $\tan \theta = -3$ のとき $\cos \theta$, $\sin \theta$ の値を求めよ.

三角関数の性質 角 θ を表す動径と角 $\theta + 2n\pi$ (n は整数) を表す動径とは一致する. よって, 次の関係がある.

$$\cos(\theta + 2n\pi) = \cos \theta, \quad \sin(\theta + 2n\pi) = \sin \theta, \quad \tan(\theta + 2n\pi) = \tan \theta$$

角 θ, $-\theta$ を表す動径と半径 1 の円（単位円）の交点をそれぞれ P, Q とする．P の座標を (x,y) とすると，Q の座標は $(x,-y)$ となる．

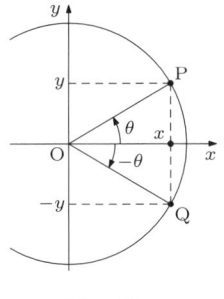

図 1.17

よって，次の関係がある．

$$\cos(-\theta) = \cos\theta, \qquad \sin(-\theta) = -\sin\theta, \qquad \tan(-\theta) = -\tan\theta \tag{I}$$

角 θ, $\pi+\theta$ を表す動径と単位円の交点をそれぞれ P, Q とする．P の座標を (x,y) とすると，Q の座標は $(-x,-y)$ となる．よって，次の関係がある．

$$\cos(\pi+\theta) = -\cos\theta, \quad \sin(\pi+\theta) = -\sin\theta, \quad \tan(\pi+\theta) = \tan\theta \tag{II}$$

$\pi - \theta = \pi + (-\theta)$ と考えて，(I), (II) を用いて次の関係がいえる．

$$\cos(\pi-\theta) = -\cos\theta, \qquad \sin(\pi-\theta) = \sin\theta, \qquad \tan(\pi-\theta) = -\tan\theta \tag{III}$$

角 θ, $\dfrac{\pi}{2}+\theta$ を表す動径と単位円の交点をそれぞれ P, Q とする．P の座標を (x,y) とすると，Q の座標は $(-y,x)$ となる．

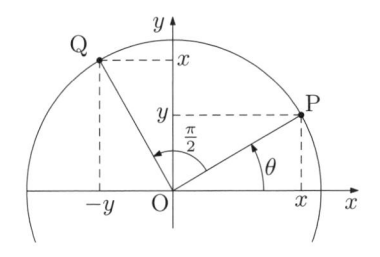

図 1.18

よって，次の関係がある．

$$\cos\left(\frac{\pi}{2}+\theta\right) = -\sin\theta, \quad \sin\left(\frac{\pi}{2}+\theta\right) = \cos\theta, \quad \tan\left(\frac{\pi}{2}+\theta\right) = -\frac{1}{\tan\theta} \quad \text{(IV)}$$

θ を $-\theta$ で置き換え，(I) を用いて，次の関係をえる．

$$\cos\left(\frac{\pi}{2}-\theta\right) = \sin\theta, \quad \sin\left(\frac{\pi}{2}-\theta\right) = \cos\theta, \quad \tan\left(\frac{\pi}{2}-\theta\right) = \frac{1}{\tan\theta} \quad \text{(V)}$$

加法定理　座標平面上で，角 $\alpha, -\beta$ を表す動径と原点 O を中心とする単位円との交点を，それぞれ P, Q とする．P の座標は $(\cos\alpha, \sin\alpha)$ であり，Q の座標は $(\cos\beta, -\sin\beta)$ となる．

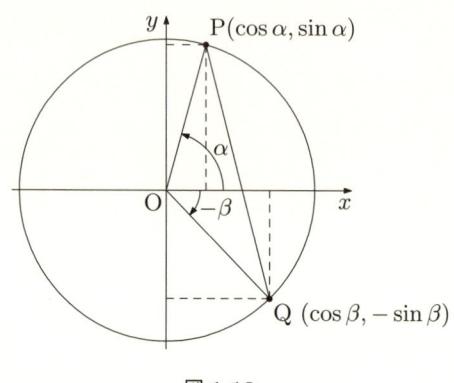

図 1.19

よって，次の関係式がいえる．

$$\begin{aligned} \text{PQ}^2 &= (\cos\alpha - \cos\beta)^2 + (\sin\alpha + \sin\beta)^2 \\ &= 2 - 2(\cos\alpha\cos\beta - \sin\alpha\sin\beta) \end{aligned}$$

一方，$\triangle \text{OPQ}$ において，$\text{OP} = \text{OQ} = 1$ で $\angle \text{POQ} = \alpha + \beta$ だから，余弦定理により $\text{PQ}^2 = \text{OP}^2 + \text{OQ}^2 - 2\text{OP} \cdot \text{OQ} \cdot \cos\angle \text{POQ} = 2 - 2\cos(\alpha + \beta)$
よって，

$$\cos(\alpha + \beta) = \cos\alpha\cos\beta - \sin\alpha\sin\beta$$

が証明される．

ここで，β の代わりに $-\beta$ とおき，(I) を用いると

$$\cos(\alpha - \beta) = \cos\alpha\cos\beta + \sin\alpha\sin\beta$$

この式で，α の代わりに $\frac{\pi}{2} - \alpha$ とおき，(V) を用いると

$$\sin(\alpha+\beta) = \sin\alpha\cos\beta + \cos\alpha\sin\beta$$

ここで，β の代わりに $-\beta$ とおき，(I) を用いると

$$\sin(\alpha-\beta) = \sin\alpha\cos\beta - \cos\alpha\sin\beta$$

$\cos\alpha\,\cos\beta \neq 0$ のとき

$$\tan(\alpha+\beta) = \frac{\sin(\alpha+\beta)}{\cos(\alpha+\beta)} = \frac{\sin\alpha\cos\beta + \cos\alpha\sin\beta}{\cos\alpha\cos\beta - \sin\alpha\sin\beta}$$

$$= \frac{\tan\alpha + \tan\beta}{1 - \tan\alpha\tan\beta}$$

$$\tan(\alpha-\beta) = \frac{\tan\alpha - \tan\beta}{1 + \tan\alpha\tan\beta}$$

以上のことから，次の定理をえる．

定理 1.10（加法定理）

$$\sin(\alpha+\beta) = \sin\alpha\cos\beta + \cos\alpha\sin\beta, \quad \sin(\alpha-\beta) = \sin\alpha\cos\beta - \cos\alpha\sin\beta$$
$$\cos(\alpha+\beta) = \cos\alpha\cos\beta - \sin\alpha\sin\beta, \quad \cos(\alpha-\beta) = \cos\alpha\cos\beta + \sin\alpha\sin\beta$$
$$\tan(\alpha+\beta) = \frac{\tan\alpha + \tan\beta}{1 - \tan\alpha\tan\beta}, \quad \tan(\alpha-\beta) = \frac{\tan\alpha - \tan\beta}{1 + \tan\alpha\tan\beta}$$

問題 1.2.14 次の値を求めよ．
(1) $\sin\dfrac{5}{12}\pi$ (2) $\cos\dfrac{1}{12}\pi$ (3) $\tan\dfrac{-1}{12}\pi$

倍角公式 加法定理（定理 1.10）の各式で $\beta = \alpha$ とおくと，次の 2 倍角の公式をえる．

2 倍角の公式

$$\sin 2\alpha = 2\sin\alpha\cos\alpha$$
$$\cos 2\alpha = \cos^2\alpha - \sin^2\alpha = 2\cos^2\alpha - 1 = 1 - 2\sin^2\alpha$$
$$\tan 2\alpha = \frac{2\tan\alpha}{1 - \tan^2\alpha}$$

加法定理（定理 1.10）の各式で $\beta = 2\alpha$ とおき，2 倍角の公式を用いると，次の公式をえる．

3 倍角の公式

$$\sin 3\alpha = 3\sin\alpha - 4\sin^3\alpha$$

$$\cos 3\alpha = 4\cos^3\alpha - 3\cos\alpha$$

$$\tan 3\alpha = \frac{3\tan\alpha - \tan^3\alpha}{1 - 3\tan^2\alpha}$$

問題 1.2.15 上の 3 倍角の公式を導け．

和差と積の関係　加法定理（定理 1.10）を用いて次の式が導かれる．

$$\sin(\alpha+\beta) + \sin(\alpha-\beta) = 2\sin\alpha\cos\beta$$

$$\sin(\alpha+\beta) - \sin(\alpha-\beta) = 2\cos\alpha\sin\beta$$

$$\cos(\alpha+\beta) + \cos(\alpha-\beta) = 2\cos\alpha\cos\beta$$

$$\cos(\alpha+\beta) - \cos(\alpha-\beta) = -2\sin\alpha\sin\beta$$

これらの式で，$\alpha + \beta = A$, $\alpha - \beta = B$ とおくと次の公式をえる．

$$\sin A + \sin B = 2\sin\frac{A+B}{2}\cos\frac{A-B}{2}$$

$$\sin A - \sin B = 2\cos\frac{A+B}{2}\sin\frac{A-B}{2}$$

$$\cos A + \cos B = 2\cos\frac{A+B}{2}\cos\frac{A-B}{2}$$

$$\cos A - \cos B = -2\sin\frac{A+B}{2}\sin\frac{A-B}{2}$$

問題 1.2.16 次の関係式を証明せよ．

(1)　$1 + \tan^2 x = \dfrac{1}{\cos^2 x} = \sec^2 x$

(2)　$a\sin x + b\cos x = r\sin(x+\alpha)$,　$r = \sqrt{a^2+b^2}$,　$\cos\alpha = \dfrac{a}{r}$,　$\sin\alpha = \dfrac{b}{r}$

(3)　$\sin^2\dfrac{x}{2} = \dfrac{1-\cos x}{2}$　　(4)　$\cos^2\dfrac{x}{2} = \dfrac{1+\cos x}{2}$

三角関数のグラフ　$y = \sin x$（$y = \sin x^{\text{rad}}$ の単位 ^{rad} を略している）のグラフについて考える（図 1.20）．

- 定義域は $(-\infty, \infty)$, 値域は $[-1, 1]$.
- $\sin(-x) = -\sin x$ より, 奇関数である.
- $\sin(x + 2\pi) = \sin x$ より, 周期 2π の周期関数.

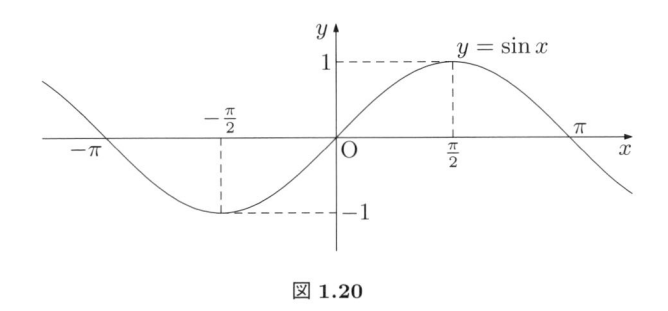

図 1.20

$y = \cos x$ のグラフについて考える (図 1.21).

- 定義域は $(-\infty, \infty)$, 値域は $[-1, 1]$.
- $\cos(-x) = \cos x$ より, 偶関数である.
- $\cos(x + 2\pi) = \cos x$ より, 周期 2π の周期関数.

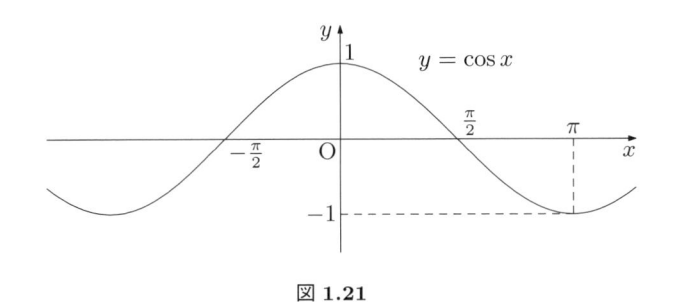

図 1.21

$y = \tan x$ のグラフについて考える (図 1.22).

- 定義域は $(-\infty, \infty)$ のうち $x = (2n-1)\dfrac{\pi}{2}$ (n は整数) を除く, 値域は $(-\infty, \infty)$.
- $\tan(-x) = -\tan x$ より, 奇関数である.
- $\tan(x + \pi) = \tan x$ より, 周期 π の周期関数.

$y = \tan x$ のグラフ

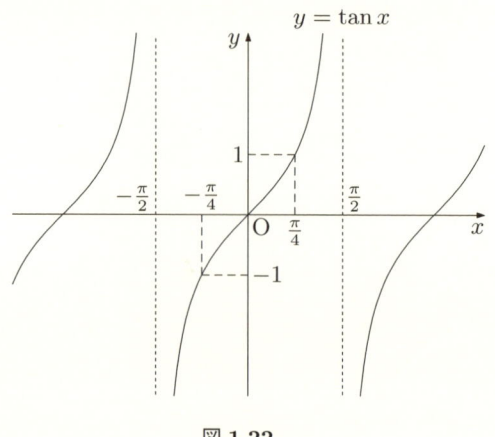

図 1.22

問題 1.2.17 次のグラフをかけ.
(1) $y = \sin 2x + 1$ (2) $y = \sqrt{3}\sin x + \cos x + 2$ (3) $y = \tan(3x - 6) + 1$

1.2.7 指数関数

指数法則 正の数 a, b と自然数 m, n に対して，次の指数法則が成り立つ．

$$a^m \cdot a^n = a^{m+n}, \quad (a^m)^n = a^{mn}, \quad (ab)^n = a^n b^n$$

さらに，$a^0 = 1, a^{-n} = \dfrac{1}{a^n}$ と定義すると，上の指数法則はすべての整数 m, n に対しても成立する．

正の数 a と自然数 n に対して，n 乗して a になる実数を a の n 乗根という．(高校で解といっていたものが根である．以下では根とかいてあるところを解とおきかえてもよい．数学の習慣として根を使っている)

- n が偶数のとき，a の n 乗根は正と負の 2 つの実数があり，それらの絶対値は等しい．そのうち，正のものを $\sqrt[n]{a}$，負のものを $-\sqrt[n]{a}$ と表す．
- n が奇数のとき，a の n 乗根は実数の範囲で 1 つ定まる．それを $\sqrt[n]{a}$ と表す．
- $0^n = 0$ より $\sqrt[n]{0} = 0$ と定義する．
- 負の数の n 乗は，n が偶数のとき正であり，n が奇数のとき負である．よって，実数の範囲では，負の数の偶数乗根は存在しないし，奇数乗根としては負の数が 1 つ考えられる．

本書では，断らない限り 0 以上の数の n 乗根を考える．たとえば，4 乗して 1 になる数は複素数の範囲で $1, -1, i, -i$ の 4 個ある．したがって，実数の範囲で 1 の 4 乗根は $1, -1$ である．

さらに，有理数 r が整数 p, q で，$r = \dfrac{p}{q}, q \neq 0$ と表されているとする．このとき，正の数 a に対して，$a^r = (\sqrt[q]{a})^p$ と定義する．

問題 1.2.18 正の数 a, b と有理数 m, n に対して，次の指数法則が成り立つことを示せ．
$$a^m \cdot a^n = a^{m+n}, \quad (a^m)^n = a^{mn}, \quad (ab)^m = a^m b^m$$

次に，正の数 a と実数 b に対して a^b を定義する．

(1) $a > 1$ の場合

① $b > 0$ のとき
b が有理数のときは上で定義した．b が有理数でないとき，b を小数表示し，小数点 n 桁目で切捨てた有理数を b_n とすれば $b_n \leqq b_{n+1}$ であり，$a^{b_n} \leqq a^{b_{n+1}}$ となるから，数列 $\{a^{b_n}\}$ は単調増加である．さらに，$K = [b] + 1$（ここで，[ ] はガウス記号といわれ，$[b]$ は $m \leqq b < m+1$ となる整数 m を表す）とすれば $a^{b_n} < a^K$ となり，上に有界である．よって，実数の公理から $\{a^{b_n}\}$ は収束する．この極限値を a^b と定義する．

② $b = 0$ のとき，定義より $a^b = a^0 = 1$ である．

③ $b < 0$ のとき，$a^b = \dfrac{1}{a^{-b}}$ と定義する．

(2) $0 < a < 1$ の場合
$\dfrac{1}{a} > 1$ だから，(1) より $\left(\dfrac{1}{a}\right)^b$ は定義されるから，$a^b = \dfrac{1}{\left(\dfrac{1}{a}\right)^b}$ で定義する．

正の数 a, b と実数 α, β に対して次の指数法則がある．
$$a^\alpha \cdot a^\beta = a^{\alpha+\beta}, \quad (a^\alpha)^\beta = a^{\alpha\beta}, \quad (ab)^\beta = a^\beta b^\beta$$

問題 1.2.19 正の数 a, b と実数 α, β に対して，上の指数法則が成り立つことを示せ．

指数関数 数 a を 1 でない正の数とする．実数 x に a^x を対応させる関数

$$y = a^x$$

を a を底とする指数関数という．

関数 $y = a^x$, $y = \left(\dfrac{1}{a}\right)^x$ のグラフについて次のことが成り立つ．

- どちらも定義域は $(-\infty, \infty)$，値域は $(0, \infty)$
- どちらも点 $(0,1)$ を通る．
- $y = a^x$ と $y = \left(\dfrac{1}{a}\right)^x$ のグラフは，y 軸に関して対称である．
- $y = a^x$ のグラフは，$a > 1$ のとき狭義の単調増加関数であり，$0 < a < 1$ のとき狭義の単調減少関数である．

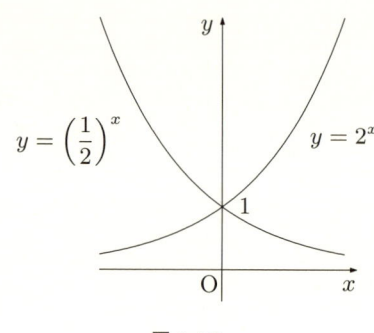

図 1.23

問題 1.2.20 次の値を求めよ．
(1) $81^{\frac{3}{4}}$ (2) $(36^{\frac{3}{4}})^{-2}$ (3) $0.001^{\frac{1}{3}}$

問題 1.2.21 次の計算をせよ．
(1) $\sqrt{2} \times \sqrt[3]{4} \times \sqrt[4]{8}$ (2) $\sqrt{2\sqrt[3]{4\sqrt[4]{8}}}$

問題 1.2.22 次の関数のグラフをかけ．
(1) -3^x (2) 3^{-x} (3) $\left(\dfrac{1}{3}\right)^x$ (4) $-\left(\dfrac{1}{3}\right)^{-x}$

1.3 関数の極限と連続関数

1.3.1 関数の極限

関数 $y = x^2 - 2x + 2$ について，$x = 2$ の近傍で x が変化するとき，

対応する y の値がどのようになるか調べる．いま，$x = 2 + h$ とおけば $y = (2+h)^2 - 2(2+h) + 2 = 2 + 2h + h^2$ である．x を限りなく 2 に近づければ，h は正または負の値をとりながら，限りなく 0 に近づく．よって，$2h$ も h^2 も限りなく 0 に近づくから，y は限りなく 2 に近づく（図 1.24）．

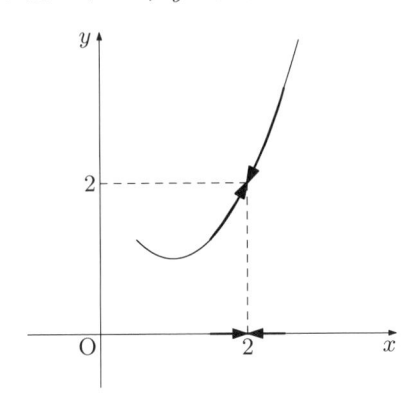

図 **1.24**

関数 $f(x)$ が $x = a$ の近くで定義されているとする（a で定義されていなくてもよい）．x が a と異なる値をとりながら，限りなく a に近づくとき，（どのような近づき方をしても）$f(x)$ が一定の値 α に限りなく近づくとき，$f(x)$ は $x = a$ において極限値 α に**収束する**といい，

$$\lim_{x \to a} f(x) = \alpha$$

と表す．

上の例では $\lim_{x \to 2}(x^2 - 2x + 2) = 2$ と表される．

関数 $y = \mathrm{sgn}(x)$ について考察する．ここで

$$\mathrm{sgn}(x) = \begin{cases} 1, & x > 0 \\ 0, & x = 0 \\ -1, & x < 0 \end{cases}$$

である．

図 1.25　$y = \mathrm{sgn}(x)$

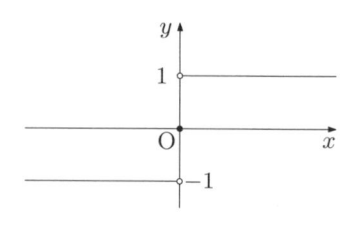

　x が 0 より大きい値で 0 に近づくと y は 1 に近づき，x が 0 より小さい値で 0 に近づくと y は -1 に近づく．よって，$x = 0$ で収束しない．

　しかし，一方の側から $x = 0$ に近づけると，限りなく近づく値が存在する．このような場合の極限値を定義する．

　変数 x が a と異なる値をとりながら，a より大きな（小さな）値で，限りなく a に近づくとき，$x \to a+0$ $(x \to a-0)$ とかく．

　とくに，$a = 0$ のとき，$x \to 0+0$ を $x \to +0$ とかき，$x \to 0-0$ を $x \to -0$ とかく．

　x が $x \to a+0$ $(x \to a-0)$ の近づき方で，限りなく a に近づくとき，$f(x)$ が限りなく α_+ (α_-) に近づく場合，α_+ を**右側極限値**（α_- を**左側極限値**）といい，次のように表す．

$$\lim_{x \to a+0} f(x) = \alpha_+ \qquad \left(\lim_{x \to a-0} f(x) = \alpha_- \right)$$

　上の例では，$\displaystyle\lim_{x \to +0} \mathrm{sgn}(x) = 1$，$\displaystyle\lim_{x \to -0} \mathrm{sgn}(x) = -1$ となる．

　x が正で限りなく大きくなることを $x \to \infty$ と表し，x が負でその絶対値が限りなく大きくなることを $x \to -\infty$ と表す．

　関数 $f(x)$ が区間 (a, ∞) で定義されているとする．x が正で限りなく大きくなるとき，$f(x)$ が一定の値 α に限りなく近づくとする．このとき，$f(x)$ は $x \to \infty$ のとき極限値 α に**収束する**といい，

$$\lim_{x \to \infty} f(x) = \alpha$$

と表す．同様に，$x \to -\infty$ のとき極限値 α に収束する

$$\lim_{x \to -\infty} f(x) = \alpha$$

も定義される．

収束しないとき，極限は**発散する**という．とくに，$f(x)$ が限りなく大きくなるとき，（正の）**無限大に発散する**という．このとき，

$$\lim_{x \to a} f(x) = \infty, \qquad \lim_{x \to \infty} f(x) = \infty$$

などと表す．負の無限大に発散する場合も同じように定義される．

たとえば，

(1) $\displaystyle\lim_{x \to 2}(x^2 + 3x - 3) = 7$ (2) $\displaystyle\lim_{x \to 4} \frac{x-4}{x^2 - 2x - 8} = \frac{1}{6}$

(3) $\displaystyle\lim_{x \to \infty} \frac{x^2 + 1}{x^2 + 3x - 3} = 1$ (4) $\displaystyle\lim_{x \to -\infty} \frac{x^2 + 1}{x - 3} = -\infty$

さて，数列の極限の定義と同様に，上の関数の極限の定義には「限りなく一定の値に近づく」という言葉が用いられている．

「$f(x)$ が一定の値 α に限りなく近づく」ためには，「いくらでも小さな正数 ε に対して，$f(x)$ が α に ε 以下の近さ（α の ε 近傍内）にあること」が必要十分である．

そこで，「任意の正数 ε に対して，いつでも $f(x)$ が α に ε 以下の近さ（α の ε 近傍内）にある」といえれば，「α に限りなく近づく」ということを意味している．

一方，「x が a に近づく」とは，「いくらでも小さな正数 δ に対して，x が a の δ 近傍内にある」ことである．

したがって，極限値が存在するためには，「任意の正数 ε ごとに，十分小さな正数 δ を定めれば，$0 < |x - a| < \delta$ を満たすすべての x について，$f(x)$ が α に ε 以下の近さ（α の ε 近傍内）にある」，といえればよい．ここで，正数 δ をどのくらい小さくとればよいかは，正数 ε と x による（正確には δ は，ε と x の関数 $\delta(\varepsilon, x)$ である）．

以上から，厳密に議論するときに使用される，極限の定義を述べる．

定義 任意の正数 $\varepsilon > 0$ に対して，適当な正数 $\delta > 0$ が存在して，$0 < |x - a| < \delta$ を満たすすべての x について $|f(x) - \alpha| < \varepsilon$ が成立するとき，$f(x)$ は $x = a$ において極限値 α に収束するといい，

$$\lim_{x \to a} f(x) = \alpha$$

と表す．

このことを簡単に次のように表す．

$$\forall \varepsilon > 0, \exists \delta > 0 \,;\, \forall x,\ 0 < |x-a| < \delta \longrightarrow |f(x)-\alpha| < \varepsilon \iff \lim_{x \to a} f(x) = \alpha$$

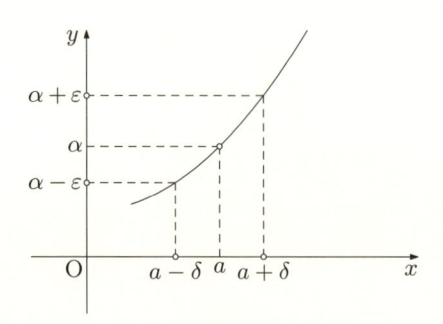

図 1.26

> **定義** 任意の正数 $M > 0$ に対して，適当な正数 $\delta > 0$ が存在して，$0 < |x - a| < \delta$ を満たすすべての x について $f(x) > M$ が成立するとき，$f(x)$ は $x = a$ において無限大に発散するといい，
> $$\lim_{x \to a} f(x) = \infty$$
> と表す．

このことを簡単に次のように表す．

$$\forall M > 0, \exists \delta > 0 \,;\, \forall x,\ 0 < |x-a| < \delta \longrightarrow f(x) > M \iff \lim_{x \to a} f(x) = \infty$$

さらに，同様の定義がいえる．たとえば，

$$\forall \varepsilon > 0, \exists x_0 \,;\, \forall x,\ x > x_0 \longrightarrow |f(x) - \alpha| < \varepsilon \iff \lim_{x \to \infty} f(x) = \alpha$$

$$\forall M > 0, \exists x_0 \,;\, \forall x,\ x > x_0 \longrightarrow f(x) > M \iff \lim_{x \to \infty} f(x) = \infty$$

このような ε, δ や $\forall, \exists$ を用いた推論を **ε–δ 論法** という．

問題 1.3.1 ε–δ 論法による次の極限の定義を述べよ．

(1) $\displaystyle\lim_{x \to -\infty} f(x) = \alpha$ (2) $\displaystyle\lim_{x \to -\infty} f(x) = \infty$ (3) $\displaystyle\lim_{x \to -\infty} f(x) = -\infty$

(4) $\displaystyle\lim_{x \to a+0} f(x) = \alpha$ (5) $\displaystyle\lim_{x \to a-0} f(x) = \infty$

定義より次の定理がえられる．

定理 1.11 関数 $f(x)$, $g(x)$ が $x = a$ の近くで定義されていて, $\lim_{x \to a} f(x) = \alpha$, $\lim_{x \to a} g(x) = \beta$ ならば,

(1) $\lim_{x \to a}(f(x) + g(x)) = \alpha + \beta$
(2) $\lim_{x \to a} cf(x) = c\alpha$ （c は定数）
(3) $\lim_{x \to a} f(x)g(x) = \alpha\beta$
(4) $\lim_{x \to a} \dfrac{f(x)}{g(x)} = \dfrac{\alpha}{\beta}$, （$\beta \neq 0$）

証明 ε–δ 論法で (1) を証明する. $\forall \varepsilon > 0$ について考える. 仮定より
$\lim_{x \to a} f(x) = \alpha \Longrightarrow \dfrac{\varepsilon}{2} > 0$, $\exists \delta_1 > 0$; $\forall x, 0 < |x - a| < \delta_1 \longrightarrow |f(x) - \alpha| < \dfrac{\varepsilon}{2}$
$\lim_{x \to a} g(x) = \beta \Longrightarrow \dfrac{\varepsilon}{2} > 0$, $\exists \delta_2 > 0$; $\forall x, 0 < |x - a| < \delta_2 \longrightarrow |g(x) - \beta| < \dfrac{\varepsilon}{2}$
が成立する. $\delta = \min\{\delta_1, \delta_2\}$ とおくと,

$$\forall x, 0 < |x - a| < \delta \longrightarrow |(f(x) + g(x)) - (\alpha + \beta)| = |f(x) - \alpha + g(x) - \beta|$$

（三角不等式を用いて）

$$\leq |f(x) - \alpha| + |g(x) - \beta| < \dfrac{\varepsilon}{2} + \dfrac{\varepsilon}{2} = \varepsilon$$

よって，証明された. ◇

問題 1.3.2 定理 1.11 の (2), (3), (4) を ε–δ 論法で証明せよ.

定理 1.12 関数 $f(x)$, $g(x)$, $h(x)$ が $x = a$ の近くで定義されていて, 各 $x \neq a$ で $g(x) \leq f(x) \leq h(x)$ が成立し, $\lim_{x \to a} g(x) = \alpha$, $\lim_{x \to a} h(x) = \beta$ とする.
(1) $\lim_{x \to a} f(x) = \gamma$ とすれば $\alpha \leq \gamma \leq \beta$ が成り立つ.
(2) $\alpha = \beta$ ならば $\lim_{x \to a} f(x) = \alpha$ （はさみうちの定理（原理））となる.

証明 ε–δ 論法で (1) の $\alpha \leq \gamma$ を証明する.
$\alpha > \gamma$ と仮定する. $\varepsilon = \dfrac{\alpha - \gamma}{2}$ とおくと，仮定 $\lim_{x \to a} f(x) = \gamma$, $\lim_{x \to a} g(x) = \alpha$ より

$$\exists \delta_1; \forall x, 0 < |x - a| < \delta_1 \longrightarrow |f(x) - \gamma| < \varepsilon$$

$$\exists \delta_2; \forall x, 0 < |x - a| < \delta_2 \longrightarrow |g(x) - \alpha| < \varepsilon$$

が成立する. $\delta = \min\{\delta_1, \delta_2\}$ とおくと,

がともに成立する．$\varepsilon = \dfrac{\alpha - \gamma}{2}$ だから，$\gamma + \varepsilon - (\alpha - \varepsilon) = 0$ である．よって，$f(x) < \gamma + \varepsilon = \alpha - \varepsilon < g(x)$．すなわち，$f(x) < g(x)$ となり仮定に矛盾する．

よって，$\alpha \leqq \gamma$ である．$\gamma \leqq \beta$ も同様にして証明できる．　　◇

問題 1.3.3 定理 1.12 の (2) を ε–δ 論法で証明せよ．

1.3.2 連続関数

前の節で，関数 $y = f(x) = x^2 - 2x + 2$ について，$x = 2$ の近傍での変化の様子を調べた．さらに，$\lim_{x \to 2}(x^2 - 2x + 2) = 2 = f(2)$ であることから，グラフ上の点 $(2, 2)$ でグラフはつながっている（図 1.27）．

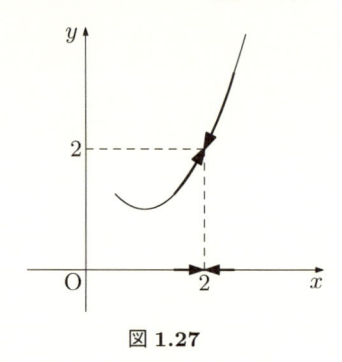

図 **1.27**

> **定義**　$x = a$ を含む区間で定義された関数 $f(x)$ が $x = a$ で**連続**であるとは，
> $$\lim_{x \to a} f(x) = f(a)$$
> が成立することである．

これを ε–δ 論法で略記すると

$$\lim_{x \to a} f(x) = f(a) \iff \forall \varepsilon > 0,\ \exists \delta > 0\,;\ \forall x,\ |x - a| < \delta \longrightarrow |f(x) - f(a)| < \varepsilon$$

注意　$|x - a| < \delta$ であり，極限の定義の場合の $0 < |x - a| < \delta$ ではない．すなわち，連続の場合は，$x = a$ のときも考えている．

注意　関数 $f(x)$ が $x = a$ で連続ならば
$$\lim_{x \to a} f(x) = f(a) = f(\lim_{x \to a} x)$$
であることから，$\lim$ と f は交換可能であることがわかる．

開区間 (a,b) の各点で連続であるとき，$f(x)$ は (a,b) で**連続**であるという．閉区間 $[a,b]$ で連続であるとは，(a,b) の各点で連続であり，$x=a$ における右極限値は $\lim_{x\to a+0} f(x) = f(a)$ であり，さらに，$x=b$ における左極限値は $\lim_{x\to b-0} f(x) = f(b)$ である，と定義する．

定理 1.13 関数 $f(x), g(x)$ が区間 I で連続ならば，

(1) $f(x)+g(x)$ も区間 I で連続である．
(2) $cf(x)$ も区間 I で連続である．ただし，c は定数．
(3) $f(x)g(x)$ も区間 I で連続である．
(4) $\dfrac{f(x)}{g(x)}$ も区間 I で連続である．ただし，$g(x) \neq 0$．

問題 1.3.4 定理 1.13 を証明せよ．

例題 1.3.1 関数 $f(x)$ が $x=a$ で連続で $f(a) \neq 0$ とする．このとき，適当な δ をとれば，開区間 $(a-\delta, a+\delta)$ で，$f(x)$ は $f(a)$ と同符号である．

解 $f(a) > 0$ と仮定する．$\varepsilon = \dfrac{f(a)}{2}$ に対して $\delta > 0$ が存在し，開区間 $(a-\delta, a+\delta)$ で $|f(x) - f(a)| < \varepsilon$ であるから，$0 < \dfrac{f(a)}{2} = f(a) - \varepsilon < f(x) < f(a) + \varepsilon$ である．よって，この区間で $f(x) > 0$ である．

$f(a) < 0$ の場合も同様である． ◇

定理 1.14（合成関数の連続性） $y=f(x)$ の値域が $z=g(y)$ の定義域に含まれているとする．このとき，$f(x)$ が $x=a$ で連続，$g(y)$ が $b=f(a)$ で連続であるとすれば，合成関数 $z=g(f(x))$ は $x=a$ で連続である．

証明 $b=f(a)$ とすれば，$z=g(y)$ は b で連続であるから，$\forall \varepsilon > 0, \exists \delta_1 > 0$ $|y-b| < \delta_1$ を満たすすべての y について，$|g(y) - g(b)| < \varepsilon$ すなわち，$|f(x) - f(a)| < \delta_1$ ならば $|g(f(x)) - g(f(a))| < \varepsilon$ また，$f(x)$ は $x=a$ で連続であるから，δ_1 に対して $\delta_2 > 0$ が存在して，$|x-a| < \delta_2$ を満足するすべての x について $|f(x) - f(a)| < \delta_1$ である．よって，$|x-a| < \delta_2$ を満たすすべての x について $|g(f(x)) - g(f(a))| < \varepsilon$ が成り立つ．よって，$g(f(x))$ は $x=a$ で連続である． ◇

別証明 仮定より $\lim_{x\to a} f(x) = f(a) = b$, $\lim_{y\to b} g(y) = g(b)$. よって, $x \to a$ は $y = f(x) \to f(a) = b$ を意味するから,

$$\lim_{x\to a} g(f(x)) = \lim_{\substack{x\to a \\ y\to b}} g(f(x)) = g\left(\lim_{x\to a} f(x)\right) = g\left(f\left(\lim_{x\to a} x\right)\right) = g(f(a))$$

となり, $g(f(x))$ は連続である. ◇

定理 1.15（指数関数の連続性） 指数関数 $f(x) = a^x$ $(a > 0)$ は連続である.

証明 $a^x = a^{x_0} a^{x-x_0}$ から, $x = 0$ における連続性を示せばよい.

(1) $a > 1$ の場合. $0 < |x|$ は十分小さいとする.

$p = \left[\dfrac{1}{|x|}\right]$ とおけば (ただし, 記号 [ ] はガウス記号を表す), p は正整数であり, $-\dfrac{1}{p} \leq x \leq \dfrac{1}{p}$ である. $x \to 0$ のとき $p \to \infty$ であり, 関数 a^x は狭義の単調増加関数であるから

$$1 = \lim_{p\to\infty} a^{-\frac{1}{p}} \leq \lim_{x\to 0} a^x \leq \lim_{p\to\infty} a^{\frac{1}{p}} = 1$$

となる (第 1 章：演習問題 B3 参照). よって, $\lim_{x\to 0} a^x = 1 = a^0$ となり, $x = 0$ で連続である.

(2) $0 < a < 1$ の場合. $\dfrac{1}{a}$ を考えて, 上の (1) の結果を用いると, 同様にいえる. ◇

ある点で, 連続でない関数の例 (i) と (ii) をあげる.

(i) n が整数のとき, $y = [x]$ は $x = n$ で連続でない.

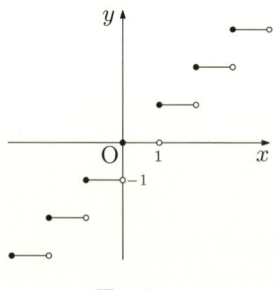

図 1.28

(ii) $y = \mathrm{sgn}(x)$ は $x = 0$ で連続でない．

$f(x)$ が $x = a$ で連続でないとき，$x = a$ で不連続という．不連続な関数は次のいずれかである．

1. $f(x)$ が $x = a$ で定義されていない．
2. $x = a$ で定義されていても $\lim_{x \to a} f(x)$ が存在しない．
3. 極限値が存在しても $f(a)$ に等しくない．

1.3.3 連続関数の基本定理

定理 1.16（中間値の定理） 関数 $f(x)$ が $[a,b]$ で連続で $f(a) \neq f(b)$ ならば，$f(a)$ と $f(b)$ の間の任意の実数 η に対して，$f(c) = \eta, a < c < b$ を満たす実数 c が少なくとも 1 つ存在する．

証明 $f(a) < \eta < f(b)$ と仮定し，$c_1 = \dfrac{a+b}{2}$ とおく．$[a, c_1]$ で $f(x) \leq \eta$ ならば $a_1 = c_1, b_1 = b$ とし，そうでなければ $a_1 = a, b_1 = c_1$ とすると，$a \leq a_1 \leq b_1 \leq b$ となる．同じく，$c_2 = \dfrac{a_1 + b_1}{2}$ とおき，$[a_1, c_2]$ で $f(x) \leq \eta$ ならば $a_2 = c_2, b_2 = b_1$ とし，そうでなければ $a_2 = a_1, b_2 = c_2$ とする．

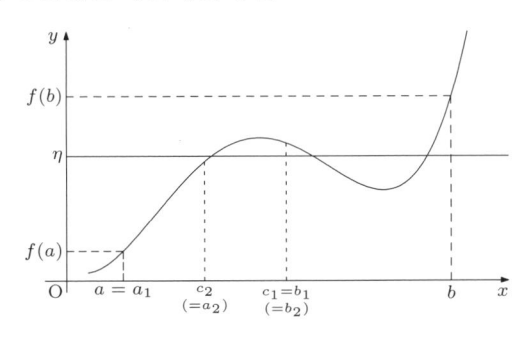

したがって，$a \leq a_1 \leq a_2 \leq b_2 \leq b_1 \leq b$ となる．

図 1.29

同様に，$c_n = \dfrac{a_{n-1} + b_{n-1}}{2}$ とおき，$[a_{n-1}, c_n]$ で $f(x) \leq \eta$ ならば $a_n = c_n, b_n = b_{n-1}$ とし，そうでなければ，$a_n = a_{n-1}, b_n = c_n$ とする．繰り返せば

$$a \leq a_1 \leq a_2 \leq a_3 \leq \cdots \leq a_n \leq \cdots \leq b_n \leq \cdots \leq b_3 \leq b_2 \leq b_1 \leq b$$

となる．数列 $\{a_n\}$ は上に有界な単調増加数列であるから，収束する．すべての n について $f(a_n) \leq \eta$ であり，$b_n - a_n = \dfrac{b-a}{2^n}$ であるので $\lim_{n\to\infty}(a_n - b_n) = 0$ である．よって，$\lim_{n\to\infty} a_n = c$ とすれば $\lim_{n\to\infty} b_n = c$ であり，$f(x)$ は連続関数であるから $f(c) \leq \eta$．

次に，$f(c) = \eta$ であることを示す．$f(c) < \eta$ であると仮定する．$f(x)$ は連続関数であるから $\varepsilon = \eta - f(c)$ とすれば，これに対応して $\delta > 0$ が存在して $|x - c| < \delta$ を満たすすべての x について，$|f(x) - f(c)| < \varepsilon$ である．よって，$f(x) < f(c) + \varepsilon = \eta$ である．$\lim_{n\to\infty} a_n = \lim_{n\to\infty} b_n = c$ だから，十分大きな n に対して，$|b_n - c| < \delta$, $|a_n - c| < \delta$ である．$x \in [a_n, b_n]$ は $c - \delta < a_n \leq x \leq b_n < c + \delta$ を満たすから，$|x - c| < \delta$ を満たすすべての x で $f(x) < \eta$ である．とくに，$f(b_n) < \eta$ となる．これは $[a_n, b_n]$ のとりかたに矛盾する．よって $f(c) = \eta$ となる． ◇

定義域 D 内のすべての x に対して，

$$|f(x)| \leq M$$

を満たす定数 M が存在するとき，関数 $f(x)$ は D で**有界**であるという．

定理 1.17　閉区間で連続な関数は有界である．

証明　関数 $f(x)$ が $[a,b]$ で連続とする．

上に有界でないとすれば，すべての自然数 n について $f(x_n) > n$ となる $x_n \in [a,b]$ が存在し，数列 $\{x_n\}$ からなる無限集合ができる．

したがって，ワイエルシュトラスの定理（第 1 章：演習問題 B7 参照）より，収束する部分列 $\{x_{n_i}\}$ がとれ，$a \leq x_n \leq b$ から，その極限値を α とすれば $\alpha \in [a,b]$ であり，

$$\lim_{i\to\infty} f(x_{n_i}) = \infty$$

である．一方，$f(x)$ は連続であるから，

$$\lim_{i\to\infty} f(x_{n_i}) = f(\alpha)$$

となり，矛盾する．したがって，上に有界である．

同様に，$f(y_n) < -n$，$a \leq y_n \leq b$ となる y_n を考えて，下に有界も証明される． ◇

定理 1.18（最大値・最小値の定理） 閉区間で連続な関数は，最大値と最小値をもつ．

証明 定理 1.17 より，関数 $f(x)$ は上に有界であるから，$\forall x \in [a,b]$ で $f(x) \leqq K$ とする．$h_1 = K$, $l_1 = f(a)$ とおき，$c_1 = \dfrac{h_1 + l_1}{2}$ とおく．$x \in [a,b]$ で $f(x) < c_1$ ならば $h_2 = c_1$, $l_2 = l_1$ とし，そうでなければ $h_2 = h_1$, $l_2 = c_1$ とする．同じく，$c_2 = \dfrac{h_2 + l_2}{2}$ とおき，$x \in [a,b]$ で，$f(x) < c_2$ ならば $h_3 = c_2$, $l_3 = l_2$ とし，そうでなければ $h_3 = h_2$, $l_3 = c_2$ とする．同様に，$x \in [a,b]$ で $f(x) < c_{n-1}$ ならば $h_n = c_{n-1}$, $l_n = l_{n-1}$ とし，そうでなければ $h_n = h_{n-1}$, $l_n = c_{n-1}$ とする．このようにすると

$$f(a) \leqq l_1 \leqq l_2 \leqq \cdots \leqq l_n \leqq \cdots \leqq h_n \leqq \cdots \leqq h_2 \leqq h_1 \leqq K$$

であり，$h_n - l_n = \dfrac{h_1 - l_1}{2^{n-1}}$ である．よって，数列 $\{h_n\}, \{l_n\}$ は有界で単調だから，ともに同じ値に収束する．$\displaystyle\lim_{n \to \infty} l_n = \lim_{n \to \infty} h_n = M$ とすると，$x \in [a,b]$ で $f(x) \leqq h_n$ であるから，$f(x) \leqq M$ である．

一方，$f(a_n) = l_n$ となる点 $a_n \in [a,b]$ が存在する（中間値の定理（定理 1.16））．数列 $\{a_n\}$ の部分数列 $\{a_{n_i}\}$ で η に収束するものをとれば（第 1 章：演習問題 B7 参照）$f(\eta) = M$, $\eta \in [a,b]$ であり，M は最大値である．最小値の場合は $-f(x)$ を考えると，最大値をとることに帰着される． ◇

1.3.4 逆関数

関数 $f(x)$ は区間 $[a,b]$ で連続な（狭義の）単調増加または単調減少とする．$f(x)$ の値域 R の任意の値 β に対して，中間値の定理（定理 1.16）より $f(\alpha) = \beta$ を満たす $\alpha \in [a,b]$ がただ 1 つ存在する．この数 β に対して，数 $\alpha \in [a,b]$ を対応させてできる関数を $f(x)$ の逆関数といい，$f^{-1}(x)$ と表す．

定理 1.19 関数 $f(x)$ が連続で単調増加（減少）のとき，逆関数 $f^{-1}(x)$ も連続で単調増加（減少）である．

証明 関数 $f(x)$ は区間 $[a,b]$ で連続で単調増加とすると，$f(a) = c < d = f(b)$ である．一方，中間値の定理（定理 1.16）より，区間 $[c,d]$ の任意の点 β に対して $\beta = f(\alpha)$ となる α が存在する．この対応は 1 対 1 であるから，逆関

数 $f^{-1}(x)$ が区間 $[c,d]$ で定義される．この逆関数が単調増加であることもわかる．

次に，逆関数 $f^{-1}(y)$ が連続であることを示す．

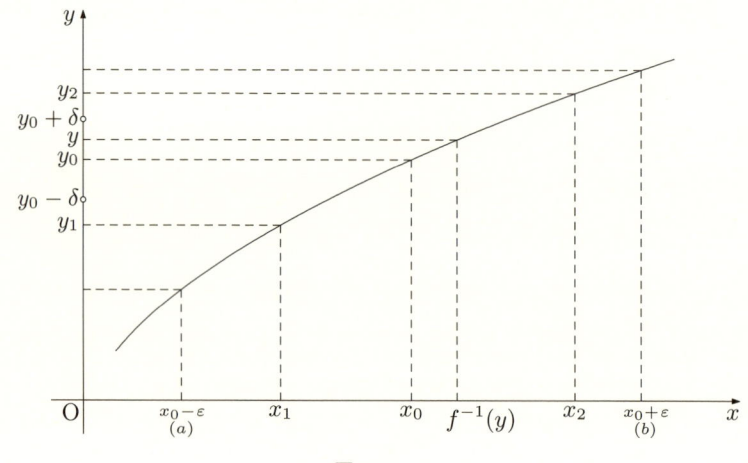

図 1.30

$c < y_0 < d$ とし，$f^{-1}(y_0) = x_0$ とおくと，$a < x_0 < b$ である．任意の正数 ε に対して，$\max\{x_0 - \varepsilon, a\} < x_1 < x_0 < x_2 < \min\{b, x_0 + \varepsilon\}$ となるように x_1, x_2 を定め，$f(x_1) = y_1$，$f(x_2) = y_2$ とおくと，$y_1 < y_0 < y_2$ である．そこで，$\delta = \min\{y_0 - y_1, y_2 - y_0\}$ とおくと $|y - y_0| < \delta$ のとき，$y_1 \leqq y_0 - \delta < y < y_0 + \delta \leqq y_2$ より $x_1 < f^{-1}(y) < x_2$ となる．また，x_1, x_2 の決め方より $|x_1 - x_0| < \varepsilon$, $|x_2 - x_0| < \varepsilon$ であり，$x_1 = f^{-1}(y_1) < f^{-1}(y) < f^{-1}(y_2) = x_2$ であるから，$|f^{-1}(y) - f^{-1}(y_0)| < \varepsilon$ となる．したがって，$f^{-1}(y)$ は連続である．両端の点 c, d における連続性も同様である． ◇

$y = f(x)$ と $y = f^{-1}(x)$ のグラフを考える．

$\beta = f(\alpha)$ とすると，$\alpha = f^{-1}(\beta)$ である．よって，点 (α, β) が $y = f(x)$ のグラフ上にあれば，点 (β, α) は $y = f^{-1}(x)$ のグラフ上にある．

一方，2 点 $(\alpha, \beta), (\beta, \alpha)$ は直線 $y = x$ に関して対称である．したがって，逆関数のグラフと元の関数のグラフとは，直線 $y = x$ に関して対称である．

1 次関数の逆関数 1 次関数 $y = ax + b, a \neq 0$ の逆関数は，$y = \dfrac{1}{a}(x - b)$ である．この 2 直線は直線 $y = x$ に関して対称である．

1.3.5 無理関数（2次関数の逆関数）

2次関数 $y=x^2$ の区間 $[0,\infty)$ に対応する部分は単調増加であり，この部分の逆関数は $y=\sqrt{x}$ である．区間 $(-\infty,0]$ に対応する部分は単調減少であり，この部分の逆関数は $y=-\sqrt{x}$ である．

このように，根号の中に x の式を含む関数を無理関数という．

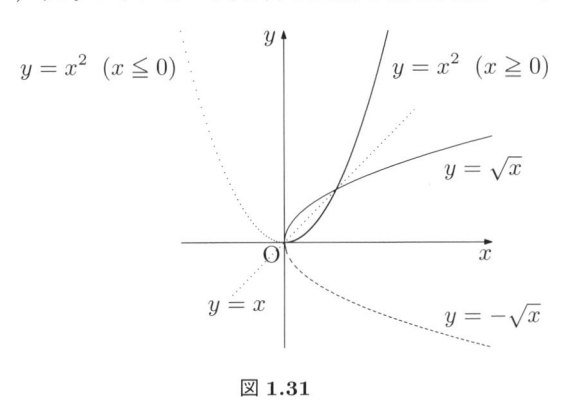

図 1.31

1.3.6 対数関数

対数関数は，指数関数の逆関数として定義される．指数関数 $y=a^x$ は $a>1\,(0<a<1)$ のとき，（狭義の）単調増加（単調減少）関数であり，値域は $(0,\infty)$ である．この逆関数は $(0,\infty)$ で定義され，狭義の単調増加（単調減少）関数である．

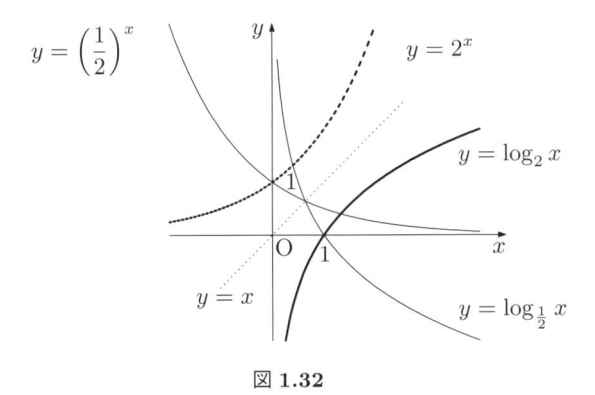

図 1.32

この逆関数を a を底とする対数関数といい，

$$y = \log_a x$$

とかく．

とくに，底がネイピア数 e のとき**自然対数**といい，$\log_e x$ の底 e を省略して

$$\log x$$

と表す．$\log_e x$ を $\ln x$，$\log_{10} x$ を $\log x$，e^x を $\exp(x)$ ともかく．

また，底が数 10 のとき，**常用対数**という．常用対数の場合には，底を省略してかくこともあるので注意すること．本書では自然対数の場合のみ，底を省略する．

指数法則と対数関数の性質より，$a > 0$, $a \neq 1$ で $x > 0$, $y > 0$ のとき，次の**対数法則**が成り立つ．

$$\log_a xy = \log_a x + \log_a y$$
$$\log_a \frac{x}{y} = \log_a x - \log_a y$$
$$\log_a x^p = p \log_a x$$

例題 1.3.2 $a > 0$, $b > 0$, $c > 0$, $a \neq 1$, $c \neq 1$ のとき，次の式が成り立つことを示せ．

$$\log_a b = \frac{\log_c b}{\log_c a} \quad \text{（底の変換公式）}$$

解 $k = \log_a b$ とおけば，$a^k = b$ である．c を底とする両辺の対数を考えると，

$$\log_c a^k = \log_c b$$

対数法則より，$k \log_c a = \log_c b$．$a \neq 1$ より $\log_c a \neq 0$ であるから，

$$\log_a b = k = \frac{\log_c b}{\log_c a} \quad \diamond$$

問題 1.3.5 次の値を求めよ．

(1) $\log_2 0.64$ (2) $\log_{\frac{1}{2}} 16$ (3) $\log_{\frac{1}{5}} 125$

(4) $\log_3 5 \, \log_5 9 \, \log_9 27$ (5) $(\log_3 5 + \log_5 3)^2 - (\log_3 5 - \log_5 3)^2$

問題 1.3.6 次の関数のグラフをかけ．

(1) $-\log_3 x$ (2) $\log_3(-x)$
(3) $-\log_{\frac{1}{3}} x$ (4) $\log_3(3x)$

1.3.7 逆三角関数

三角関数の逆関数を定義する．

まず，$\sin x$ について考える．区間 $\left[-\dfrac{\pi}{2}, \dfrac{\pi}{2}\right]$ で（狭義の）単調増加関数であるから，逆関数が存在する．一般に，$\sin x$ が単調増加関数または単調減少関数となる区間は無数に考えられ，それぞれに逆関数が存在する．区間 $\left[-\dfrac{\pi}{2}, \dfrac{\pi}{2}\right]$ での逆関数を**主値**といい，$\sin^{-1} x$ で表す．

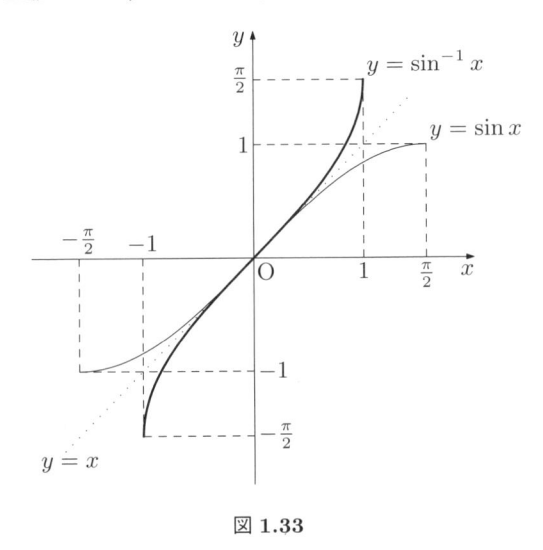

図 1.33

注意 $\sin^{-1} x = \dfrac{1}{\sin x}$ と誤解しないように注意すること．誤りをしないために，$\sin^{-1} x = \arcsin x$（アークサイン x）を使うことがある．

区間 $[0, \pi]$ での $\cos x$ の逆関数を**主値**といい，$\cos^{-1} x = \arccos x$（アークコサイン x）で表す（図 1.34）．

図 1.34

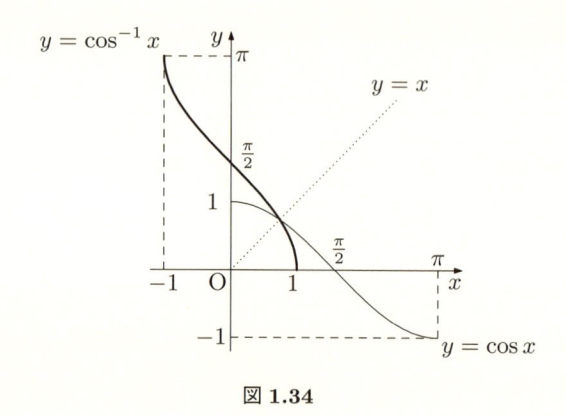

区間 $\left(-\dfrac{\pi}{2}, \dfrac{\pi}{2}\right)$ での $\tan x$ の逆関数を主値といい，$\tan^{-1} x = \arctan x$（アークタンジェント x）で表す．

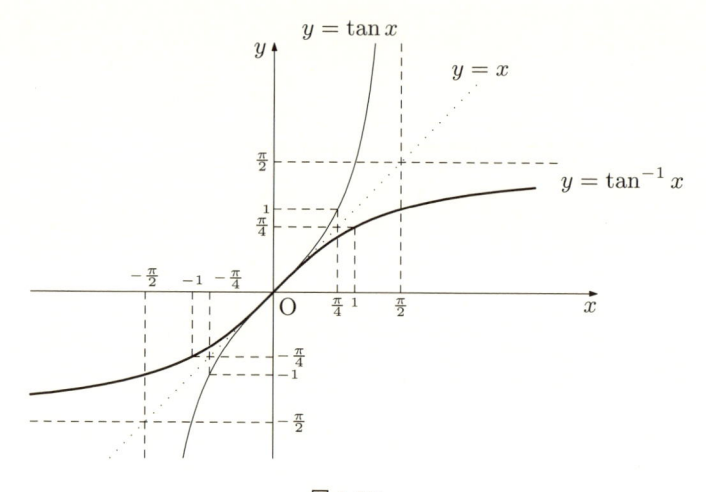

図 1.35

逆三角関数の定義域と値域をまとめると

> $\sin^{-1} x$ の定義域は区間 $[-1, 1]$ で，値域は区間 $\left[-\dfrac{\pi}{2}, \dfrac{\pi}{2}\right]$．
> $\cos^{-1} x$ の定義域は区間 $[-1, 1]$ で，値域は区間 $[0, \pi]$．
> $\tan^{-1} x$ の定義域は区間 $(-\infty, \infty)$ で，値域は区間 $\left(-\dfrac{\pi}{2}, \dfrac{\pi}{2}\right)$．

問題 1.3.7 次の値を求めよ．

(1) $\cos^{-1}\dfrac{-1}{2}$ (2) $\sin^{-1}\dfrac{\sqrt{3}}{2}$ (3) $\tan^{-1}\dfrac{-\sqrt{3}}{3}$ (4) $\sin^{-1}\dfrac{-\sqrt{2}}{2}$

例題 1.3.3 $\sin^{-1}x + \cos^{-1}x = \dfrac{\pi}{2}$ を証明せよ．

解 $y = \dfrac{\pi}{2} - \sin^{-1}x$ とおけば，$0 \leqq y \leqq \pi$ であり，

$$\cos y = \cos\left(\dfrac{\pi}{2} - \sin^{-1}x\right) = \sin(\sin^{-1}x) = x$$

よって，$y = \dfrac{\pi}{2} - \sin^{-1}x = \cos^{-1}x$． ◇

問題 1.3.8 次の式を満たす x を求めよ．

(1) $\cos^{-1}\dfrac{1}{2} + \cos^{-1}x = 1$ (2) $\tan^{-1}\dfrac{1}{7} + 2\tan^{-1}x = \dfrac{\pi}{4}$

1.3.8 双曲線関数と逆双曲線関数

$$\sinh(x) = \dfrac{e^x - e^{-x}}{2}, \qquad \cosh(x) = \dfrac{e^x + e^{-x}}{2}$$

を，それぞれ**ハイパボリックサイン**，**ハイパボリックコサイン**とよぶ．さらに，

$$\tanh(x) = \dfrac{e^x - e^{-x}}{e^x + e^{-x}}$$

を**ハイパボリックタンジェント**とよぶ．これら 3 つの関数を双曲線関数という．

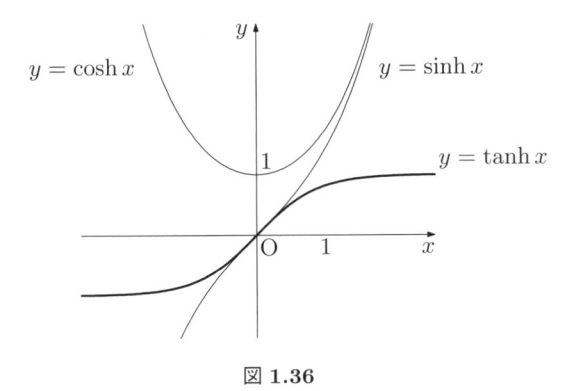

図 1.36

関数 $y = \cosh(x)$ のグラフは，2 点で固定されたロープが自然と垂れ下がっているときに見られる形である．懸垂線（けんすいせん）とよばれている．

双曲線関数は三角関数に類似した性質をもつ．

(1) $\cosh^2(x) - \sinh^2(x) = 1$
(2) $1 - \tanh^2(x) = \dfrac{1}{\cosh^2(x)}$
(3) $\sinh(x+y) = \sinh(x)\cosh(y) + \cosh(x)\sinh(y)$
(4) $\cosh(x+y) = \cosh(x)\cosh(y) + \sinh(x)\sinh(y)$

問題 1.3.9 上の (1), (2), (3), (4) を証明せよ．

$\sinh(x)$ は単調増加関数であり，$(-\infty, \infty)$ で逆関数をもつ．よって，$y = \dfrac{e^x - e^{-x}}{2}$ を x について解く．$e^x = X$ とおくと，$2y = X - X^{-1}$，$X^2 - 2yX - 1 = 0$．$X > 0$ だから $e^x = X = y + \sqrt{y^2 + 1}$．よって，$x = \log\left(y + \sqrt{y^2 + 1}\right)$．$x, y$ を入れかえて $y = \log\left(x + \sqrt{x^2 + 1}\right)$．これが $\sinh(x)$ の逆関数であるから，

$$\sinh^{-1}(x) = \log\left(x + \sqrt{x^2 + 1}\right) \tag{VI}$$

である．

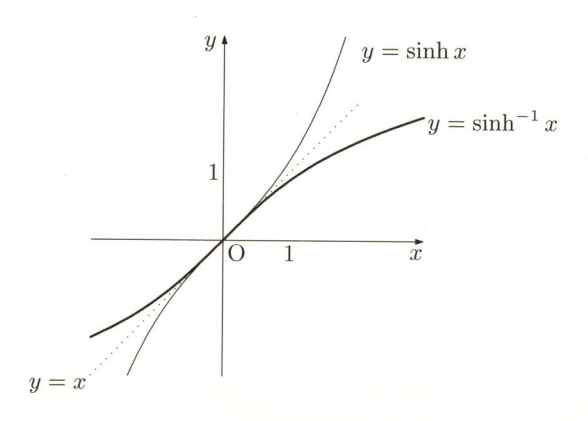

図 1.37

1.3.9 媒介変数で表される関数

変数 t の関数として，x と y がそれぞれ

$$x = f(t), \qquad y = g(t) \tag{A}$$

で与えられたとき，各 t に対して平面上の点 $(f(t), g(t))$ が定まる．t が変化するとき，対応する平面上の点の集合は，一般に曲線となる．このとき，(A) をこの曲線の**媒介変数表示**（**パラメータ表示**）といい，t を媒介変数（パラメータ）という．

さらに，$f'(t) \neq 0$ を満たす t の近傍では，$t = f^{-1}(x)$ が定まり，

$$y = g(f^{-1}(x))$$

となる．式 (A) を，t を媒介変数とする，この**関数の媒介変数表示**という．

半径 $a > 0$ の円が x 軸上を滑（すべ）らずに回転するとき，円周上に固定された点のえがく曲線（**サイクロイド**）は，次の媒介変数表示で与えられる．

$$x = a(t - \sin t), \qquad y = a(1 - \cos t)$$

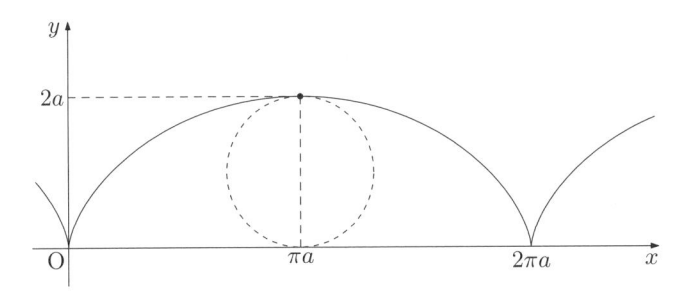

図 1.38

問題 1.3.10 次の曲線の媒介変数表示を求めよ．
(1) 円 $x^2 + y^2 = 4$ (2) 楕円 $\dfrac{x^2}{9} + \dfrac{y^2}{4} = 1$

第1章：演習問題

[A]

1. 次の極限を求めよ．
   (1) $\displaystyle\lim_{n\to\infty} \frac{5n+4}{n^2-2n}$
   (2) $\displaystyle\lim_{n\to\infty} \frac{5^n}{2^n-5^n}$
   (3) $\displaystyle\lim_{n\to\infty} \{(-4)^n + 2^n\}$
   (4) $\displaystyle\lim_{n\to\infty} \frac{2n}{3^n}$
   (5) $\displaystyle\lim_{n\to\infty} \frac{3^n}{n!}$

2. 次の極限を求めよ．
   (1) $\displaystyle\lim_{x\to 2} \frac{x-2}{x^2-4}$
   (2) $\displaystyle\lim_{x\to\infty} x\left(\sqrt{x^2+3x}-x\right)$
   (3) $\displaystyle\lim_{x\to\infty} \frac{3^x}{1-3^x}$
   (4) $\displaystyle\lim_{x\to -\infty} \frac{3^x}{1-3^x}$

3. 次の関数のグラフをかけ．
   (1) $y = \dfrac{3x-2}{x-4}$
   (2) $y = \sqrt{x+3} - 2$
   (3) $y = \cos^2(2x-6)$
   (4) $y = \sin\dfrac{1}{x}$
   (5) $y = \dfrac{1}{4^x}$
   (6) $y = \log_{0.5} x$

[B]

1. $\displaystyle\lim_{n\to\infty} \frac{1}{n} = 0$ を証明せよ．

2. $a > 0$ とする．$\displaystyle\lim_{n\to\infty} \frac{a^n}{n!}$ が収束することを証明せよ．

3. $a > 1$ とする．$\displaystyle\lim_{n\to\infty} a^{\frac{1}{n}} = 1$ を証明せよ．

4. 任意の開区間 (a,b) に有理数が存在することを証明せよ．

5. 次のカントールの定理（**区間縮小法**）を証明せよ．

   「無限個の区間 $I_1=[a_1,b_1], I_2=[a_2,b_2], \ldots, I_n=[a_n,b_n], \ldots$ について，各区間は $I_n \supset I_{n+1}$ を満たし，$\displaystyle\lim_{n\to\infty}(b_n - a_n) = 0$ であるとき，$I_1, I_2, \ldots$ のすべての区間に含まれる実数はただ 1 つである．」

6. 次のワイエルシュトラスの上限下限の定理を証明せよ．

   「実数の空でない有界部分集合には，上限と下限が存在する．」

7. 次のワイエルシュトラスの定理を証明せよ．

   「有界な数列は収束する部分数列をもつ．」

8. $b_n > 0, n = 1, 2, \ldots$ とする．数列 $\left\{\dfrac{a_n}{b_n}\right\}$ が増加（減少）数列であれば，$\left\{\displaystyle\sum_{k=1}^n a_k\right\} \Big/ \left\{\displaystyle\sum_{k=1}^n b_k\right\}$ も増加（減少）数列であることを証明せよ．

9. 数列 $a_n = \dfrac{1}{2}\left(a_{n-1} + \dfrac{2}{a_{n-1}}\right)$, $a_1 = a > 0$ は収束することを証明せよ．
10. 数列 $a_n = \sqrt{a + a_{n-1}}$, $a_1 = a > 0$ は収束することを証明せよ．
11. 数列 $a_n = \sum_{k=1}^{n} \dfrac{1}{k^2}$ は収束することを証明せよ．
12. $\lim_{n\to\infty} a_n = \alpha$ のとき，$\lim_{n\to\infty} \dfrac{1}{n}(a_1 + a_2 + \cdots + a_n) = \alpha$ を証明せよ．
13. $a_1 > 0$, $b_1 > 0$ とする．$n \geqq 1$ に対して，
    $a_{n+1} = \sqrt{a_n b_n}$, $b_{n+1} = \dfrac{1}{2}(a_n + b_n)$ と定義する．
    このとき，$\lim_{n\to\infty} a_n$ と $\lim_{n\to\infty} b_n$ は存在し，等しいことを証明せよ．
14. $\lim_{x\to\infty}\left(1 + \dfrac{1}{x}\right)^x = e$ を証明せよ．
15. 上の極限値 e は無理数であることを証明せよ．
16. $\lim_{x\to\infty}\left(1 - \dfrac{1}{x}\right)^x$ を求めよ．
17. 区間 $[a,b]$ で定義された連続関数 $f(x), g(x)$ が，区間 $[a,b]$ の有理数で一致するならば，区間 $[a,b]$ のすべての点で一致することを証明せよ．
18. $x \neq 0$ のとき，$\tan^{-1} x + \tan^{-1} \dfrac{1}{x} = \dfrac{\pi}{2}\mathrm{sgn}(x)$ を証明せよ．
19. $\cos^{-1}\sqrt{\dfrac{1+x}{2}} = \dfrac{1}{2}\cos^{-1} x$ を証明せよ．
20. $\tan^{-1}\dfrac{1}{2} + \tan^{-1}\dfrac{1}{3} = \dfrac{\pi}{4}$ を証明せよ．
21. $5\tan^{-1}\dfrac{1}{7} + 2\tan^{-1}\dfrac{3}{79} = \dfrac{\pi}{4}$ を証明せよ．
22. 関数 $f(x) = \begin{cases} \sin\dfrac{1}{x}, & x \neq 0 \\ 0, & x = 0 \end{cases}$ は $x = 0$ で連続かどうかを調べよ．
23. 関数 $f(x)$ が連続で，任意の x, y に対して $f(x+y) = f(x) + f(y)$ を満たすとき，$f(x) = cx$ (c は定数) であることを証明せよ．
24. 関数 $f(x)$ が連続で，任意の x, y に対して $f(x+y) = f(x)f(y)$, $f(x) \neq 0$ を満たすとき，$f(x) = e^{cx}$ (c は定数) であることを証明せよ．

第2章

1変数の微分

2.1 微分法

2.1.1 微分係数

関数 $y=f(x)$ において，x の値が a から b まで変化するとき，y の値は $f(a)$ から $f(b)$ まで変化する．このとき，比の値

$$\frac{f(b)-f(a)}{b-a}$$

を x の値が a から b まで変化するときの $f(x)$ の**平均変化率**という．

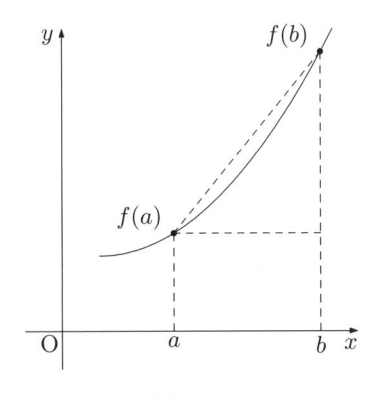

図 2.1

これは関数 $y=f(x)$ のグラフ上の 2 点 $(a,f(a))$, $(b,f(b))$ を通る直線の傾きに等しい．$b=a+h$ とおくと，上の平均変化率は

$$\frac{f(a+h)-f(a)}{h}$$

となる．さらに，$b-a=\Delta x$, $f(b)-f(a)=\Delta y$ と略記すると，

$$\frac{\Delta y}{\Delta x}$$

と表される．

区間 I の任意の 2 点間の平均変化率が正（負）のとき，関数 $y = f(x)$ は区間 I で単調に増加（減少）するという．

いま，b を a に限りなく近づける．このとき，極限値

$$\lim_{b \to a} \frac{f(b) - f(a)}{b - a} = \alpha$$

が存在する場合，$y = f(x)$ は $x = a$ において微分可能であるといい，α を $y = f(x)$ の $x = a$ における微分係数とよび，$f'(a)$ と表す．

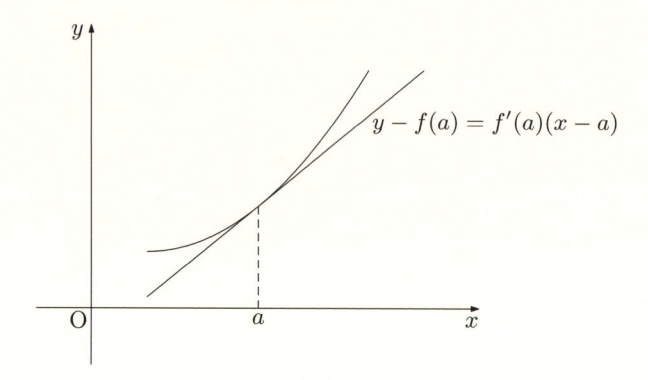

図 2.2

このとき，点 $(a, f(a))$ を通り傾きが $f'(a)$ である直線を，曲線 $y = f(x)$ の点 $(a, f(a))$ における接線といい，次の式で表される．

$$y - f(a) = f'(a)(x - a)$$

前述の表記を使うと，$f'(a)$ は次の極限値で表される．

$$f'(a) = \lim_{h \to 0} \frac{f(a+h) - f(a)}{h} = \lim_{\Delta x \to 0} \frac{\Delta y}{\Delta x}$$

$x = a$ において，右（左）極限値

$$\lim_{x \to a+0} \frac{f(x) - f(a)}{x - a} = f'_+(a) \quad \left(\lim_{x \to a-0} \frac{f(x) - f(a)}{x - a} = f'_-(a) \right)$$

が存在するとき，$f'_+(a)$ $\left(f'_-(a)\right)$ を右（左）微分係数という．

定義から，右極限値と左極限値が存在して等しいことと，微分可能であることとは同値である．

関数が区間 D で微分可能であるとは，D のすべての点で微分可能であることをいう．

2.1.2 導関数

関数 $y = f(x)$ が区間 D で微分可能ならば，D の各点 x に対して，その点の微分係数を対応させることができる．この対応によってできる関数を導関数とよび，それを

$$y', \quad \frac{dy}{dx}, \quad f'(x), \quad \frac{d}{dx}f(x), \quad \frac{df(x)}{dx}$$

のいずれかで表す．導関数を求めることを微分するという．

簡単な関数の導関数

(1) $y = c$（定数）のとき，$\Delta y = c - c = 0$ より，つねに

$$y' = 0$$

(2) $y = ax + c$ のとき，$\Delta y = a(x + \Delta x) + c - (ax + c) = a\Delta x$．よって，

$$y' = \lim_{\Delta x \to 0} \frac{\Delta y}{\Delta x} = a$$

微分可能な関数 $y = f(x)$ の導関数は

$$f'(x) = \lim_{\Delta x \to 0} \frac{\Delta y}{\Delta x}$$

であることから，$\Delta x \to 0$ のとき，$\Delta y \to 0$ である．

よって，$y = f(x)$ は連続である．

定理 2.1 微分可能な関数は連続である．

証明 厳密な ε–δ 論法による証明．

$x = a$ において微分可能とすれば，任意の $\varepsilon > 0$ に対して適当な $\delta_1 > 0$ が存在し，$0 < |x - a| < \delta_1$ を満たすすべての x について
$\left| \frac{f(x) - f(a)}{x - a} - f'(a) \right| < \varepsilon$ が成り立ち，$|f(x) - f(a)| < \delta_1(|f'(a)| + \varepsilon)$ となる．ここで，$\delta = \min\left(\delta_1, \frac{\varepsilon}{\varepsilon + |f'(a)|}\right)$ と定義すれば，$|x - a| < \delta$ を満たすすべての x について

$$|f(x)-f(a)| < \delta(\varepsilon+|f'(a)|) \leq \frac{\varepsilon}{\varepsilon+|f'(a)|}(\varepsilon+|f'(a)|) = \varepsilon \quad \diamond$$

2.1.3 ランダウ (Landau) の記号 ［スモールオー (o) とラージオー (O)］
この記号は数学のいろいろな分野で用いられている．

- $\lim_{x \to a} f(x) = 0$ のとき，$f(x)$ は（a において）無限小という．
- $\lim_{x \to a} \dfrac{f(x)}{g(x)} = 0$ のとき，$f(x) = o(g(x))$, $x \to a$ と表す．
- x が a の近く（近傍）で $\dfrac{f(x)}{g(x)}$ が有界であるとき，$f(x) = O(g(x))$, $x \to a$ と表す．

この o, O をランダウの記号という．この記号を用いて，次の定理によって，微分可能であることの別の定義が与えられる．

定理 2.2 $y = f(x)$ が $x = a$ において微分可能であることと，適当な定数 A に対して
$$f(x) - f(a) = A(x-a) + o(x-a)$$
であることとは同値である．このとき，$A = f'(a)$ である．

証明 $y = f(x)$ が $x = a$ において微分可能ならば，$\lim_{x \to a} \dfrac{f(x)-f(a)}{x-a} = f'(a)$ より $\lim_{x \to a} \dfrac{f(x)-f(a)-f'(a)(x-a)}{x-a} = 0$. したがって，$f(x)-f(a)-f'(a)(x-a) = o(x-a)$. よって，$A = f'(a)$ とおくと
$$f(x) - f(a) = A(x-a) + o(x-a)$$

逆に，適当な定数 A に対して，$f(x) - f(a) = A(x-a) + o(x-a)$ が成立していると仮定する．両辺を $x-a$ で割ると
$$\frac{f(x)-f(a)}{x-a} = A + \frac{o(x-a)}{x-a} = A + o(1)$$
よって，$\lim_{x \to a} \dfrac{f(x)-f(a)}{x-a} = A$ となり，微分可能である． $\diamond$

2.1.4 和差積商の微分法

定理 2.3 関数 $f(x)$, $g(x)$ が微分可能ならば,

(1) $(cf(x))' = cf'(x)$

(2) $(f(x) \pm g(x))' = f'(x) \pm g'(x)$ （複合同順）

(3) $(f(x)g(x))' = f'(x)g(x) + f(x)g'(x)$

(4) $\left(\dfrac{f(x)}{g(x)}\right)' = \dfrac{f'(x)g(x) - f(x)g'(x)}{g(x)^2}$

証明 (1), (2) は定義からただちにわかる．(3), (4) の証明を示す．$g(x)$ は微分可能であるから，連続である．よって，$h \to 0$ のとき，$g(x+h) \to g(x)$ である．

(3) の証明．

$$\frac{f(x+h)g(x+h) - f(x)g(x)}{h}$$
$$= \frac{g(x+h)(f(x+h) - f(x)) + f(x)(g(x+h) - g(x))}{h}$$
$$= g(x+h)\frac{f(x+h) - f(x)}{h} + f(x)\frac{g(x+h) - g(x)}{h}$$
$$\longrightarrow g(x)f'(x) + f(x)g'(x) \quad (h \to 0)$$

よって，$(f(x)g(x))' = g(x)f'(x) + f(x)g'(x)$．

(4) の証明．

まず，$f(x) = 1$ の場合を示す．

$$\frac{1}{h}\left(\frac{1}{g(x+h)} - \frac{1}{g(x)}\right) = \frac{-1}{g(x+h)g(x)}\frac{g(x+h) - g(x)}{h}$$
$$\longrightarrow -\frac{g'(x)}{g(x)^2} \quad (h \to 0)$$

よって，

$$\left(\frac{1}{g(x)}\right)' = -\frac{g'(x)}{g(x)^2}$$

積の微分法 (3) を用いて，

$$\left(\frac{f(x)}{g(x)}\right)' = \left(f(x)\frac{1}{g(x)}\right)' = f'(x)\frac{1}{g(x)} + f(x)\left(\frac{1}{g(x)}\right)'$$
$$= f'(x)\frac{1}{g(x)} + f(x)\frac{-g'(x)}{g(x)^2} = \frac{f'(x)g(x) - f(x)g'(x)}{g(x)^2} \quad \diamondsuit$$

2.1.5 合成関数の微分

定理 2.4 $z = f(y)$ が微分可能であり, $y = g(x)$ も微分可能とする. このとき, 合成関数 $z = f(g(x))$ は微分可能であり, 微分は

$$\frac{df(g(x))}{dx} = \frac{df(y)}{dy}\frac{dg(x)}{dx} \quad \left(\frac{dz}{dx} = \frac{dz}{dy}\frac{dy}{dx}\right)$$

である.

証明 $f(y), g(x)$ は微分可能だから, $h \to 0$ のとき, 定理 2.2 より

$$f(y+h) = f(y) + hf'(y) + o(h), \quad g(x+h) = g(x) + hg'(x) + o(h)$$

とかけるから,

$$f(g(x+h)) = f\left(g(x) + g'(x)h + o(h)\right) = f\left(g(x) + h(g'(x) + o(1))\right)$$
$$= f(g(x)) + h\left(g'(x) + o(1)\right)f'(g(x)) + o\left(h(g'(x) + o(1))\right)$$
$$= f(g(x)) + hf'(g(x))g'(x) + o(h)$$

となる. ここで, $h\, o(1)f'(g(x)) + o(h(g'(x) + o(1))) = o(h) + o(h) = o(h)$ を用いた. したがって, 定理 2.2 から

$$(f(g(x)))' = f'(g(x))g'(x) \quad \text{すなわち} \quad \frac{df(g(x))}{dx} = \frac{df(y)}{dy} \cdot \frac{dg(x)}{dx}$$

をえる. $\diamondsuit$

例題 2.1.1 n 個の関数 $f_1(x), f_2(x), \ldots, f_n(x)$ の積の微分は次の式で与えられる.

$$(f_1(x)\, f_2(x) \cdots f_n(x))' = \sum_{k=1}^{n} f_1(x)\, f_2(x) \cdots f_k'(x) \cdots f_n(x)$$
$$= f_1'(x)\, f_2(x) \cdots f_n(x) + f_1(x)\, f_2'(x) \cdots f_n(x) + \cdots$$
$$+ f_1(x)\, f_2(x) \cdots f_n'(x)$$

とくに, $(x^n)' = nx^{n-1}$.

解 $(f(x)g(x))' = f'(x)g(x) + f(x)g'(x)$ を用いて，数学的帰納法で証明できる．
◇

問題 2.1.1 次の関数を微分せよ．

(1) $(2x-3)(3x-2)$ (2) $\dfrac{1}{x+1}$ (3) $\dfrac{x^2+3}{x-5}$

(4) $3(2x-3)^8$ (5) $\dfrac{x^2+1}{x^3-7x+6}$ (6) $\dfrac{5x-3}{(x+3)^4+1}$

2.1.6 三角関数の導関数

$y = \sin x$ の導関数を考える．

$$\lim_{h \to 0} \frac{\sin(x+h) - \sin(x)}{h} = \lim_{h \to 0} \frac{2\cos\dfrac{2x+h}{2} \sin\dfrac{h}{2}}{h}$$

$$= \lim_{h \to 0} \cos\left(\frac{2x+h}{2}\right) \frac{\sin\dfrac{h}{2}}{\dfrac{h}{2}} = (\cos x) \lim_{h \to 0} \frac{\sin\dfrac{h}{2}}{\dfrac{h}{2}}$$

ここで，$\theta = \dfrac{h}{2}$ とおいて，極限値

$$\lim_{\theta \to 0} \frac{\sin\theta}{\theta}$$

を求める．まず $0 < \theta < 1$ の場合を考える．

点 O を中心とする半径 1 の円上の 2 点 A, B を $\angle AOB = \theta$ となるようにとる．さらに点 A を通り線分 OA に垂直な直線と，直線 OB との交点を C とする．以下の証明は厳密には誤りである．証明は補遺 p.284 を見よ．

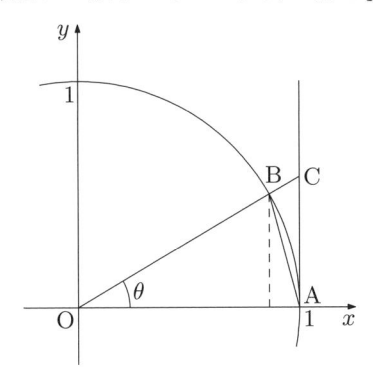

図 2.3

△OAB, 扇形 OAB と △OAC の面積を比較して，次の関係式をえる．
$$\frac{1}{2}\sin\theta < \frac{1}{2}\theta < \frac{1}{2}\tan\theta, \qquad 0 < \sin\theta < \theta < \tan\theta$$
この式の各辺を $\sin\theta > 0$ で割ると，次の関係式をえる．
$$1 < \frac{\theta}{\sin\theta} < \frac{1}{\cos\theta}$$
よって，はさみうちの定理（定理 1.12）より $\displaystyle\lim_{\theta\to +0}\frac{\sin\theta}{\theta} = 1$.
次に，$-1 < \theta < 0$ の場合は $-\theta = x$ とおくと
$$\lim_{\theta\to -0}\frac{\sin\theta}{\theta} = \lim_{x\to +0}\frac{\sin(-x)}{-x} = \lim_{x\to +0}\frac{\sin x}{x} = 1$$
である．以上より，
$$(\sin x)' = \lim_{h\to 0}\frac{\sin(x+h) - \sin x}{h} = (\cos x)\lim_{h\to 0}\frac{\sin\frac{h}{2}}{\frac{h}{2}} = (\cos x)\lim_{\theta\to 0}\frac{\sin\theta}{\theta}$$
$$= \cos x.$$

関係式 $\cos x = \sin\left(x + \frac{\pi}{2}\right),\ \cos\left(x + \frac{\pi}{2}\right) = -\sin x$ と合成関数の微分より
$$(\cos x)' = \left(\sin\left(x + \frac{\pi}{2}\right)\right)' = \cos\left(x + \frac{\pi}{2}\right) = -\sin x$$
$\tan x = \dfrac{\sin x}{\cos x}$ と商の微分法を用いて
$$(\tan x)' = \left(\frac{\sin x}{\cos x}\right)' = \frac{(\sin x)'\cos x - \sin x(\cos x)'}{\cos^2 x} = \frac{1}{\cos^2 x} = \sec^2 x$$

問題 2.1.2 次の関数を微分せよ．
(1) $\sin(2x-3)$ (2) $\cos^3(x^2+1)$ (3) $\tan^2(x+3)$
(4) $\sin 2x \tan x$ (5) $\dfrac{\cos x}{x}$ (6) $\dfrac{5x-3}{1+\tan(x+3)}$

2.1.7 対数関数の導関数

$y = \log x$ の導関数は次の極限値で与えられる．
$$\lim_{h\to 0}\frac{\log(x+h) - \log(x)}{h} = \lim_{h\to 0}\frac{\log\left(1 + \dfrac{h}{x}\right)}{h}$$

$$= \lim_{h \to 0} \frac{1}{x} \log \left(1 + \frac{h}{x}\right)^{\frac{x}{h}}$$

（第1章：演習問題 B14 と $\log x$ が連続関数であることより）

$$= \frac{1}{x} \log \lim_{h \to 0} \left(1 + \frac{h}{x}\right)^{\frac{x}{h}} = \frac{1}{x} \log e = \frac{1}{x}$$

よって，次の導関数をえる．

$$(\log x)' = \frac{1}{x}$$

$x < 0$ のとき，$x = -t$ とおいて

$$(\log |x|)' = \frac{d}{dx}(\log |x|) = \frac{d}{dt}(\log t) \cdot \frac{dt}{dx} = \frac{d}{dt}(\log t) \cdot (-1) = -\frac{1}{t} = \frac{1}{x}$$

したがって，次の導関数をえる．

$$(\log |x|)' = \frac{1}{x}$$

この公式と，定理 2.4（合成関数の微分の公式）から，次の (VII) 式がえられる．

$$(\log |f(x)|)' = \frac{f'(x)}{f(x)} \tag{VII}$$

上の公式は次のようにも表せる．

$$f'(x) = f(x)(\log |f(x)|)' \tag{VIII}$$

この公式 (VIII) を用いて，次の導関数が与えられる．

α が実数のとき，

$$(x^\alpha)' = x^\alpha (\log |x^\alpha|)' = \alpha x^\alpha (\log |x|)' = \alpha x^\alpha \frac{1}{x} = \alpha x^{\alpha-1}$$

問題 2.1.3 次の関数を微分せよ．
(1) $\log(5x^3 + 2)$ (2) $(\log x)^2$ (3) $(x^2+2)^3(1-x^3)^4$
(4) $\log(x + \sqrt{1+x^2})$ (5) x^x (6) $(\cos x)^{\tan x}$

2.1.8 指数関数の導関数

$y = a^x$ の導関数は公式 (VIII) を用いて次の式で与えられる．

$$(a^x)' = a^x (\log a^x)' = a^x (x \log a)' = a^x \log a$$

とくに，$a = e$ のとき

$$(e^x)' = e^x$$

問題 2.1.4 次の関数の導関数を求めよ．

(1) 3^x (2) $e^x + e^{-x}$ (3) $5^x\sqrt{2x+3}$
(4) e^{x^2} (5) $x^k e^{px}$ (6) $2^x \sqrt[3]{x^2}$

2.1.9 逆関数の導関数

定理 2.5 微分可能な関数 $f(x)$ が逆関数 $f^{-1}(x)$ をもつならば，$f^{-1}(x)$ は微分可能で $f'(x) \neq 0$ である点 x で

$$\frac{df^{-1}(x)}{dx} = \frac{1}{f'(f^{-1}(x))} \qquad \left(\frac{dy}{dx} = \frac{1}{\frac{dx}{dy}}\right)$$

証明 $f^{-1}(y) = x$, $f^{-1}(y+h) = x + h_1$ とおくと，$y = f(x)$, $y + h = f(x + h_1)$ である．さらに，$h \to 0$ ならば，定理 1.19 (p.43) から $h_1 \to 0$ である．よって，

$$\frac{df^{-1}(y)}{dy} = \lim_{h \to 0} \frac{f^{-1}(y+h) - f^{-1}(y)}{h} = \lim_{h \to 0} \frac{h_1}{h}$$
$$= \lim_{h_1 \to 0} \frac{1}{\frac{f(x+h_1) - f(x)}{h_1}} = \frac{1}{f'(x)} = \frac{1}{f'(f^{-1}(y))}$$

x と y を入れかえて，定理は成立する． ◇

問題 2.1.5 指数関数 e^x と対数関数 $\log x$ は互いに逆関数の関係にある．これらの関数について，定理 2.5 を確かめよ．

2.1.10 逆三角関数の導関数

逆三角関数の定義域と値域に注意して，$-\frac{\pi}{2} < x < \frac{\pi}{2}$ のとき $\cos x = \sqrt{1 - \sin^2 x}$．$0 < x < \pi$ のとき $\sin x = \sqrt{1 - \cos^2 x}$, $(\tan x)' = \frac{1}{\cos^2 x} = \sec^2 x = 1 + \tan^2 x$ である．これらを用いて，定理 2.5 より次の導関数をえる．

$$\frac{d\sin^{-1} x}{dx} = \frac{1}{\cos(\sin^{-1} x)} = \frac{1}{\sqrt{1 - (\sin(\sin^{-1} x))^2}} = \frac{1}{\sqrt{1 - x^2}}$$

$$\frac{d\cos^{-1} x}{dx} = \frac{1}{-\sin(\cos^{-1} x)} = \frac{-1}{\sqrt{1 - (\cos(\cos^{-1} x))^2}} = \frac{-1}{\sqrt{1 - x^2}}$$

$$\frac{d\tan^{-1} x}{dx} = \frac{1}{\sec^2(\tan^{-1} x)} = \frac{1}{1+(\tan(\tan^{-1} x))^2} = \frac{1}{1+x^2}$$

問題 2.1.6 次の関数を微分せよ．ただし，$a > 0$, $b \neq 0$ とする．

(1) $\sin^{-1}(2x-3)$ (2) $(\cos^{-1} x)^2$ (3) $\tan^{-1}(3x^2)$

(4) $x\sqrt{a^2-x^2} + a^2 \sin^{-1}\dfrac{x}{a}$ (5) $\dfrac{1}{ab}\tan^{-1}\left(\dfrac{b}{a}\tan x\right)$

2.1.11 双曲線関数とその逆関数の導関数

双曲線関数の導関数を求めると，

$$(\sinh(x))' = \frac{(e^x - e^{-x})'}{2} = \frac{e^x + e^{-x}}{2} = \cosh(x)$$

$$(\cosh(x))' = \frac{(e^x + e^{-x})'}{2} = \frac{e^x - e^{-x}}{2} = \sinh(x)$$

$$(\tanh(x))' = \left(\frac{\sinh(x)}{\cosh(x)}\right)' = \frac{(\cosh(x))^2 - (\sinh(x))^2}{(\cosh(x))^2} = \frac{1}{(\cosh(x))^2}$$

双曲線関数 $\sinh x$ の逆関数は第 1 章の式 (VI) (p.50) より $\sinh^{-1}(x) = \log\left(x + \sqrt{x^2+1}\right)$ である．これを微分して（問題 2.1.3 (4) 参照）

$$(\sinh^{-1}(x))' = \left(\log(x + \sqrt{x^2+1}\,)\right)' = \frac{1}{\sqrt{x^2+1}}$$

をえる．また，$(\sinh(x))' = \cosh(x)$ を用いて次のようにも計算される．

$$(\sinh^{-1}(x))' = \frac{1}{\cosh(\sinh^{-1}(x))} = \frac{1}{\cosh(\log(x+\sqrt{x^2+1}))}$$

$$= \frac{2}{e^{\log(x+\sqrt{x^2+1})} + e^{-(\log(x+\sqrt{x^2+1}))}} = \frac{2}{x+\sqrt{x^2+1} + \dfrac{1}{x+\sqrt{x^2+1}}}$$

$$= \frac{2}{x+\sqrt{x^2+1} + (-x+\sqrt{x^2+1})} = \frac{1}{\sqrt{x^2+1}}$$

[別解] $(\cosh(x))^2 - (\sinh(x))^2 = 1$ より $0 < \cosh(x) = \sqrt{1+(\sinh(x))^2}$ であるから，$(\sinh^{-1}(x))' = \dfrac{1}{\cosh(\sinh^{-1}(x))} = \dfrac{1}{\sqrt{1+\{\sinh(\sinh^{-1}(x))\}^2}} = \dfrac{1}{\sqrt{1+x^2}}$

問題 2.1.7 $\cosh^{-1}(x)$ を求めて，$\cosh^{-1}(x)$ を微分せよ．

問題 2.1.8 $\tanh^{-1}(x)$ を求めて，$\tanh^{-1}(x)$ を微分せよ．

2.1.12 媒介変数表示された関数の微分

t を媒介変数（パラメータ）として，

$$x = f(t), \quad y = g(t) \quad \text{ただし}, \frac{dx}{dt} \neq 0$$

で媒介変数表示された，関数の導関数は次のように求められる．定理 2.4 より

$$\frac{dy}{dx} = \frac{d(g(f^{-1}(x)))}{dx} = \frac{d\,g(t)}{dt}\frac{dt}{dx} = \frac{\dfrac{dy}{dt}}{\dfrac{dx}{dt}}$$

問題 2.1.9 媒介変数表示された次の関数について，$\dfrac{dy}{dx}$ を求めよ．

(1) $x = t + \dfrac{1}{t}, \quad y = t + \dfrac{1}{t^2}$ 　　(2) $x = e^{-t}\cos t, \quad y = e^{-t}\sin t$

2.1.13 基本的な関数の微分

これまでに調べたことをまとめると

(1) $(x^{\alpha})' = \alpha x^{\alpha-1}$ 　　(2) $(\log|x|)' = \dfrac{1}{x}$

(3) $(a^x)' = a^x \log a$ 　　(3') $(e^x)' = e^x$

(4) $(\sin x)' = \cos x$ 　　(5) $(\cos x)' = -\sin x$

(6) $(\tan x)' = \dfrac{1}{\cos^2 x} = \sec^2 x$ 　　(7) $(\sin^{-1} x)' = \dfrac{1}{\sqrt{1-x^2}}$

(8) $(\cos^{-1} x)' = \dfrac{-1}{\sqrt{1-x^2}}$ 　　(9) $(\tan^{-1} x)' = \dfrac{1}{1+x^2}$

(10) $(\log|f(x)|)' = \dfrac{f'(x)}{f(x)}$ 　　(11) $(\sinh^{-1}(x))' = \dfrac{1}{\sqrt{x^2+1}}$

(12) $(\cosh^{-1}(x))' = \dfrac{1}{\sqrt{x^2-1}}$ 　　(13) $(\tanh^{-1}(x))' = \dfrac{1}{1-x^2}$

(14) $\left(\log(x+\sqrt{a^2+x^2})\right)' = \dfrac{1}{\sqrt{a^2+x^2}}$

(15) $\left(x\sqrt{a^2-x^2} + a^2 \sin^{-1}\dfrac{x}{a}\right)' = 2\sqrt{a^2-x^2}$ 　　ただし，$a > 0$ である．

2.2 平均値の定理

2.2.1 ロルの定理

定理 2.6（ロル (Rolle) の定理） 関数 $f(x)$ は $[a,b]$ で連続で，(a,b) で微分可能とする．このとき，$f(a) = f(b)$ ならば $f'(c) = 0$, $a < c < b$ を満たす c が少なくとも 1 つ存在する．

証明 $f(x) = C$（定数）ならば，$f'(x) = 0$ であるから，明らか．$f(x) \neq C$（定数）ならば，$f(x)$ は $[a,b]$ で連続だから，定理 1.18 より $x = a$, $x = b$ 以外で最大値または最小値をとる．いま，$x = c$, $a < c < b$ で最大値をとるとすれば

$$f'_-(c) = \lim_{h \to -0} \frac{f(c+h) - f(c)}{h} \geq 0, \quad f'_+(c) = \lim_{h \to +0} \frac{f(c+h) - f(c)}{h} \leq 0$$

$f(x)$ は (a,b) で微分可能だから $f'_-(c) = f'_+(c)$．すなわち，$f'(c) = 0$．最小値をとる場合も同様に証明される． ◇

2.2.2 平均値の定理

定理 2.7（平均値の定理） 関数 $f(x)$ は $[a,b]$ で連続で，(a,b) で微分可能とする．このとき，$f'(c) = \dfrac{f(b) - f(a)}{b - a}$, $a < c < b$ を満たす c が少なくとも 1 つ存在する．

証明 $g(x) = f(x) - f(a) - \dfrac{f(b) - f(a)}{b - a}(x - a)$ とおくと，$g(a) = g(b) = 0$ である．よって，ロルの定理により，$g'(c) = 0$, $a < c < b$ を満たす c が少なくとも 1 つ存在する．$g'(x) = f'(x) - \dfrac{f(b) - f(a)}{b - a}$ であるから，

$$0 = g'(c) = f'(c) - \frac{f(b) - f(a)}{b - a}$$

より証明される． ◇

図 2.4

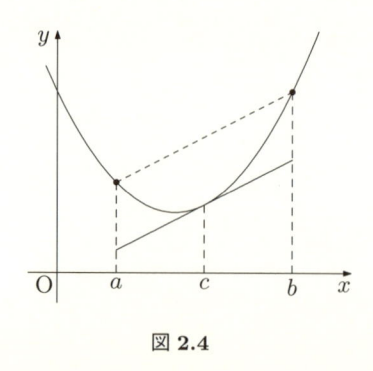

別の表現をすれば
　関数 $f(x)$ が区間 I で微分可能とするとき，I の任意の 2 点 x, $x+h$ に対して
$$f(x+h) = f(x) + f'(x+\theta h)\,h, \quad 0 < \theta < 1$$
を満たす θ が少なくとも 1 つ存在する．

　この定理から，微分可能な関数 $f(x)$ は区間 (a,b) で，$f'(x) > 0$ $(f'(x) < 0)$ ならばこの区間で単調に増加（減少）し，$f'(x) = 0$ ならばこの区間で定数関数である．

2.2.3　コーシーの平均値定理

定理 2.8（コーシー (Cauchy) の平均値定理）　関数 $f(x)$, $g(x)$ は $[a,b]$ で連続であり，(a,b) で微分可能であるとする．このとき，$g'(x) \neq 0$ ならば，
$$\frac{f'(c)}{g'(c)} = \frac{f(b)-f(a)}{g(b)-g(a)}, \quad a < c < b$$
を満たす c が少なくとも 1 つ存在する．

証明　$h(x) = f(x) - f(a) - \dfrac{f(b)-f(a)}{g(b)-g(a)}(g(x)-g(a))$ とおくと，$h(a) = h(b) = 0$ で，$h'(x) = f'(x) - \dfrac{f(b)-f(a)}{g(b)-g(a)}g'(x)$ であるから，ロルの定理により証明される．　◇

例題 2.2.1　コーシーの平均値定理の仮定の下で，$g(b) \neq g(a)$ である．

解 $g(b) = g(a)$ と仮定すると，ロルの定理より $g'(c) = 0$ となる点 $c \in (a,b)$ が存在する．これは $g'(x) \neq 0$ に矛盾する． ◇

2.2.4 不定形の極限

不定形の極限とは $\lim_{x \to a} \dfrac{f(x)}{g(x)}$ が $\dfrac{\infty}{\infty}$ や $\dfrac{0}{0}$ の場合などのことをいう．

定理 2.9（ロピタル (L'Hospital) の定理1） 関数 $f(x), g(x)$ は a を含む近傍で微分可能とする．このとき，$g'(x) \neq 0$, $\lim_{x \to a} f(x) = 0$, $\lim_{x \to a} g(x) = 0$ かつ $\lim_{x \to a} \dfrac{f'(x)}{g'(x)}$ が存在するならば

$$\lim_{x \to a} \frac{f(x)}{g(x)} = \lim_{x \to a} \frac{f'(x)}{g'(x)}$$

証明 $f(x), g(x)$ は $x = a$ で微分可能だから，$x = a$ で連続である．よって，$0 = \lim_{x \to a} f(x) = f(a), 0 = \lim_{x \to a} g(x) = g(a)$ である．コーシーの平均値定理より，次の式を満たす c が a と x の間に存在する．$x \to a$ とすると $c \to a$ だから

$$\lim_{x \to a} \frac{f(x)}{g(x)} = \lim_{x \to a} \frac{f(x) - f(a)}{g(x) - g(a)} = \lim_{x \to a} \frac{f'(c)}{g'(c)} = \lim_{c \to a} \frac{f'(c)}{g'(c)} = \lim_{x \to a} \frac{f'(x)}{g'(x)} \quad \diamondsuit$$

例題 2.2.2 $\lim_{x \to 0} \dfrac{x - \sin x}{x^3}$ を求めよ．

解 $x \to 0$ のとき分母 $\to 0$, 分子 $\to 0$ になることを各段階で確かめて，ロピタルの定理を用いる．

$$\frac{(x - \sin x)'}{(x^3)'} = \frac{1 - \cos x}{3x^2}, \qquad \frac{(1 - \cos x)'}{(3x^2)'} = \frac{\sin x}{6x}$$

$$\frac{(\sin x)'}{(6x)'} = \frac{\cos x}{6}, \qquad \lim_{x \to 0} \frac{\cos x}{6} = \frac{1}{6}$$

ロピタルの定理によって，順番にさかのぼって

$$\lim_{x \to 0} \frac{x - \sin x}{x^3} = \frac{1}{6} \qquad \diamondsuit$$

定理 2.10（ロピタルの定理2） 関数 $f(x), g(x)$ は a を含む開区間で微分可能とする．このとき，$g'(x) \neq 0$, $\lim_{x \to a} f(x) = \infty$, $\lim_{x \to a} g(x) = \infty$ かつ $\lim_{x \to a} \dfrac{f'(x)}{g'(x)}$

が存在するならば，
$$\lim_{x \to a} \frac{f(x)}{g(x)} = \lim_{x \to a} \frac{f'(x)}{g'(x)}$$

定理 2.11（ロピタルの定理 3） 関数 $f(x), g(x)$ は (a, ∞) で微分可能とする．このとき，$g'(x) \neq 0$, $\lim_{x \to \infty} f(x) = 0$, $\lim_{x \to \infty} g(x) = 0$ かつ $\lim_{x \to \infty} \frac{f'(x)}{g'(x)}$ が存在するならば
$$\lim_{x \to \infty} \frac{f(x)}{g(x)} = \lim_{x \to \infty} \frac{f'(x)}{g'(x)}$$

定理 2.12（ロピタルの定理 4） 関数 $f(x), g(x)$ は (a, ∞) で微分可能とする．このとき，$g'(x) \neq 0$, $\lim_{x \to \infty} f(x) = \infty$, $\lim_{x \to \infty} g(x) = \infty$ かつ $\lim_{x \to \infty} \frac{f'(x)}{g'(x)}$ が存在するならば
$$\lim_{x \to \infty} \frac{f(x)}{g(x)} = \lim_{x \to \infty} \frac{f'(x)}{g'(x)}$$

問題 2.2.1 ロピタルの定理 2，ロピタルの定理 3，ロピタルの定理 4 を証明せよ．

ロピタルの定理の逆は成立しない例がある．

例題 2.2.3 関数 $f(x), g(x)$ は a を含む近傍で微分可能とする．さらに，$\lim_{x \to a} f(x) = 0, \lim_{x \to a} g(x) = 0$ と仮定する．このとき，
$$\lim_{x \to a} \frac{f(x)}{g(x)} = A \quad \text{であっても} \quad \lim_{x \to a} \frac{f'(x)}{g'(x)} = A$$
とはならない関数 $f(x), g(x)$ が存在する．

解 $f(x) = x^2 \sin \dfrac{1}{x}, g(x) = x$ とすれば
$$\frac{f(x)}{g(x)} = x \sin \frac{1}{x} \to 0 \ (x \to 0) \ \text{であるが,}$$
$$\frac{f'(x)}{g'(x)} = 2x \sin \frac{1}{x} - \cos \frac{1}{x} \ (x \to 0) \ \text{の極限は存在しない．} \quad \diamondsuit$$

例題 2.2.4 つぎの極限値を求めよ．

(1) $\lim_{x \to \frac{\pi}{2}} \left(\tan x - \dfrac{1}{\cos x} \right)$ (2) $\lim_{x \to 0} (\cos x)^{\frac{1}{x^2}}$

解 最後の極限値があれば，さかのぼって等しい，という意味で等号を使う．

(1) ロピタルの定理より，
$$\lim_{x \to \frac{\pi}{2}} \left(\tan x - \frac{1}{\cos x} \right) = \lim_{x \to \frac{\pi}{2}} \frac{\sin x - 1}{\cos x} = \lim_{x \to \frac{\pi}{2}} \frac{\cos x}{-\sin x} = 0$$

(2) 対数をとり，ロピタルの定理を用いる．対数関数は連続だから，log と lim は交換可能である．
$$\log \left(\lim_{x \to 0} (\cos x)^{\frac{1}{x^2}} \right) = \lim_{x \to 0} \log(\cos x)^{\frac{1}{x^2}} = \lim_{x \to 0} \frac{1}{x^2} \log \cos x$$
$$= \lim_{x \to 0} \frac{-\sin x}{2x \cos x} = \lim_{x \to 0} \frac{-1}{2\cos x} \frac{\sin x}{x} = \frac{-1}{2}$$

よって，$\lim_{x \to 0} (\cos x)^{\frac{1}{x^2}} = \dfrac{1}{\sqrt{e}}$ ◇

問題 2.2.2 次の極限値を求めよ．
(1) $\displaystyle\lim_{x \to 1} \frac{2x-2}{\log x}$
(2) $\displaystyle\lim_{x \to 0} \frac{x - \sin^{-1} x}{x^3}$
(3) $\displaystyle\lim_{x \to 0} \frac{3^x}{x^2}$
(4) $\displaystyle\lim_{x \to \frac{\pi}{2}} \left(x - \frac{\pi}{2} \right) \tan x$
(5) $\displaystyle\lim_{x \to 0} \frac{\log \cos x}{x^2}$

2.3 テイラー (Taylor) の定理

2.3.1 高次導関数

関数 $y = f(x)$ の導関数の導関数を $f(x)$ の 2 次導関数という．一般に，$n-1$ 次導関数の導関数を $f(x)$ の n 次導関数という．n 次導関数を
$$y^{(n)}, \quad \frac{d^n y}{dx^n}, \quad f^{(n)}(x), \quad \frac{d^n f}{dx^n}, \quad \frac{d^n}{dx^n} f$$
などと表す．

関数 $f(x)$ の定義域 D で $f(x)$ の n 次導関数が存在するとき，関数 $f(x)$ は D で n 回微分可能といい，さらに D で連続なとき，D で C^n 級という．すべての自然数 n に対して，$f(x)$ が n 回微分可能のとき，無限回微分可能な関数といい，さらに，それらがすべて D で連続なとき，D で C^∞ 級という．

例題 2.3.1 n 次導関数について，次のことが成り立つことを示せ．
(1) $(x^a)^{(n)} = a(a-1)(a-2) \cdots (a-n+1) x^{a-n}$
(2) $(e^x)^{(n)} = e^x$

(3) $(\sin x)^{(n)} = \sin\left(x + \dfrac{n\pi}{2}\right)$

(4) $(\cos x)^{(n)} = \cos\left(x + \dfrac{n\pi}{2}\right)$

(5) $(\log x)^{(n)} = (-1)^{n-1}(n-1)!\, x^{-n}$

解 すべて $1, 2$ 回微分して予想し，数学的帰納法で証明する．(1), (2), (5) の証明は簡単であるので省略する．

(3) の証明．$(\sin x)' = \cos x = \sin\left(x + \dfrac{\pi}{2}\right)$ より，

$$(\sin x)^{(2)} = \left(\sin\left(x + \dfrac{\pi}{2}\right)\right)' = \cos\left(x + \dfrac{\pi}{2}\right) = \sin\left(x + \dfrac{2\pi}{2}\right)$$

以下同様にして数学的帰納法より，$(\sin x)^{(n)} = \sin\left(x + \dfrac{n\pi}{2}\right)$．

(4) の証明．$(\cos x)' = -\sin x = \cos\left(x + \dfrac{\pi}{2}\right)$ より，同様にして証明される．◇

定理 2.13（ライプニッツの公式） 関数 $f(x), g(x)$ が n 回微分可能ならば，次の式が成り立つ．ただし，式を見やすくするために，$f^{(j)} = f^{(j)}(x)$, $g^{(j)} = g^{(j)}(x)$, $f^{(0)} = f(x)$, $g^{(0)} = g(x)$ とおく．

$$(fg)^{(n)} = f^{(n)}g^{(0)} + {}_nC_1 f^{(n-1)}g^{(1)} + \cdots + {}_nC_r f^{(n-r)}g^{(r)} + \cdots + {}_nC_n f^{(0)}g^{(n)}$$

証明 数学的帰納法で証明する．

$n = 1$ のとき，$(fg)' = f'g + fg' = f^{(1)}g^{(0)} + f^{(0)}g^{(1)}$ だから成立する．
n が k のとき正しいと仮定すれば，次の式が成り立つ．

$$(fg)^{(k)} = f^{(k)}g^{(0)} + {}_kC_1 f^{(k-1)}g^{(1)} + \cdots + {}_kC_r f^{(k-r)}g^{(r)} + \cdots + {}_kC_k f^{(0)}g^{(k)}$$
$$= \sum_{i=0}^{k} {}_kC_i f^{(k-i)}g^{(i)}$$

両辺を微分すると

$$(fg)^{(k+1)} = \left((fg)^{(k)}\right)' = \left(\sum_{i=0}^{k} {}_kC_i f^{(k-i)}g^{(i)}\right)' = \sum_{i=0}^{k} \left({}_kC_i f^{(k-i)}g^{(i)}\right)'$$
$$= \sum_{i=0}^{k} {}_kC_i \left(f^{(k-i+1)}g^{(i)} + f^{(k-i)}g^{(i+1)}\right)$$
$$= f^{(k+1)}g^{(0)} + \sum_{i=1}^{k} ({}_kC_{i-1} + {}_kC_i) f^{(k+1-i)}g^{(i)} + f^{(0)}g^{(k+1)}$$

ここで，$_k\mathrm{C}_{i-1} + {}_k\mathrm{C}_i = {}_{k+1}\mathrm{C}_i$ であるから

$$(fg)^{(k+1)} = \sum_{i=0}^{k+1} {}_{k+1}\mathrm{C}_i \, f^{(k+1-i)} g^{(i)}$$

となり，n が $k+1$ のときも正しい．よって，数学的帰納法により，すべての自然数 n について定理が成り立つ． $\diamondsuit$

例題 2.3.2 $f(x) = x^3 \sin x$ の n 次導関数を求めよ．

解 $n = 1$ のとき，$f'(x) = 3x^2 \sin x + x^3 \cos x$.

$n = 2$ のとき，$f''(x) = 6x \sin x + 6x^2 \cos x - x^3 \sin x$.

$n \geqq 3$ のとき，ライプニッツの公式と $(\sin x)^{(n)} = \sin\left(x + \dfrac{n\pi}{2}\right)$, $(x^3)^{(n+1)} = 0$ より，

$$\begin{aligned}
f^{(n)}(x) = (x^3 \sin x)^{(n)} &= \sum_{k=0}^{n} {}_n\mathrm{C}_k (x^3)^{(k)} (\sin x)^{(n-k)} \\
&= x^3 \sin\left(x + \frac{\pi}{2}n\right) + 3nx^2 \sin\left(x + \frac{\pi}{2}(n-1)\right) \\
&\quad + 6\frac{n(n-1)}{2} x \sin\left(x + \frac{\pi}{2}(n-2)\right) \\
&\quad + 6\frac{n(n-1)(n-2)}{6} \sin\left(x + \frac{\pi}{2}(n-3)\right) \\
&= x^3 \sin\left(x + \frac{\pi}{2}n\right) + 3nx^2 \sin\left(x + \frac{\pi}{2}(n-1)\right) \\
&\quad + 3n(n-1)x \sin\left(x + \frac{\pi}{2}(n-2)\right) \\
&\quad + n(n-1)(n-2) \sin\left(x + \frac{\pi}{2}(n-3)\right) \qquad \diamondsuit
\end{aligned}$$

2.3.2 テイラーの定理

定理 2.14（テイラーの定理） 関数 $f(x)$ が，$[a,b]$ を含む開区間で n 回微分可能ならば

$$f(b) = f(a) + f'(a)(b-a) + \frac{f^{(2)}(a)}{2!}(b-a)^2$$
$$+ \cdots + \frac{f^{(n-1)}(a)}{(n-1)!}(b-a)^{n-1} + \frac{(b-a)^n}{n!} f^{(n)}(c), \quad a < c < b$$

を満たす c が存在する．

証明

$$F(x) = f(b) - \Big\{ f(x) + f'(x)(b-x) + \frac{f^{(2)}(x)}{2!}(b-x)^2$$
$$+ \cdots + \frac{f^{(n-1)}(x)}{(n-1)!}(b-x)^{n-1} + \frac{A}{n!}(b-x)^n \Big\}$$

とおく.ただし,

$$A = \frac{n!}{(b-a)^n} \Big\{ f(b) - f(a) - f'(a)(b-a) - \frac{f^{(2)}(a)}{2!}(b-a)^2$$
$$- \cdots - \frac{f^{(n-1)}(a)}{(n-1)!}(b-a)^{n-1} \Big\}$$

とおく.このとき $F(a) = F(b) = 0$ であるから,ロルの定理を用いると $F'(c) = 0, a < c < b$ となる c が存在する.$F(x)$ を微分すると

$$F'(x) = -\Big\{ f'(x) + \big(f^{(2)}(x)(b-x) - f'(x) \big)$$
$$+ \Big(\frac{f^{(3)}(x)}{2!}(b-x)^2 - f^{(2)}(x)(b-x) \Big) + \cdots$$
$$+ \Big(\frac{f^{(n)}(x)}{(n-1)!}(b-x)^{n-1} - \frac{f^{(n-1)}(x)}{(n-2)!}(b-x)^{n-2} \Big) - \frac{A}{(n-1)!}(b-x)^{n-1} \Big\}$$
$$= -\frac{1}{(n-1)!}(b-x)^{n-1}\big(f^{(n)}(x) - A \big)$$

であるから, $0 = F'(c) = -\frac{1}{(n-1)!}(b-c)^{n-1}\big(f^{(n)}(c) - A \big)$.

よって,$f^{(n)}(c) = A$ となり,A の定義式に代入して証明された. ◇

$c, a < c < b$ の別の表示方法を示すと,$c = a + \theta(b-a), 0 < \theta < 1$ となる.ここで,b を x でおきかえると定理は次のようにかかれる.

関数 $f(x)$ が a を含む開区間で n 回微分可能とすれば

$$f(x) = \sum_{k=0}^{n-1} \frac{(x-a)^k}{k!} f^{(k)}(a) + \frac{(x-a)^n}{n!} f^{(n)}(a + \theta(x-a)), \quad 0 < \theta < 1$$

を満たす θ が存在する.

最後の項を R_n とおくと,

$$R_n = \frac{(x-a)^n}{n!} f^{(n)}(a + \theta(x-a))$$

である.この表現を**ラグランジュの剰余項**とよぶ.この剰余項は別の表現も

ある.
$$R_n = \frac{(1-\theta)^{n-1}(x-a)^n}{(n-1)!} f^{(n)}(a+\theta(x-a)), \quad 0 < \theta < 1$$
これをコーシーの剰余項という.

定理 2.15（テイラーの定理の一意性） $x \to a$ のとき
$$a_0 + a_1(x-a) + \cdots + a_n(x-a)^n + o((x-a)^n)$$
$$= b_0 + b_1(x-a) + \cdots + b_n(x-a)^n + o((x-a)^n)$$
ならば, $a_0 = b_0, a_1 = b_1, \ldots, a_n = b_n$ である.

証明 $x \to a$ とすると $a_0 = b_0$ がえられるから, 両辺から a_0, b_0 を除いた式を, $x-a$ で割って, $x \to a$ とすると $a_1 = b_1$ がえられる. この操作を必要な回数だけくりかえして証明できる. ◇

テイラーの定理で $a=0, b=x$ とおくと, 次の定理をえる.

定理 2.16（マクローリン (Maclaurin) の定理） 関数 $f(x)$ が, 0 を含む開区間で n 回微分可能とすれば
$$f(x) = f(0) + f'(0)x + \frac{f^{(2)}(0)}{2!}x^2 + \cdots + \frac{f^{(n-1)}(0)}{(n-1)!}x^{n-1} + \frac{f^{(n)}(\theta x)}{n!}x^n$$
$0 < \theta < 1$ を満たす θ が存在する.

関数 $f(x)$ が a を含む開区間で C^n 級とすれば, $f^{(n)}(x)$ は $x=a$ で連続だから
$$\lim_{x \to a} \frac{R_n - f^{(n)}(a)(x-a)^n/n!}{(x-a)^n} = \frac{1}{n!} \lim_{x \to a}(f^{(n)}(a+\theta(x-a)) - f^{(n)}(a)) = 0$$
ランダウの記号を用いて $R_n = \dfrac{f^{(n)}(a)(x-a)^n}{n!} + o((x-a)^n)$ であるから
$$f(x) = \sum_{k=0}^{n} \frac{f^{(k)}(a)}{k!}(x-a)^k + o((x-a)^n)$$
と表せる.

この形式で基本的な関数をマクローリンの定理を用いて表せば

(1) $\dfrac{1}{1-x} = 1 + x + x^2 + \cdots + x^n + o(x^n)$

(2) $e^x = 1 + x + \dfrac{x^2}{2!} + \cdots + \dfrac{x^n}{n!} + o(x^n)$

(3) $\sin x = x - \dfrac{1}{3!}x^3 + \dfrac{1}{5!}x^5 + \cdots + \dfrac{(-1)^n}{(2n+1)!}x^{2n+1} + o(x^{2n+1})$

(4) $\cos x = 1 - \dfrac{1}{2!}x^2 + \dfrac{1}{4!}x^4 + \cdots + \dfrac{(-1)^n}{(2n)!}x^{2n} + o(x^{2n})$

(5) $\log(1+x) = x - \dfrac{x^2}{2} + \dfrac{x^3}{3} + \cdots + (-1)^{n-1}\dfrac{x^n}{n} + o(x^n)$

(6) α を任意の定数とする．このとき，

$$(1+x)^\alpha = 1 + \dfrac{\alpha}{1!}x + \dfrac{\alpha(\alpha-1)}{2!}x^2 + \cdots$$
$$+ \dfrac{\alpha(\alpha-1)\cdots(\alpha-n+1)}{n!}x^n + o(x^n)$$

問題 2.3.1 上の (1)〜(6) を証明せよ．

問題 2.3.2 マクローリンの定理を用いて，次の関数を $o(x^n)$ を使って表せ．

(1) $\sqrt[4]{x+1}$ (2) a^x (3) $\dfrac{e^x - 1}{x}$

(4) $\dfrac{1}{1+x}$ (5) $e^x + e^{-x}$

2.3.3 テイラー展開とマクローリン展開

$f(x)$ が a の近く（近傍）で C^∞ 級関数とする．$f(x) = \sum_{k=0}^{n-1} \dfrac{(x-a)^k}{k!} f^{(k)}(a) + R_n$ において，$\lim_{n\to\infty} R_n = 0$ ならば

$$f(x) = \sum_{k=0}^{\infty} \dfrac{(x-a)^k}{k!} f^{(k)}(a)$$

とかく．これを $x=a$ における，関数 $f(x)$ のテイラー展開といい，とくに，$a=0$ のとき，マクローリン展開とよぶ．

マクローリン展開の項の数が増加していくと，どのように $f(x)$ のグラフが近似されるか，以下の図 2.5, 2.6 で様子をみる．

2.3 テイラー (Taylor) の定理

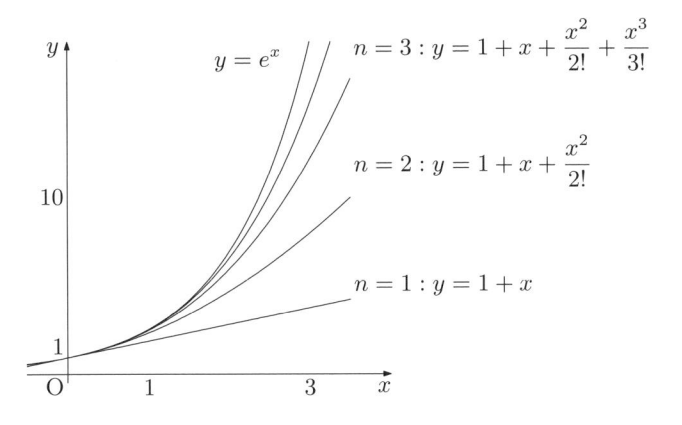

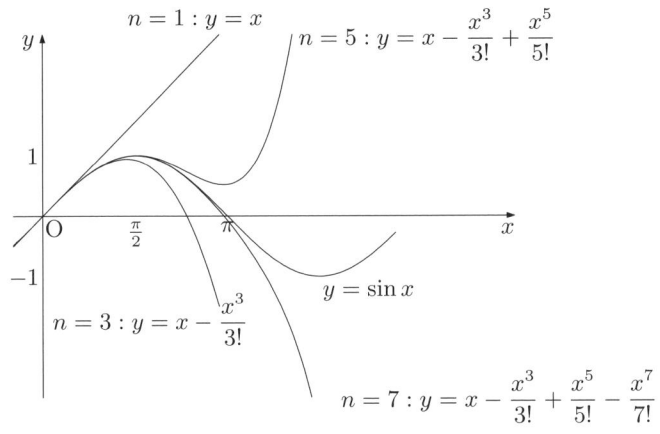

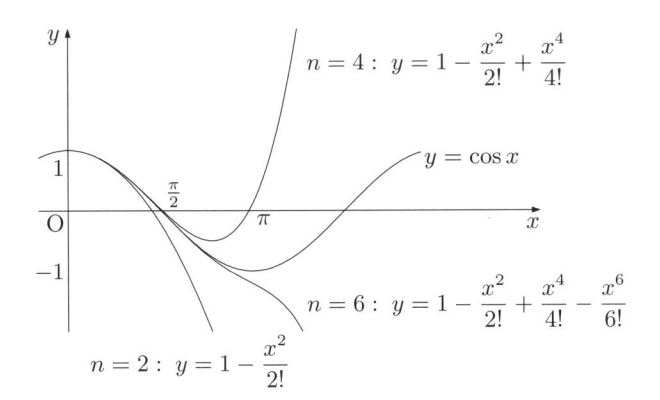

$n = 3 : y = 1 + x + \dfrac{x^2}{2!} + \dfrac{x^3}{3!}$

$y = e^x$

$n = 2 : y = 1 + x + \dfrac{x^2}{2!}$

$n = 1 : y = 1 + x$

$n = 1 : y = x$

$n = 5 : y = x - \dfrac{x^3}{3!} + \dfrac{x^5}{5!}$

$y = \sin x$

$n = 3 : y = x - \dfrac{x^3}{3!}$

$n = 7 : y = x - \dfrac{x^3}{3!} + \dfrac{x^5}{5!} - \dfrac{x^7}{7!}$

$n = 4 : y = 1 - \dfrac{x^2}{2!} + \dfrac{x^4}{4!}$

$y = \cos x$

$n = 6 : y = 1 - \dfrac{x^2}{2!} + \dfrac{x^4}{4!} - \dfrac{x^6}{6!}$

$n = 2 : y = 1 - \dfrac{x^2}{2!}$

図 **2.5**

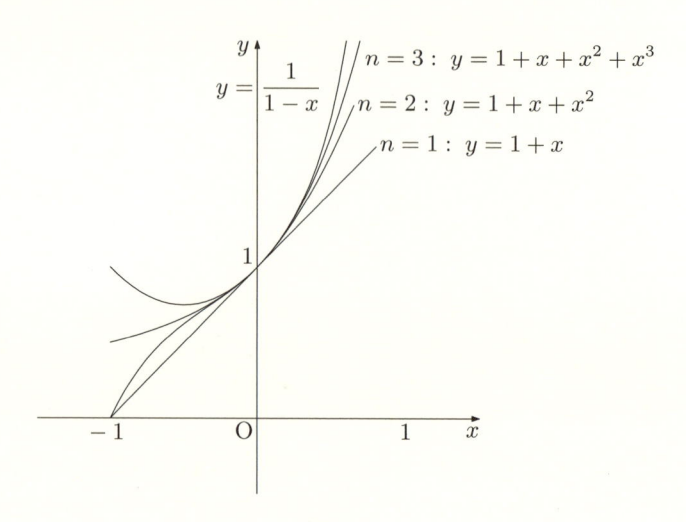

図 2.6

例題 2.3.3 次のマクローリン展開が $-\infty < x < \infty$ で成り立つことを示せ．
(1)　$e^x = \sum_{k=0}^{\infty} \dfrac{x^k}{k!} = 1 + x + \dfrac{x^2}{2!} + \dfrac{x^3}{3!} + \dfrac{x^4}{4!} + \dfrac{x^5}{5!} + \cdots + \dfrac{x^n}{n!} + \cdots$
(2)　$\sin x = \sum_{k=0}^{\infty} \dfrac{(-1)^k}{(2k+1)!} x^{2k+1} = x - \dfrac{x^3}{3!} + \dfrac{x^5}{5!} + \cdots + \dfrac{(-1)^n}{(2n+1)!} x^{2n+1} + \cdots$
(3)　$\cos x = \sum_{k=0}^{\infty} \dfrac{(-1)^k}{(2k)!} x^{2k} = 1 - \dfrac{x^2}{2!} + \dfrac{x^4}{4!} + \cdots + \dfrac{(-1)^n}{(2n)!} x^{2n} + \cdots$

解　(1) マクローリンの定理の剰余項は $R_n = \dfrac{x^n}{n!} e^{\theta x}, 0 < \theta < 1$ である．任意の x に対して，$|x| \leqq K$ を満たす正数 K をとると，$|R_n| \leqq \dfrac{K^n}{n!} e^K$．したがって，$\displaystyle\lim_{n \to \infty} R_n = 0$．

(2) 剰余項は $R_n = \dfrac{x^n}{n!} \sin\left(\theta x + \dfrac{n\pi}{2}\right)$ である．よって，$|R_n| \leqq \dfrac{|x|^n}{n!}$ である．したがって，$\displaystyle\lim_{n \to \infty} R_n = 0$．

(3) 剰余項は $R_n = \dfrac{x^n}{n!} \cos\left(\theta x + \dfrac{n\pi}{2}\right)$ である．よって，$|R_n| \leqq \dfrac{|x|^n}{n!}$ である．したがって，$\displaystyle\lim_{n \to \infty} R_n = 0$．　◇

2.3.4 オイラーの公式

マクローリン展開の重要な応用例を示す．

$$e^x = 1 + x + \frac{x^2}{2!} + \frac{x^3}{3!} + \frac{x^4}{4!} + \frac{x^5}{5!} + \cdots + \frac{x^n}{n!} + \cdots$$

$$\sin x = x - \frac{x^3}{3!} + \frac{x^5}{5!} + \cdots + \frac{(-1)^n}{(2n+1)!}x^{2n+1} + \cdots$$

$$\cos x = 1 - \frac{x^2}{2!} + \frac{x^4}{4!} + \cdots + \frac{(-1)^n}{(2n)!}x^{2n} + \cdots$$

これらを比較すれば，なにか関係がありそうである．数学者オイラーは虚数 $i = \sqrt{-1}$ を用いて

$$e^{ix} = 1 + ix - \frac{x^2}{2!} - i\frac{x^3}{3!} + \frac{x^4}{4!} + i\frac{x^5}{5!} + \cdots$$

と形式的に表し，

$$e^{ix} = \cos x + i \sin x$$

をえた．これをオイラーの公式という．

関連性がないと思える三角関数と指数関数を同じ無限次数の多項式の形式で比較した．その結果，複素数の世界では指数関数と三角関数は密接な関連性があることがうかがえるのである．数学をはじめとして，工学や自然科学を研究する場合，しばしば出現する公式である．

2.4 関数のグラフ

2.4.1 極値

関数 $f(x)$ が $x = a$ で**極大値**（**極小値**）をとるとは，a の近傍で $x \neq a$ を満たすすべての x に対して，$f(x) < f(a)$ $(f(x) > f(a))$ が成り立つことである．極大値と極小値をまとめて**極値** という．

定理 2.17 $x = a$ で関数 $f(x)$ が極値をとり微分可能ならば，$f'(a) = 0$ である．

証明 $x=a$ で関数 $f(x)$ が極大値をとるとする（極小値の場合も同様に証明できる）．関数 $f(x)$ は微分可能だから，$f'(a) = f'_+(a) = f'_-(a)$ である．一方，

$$f'_+(a) = \lim_{x \to a+0} \frac{f(x)-f(a)}{x-a} \leq 0, \qquad f'_-(a) = \lim_{x \to a-0} \frac{f(x)-f(a)}{x-a} \geq 0$$

よって，$f'(a) = 0$ である．◇

定理 2.18 関数 $f(x)$ が $x=a$ の近傍で C^n 級で，$f^{(1)}(a) = f^{(2)}(a) = \cdots = f^{(n-1)}(a) = 0, f^{(n)}(a) \neq 0$ であるとする．

(1) n が偶数で $f^{(n)}(a) < 0$ ならば，$f(a)$ は極大値をとる．
(2) n が偶数で $f^{(n)}(a) > 0$ ならば，$f(a)$ は極小値をとる．
(3) n が奇数ならば，$x=a$ で極値をとらない．

証明 テイラーの定理（定理 2.14）より

$$f(x) = f(a) + f'(a)(x-a) + \frac{f^{(2)}(a)}{2!}(x-a)^2$$
$$+ \cdots + \frac{f^{(n-1)}(a)}{(n-1)!}(x-a)^{n-1} + \frac{(x-a)^n}{n!}f^{(n)}(a+\theta(x-a))$$
$$= f(a) + \frac{(x-a)^n}{n!}f^{(n)}(a+\theta(x-a)), \quad 0 < \theta < 1$$

また，$f^{(n)}(x)$ の連続性から，$x=a$ の近傍で $f^{(n)}(x)$ と $f^{(n)}(a)$ が同符号になるようにできる（例題 1.3.1 (p.39) 参照）．この近傍内の任意の x に対して

$$f(x) - f(a) = \frac{f^{(n)}(a+\theta(x-a))}{n!}(x-a)^n, \quad 0 < \theta < 1$$

であるから，定理が成り立つ．◇

例題 2.4.1 関数 $f(x) = e^x + e^{-x} + 2\cos x$ は $x=0$ で極値をとるか，調べよ．

解
$$f'(x) = e^x - e^{-x} - 2\sin x \quad \text{より} \quad f'(0) = 0$$
$$f^{(2)}(x) = e^x + e^{-x} - 2\cos x \quad \text{より} \quad f^{(2)}(0) = 0$$
$$f^{(3)}(x) = e^x - e^{-x} + 2\sin x \quad \text{より} \quad f^{(3)}(0) = 0$$
$$f^{(4)}(x) = e^x + e^{-x} + 2\cos x \quad \text{より} \quad f^{(4)}(0) = 4 > 0$$

したがって，$x=0$ で極小値 4 をとる．◇

2.4.2 グラフの凹凸

$f(x)$ は区間 (a,b) で C^2 級関数とする．$g(x) = f'(x)$ とおくと，平均値の定理（定理 2.7）から $g(x) - g(a) = g'(c)(x-a)$ である．したがって，区間 (a,b) で $g'(x) = f''(x) > 0$ ($f''(x) < 0$) ならば，この区間で $g(x) = f'(x)$ は単調に増加（減少）する．このとき，グラフは下に凸（上に凸）の形になるという．

曲線が，下に凸から上に凸（または，上に凸から下に凸）へと変わる点を **変曲点** という．

例題 2.4.2 $y = f(x) = e^{-x^2}$ の凹凸を調べてグラフをかけ．

解
$$y' = -2xe^{-x^2}, y' = 0 \quad より \quad x = 0$$
$$y'' = (4x^2 - 2)e^{-x^2}, y'' = 0 \quad より \quad x = \pm\frac{1}{\sqrt{2}}$$

したがって，次の増減表とグラフをえる．極大値は $f(0) = 1$ である． ◇

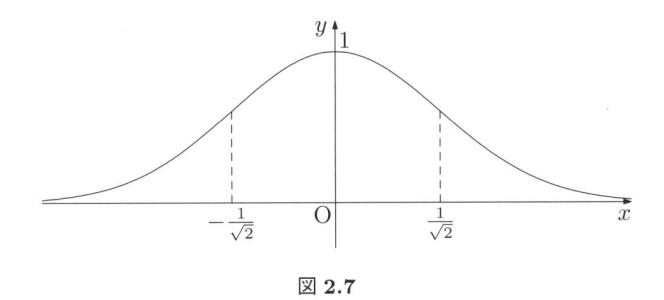

x	$\cdots$	$-\frac{1}{\sqrt{2}}$	$\cdots$	0	$\cdots$	$\frac{1}{\sqrt{2}}$	$\cdots$
y'			$+$	0	$-$		
y''	$+$	0	$-$		$-$	0	$+$
y	↗	変曲点	↗	極大	↘	変曲点	↘

図 2.7

問題 2.4.1 次の関数の凹凸を調べてグラフをかけ．

(1) $y = x^4 - 2x^2 - 8$ 　 (2) $y = x + \cos x$ 　 (3) $y = \dfrac{1+x^2}{1+x}$

第 2 章：演習問題

1. 次の導関数を求めよ．ただし，$0 < b < a, \alpha < \beta$ とする．

    (1) $\sin^{-1} \dfrac{x}{\sqrt{x^4 + 1}}$

    (2) $\tan^{-1} \dfrac{1}{x^3}$

    (3) $\log(\tan^{-1} x)$

    (4) $e^{ax} \sin bx$

    (5) $(\tan x)^{\sin x}$

    (6) $\tan^{-1}\left(\dfrac{x+a}{1-ax}\right)$

    (7) $x^{\sin^{-1} x}$

    (8) $\tan^{-1}\left(\sqrt{\dfrac{a-b}{a+b}} \sin^{-1} x\right)$

    (9) $2\tan^{-1} \sqrt{\dfrac{x-\alpha}{\beta-x}}$

    (10) $\sin^{-1} \dfrac{2x - \alpha - \beta}{\beta - \alpha}$

    (11) $x\sqrt{x^2 + a} + a \log \left| x + \sqrt{x^2 + a} \right|$

    (12) $\log\left(x - a + \sqrt{(x-a)^2 + b^2}\right)$

    (13) $\sqrt{(x+a)(x+b)} + \dfrac{a-b}{2} \log \left| \dfrac{\sqrt{x+a} - \sqrt{x+b}}{\sqrt{x+a} + \sqrt{x+b}} \right|$

    (14) $2\log\left(\sqrt{x-\alpha} + \sqrt{x-\beta}\right)$

2. 次の関数は $x = 0$ において連続であるが，微分可能でないことを証明せよ．
$$f(x) = \begin{cases} \dfrac{x}{1 + e^{\frac{1}{x}}}, & x \neq 0 \\ 0, & x = 0 \end{cases}$$

3. 次の関数の，$x = 0$ における連続性と微分可能性を調べよ．
$$f(x) = \begin{cases} x^2 \sin \dfrac{1}{x}, & x \neq 0 \\ 0, & x = 0 \end{cases}$$

4. 関数 $f(x)$ は n 回微分可能である．$x^3 f(x)$ の n 次導関数を求めよ．

5. 次の関数の n 次導関数を求めよ．

    (1) $\dfrac{x+a}{x+b}$

    (2) $\dfrac{1}{x^2 - 3x + 2}$

    (3) $\dfrac{x^4}{1-x}$

    (4) $\sin^3 x$

    (5) $\sin x \cos^3 x$

    (6) $x^2 \sin x$

6. マクローリンの定理を用い，次の関数を $o(x^n)$ を使って表せ．

   (1) $\tan^{-1} x$ 　　　　　　　　　(2) $\sin^{-1} x$

7. 次の極限値をマクローリンの定理を利用して求めよ．

   (1) $\displaystyle\lim_{x \to 0} \frac{\sin x - x}{x^3}$ 　　　　(2) $\displaystyle\lim_{x \to 0} \frac{\cos x - 1 + \frac{1}{2}x^2}{x^4}$

   (3) $\displaystyle\lim_{x \to 0} \frac{e^x - x - 1}{x^2}$

8. 次の極限値をロピタルの定理を用いて求めよ．

   (1) $\displaystyle\lim_{x \to 0}(e^x + 2x)^{\frac{1}{x}}$ 　　　(2) $\displaystyle\lim_{x \to 0}(\cos x)^{\frac{1}{x^2}}$

   (3) $\displaystyle\lim_{x \to 0}\left(\frac{1}{x^2} - \frac{1}{\sin^2 x}\right)$ 　(4) $\displaystyle\lim_{x \to \infty} \frac{e^x}{x^a}, \quad a > 0$

   (5) $\displaystyle\lim_{x \to 0} \frac{e^x - e^{-x} - 2x}{x - \sin x}$ 　(6) $\displaystyle\lim_{x \to \frac{\pi}{2} - 0}(\tan x)^{\cos x}$

9. $\dfrac{1}{p} + \dfrac{1}{q} = 1, p > 1, x \geq 1$ ならば $\dfrac{x^p}{p} + \dfrac{x^q}{q} \geq x$ を証明せよ．

10. $\sqrt[3]{30}$ を $3\left(1 + \dfrac{1}{9}\right)^{\frac{1}{3}}$ と変形して，マクローリンの定理を用いて，$\sqrt[3]{30}$ の値を小数第2位まで求めよ．

11. 区間 I において，$f(x)$ は2回微分可能で $f'(x) > 0, f''(x) > 0$ である関数とする．さらに，$c \in I$ において，$f(c) = 0$ であるとする．値 $x_1, c < x_1 \in I$ に対して，数列 $\{x_n\}$ を次の漸化式
$$x_{n+1} = x_n - \frac{f(x_n)}{f'(x_n)}, \quad n = 1, 2, 3, \ldots$$
で定義する．このとき，$\displaystyle\lim_{x \to \infty} x_n$ を求めよ．

第3章

1変数の積分

3.1 不定積分

3.1.1 原始関数・不定積分

関数 $f(x)$ について $F'(x) = f(x)$ を満たす $F(x)$ が存在するとき，$F(x)$ を $f(x)$ の**原始関数**という．このとき，明らかに $F(x)+C$（C は定数）も原始関数である．

さらに，$G(x)$ を $f(x)$ の原始関数とすれば，$(G(x)-F(x))' = 0$ であることから，平均値の定理（定理 2.7）より，$G(x)-F(x)$ は定数 C となる．よって，次の定理をえる．

定理 3.1 $f(x)$ の原始関数の1つを $F(x)$ とすれば，他の任意の原始関数は
$$F(x)+C \quad (C \text{ は定数})$$
と表される．

$f(x)$ の原始関数を $F(x)$ とするとき，
$$\int f(x)\,dx = F(x)+C \quad (C \text{ は定数})$$
とかき，$f(x)$ の**不定積分**といい，C を**積分定数**という．不定積分を求めることを**積分する**という．

ここで，定数項の差に応じて原始関数は種々あるので，不定積分の表し方はいろいろである．これらが同じ関数の不定積分であることから等号で結ばれる．したがって，不定積分を含む式の等号は，左右両辺を微分すれば等しいことを意味する．

3.1.2 置換積分・部分積分

微分の公式から次の定理をえる．

定理 3.2（不定積分の基本性質） 関数 $f(x), g(x)$ は C^1 級関数とし，α, β は定数とする．このとき，

(1) $\displaystyle\int (\alpha f(x) + \beta g(x))\, dx = \alpha \int f(x)\, dx + \beta \int g(x)\, dx$

(2) $\displaystyle\int f(x)\, dx = \int f(g(t)) \frac{dx}{dt}\, dt = \int f(g(t)) g'(t)\, dt, \quad x = g(t)$ （置換積分）

(3) $\displaystyle\int f(x) g'(x)\, dx = f(x) g(x) - \int f'(x) g(x)\, dx$ （部分積分）

証明 (1) 両辺を微分して，両辺とも $\alpha f(x) + \beta g(x)$ となる．

(2) 合成関数の微分公式より

$$\frac{d}{dx}\left\{\int f(g(t)) \frac{dx}{dt}\, dt\right\} = \frac{d}{dt}\left\{\int f(g(t)) \frac{dx}{dt}\, dt\right\} \frac{dt}{dx}$$

$$= f(g(t)) \frac{dx}{dt} \frac{dt}{dx} = f(g(t)) = f(x)$$

(3) 右辺を微分して，

$$(f(x) g(x))' - f'(x) g(x) = f'(x) g(x) + f(x) g'(x) - f'(x) g(x) = f(x) g'(x)$$

左辺の微分となる． ◇

問題 3.1.1 次の関数の不定積分を求めよ．

(1) $x^3 + 4x^2 - 2x + 3$ 　(2) $(2x+1)^3$ 　(3) $\dfrac{x^2 - 3x + 1}{\sqrt{x}}$

(4) $1 - \sin 2x$ 　(5) $\dfrac{1}{2x + 3}$ 　(6) 3^{2x}

(7) xe^x 　(8) $\log x$ 　(9) $\tan x$

3.1.3　基本的な関数の不定積分

不定積分の基本公式をあげておく．ただし，$a > 0$，C は積分定数とする．

(1) $\displaystyle\int x^\alpha\, dx = \frac{1}{\alpha + 1} x^{\alpha+1} + C, \quad \alpha \neq -1$

(2) $\displaystyle\int \frac{1}{x}\, dx = \log |x| + C$

(3) $\displaystyle\int a^x\, dx = \frac{a^x}{\log a} + C, \quad a \neq 1$

(4) $\displaystyle\int \sin x\, dx = -\cos x + C$

(5) $\displaystyle\int \cos x\, dx = \sin x + C$

(6) $\displaystyle\int \sec^2 x\, dx = \int \frac{1}{\cos^2 x}\, dx = \tan x + C$

(7) $\displaystyle\int \tan x\, dx = -\log|\cos x| + C$

(8) $\displaystyle\int \frac{1}{\sqrt{x^2 + A}}\, dx = \log\left|x + \sqrt{x^2 + A}\right| + C$

(9) $\displaystyle\int \frac{1}{x^2 + a^2}\, dx = \frac{1}{a} \tan^{-1} \frac{x}{a} + C$

(10) $\displaystyle\int \frac{1}{\sqrt{a^2 - x^2}}\, dx = \sin^{-1} \frac{x}{a} + C$

(11) $\displaystyle\int \sqrt{a^2 - x^2}\, dx = \frac{1}{2}\left(x\sqrt{a^2 - x^2} + a^2 \sin^{-1} \frac{x}{a}\right) + C$

(12) $\displaystyle\int \sqrt{x^2 + A}\, dx = \frac{1}{2}\left(x\sqrt{x^2 + A} + A\log\left|x + \sqrt{x^2 + A}\right|\right) + C$

(13) $\displaystyle\int \frac{1}{x^2 - a^2}\, dx = \frac{1}{2a} \log\left|\frac{x - a}{x + a}\right| + C$

(14) $\displaystyle\int \frac{1}{(x - a)(x - b)}\, dx = \frac{1}{a - b} \log\left|\frac{x - a}{x - b}\right| + C, \quad a \neq b$

(15) $\displaystyle\int \frac{f'(x)}{f(x)}\, dx = \log|f(x)| + C$

問題 3.1.2　上の公式を確かめよ．

問題 3.1.3　次の関数の不定積分を求めよ．

(1) $\dfrac{x}{x^2 + 4}$　　(2) $\sin^{-1} x$　　(3) $e^{ax} \cos bx$　　(4) $\sin 3x$　　(5) $\cos^5 x$

(6) $x^2 e^x$　　(7) $\dfrac{e^x}{e^x + 2}$　　(8) $\sin^2 x$　　(9) $\tan^2 x$

3.2 有理関数の積分

3.2.1 有理関数 $R(x)$ の積分

関数 $R(x)$ が有理関数であるとは，実数係数の整式 $P(x)$, $Q(x)$ の商 $\dfrac{P(x)}{Q(x)}$ で表せるものである．

> **定理 3.3** 有理関数の積分を求めるには，
>
> $$\text{整式}, \quad \frac{A}{(x-a)^n}, \quad \frac{B}{(x^2+a^2)^n}$$
>
> の形の積分を求めればよい．

証明 整式 $Q(x)$ の次数を n とし，有理関数を

$$\frac{P_1(x)}{Q(x)} = (\text{整式}) + \frac{P(x)}{Q(x)} \qquad (P(x) \text{ の次数} < n)$$

とおく．整式 $Q(x)$ を実数の範囲で因数分解すれば

$$Q(x) = \prod_{i=1}^{s_1}(x+\alpha_i)^{l_i} \prod_{i=1}^{s_2}(x^2+\beta_i x+\gamma_i)^{k_i}, \qquad \sum_{i=1}^{s_1} l_i + 2\sum_{i=1}^{s_2} k_i = n$$

となることは，代数学の基本定理（定理 1.8）からわかる．さらに，

$$\frac{P(x)}{Q(x)} = \frac{P(x)}{\prod_{i=1}^{s_1}(x+\alpha_i)^{l_i} \prod_{i=1}^{s_2}(x^2+\beta_i x+\gamma_i)^{k_i}}$$

を部分分数に展開すれば（証明はユークリッドの互除法による）

$$= \sum_{i=1}^{s_1}\sum_{j=1}^{l_i} \frac{A_{ij}}{(x+\alpha_i)^j} + \sum_{i=1}^{s_2}\sum_{j=1}^{k_i} \frac{B_{ij}x + C_{ij}}{(x^2+\beta_i x+\gamma_i)^j}$$

となる．ただし，A_{ij}, B_{ij}, C_{ij} はすべて実数である．ここで，

$$\frac{Bx+C}{(x^2+\beta x+\gamma)^j} = \frac{\frac{B}{2}(2x+\beta)}{(x^2+\beta x+\gamma)^j} + \frac{C-\frac{1}{2}B\beta}{(x^2+\beta x+\gamma)^j}$$

と変形する．最後の式の第 1 項の不定積分は $t = x^2+\beta x$ とおくと，$\dfrac{A}{(t-a)^n}$ の形の不定積分に帰着する．ただし，$A, B, C, \beta, \gamma, a$ は定数である．

また，第 2 項の不定積分は，$x^2+\beta x+\gamma = (x-p)^2+q^2$（$p, q$ は実数）と

変形し，$X = x - p$ とおくと $\int \dfrac{1}{(X^2 + q^2)^j} \, dX$ の定数倍になり，定理は成り立つ． ◇

例題 3.2.1 次の不定積分を求めよ．

$$\int \frac{x^2}{x^4 - 2x^3 + 2x^2 - 2x + 1} \, dx$$

解 部分分数に展開すれば

$$\frac{x^2}{x^4 - 2x^3 + 2x^2 - 2x + 1} = \frac{x^2}{(x-1)^2(x^2+1)}$$
$$= \frac{A}{x-1} + \frac{B}{(x-1)^2} + \frac{Cx+D}{x^2+1}$$

分母を払って，

$$x^2 = A(x-1)(x^2+1) + B(x^2+1) + (Cx+D)(x-1)^2$$

$x = 1$, $x = i = \sqrt{-1}$, $x = 0$ を代入して，

$$1 = 2B, \quad -1 = (Ci+D)(i-1)^2 = -2i(Ci+D), \quad 0 = -A + B + D$$

をえる．これを解いて $A = \dfrac{1}{2}$, $B = \dfrac{1}{2}$, $C = -\dfrac{1}{2}$, $D = 0$ となり，

$$\int \frac{x^2}{x^4 - 2x^3 + 2x^2 - 2x + 1} \, dx = \frac{1}{2} \int \left(\frac{1}{x-1} + \frac{1}{(x-1)^2} - \frac{x}{x^2+1} \right) dx$$
$$= \frac{1}{2} \left(\log|x-1| - \frac{1}{x-1} - \frac{1}{2} \log(x^2+1) \right) + C$$
$$= \frac{1}{2} \log \frac{|x-1|}{\sqrt{x^2+1}} - \frac{1}{2(x-1)} + C$$

となる． ◇

定理 3.4 自然数 n と $a \neq 0$ に対して，$I_n = \displaystyle\int \frac{1}{(x^2+a^2)^n} \, dx$ とおくと，次の漸化式が成り立つ．

$$I_{n+1} = \frac{1}{2na^2} \left(\frac{x}{(x^2+a^2)^n} + (2n-1)I_n \right), \quad n \geq 1$$
$$I_1 = \frac{1}{a} \tan^{-1} \frac{x}{a} + C$$

証明 部分積分をすると，

$$I_n = \int \frac{1}{(x^2+a^2)^n}\,dx = \frac{x}{(x^2+a^2)^n} + 2n\int \frac{x^2}{(x^2+a^2)^{n+1}}\,dx$$

$$= \frac{x}{(x^2+a^2)^n} + 2n\int \left(\frac{x^2+a^2}{(x^2+a^2)^{n+1}} - \frac{a^2}{(x^2+a^2)^{n+1}}\right)dx$$

$$= \frac{x}{(x^2+a^2)^n} + 2nI_n - 2na^2 I_{n+1}$$

よって，

$$I_{n+1} = \frac{1}{2na^2}\left(\frac{x}{(x^2+a^2)^n} + (2n-1)I_n\right)$$

である．また積分の基本公式より $I_1 = \displaystyle\int \frac{1}{x^2+a^2}\,dx = \frac{1}{a}\tan^{-1}\frac{x}{a} + C$． $\diamondsuit$

問題 3.2.1 次の関数の不定積分を求めよ．

(1) $\dfrac{x^2+1}{(x+1)^4}$ 　　(2) $\dfrac{2x}{(x+1)(x^2+1)^2}$ 　　(3) $\dfrac{1}{x^4+1}$

(4) $\dfrac{4x+3}{(4x^2+3)^3}$ 　　(5) $\dfrac{x^4}{(x^2+1)^5}$ 　　(6) $\dfrac{x^3-7x+4}{x^2+3x+2}$

3.2.2　$R(\sin x, \cos x)$ の積分

2 変数の有理関数 $R(x,y)$ は，2 変数の整式 $P(x,y), Q(x,y)$ の商として次の式で与えられる．

$$R(x,y) = \frac{P(x,y)}{Q(x,y)}$$

定理 3.5 $R(x,y)$ を有理関数とすれば，$\displaystyle\int R(\sin x, \cos x)\,dx$ は変換 $\tan\dfrac{x}{2} = t$ により，t の有理関数の積分に帰着できる．

証明 $\tan\dfrac{x}{2} = t$ とおくと，2 倍角の公式と $1 + \tan^2\theta = \dfrac{1}{\cos^2\theta}$ より，

$$\sin x = 2\sin\frac{x}{2}\cos\frac{x}{2} = 2\tan\frac{x}{2}\cos^2\frac{x}{2} = \frac{2t}{t^2+1}$$

$$\cos x = \cos^2\frac{x}{2} - \sin^2\frac{x}{2} = \cos^2\frac{x}{2}\left(1 - \tan^2\frac{x}{2}\right) = \frac{1-t^2}{t^2+1}$$

となる．また，$x = 2\tan^{-1} t$ から $\dfrac{dx}{dt} = \dfrac{2}{t^2+1}$ である．したがって，

$$\int R(\sin x, \cos x)\,dx = \int R\left(\frac{2t}{t^2+1}, \frac{1-t^2}{t^2+1}\right)\frac{2}{t^2+1}\,dt$$

となり，右辺は t の有理関数の不定積分である． $\diamondsuit$

例題 3.2.2 次の不定積分を求めよ．
$$\int \frac{1+\sin x}{\sin x(1+\cos x)}\,dx$$

解 $\tan \dfrac{x}{2} = t$ とおけば，
$$\sin x = \frac{2t}{t^2+1}, \qquad \cos x = \frac{1-t^2}{t^2+1}, \qquad \frac{dx}{dt} = \frac{2}{t^2+1}$$
だから
$$\int \frac{1+\sin x}{\sin x(1+\cos x)}\,dx = \int \frac{1+\dfrac{2t}{t^2+1}}{\dfrac{2t}{t^2+1}\left(1+\dfrac{1-t^2}{t^2+1}\right)} \frac{2}{t^2+1}\,dt$$
$$= \frac{1}{2}\int\left(\frac{1}{t}+t+2\right)dt = \frac{1}{2}\left(\log|t|+\frac{1}{2}t^2+2t\right)+C$$
$$= \frac{1}{2}\left(\log\left|\tan\frac{x}{2}\right|+\frac{1}{2}\left(\tan\frac{x}{2}\right)^2+2\tan\frac{x}{2}\right)+C \qquad \diamondsuit$$

問題 3.2.2 次の不定積分を求めよ．
(1) $\dfrac{1}{2+\cos x}$ (2) $\dfrac{\sin x}{\cos x(1+\sin x)}$

次の例題のように，$\sin x = t$ とおく方が簡単な場合がある．

例題 3.2.3 次の不定積分を求めよ．
$$I = \int \frac{(a+\sin x)\cos x}{\cos^2 x - a\sin x}\,dx$$

解 $\sin x = t$ とおけば，$\dfrac{dt}{dx} = \cos x$ だから
$$I = \int \frac{(a+\sin x)\cos x}{1-\sin^2 x - a\sin x}\,dx = \int \frac{a+t}{1-at-t^2}\,dt = -\frac{1}{2}\int \frac{2t+a+a}{t^2+at-1}\,dt$$
$$= -\frac{1}{2}\int \frac{2t+a}{t^2+at-1}\,dt - \frac{1}{2}\int \frac{a}{\left(t+\dfrac{a}{2}\right)^2 - \left(1+\dfrac{a^2}{4}\right)}\,dt \quad (\text{基本公式 (13)})$$
$$= -\frac{1}{2}\log|t^2+at-1| - \frac{a}{2\sqrt{a^2+4}}\log\left|\frac{2t+a-\sqrt{a^2+4}}{2t+a+\sqrt{a^2+4}}\right|+C$$

$$= -\frac{1}{2}\log|\sin^2 x + a\sin x - 1| - \frac{a}{2\sqrt{a^2+4}}\log\left|\frac{2\sin x + a - \sqrt{a^2+4}}{2\sin x + a + \sqrt{a^2+4}}\right| + C$$

となる． ◇

3.2.3 $R(e^x)$ の積分

> **定理 3.6** $R(x)$ を有理関数とすれば, $\int R(e^x)\,dx$ は変換 $e^x = t$ により t の有理関数の不定積分に帰着できる．

証明 $e^x = t$ とおくと,

$$\frac{dx}{dt} = \frac{1}{t}, \qquad \int R(e^x)\,dx = \int R(t)\frac{1}{t}\,dt$$

となり，右辺は t の有理関数の不定積分である． ◇

問題 3.2.3 次の関数の不定積分を求めよ．

(1) $\dfrac{1}{3e^x + e^{-x} + 1}$ (2) $(e^x + e^{-x})^5$ (3) $\dfrac{1}{(e^{2x} + e^{-x})^2}$

3.2.4 $R\left(x, \sqrt[n]{\dfrac{px+q}{rx+s}}\right)$ の積分

> **定理 3.7** $R(x,y)$ を有理関数とすれば, $\int R\left(x, \sqrt[n]{\dfrac{px+q}{rx+s}}\right)dx$ は変換 $\sqrt[n]{\dfrac{px+q}{rx+s}} = t$ により，t の有理関数の不定積分に帰着できる．

証明 $\sqrt[n]{\dfrac{px+q}{rx+s}} = t$ とおけば, $t^n = \dfrac{px+q}{rx+s}$ より $x = \dfrac{q - t^n s}{rt^n - p}$ となるので $\dfrac{dx}{dt} = \dfrac{n(ps - qr)t^{n-1}}{(rt^n - p)^2}$.

$$\int R\left(x, \sqrt[n]{\frac{px+q}{rx+s}}\right)dx = \int R\left(\frac{q - t^n s}{rt^n - p}, t\right)\frac{n(ps - qr)t^{n-1}}{(rt^n - p)^2}\,dt \qquad ◇$$

問題 3.2.4 次の関数の不定積分を求めよ．

(1) $\displaystyle\int \sqrt{\frac{1+x}{1-x}}\,dx$ (2) $\displaystyle\int \frac{1}{(3+x)\sqrt{1+x}}\,dx$

3.2.5 $R\left(x, \sqrt{ax^2+bx+c}\right)$ の積分

定理 3.8 $R(x,y)$ を有理関数とすれば，$\int R\left(x, \sqrt{ax^2+bx+c}\right) dx$ は
(1) $a>0$ のとき，変換 $\sqrt{ax^2+bx+c} = t - \sqrt{a}\,x$ により，t の有理関数の不定積分に帰着できる．
(2) $a<0$ のとき，$ax^2+bx+c=0$ の解を $\alpha, \beta\ (\alpha < \beta)$ とすると，変換 $\sqrt{\dfrac{x-\alpha}{\beta-x}} = t$ により，t の有理関数の不定積分に帰着できる．$(\alpha < x < \beta)$

問題 3.2.5 定理 3.8 を証明せよ．

例題 3.2.4 次の不定積分を求めよ．
$$\int \frac{dx}{x\sqrt{x^2-x+2}}$$

解 $\sqrt{x^2-x+2} = t - x$ とおく．平方して，x について解くと，$x = \dfrac{t^2-2}{2t-1}$, $\dfrac{dx}{dt} = \dfrac{2(t^2-t+2)}{(2t-1)^2}$ となるから

$$\begin{aligned}
\int \frac{dx}{x\sqrt{x^2-x+2}} &= \int \frac{1}{\dfrac{t^2-2}{2t-1}\left(t - \dfrac{t^2-2}{2t-1}\right)} \cdot \frac{2(t^2-t+2)}{(2t-1)^2}\, dt \\
&= \int \frac{2}{t^2-2}\, dt = \frac{1}{\sqrt{2}} \log\left|\frac{t-\sqrt{2}}{t+\sqrt{2}}\right| + C \\
&= \frac{1}{\sqrt{2}} \log\left|\frac{x+\sqrt{x^2-x+2}-\sqrt{2}}{x+\sqrt{x^2-x+2}+\sqrt{2}}\right| + C \quad \diamondsuit
\end{aligned}$$

問題 3.2.6 次の関数の不定積分を求めよ．
(1) $\dfrac{1}{(x+1)\sqrt{1-x+x^2}}$ (2) $\sqrt{x+\sqrt{x^2+2}}$ (3) $x^3\sqrt{1+x^2}$

3.3 定積分

3.3.1 定積分の定義

関数 $f(x)$ が閉区間 $[a,b]$ で定義されているとする．開区間 (a,b) 内に $n-1$ 個の点 $x_1, x_2, \ldots, x_{n-1}$ を

$$a = x_0 < x_1 < x_2 < x_3 < \cdots < x_{n-1} < x_n = b$$

となるようにとる．これによって閉区間 $[a,b]$ が n 個の小閉区間に分割される．この分割を分割 Δ とよぶ．$\Delta x_i = x_i - x_{i-1}$ とおき，分割の幅 $|\Delta|$ を $|\Delta| = \max\{\Delta x_i \mid i = 1, 2, \ldots, n\}$ とする．

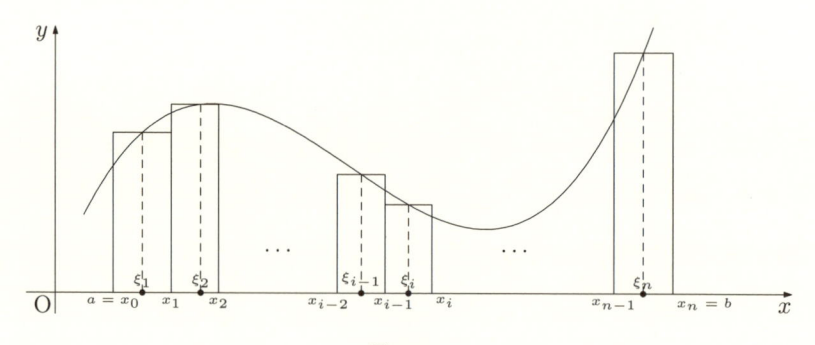

図 3.1

各区間 $[x_{i-1}, x_i]$ から任意に ξ_i（グザイ i）をとり，和

$$S = \sum_{i=1}^{n} f(\xi_i)\,\Delta x_i$$

を考える．

分割の幅 $|\Delta| \to 0$ となるように，どのような分割で細分化しても，また，ξ_i の選び方にも無関係に

$$\lim_{|\Delta| \to 0} S$$

が一定の値に収束するとき，$f(x)$ は $[a, b]$ で**積分可能**といい，その極限値を**定積分**といい

$$\int_a^b f(x)\,dx$$

で表す．さらに，

$$\int_b^a f(x)\,dx = -\int_a^b f(x)\,dx, \qquad \int_a^a f(x)\,dx = 0$$

と定義する．$f(x)$ を**被積分関数**，x を**積分変数**，a を**積分の下端**，b を積分の**上端**という．

例題 3.3.1 定数関数 $f(x) = C$ の定積分を求めよ．

解 分割 Δ に対して,つねに $f(\xi_i) = C$ であるから,
$$S = \sum_{i=1}^{n} f(\xi_i)\,\Delta x_i = C \sum_{i=1}^{n}(x_i - x_{i-1}) = C(b-a)$$
よって $\int_a^b C\,dx = C(b-a)$. ◇

ここで,積分可能ではない関数の例をのべる.

問題 3.3.1 ディリクレ (Dirichlet) の関数
$$f(x) = \begin{cases} 1, & x \text{ が有理数のとき} \\ -1, & x \text{ が無理数のとき} \end{cases}$$
は,任意の閉区間 $[a,b]$ で積分可能ではないことを示せ.

3.3.2 定積分の性質

積分可能な重要な例は,連続関数である.次の定理 3.9 が成り立つことが知られている.

定理 3.9 閉区間で連続な関数は,その区間で積分可能である.

定理 3.10 数 α, β は定数とする.関数 $f(x)$, $g(x)$ は a, b, c を含む閉区間で積分可能と仮定する.このとき,
(1) $\int_a^b (\alpha f(x) + \beta g(x))\,dx = \alpha \int_a^b f(x)\,dx + \beta \int_a^b g(x)\,dx$
(2) $\int_a^b f(x)\,dx = \int_a^c f(x)\,dx + \int_c^b f(x)\,dx$
(3) $f(x) \leq g(x)$, $a \leq b$ ならば,$\int_a^b f(x)\,dx \leq \int_a^b g(x)\,dx$
(4) $\left|\int_a^b f(x)\,dx\right| \leq \int_a^b |f(x)|\,dx$

証明 (1) の証明.閉区間 $[a,b]$ を
$$a = x_0 < x_1 < \cdots < x_{n-1} < x_n = b$$
で分割する.この分割を Δ とし,$\Delta x_i = x_i - x_{i-1}$ とおき,分割の幅を $|\Delta|$ とする.積分の定義から,

$$\int_a^b \bigl(\alpha f(x) + \beta g(x)\bigr)\, dx = \lim_{|\Delta|\to 0} \sum_{i=1}^n \bigl(\alpha f(\xi_i) + \beta g(\xi_i)\bigr)\Delta x_i$$

$$= \lim_{|\Delta|\to 0} \left(\alpha \sum_{i=1}^n f(\xi_i)\Delta x_i + \beta \sum_{i=1}^n g(\xi_i)\Delta x_i\right) = \alpha \int_a^b f(x)\, dx + \beta \int_a^b g(x)\, dx$$

(2) の証明. $a \leq c \leq b$ の場合. $n = n_1 + n_2$ として,閉区間 $[a, b]$ を

$$a = x_0 < x_1 < \cdots < x_{n_1-1} < c = x_{n_1} < x_{n_1+1} < \cdots < x_{n_1+n_2-1} < x_{n_1+n_2} = b$$

で分割する.この分割を Δ とし,$[a,c]$ の分割を Δ_1, $[c,b]$ の分割を Δ_2, $\Delta x_i = x_i - x_{i-1}$ とおき,分割の幅をそれぞれ $|\Delta|$, $|\Delta_1|$, $|\Delta_2|$ とする.

$[x_{i-1}, x_i]$ の任意の点を ξ_i とする.$|\Delta| \to 0$ のとき,$|\Delta_1| \to 0$, $|\Delta_2| \to 0$ であるから

$$\int_a^b f(x)\, dx = \lim_{|\Delta|\to 0} \sum_{i=1}^n f(\xi_i)\Delta x_i$$

$$= \lim_{\substack{|\Delta|\to 0 \\ |\Delta_1|, |\Delta_2|\to 0}} \left(\sum_{i=1}^{n_1} f(\xi_i)\, \Delta x_i + \sum_{i=n_1+1}^{n_1+n_2} f(\xi_i)\, \Delta x_i\right)$$

$$= \int_a^c f(x)\, dx + \int_c^b f(x)\, dx$$

$a \leq b \leq c$ の場合. 上の証明から,$\int_a^c f(x)\, dx = \int_a^b f(x)\, dx + \int_b^c f(x)\, dx$ が成り立つ.よって,

$$\int_a^b f(x)\, dx = \int_a^c f(x)\, dx - \int_b^c f(x)\, dx = \int_a^c f(x)\, dx + \int_c^b f(x)\, dx$$

となり,成り立つ.他の場合も同様に証明される.

(3) の証明. (1) の証明の分割を用いる.$f(x) \leq g(x)$ であるから,

$$\sum_{i=1}^n f(\xi_i)\, \Delta x_i \leq \sum_{i=1}^n g(\xi_i)\, \Delta x_i$$

$$\int_a^b f(x)\, dx = \lim_{|\Delta|\to 0} \sum_{i=1}^n f(\xi_i)\, \Delta x_i \leq \lim_{|\Delta|\to 0} \sum_{i=1}^n g(\xi_i)\, \Delta x_i = \int_a^b g(x)\, dx$$

(4) の証明. (1) の証明の分割を用いる.

$$\left|\int_a^b f(x)\, dx\right| = \left|\lim_{|\Delta|\to 0} \sum_{i=1}^n f(\xi_i)\, \Delta x_i\right|$$

$$= \lim_{|\Delta|\to 0} \left|\sum_{i=1}^n f(\xi_i)\, \Delta x_i\right| \leq \lim_{|\Delta|\to 0} \sum_{i=1}^n |f(\xi_i)|\, \Delta x_i = \int_a^b |f(x)|\, dx \quad \diamondsuit$$

3.3.3 積分の平均値の定理

定理 3.11（積分の平均値の定理） 関数 $f(x)$ は $[a,b]$ で連続とする．このとき，
$$\frac{1}{b-a}\int_a^b f(x)\,dx = f(c), \quad a < c < b$$
を満たす c が存在する．

証明 $f(x)$ は $[a,b]$ で連続であるから，最大値 M と最小値 m をもち，
$$m \leqq f(x) \leqq M$$
定理 3.10 (3) より
$$m(b-a) \leqq \int_a^b f(x)\,dx \leqq M(b-a), \quad m \leqq \frac{1}{b-a}\int_a^b f(x)\,dx \leqq M$$
$f(x)$ は連続だから，中間値の定理（定理 1.16）より
$$\frac{1}{b-a}\int_a^b f(x)\,dx = f(c), \quad a < c < b$$
を満たす c が存在する． ◇

定理 3.12 関数 $f(x)$ は $[a,b]$ で連続とする．このとき，$G(x) = \int_a^x f(t)\,dt$ は (a,b) で微分可能であり，$G'(x) = f(x)$ となる．

証明 $f(x)$ は連続だから，積分の平均値の定理（定理 3.11）を用いて，
$$\begin{aligned}
\frac{G(x+h)-G(x)}{h} &= \frac{1}{h}\int_x^{x+h} f(t)\,dt \\
&= f(c), \quad c \text{ は } x \text{ と } x+h \text{ の間の値}
\end{aligned}$$
ここで，$h \to 0$ とすれば，左辺は $G'(x)$ となり，右辺は $f(x)$ となる． ◇

3.3.4 微分積分の基本定理

定理 3.13（微分積分の基本定理） 関数 $f(x)$ は $[a,b]$ で連続とする．$f(x)$ の原始関数の 1 つを $F(x)$ とするとき，

$$\int_a^b f(x)\,dx = F(b) - F(a)$$

証明 $G(x) = \displaystyle\int_a^x f(t)\,dt$ は，定理 3.12 より $f(x)$ の原始関数であるから，$G(x) = F(x) + C$ (C は定数) とおける．したがって，

$$0 = G(a) = F(a) + C \quad \text{より} \quad C = -F(a)$$

よって，$F(x) - F(a) = G(x) = \displaystyle\int_a^x f(t)\,dt$ となり，$x = b$ とすれば

$$F(b) - F(a) = \int_a^b f(x)\,dx \qquad \diamondsuit$$

$F(b) - F(a)$ は $\left[F(x)\right]_a^b$ ともかかれる．

不定積分の基本性質，定理 3.2 より次の定理が成り立つ．

定理 3.14 関数 $f(x)$ は $[a,b]$ で連続で，$x = g(t)$ が $[c,d]$ で連続，(c,d) で C^1 級関数とし，$a = g(c)$, $b = g(d)$ とする．このとき，

$$\int_a^b f(x)\,dx = \int_c^d f(g(t))g'(t)\,dt \qquad \text{(置換積分)}$$

定理 3.15 関数 $f(x)$, $g(x)$ は $[a,b]$ で連続，(a,b) で C^1 級関数とすれば

$$\int_a^b f(x)g'(x)\,dx = \left[f(x)g(x)\right]_a^b - \int_a^b f'(x)g(x)\,dx \qquad \text{(部分積分)}$$

問題 3.3.2 次の定積分を求めよ．

(1) $\displaystyle\int_0^1 (x+1)\sqrt{1-x}\,dx$ \qquad (2) $\displaystyle\int_{-1}^1 \sqrt{x^2+x+3}\,dx$

(3) $\displaystyle\int_0^1 x^2 e^{-x}\,dx$ \qquad (4) $\displaystyle\int_0^1 x\cos x\,dx$

3.4 広義積分

3.4.1 広義積分の定義

(1) $(a,b]$ で $f(x)$ が連続な場合

$$\lim_{\varepsilon \to +0} \int_{a+\varepsilon}^{b} f(x)\,dx \ \text{が収束するとき, その極限値を} \ \int_{a}^{b} f(x)\,dx \ \text{と表す.}$$

(2) (a,b) で $f(x)$ が連続な場合

$$\lim_{\substack{\varepsilon_1 \to +0 \\ \varepsilon_2 \to +0}} \int_{a+\varepsilon_1}^{b-\varepsilon_2} f(x)\,dx \ \text{が収束するとき, その極限値を} \ \int_{a}^{b} f(x)\,dx \ \text{と表す.}$$

(3) $[a, \infty)$ で $f(x)$ が連続な場合

$$\lim_{c \to \infty} \int_{a}^{c} f(x)\,dx \ \text{が収束するとき, その極限値を} \ \int_{a}^{\infty} f(x)\,dx \ \text{と表す.}$$

(4) $(-\infty, \infty)$ で $f(x)$ が連続な場合

$$\lim_{\substack{c \to -\infty \\ d \to \infty}} \int_{c}^{d} f(x)\,dx \ \text{が収束するとき, その極限値を} \ \int_{-\infty}^{\infty} f(x)\,dx \ \text{と表す.}$$

他も同様に定義する.

極限値が存在する, 以上のような場合に $f(x)$ は**広義積分可能**という.

例題 3.4.1 広義積分 $\displaystyle\int_{0}^{1} \frac{1}{\sqrt{x}}\,dx$ を求めよ.

解 $\displaystyle\int_{\varepsilon}^{1} \frac{1}{\sqrt{x}}\,dx = \left[2\sqrt{x}\right]_{\varepsilon}^{1} = 2(1 - \sqrt{\varepsilon})$ だから,

$$\int_{0}^{1} \frac{1}{\sqrt{x}}\,dx = \lim_{\varepsilon \to +0} 2(1 - \sqrt{\varepsilon}) = 2 \qquad \diamondsuit$$

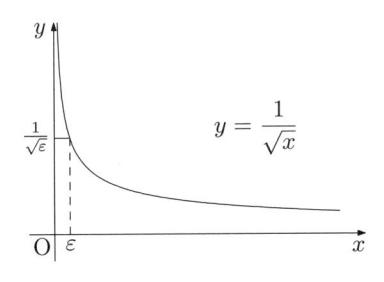

図 **3.2**

例題 3.4.2 広義積分 $\displaystyle\int_{-1}^{1} \frac{1}{\sqrt{1-x^2}}\,dx$ を求めよ.

解 $\int_{-1+\varepsilon_1}^{1-\varepsilon_2} \frac{1}{\sqrt{1-x^2}}\,dx = \left[\sin^{-1} x\right]_{-1+\varepsilon_1}^{1-\varepsilon_2} = \sin^{-1}(1-\varepsilon_2) - \sin^{-1}(-1+\varepsilon_1)$

$\int_{-1}^{1} \frac{1}{\sqrt{1-x^2}}\,dx = \lim_{\substack{\varepsilon_1 \to +0 \\ \varepsilon_2 \to +0}} \left(\sin^{-1}(1-\varepsilon_2) - \sin^{-1}(-1+\varepsilon_1)\right) = \pi \quad \diamondsuit$

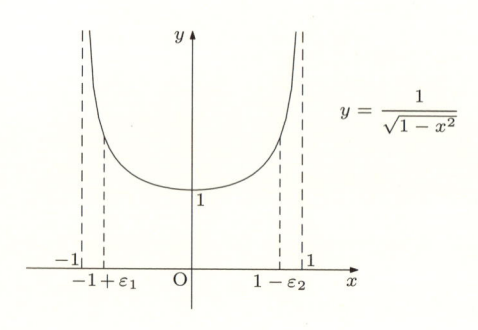

図 3.3

例題 3.4.3 広義積分 $\int_{-\infty}^{\infty} \frac{1}{x^2+1}\,dx$ を求めよ．

解 $\int_{a_1}^{a_2} \frac{1}{x^2+1}\,dx = \left[\tan^{-1} x\right]_{a_1}^{a_2} = \tan^{-1} a_2 - \tan^{-1} a_1$

$\int_{-\infty}^{\infty} \frac{1}{x^2+1}\,dx = \lim_{\substack{a_2 \to \infty \\ a_1 \to -\infty}} (\tan^{-1} a_2 - \tan^{-1} a_1) = \pi \quad \diamondsuit$

問題 3.4.1 次の広義積分を計算せよ．

(1) $\int_0^1 \sqrt{\frac{x}{1-x}}\,dx$ (2) $\int_0^{\frac{\pi}{2}} \frac{1}{\sin x}\,dx$

(3) $\int_0^{\infty} \frac{x^2}{1+x^4}\,dx$ (4) $\int_0^{\infty} e^{-x}\cos x\,dx$

3.4.2 ベータ (Beta) 関数

実数 $p, q > 0$ に対して，ベータ関数 $B(p,q)$ は次のように定義される．

$$B(p,q) = \int_0^1 x^{p-1}(1-x)^{q-1}\,dx$$

定理 3.16 ベータ関数 $B(p,q)$ は（広義積分の意味で）収束する．

証明 $f(x) = x^{p-1}(1-x)^{q-1}$ とする.

(1) $p \geqq 1, q \geqq 1$ のとき,区間 $[0,1]$ で x^{p-1} と $(1-x)^{q-1}$ は連続である.よって,積分可能である.

(2) $0 < p \leqq 1, q \geqq 1$ のとき,区間 $(0,1]$ で $x^{1-p}f(x) = (1-x)^{q-1} \leqq 1$ であるから,$0 < \varepsilon < 1$ なる ε に対して

$$\int_\varepsilon^1 f(x)\,dx \leqq \int_\varepsilon^1 \frac{1}{x^{1-p}}\,dx = \left[\frac{x^p}{p}\right]_\varepsilon^1 = \frac{1-\varepsilon^p}{p} < \frac{1}{p}$$

となる.$f(x) \geqq 0$ だから $\varepsilon \to 0$ のとき,$\int_\varepsilon^1 f(x)\,dx$ は上に有界な単調増加列となる.よって,収束する.

(3) $0 < q \leqq 1, p \geqq 1$ のときも上と同様にして,区間 $[0,1)$ で $(1-x)^{1-q}f(x) = x^{p-1} \leqq 1$ で,

$$\int_0^{1-\varepsilon} f(x)\,dx \leqq \int_0^{1-\varepsilon} \frac{1}{(1-x)^{1-q}}\,dx = \frac{1-\varepsilon^q}{q} < \frac{1}{q}$$

となり,収束する.

(4) $0 < p \leqq 1, 0 < q \leqq 1$ のとき

$$\int_0^1 f(x)\,dx = \int_0^c f(x)\,dx + \int_c^1 f(x)\,dx, \quad 0 < c < 1$$

とし,それぞれの収束を示せばよい.右辺の第1項の収束を示す.区間 $(0, c]$ で $x^{1-p}f(x) = (1-x)^{q-1} \leqq (1-c)^{q-1} (= A$ とおく$)$ であるから,$0 < \varepsilon < c$ なる ε に対して

$$\frac{1}{A}\int_\varepsilon^c f(x)\,dx \leqq \int_\varepsilon^c \frac{1}{x^{1-p}}\,dx = \left[\frac{x^p}{p}\right]_\varepsilon^c = \frac{c^p - \varepsilon^p}{p} < \frac{c^p}{p}$$

となる.$f(x) \geqq 0$ だから $\varepsilon \to 0$ のとき,$\int_\varepsilon^c f(x)\,dx$ は上に有界な単調増加列となる.よって,収束する.右辺の第2項の収束も同様にして,区間 $[c,1)$ で $(1-x)^{1-q}f(x) = x^{p-1} \leqq c^{p-1} (= B$ とおく$)$ であるから,$0 < \varepsilon < 1-c$ なる ε に対して,

$$\frac{1}{B}\int_c^{1-\varepsilon} f(x)\,dx \leqq \int_c^{1-\varepsilon} \frac{1}{(1-x)^{1-q}}\,dx = \frac{(1-c)^q - \varepsilon^q}{q} < \frac{(1-c)^q}{q}$$

となり,証明される. ◇

3.4.3 ガンマ (Γ) 関数

$s > 0$ に対して，ガンマ関数 $\Gamma(s)$ は次のように定義される．

$$\Gamma(s) = \int_0^\infty e^{-x} x^{s-1} \, dx$$

定理 3.17 ガンマ関数 $\Gamma(s)$ は収束する．

証明 $f(x) = e^{-x} x^{s-1}$ とする．任意の実数 s に対して，$\displaystyle\lim_{x \to \infty} \frac{x^{s+1}}{e^x} = 0$ だから，十分大きな c に対して，$c \leqq x$ を満たすすべての x で $\dfrac{x^{s+1}}{e^x} < 1$ とできて，$[c, \infty)$ で $f(x) < x^{-2}$ となる．

よって，積分を次のように分ける．

$$\int_0^\infty e^{-x} x^{s-1} \, dx = \int_0^c e^{-x} x^{s-1} \, dx + \int_c^\infty e^{-x} x^{s-1} \, dx$$

右辺の第 1 項は，$s \geqq 1$ のとき $[0, c]$ で連続関数の定積分だから収束する．$s \leqq 1$ のときは $\displaystyle\int_\varepsilon^c e^{-x} x^{s-1} \, dx \leqq \int_\varepsilon^c x^{s-1} \, dx = \frac{c^s}{s} - \frac{\varepsilon^s}{s} < \frac{c^s}{s}$ となる．$f(x) \geqq 0$ だから $\varepsilon \to 0$ で $\displaystyle\int_\varepsilon^c e^{-x} x^{s-1} \, dx$ は単調増加関数で，上に有界だから，右辺の第 1 項の積分は収束する．

右辺の第 2 項は区間 $[c, \infty)$ で，c の定義より $f(x) < x^{-2}$ であるから，

$$\int_c^d e^{-x} x^{s-1} \, dx \leqq \int_c^d \frac{1}{x^2} \, dx = -\frac{1}{d} + \frac{1}{c} < \frac{1}{c}$$

$f(x) \geqq 0$ だから，$d \to \infty$ でこの積分は単調増加関数で，上に有界だから収束する． ◇

例題 3.4.4 $s > 0$ とする．このとき，ガンマ関数 $\Gamma(s)$ について，次の式が成立する．

(1) $\Gamma(s+1) = s\Gamma(s)$

(2) $\Gamma(1) = 1, \quad \Gamma(n) = (n-1)!, \quad n = 1, 2, \dots$

(3) $\Gamma\left(\dfrac{1}{2}\right) = \sqrt{\pi}$

解

(1) $\displaystyle\Gamma(s+1) = \int_0^\infty e^{-x} x^s \, dx = \left[-e^{-x} x^s\right]_0^\infty - \int_0^\infty (-e^{-x}) s x^{s-1} \, dx$

$$= s\int_0^\infty e^{-x}x^{s-1}dx = s\Gamma(s)$$

(2) $\Gamma(1) = \int_0^\infty e^{-x}dx = \left[-e^{-x}\right]_0^\infty = 1$

$\Gamma(n+1) = n\Gamma(n) = n(n-1)\Gamma(n-1) = \cdots = n!\Gamma(1) = n!$

(3) $\Gamma\left(\dfrac{1}{2}\right) = \int_0^\infty e^{-x}x^{-\frac{1}{2}}dx \quad (x = t^2 \text{とおくと } dx = 2tdt)$

$= \int_0^\infty e^{-t^2}t^{-1} \cdot 2tdt$

$= 2\int_0^\infty e^{-t^2}dt = \sqrt{\pi} \qquad$ (例題 5.6.2, p.171 参照) $\quad \diamondsuit$

3.5 定積分の応用

3.5.1 面積

定積分の定義から,次の定理が成り立つ.

定理 3.18 関数 $f(x)$, $g(x)$ は $[a,b]$ で連続で,$g(x) \leqq f(x)$ とする.曲線 $y = f(x)$, $y = g(x)$ と $x = a$, $x = b$ で囲まれる図形の面積 S は,次の式で与えられる.
$$S = \int_a^b (f(x) - g(x))\,dx$$

例題 3.5.1 $a, b > 0$ とする.楕円 $\dfrac{x^2}{a^2} + \dfrac{y^2}{b^2} = 1$ の面積を求めよ.

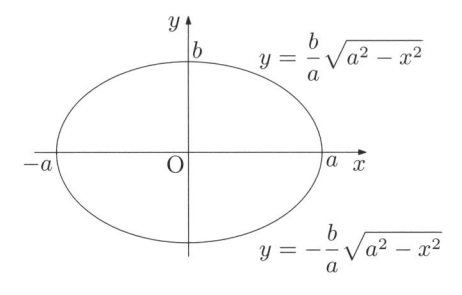

図 **3.4**

解 $f(x) = \dfrac{b}{a}\sqrt{a^2 - x^2}$, $g(x) = -\dfrac{b}{a}\sqrt{a^2 - x^2}$ とおくと，面積は

$$\int_{-a}^{a} 2\,\frac{b}{a}\sqrt{a^2 - x^2}\,dx = \frac{b}{a}\left[x\sqrt{a^2 - x^2} + a^2 \sin^{-1}\frac{x}{a}\right]_{-a}^{a} \quad \text{(p.87 (11) 式)}$$

$$= \pi ab \quad \diamondsuit$$

問題 3.5.1
(1) 曲線 $y = 2x^2 - 1$ と直線 $y = -x + 2$ で囲まれる図形の面積を求めよ．
(2) 曲線 $y = \cos^2 x + 1$, $x = 0$, $x = \dfrac{\pi}{2}$ と x 軸で囲まれる図形の面積を求めよ．
(3) 曲線 $\sqrt{x} + \sqrt{y} = 1$ と x, y 両軸で囲まれる図形の面積を求めよ．

定理 3.19 極座標で与えられる曲線 $r = f(\theta)$ と $\theta = \alpha$, $\theta = \beta$, $\alpha < \beta$ で囲まれる図形の面積は，次の式で与えられる．

$$S = \frac{1}{2}\int_{\alpha}^{\beta} f(\theta)^2\,d\theta$$

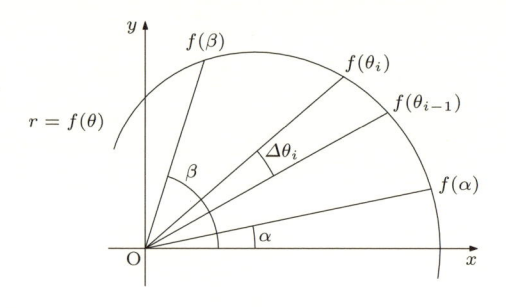

図 3.5

証明 区間 $[\alpha, \beta]$ の分割 Δ を $\alpha = \theta_0 < \theta_1 < \cdots < \theta_n = \beta$ とする．$\Delta \theta_i = \theta_i - \theta_{i-1}$ が十分小さいとき，$r = f(\theta)$, $\theta = \theta_{i-1}$, $\theta = \theta_i$ で囲まれる面積を，半径 $f(\theta_i)$, 中心角 $\Delta \theta_i$ の扇型の面積 S_i とみなす．

$$S_i = \pi f(\theta_i)^2 \frac{\Delta \theta_i}{2\pi} = \frac{f(\theta_i)^2}{2}\Delta \theta_i$$

から

$$S = \lim_{n \to \infty} \sum_{i=1}^{n} S_i = \lim_{n \to \infty} \sum_{i=1}^{n} \frac{f(\theta_i)^2}{2}\Delta \theta_i = \frac{1}{2}\int_{\alpha}^{\beta} f(\theta)^2\,d\theta \quad \diamondsuit$$

問題 3.5.2 次の極座標で与えられるカージオイド（心臓形）の囲む図形の面積を求めよ．
$$r = a(1 + \cos\theta), \quad 0 \leqq \theta \leqq 2\pi, \quad a > 0$$

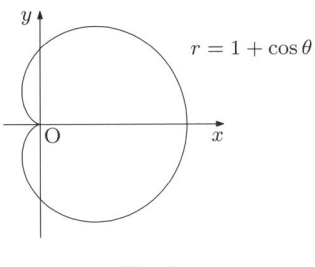

図 3.6

3.5.2 回転体の体積と側面積

関数 $f(x)$ は $[a,b]$ で連続，(a,b) で C^1 級であるとする．曲線 $y = f(x)$ と $x = a$, $x = b$ で囲まれる図形が，x 軸のまわりを 1 回転したときにできる回転体を考える．

閉区間 $[a,b]$ の分割 Δ を $\Delta : a = x_0 < x_1 < x_2 < \cdots < x_n = b$ とする．

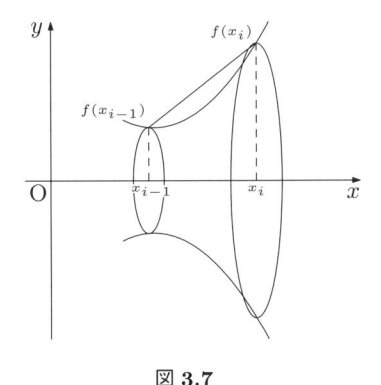

図 3.7

この回転体を，点 $(x_i, 0)$ を通り x 軸に垂直な平面で切断すると，断面は半径 $|f(x_i)|$ の円となる．よって，回転体の体積 V は次の式で与えられる．

$$V = \lim_{|\Delta| \to 0} \sum_{i=1}^{n} \pi f(x_i)^2 (x_i - x_{i-1}) = \pi \int_a^b f(x)^2 \, dx \quad \text{（積分の定義より）}$$

次に，回転体の側面積 S を求める．次の公式がある．

例題 3.5.2 半径が $a, b,\ \ a<b$ で高さが h の円錐(すい)台の側面積 S は次の式で与えられる.
$$S = 2\pi \cdot \frac{a+b}{2}\sqrt{h^2+(b-a)^2}$$

解 母線にそって円錐台を切りひらく.図のように x と M をとると,三平方の定理より,$M = \sqrt{h^2+(b-a)^2}$ となる.三角形の相似を考えて,

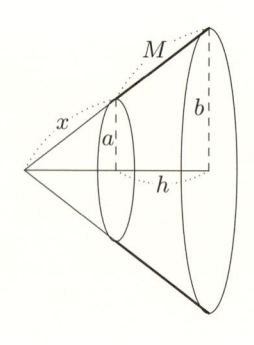

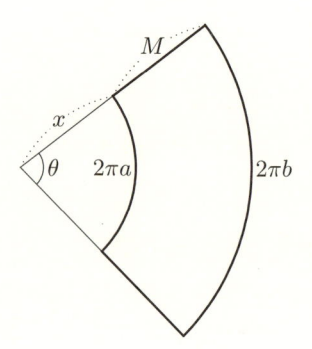

図 3.8

$x : a = M : (b-a)$ より $x = \dfrac{aM}{b-a}$,扇形の中心角 $\theta = \dfrac{2\pi a}{x} = 2\pi\dfrac{b-a}{M}$ となるから,

$$\text{側面積} = \frac{1}{2}\theta\left((x+M)^2 - x^2\right) = \frac{1}{2}\cdot 2\pi\frac{b-a}{M}(2xM+M^2)$$
$$= \frac{1}{2}\cdot 2\pi\frac{b-a}{M}M^2\left(\frac{2a}{b-a}+1\right) = 2\pi\frac{a+b}{2}\sqrt{h^2+(b-a)^2} \quad \diamondsuit$$

$[x_{i-1}, x_i]$ の部分の側面積を円錐台の側面積

$$2\pi\frac{f(x_i)+f(x_{i-1})}{2}\sqrt{(x_i-x_{i-1})^2+(f(x_i)-f(x_{i-1}))^2}$$
$$= 2\pi\frac{f(x_i)+f(x_{i-1})}{2}\sqrt{1+\left(\frac{f(x_i)-f(x_{i-1})}{x_i-x_{i-1}}\right)^2}(x_i-x_{i-1})$$

で近似して,$i=1,\ldots,n$ の和をとると,

$$S = \lim_{|\Delta|\to 0} 2\pi\sum_{i=1}^n \frac{f(x_i)+f(x_{i-1})}{2}\sqrt{1+\left(\frac{f(x_i)-f(x_{i-1})}{x_i-x_{i-1}}\right)^2}(x_i-x_{i-1})$$

積分の定義より $S = 2\pi\displaystyle\int_a^b f(x)\sqrt{1+f'(x)^2}\,dx$.

以上をまとめると，次の定理をえる．

定理 3.20 関数 $f(x)$ は $[a,b]$ で連続，(a,b) で C^1 級であるとする．曲線 $y=f(x)$ と $x=a$, $x=b$ で囲まれる図形が，x 軸のまわりを 1 回転したときにできる回転体の体積 V と側面積 S は，次の式で与えられる．

$$V = \pi \int_a^b f(x)^2\, dx, \qquad S = 2\pi \int_a^b |f(x)|\sqrt{1+f'(x)^2}\, dx$$

問題 3.5.3 半径 a の球は円 $x^2+y^2=a^2$ を x 軸の周りに 1 回転したものである．半径 a の球の体積と表面積を求めよ．

3.5.3 曲線の長さ

関数 $f(x)$ は $[a,b]$ で連続，(a,b) で C^1 級であるとする．点 $(a,f(a))$ から点 $(b,f(b))$ までの曲線 $y=f(x)$ の長さ ℓ を求める．

閉区間 $[a,b]$ の分割 Δ を $\Delta : a=x_0<x_1<x_2<\cdots<x_n=b$ とする．

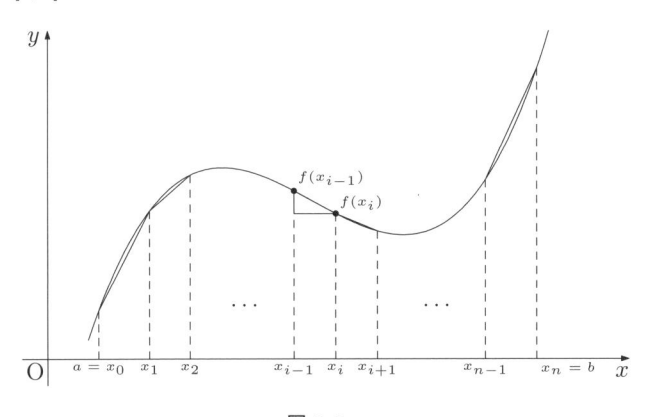

図 3.9

点 $(x_{i-1}, f(x_{i-1}))$ と点 $(x_i, f(x_i))$ を結ぶ線分の長さは

$$\sqrt{(x_i-x_{i-1})^2+(f(x_i)-f(x_{i-1}))^2} = \sqrt{1+\left(\frac{f(x_i)-f(x_{i-1})}{x_i-x_{i-1}}\right)^2}\,(x_i-x_{i-1})$$

である．よって

$$\ell = \lim_{|\Delta|\to 0}\sum_{i=1}^n \sqrt{1+\left(\frac{f(x_i)-f(x_{i-1})}{x_i-x_{i-1}}\right)^2}\,(x_i-x_{i-1})$$

$$= \int_a^b \sqrt{1+f'(x)^2}\,dx \qquad (\text{積分の定義より})$$

> **定理 3.21** 関数 $f(x)$ は $[a,b]$ で連続, (a,b) で C^1 級であるとする. 点 $(a, f(a))$ から点 $(b, f(b))$ までの曲線 $y = f(x)$ の長さ ℓ は, 次の式で与えられる.
> $$\ell = \int_a^b \sqrt{1+(f'(x))^2}\,dx$$

例題 3.5.3 円 $x^2 + y^2 = a^2$, $a > 0$ の周の長さを求めよ.

解 $f(x) = \sqrt{a^2 - x^2}$, $f'(x) = -\dfrac{x}{\sqrt{a^2 - x^2}}$ である. よって, 求める長さは

$$4\int_0^a \sqrt{1 + \frac{x^2}{a^2 - x^2}}\,dx = 4a\int_0^a \frac{1}{\sqrt{a^2 - x^2}}\,dx = 4a\left[\sin^{-1}\frac{x}{a}\right]_0^a = 2\pi a \qquad \diamondsuit$$

問題 3.5.4 関数 $\phi(t)$, $\psi(t)$ は $[\alpha, \beta]$ で連続, (α, β) で C^1 級であるとする. 媒介変数 (パラメータ) t で表される曲線 $x = \phi(t)$, $y = \psi(t)$, $\alpha \leqq t \leqq \beta$ の長さ ℓ は, 次の式で与えられる.

$$\ell = \int_\alpha^\beta \sqrt{\left(\frac{dx}{dt}\right)^2 + \left(\frac{dy}{dt}\right)^2}\,dt$$

例題 3.5.4 $a > b > 0$ とする. 楕円 $\dfrac{x^2}{a^2} + \dfrac{y^2}{b^2} = 1$ の周の長さを積分で表せ.

解 $y = f(x) = \dfrac{b}{a}\sqrt{a^2 - x^2}$, $f'(x) = -\dfrac{b}{a}\dfrac{x}{\sqrt{a^2 - x^2}}$ である. 楕円は x 軸と y 軸に関して対称である. よって, 求める長さは次の式で与えられる. $x = a\sin t$ と置換すると,

$$4\int_0^a \sqrt{1 + \frac{b^2}{a^2}\frac{x^2}{a^2 - x^2}}\,dx = 4\int_0^{\frac{\pi}{2}} \sqrt{a^2\cos^2 t + b^2\sin^2 t}\,dt$$
$$= 4a\int_0^{\frac{\pi}{2}} \sqrt{1 - \frac{a^2 - b^2}{a^2}\sin^2 t}\,dt \qquad \diamondsuit$$

積分 $\int \sqrt{1 - \dfrac{a^2 - b^2}{a^2}\sin^2 t}\,dt$ は楕円積分といわれ, これまで学んできた関数 (初等関数) では表せないことが知られている. 数表などから近似値がえられる. 関数

$$\frac{e^x}{x}, \qquad e^{-x^2}, \qquad \frac{1}{\log x}, \qquad e^x \log x, \qquad \log(\log x)$$

などの積分も初等関数では表せないことが知られている.

問題 3.5.5
(1) 曲線 $y = 2x^2 - 1$ を直線 $y = -x + 2$ が切り取る部分の長さを求めよ.
(2) 曲線 $\sqrt{x} + \sqrt{y} = 1$ の x, y 両軸ではさまれる部分の長さを求めよ.

3.6 定積分の近似計算

定理 3.9 より，連続関数の不定積分は存在するが，それを既知の関数（初等関数）で表すことができるのは特別の場合である．一般に不定積分から定積分を計算することが，できない場合がある．

実用上，定積分の近似計算がいろいろ工夫されている．

この節では，関数 $y = f(x)$ は区間 $[a, b]$ で連続と仮定する.

3.6.1 長方形による近似

定積分 $\int_a^b f(x)\,dx$ を長方形の面積の和で近似する．閉区間 $[a, b]$ を n 等分し，$h = \dfrac{b-a}{n}$ とする．各分点 $x_i = a + ih, i = 0, 1, \ldots, n$ に対応する $f(x)$ の値を y_i とする．

$$S = \left(\sum_{i=0}^{n-1} y_i\right) h \quad \text{または} \quad S = \left(\sum_{i=1}^{n} y_i\right) h$$

を $\int_a^b f(x)\,dx$ の近似値と考える．n が大きいほど誤差は小さくなる．

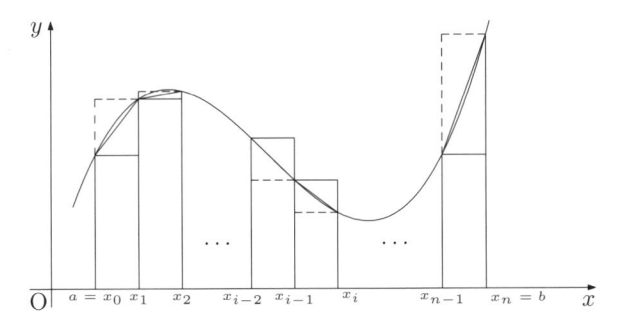

図 3.10

3.6.2　台形公式

次に，定積分 $\int_a^b f(x)\,dx$ を台形の面積で近似する．閉区間 $[a,b]$ を n 等分し，$h = \dfrac{b-a}{n}$ とする．各分点 $x_i = a+ih, i=0,1,\ldots,n$ に対応する $f(x)$ の値を y_i とする．

$$S = \sum_{i=1}^{n}\left(\frac{y_{i-1}+y_i}{2}\right)h = \frac{h}{2}\left(y_0 + y_n + 2\sum_{i=1}^{n-1} y_i\right)$$

を $\int_a^b f(x)\,dx$ の近似値と考える．n が大きいほど誤差は小さくなる．

3.6.3　シンプソンの公式

さらに，放物線によって囲まれる面積で定積分 $\int_a^b f(x)\,dx$ を近似する．閉区間 $[a,b]$ を $2n$ 等分し，$h = \dfrac{b-a}{2n}$ とする．各分点 $x_i = a+ih, i=0,1,\ldots,2n$ に対応する $f(x)$ の値を y_i とする．

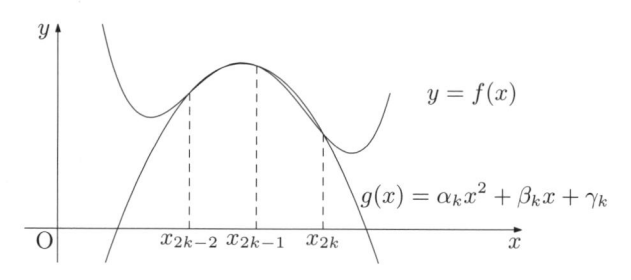

図 **3.11**

3 点 (x_{2k-2}, y_{2k-2}), (x_{2k-1}, y_{2k-1}), (x_{2k}, y_{2k}) を通る 2 次関数を $g(x) = \alpha_k x^2 + \beta_k x + \gamma_k$ とし，$\int_{x_{2k-2}}^{x_{2k}} f(x)\,dx$ の値を $\int_{x_{2k-2}}^{x_{2k}} (\alpha_k x^2 + \beta_k x + \gamma_k)\,dx$ で近似する．簡単にするため，$t = x_{2k-1}$ とおくと $[x_{2k-2}, x_{2k}] = [t-h, t+h]$ となる．

$$\int_{t-h}^{t+h}(\alpha_k x^2 + \beta_k x + \gamma_k)\,dx = \left[\frac{\alpha_k}{3}x^3 + \frac{\beta_k}{2}x^2 + \gamma_k x\right]_{t-h}^{t+h}$$

$$= \frac{\alpha_k}{3}((t+h)^3 - (t-h)^3) + \frac{\beta_k}{2}((t+h)^2 - (t-h)^2) + \gamma_k((t+h)-(t-h))$$

$$= \frac{\alpha_k}{3}(6ht^2 + 2h^3) + \frac{\beta_k}{2}\,4ht + \gamma_k\,2h = \frac{h}{3}(6\alpha_k t^2 + 2\alpha_k h^2 + 6\beta_k t + 6\gamma_k)$$

一方，$y_{2k-2} = \alpha_k(t-h)^2 + \beta_k(t-h) + \gamma_k$, $y_{2k-1} = \alpha_k t^2 + \beta_k t + \gamma_k$, $y_{2k} = \alpha_k(t+h)^2 + \beta_k(t+h) + \gamma_k$ であるから，

$$y_{2k-2} + 4y_{2k-1} + y_{2k} = 6\alpha_k t^2 + 2\alpha_k h^2 + 6\beta_k t + 6\gamma_k$$

となる．よって，

$$\int_{x_{2k-2}}^{x_{2k}} (\alpha_k x^2 + \beta_k x + \gamma_k)\,dx = \frac{h}{3}(y_{2k-2} + 4y_{2k-1} + y_{2k})$$

となり，区間 $[a,b]$ での近似式は

$$\frac{h}{3}\sum_{k=1}^{n}(y_{2k-2} + 4y_{2k-1} + y_{2k})$$
$$= \frac{h}{3}\left(y_0 + y_{2n} + 2(y_2 + y_4 + \cdots + y_{2n-2}) + 4(y_1 + y_3 + \cdots + y_{2n-1})\right)$$

となる．これを**シンプソンの公式**という．

関数 $f(x)$ が (a,b) で C^4 級のとき，区間 $[x_{2k-2}, x_{2k}]$ での誤差 $G(h,k)$ を h の関数として考察する．ここで，$t = x_{2k-1}$ とおけば $[x_{2k-2}, x_{2k}] = [t-h, t+h]$ となる．

$\int_{t-h}^{t+h} g(x)\,dx = \frac{h}{3}\left(f(t-h) + 4f(t) + f(t+h)\right)$ だから

$$G(h,k) = \int_{-h}^{h}\left(f(t+x) - g(t+x)\right)dx$$
$$= \int_{-h}^{h} f(t+x)\,dx - \frac{h}{3}\left(f(t-h) + 4f(t) + f(t+h)\right)$$

$$\frac{dG}{dh} = G'(h,k) = f(t+h) + f(t-h)$$
$$\quad -\frac{1}{3}\left(f(t-h) + 4f(t) + f(t+h)\right) - \frac{h}{3}\left(-f'(t-h) + f'(t+h)\right)$$
$$= \frac{2}{3}\left(f(t+h) - 2f(t) + f(t-h)\right) - \frac{h}{3}\left(-f'(t-h) + f'(t+h)\right)$$

$$G''(h,k) = \frac{2}{3}\left(f'(t+h) - f'(t-h)\right)$$
$$\quad -\frac{1}{3}\left(-f'(t-h) + f'(t+h)\right) - \frac{h}{3}\left(f''(t+h) + f''(t-h)\right)$$
$$= \frac{1}{3}\left(-f'(t-h) + f'(t+h)\right) - \frac{h}{3}\left(f''(t+h) + f''(t-h)\right)$$

$$G'''(h,k) = \frac{1}{3}\left(f''(t-h) + f''(t+h)\right)$$

$$-\frac{1}{3}\Big(f''(t+h)+f''(t-h)\Big)-\frac{h}{3}\Big(f'''(t+h)-f'''(t-h)\Big)$$
$$=-\frac{h}{3}\Big(f'''(t+h)-f'''(t-h)\Big)=-\frac{h}{3}\int_{-h}^{h}f^{(4)}(t+x)\,dx$$

から $\mid G'''(h,k)\mid\leq\frac{2}{3}Mh^2$, $M=\max\{\mid f^{(4)}(x)\mid\,:\,a\leq x\leq b\}$ となる. $G'''(h,k)$ の絶対値の結果より，順次 $G''(h,k), G'(h,k)$ の絶対値を積分して評価すれば， $G''(0,k)=G'(0,k)=G(0,k)=0$ であるから,

$$\mid G''(h,k)\mid=\left|\int_0^h G'''(h,k)\,dh\right|\leq \int_0^h \frac{2}{3}Mh^2\,dh=\frac{2}{9}Mh^3,$$
$$\mid G'(h,k)\mid=\left|\int_0^h G''(h,k)\,dh\right|\leq \int_0^h \frac{2}{9}Mh^3\,dh=\frac{1}{18}Mh^4,$$
$$\mid G(h,k)\mid=\left|\int_0^h G'(h,k)\,dh\right|\leq \int_0^h \frac{1}{18}Mh^4\,dh=\frac{1}{90}Mh^5$$

となる. よって，区間 $[a,b]$ での誤差は

$$\left|\sum_{k=1}^n G(h,k)\right|\leq n\frac{1}{90}M\left(\frac{b-a}{2n}\right)^5=\frac{M(b-a)^5}{2880n^4}$$

となる. とくに, $M=f^{(4)}(x)=0$ のとき，したがって 3 次関数までは，定積分の値は積分しなくてもシンプソンの公式で，次のように求められる.

$f(x)$ が 3 次以下の多項式とする. 区間を 2 等分して $h=\dfrac{b-a}{2}$ とおくと,

$$\int_a^b f(x)\,dx=\frac{h}{3}\left(f(a)+4f(a+h)+f(b)\right)$$
$$=\frac{b-a}{6}\left(f(a)+4f\left(\frac{a+b}{2}\right)+f(b)\right)$$

例題 3.6.1 $\displaystyle\int_0^1 \frac{1}{x+1}\,dx$ の近似値を $n=8$ (区間を 16 等分) として求めよ.

解 $h=\dfrac{1}{16}, f(x)=\dfrac{1}{x+1}$ とおく. 近似値 S は

$$S=\frac{1}{3}\cdot\frac{1}{16}\sum_{k=1}^8\left(f\left(\frac{2k-2}{16}\right)+4f\left(\frac{2k-1}{16}\right)+f\left(\frac{2k}{16}\right)\right)$$

$S=0.69314765$ ($\log 2 = 0.69314718$)

$f^{(4)}(x) = (-1)(-2)(-3)(-4)\dfrac{1}{(x+1)^5}$ より $|f^{(4)}(x)| = \left|\dfrac{24}{(x+1)^5}\right|$ だから，

$$M = \max\{|f^{(4)}(x)| : 0 \leqq x \leqq 1\} = 24$$

よって，

$$\left|\int_0^1 \frac{1}{x+1}\,dx - S\right| = \left|\Big[\log(x+1)\Big]_0^1 - S\right|$$

$$= |\log 2 - S| < \frac{24}{2880 \times 8^4} < 0.00000203 \quad \diamondsuit$$

3.7　π は無理数である

π が無理数かどうかは，ギリシャ時代（ユークリッドの時代）から重大な関心があった．π が無理数であることを初めて証明したのはランベルト (Lambert, 1728–1777) である．ランベルトは次のことを連分数を用いて証明した．

> x が有理数ならば，$\tan x$ は無理数である．よって $\tan\dfrac{\pi}{4} = 1$ であるから π は無理数である．

エルミート (Hermite, 1822–1901) が行った，微分積分を用いた方法で証明する．

定理 3.22　円周率 π は無理数である．

証明　π を有理数と仮定すれば

$$\pi = \frac{p}{q}, \quad p,q \text{ は互いに素な（最大公約数が 1 である）正整数}$$

とおける．ここで，任意の自然数 n について次の 2 つの整式を定義する．

$$f(x) = \frac{1}{n!}x^n(p - qx)^n$$

$$F(x) = f(x) - f''(x) + f^{(4)}(x) - \cdots + (-1)^n f^{(2n)}(x)$$

このとき，$f(x)$ の k 回微分 $f^{(k)}(x)$ を考える．$k \leqq n-1$ のとき，x^n の k 回微分に注意して，$f^{(k)}(0) = 0$ となる．また，$f(x)$ は $2n$ 次の多項式であるから，$f^{(2n)}(x) = $ 定数　である．さらに，$k \geqq 2n+1$ のとき，つねに $f^{(k)}(x) = 0$ となる．これらを考え合わせて，次のことがわかる．

$f^{(k)}(0)$, $k = 0, 1, 2, \ldots, 2n, \ldots$ はすべて整数であり，
$f(x) = f\left(\dfrac{p}{q} - x\right) = f(\pi - x)$ から $f^{(k)}(\pi)$, $k = 0, 1, 2, \ldots$ も整数である．
また，
$$\dfrac{d}{dx}\{F'(x)\sin x - F(x)\cos x\} = \{F''(x) + F(x)\}\sin x = f(x)\sin x$$
が成り立つ．両辺の積分をとれば
$$\int_0^\pi f(x)\sin x\,dx = -F(\pi)\cos\pi + F(0)\cos 0 = F(\pi) + F(0) = 整数$$
となる．一方，$0 \leqq x \leqq \pi = \dfrac{p}{q}$ とすると $0 \leqq p - qx \leqq p$ であり，
$f(x)\sin x$ は連続で，$f(x)\sin x = 0$ となるのは $x = 0, \pi$ のみであるから，
$0 \leqq f(x)\sin x \leqq f(x) = \dfrac{1}{n!}x^n(p - qx)^n \leqq \dfrac{1}{n!}x^n p^n \leqq \dfrac{(\pi p)^n}{n!}$ となる．よって，
$$0 < \int_0^\pi f(x)\sin x\,dx \leqq \int_0^\pi \dfrac{(\pi p)^n}{n!}\,dx = \dfrac{\pi^{n+1}p^n}{n!}$$
が成り立つ．十分大きな n をとれば $\dfrac{(\pi p)^n}{n!} < \dfrac{1}{\pi}$ から
$$\dfrac{\pi^{n+1}p^n}{n!} = \pi\dfrac{(\pi p)^n}{n!} < 1$$
となり
$$0 < \int_0^\pi f(x)\sin x\,dx = F(\pi) + F(0) \leqq \dfrac{\pi^{n+1}p^n}{n!} < 1$$
が成り立つ．つまり，$0 <$ 整数 < 1 を満たす整数があるという，矛盾が生ずる．

したがって，π は無理数である． ◇

第 3 章：演習問題

1. 次の不定積分を求めよ．ただし，$a > 0$ とする．

    (1) $\displaystyle\int \frac{x+1}{x^2+x+1}\,dx$
    (2) $\displaystyle\int \frac{1}{(1+x^2)^3}\,dx$

    (3) $\displaystyle\int \frac{1}{\cos x}\,dx$
    (4) $\displaystyle\int \sin^3 x\,dx$

    (5) $\displaystyle\int \frac{\sin x}{1+\sin x}\,dx$
    (6) $\displaystyle\int \frac{(\sqrt{x}+1)^3}{\sqrt{x}}\,dx$

    (7) $\displaystyle\int \frac{1}{\sqrt{a+x}-\sqrt{x}}\,dx$
    (8) $\displaystyle\int (x+5)\sqrt{\frac{x+1}{2x+5}}\,dx$

    (9) $\displaystyle\int \frac{\sqrt{a^2-x^2}}{x}\,dx$
    (10) $\displaystyle\int \frac{dx}{(a^2+x^2)^{\frac{3}{2}}}$

    (11) $\displaystyle\int \frac{x^3}{\sqrt{x^8+a^8}}\,dx$
    (12) $\displaystyle\int \frac{x^2}{\sqrt{x^2+1}}\,dx$

    (13) $\displaystyle\int x\sin^{-1} x\,dx$

2. $I_n = \displaystyle\int (\sin^{-1} x)^n\,dx$ とおくとき，I_n の漸化式を求めよ．

3. 次の定積分を求めよ．

    (1) $\displaystyle\int_0^1 x(\tan^{-1} x)^2\,dx$
    (2) $\displaystyle\int_{-1}^1 (x^2-1)^5\,dx$

4. n を正の整数とするとき，次の定積分を求めよ．

    (1) $\displaystyle\int_0^{\frac{\pi}{2}} \sin^n x\,dx = \int_0^{\frac{\pi}{2}} \cos^n x\,dx$
    (2) $\displaystyle\int_0^{\pi} \cos^n x\,dx$

5. 次の関数 $f(x)$ は $x = 0$ において不連続であるが，原始関数をもつことを示せ．
$$f(x) = \begin{cases} 2x\sin\dfrac{1}{x} - \cos\dfrac{1}{x}, & x \neq 0 \\ 0, & x = 0 \end{cases}$$

6. $\displaystyle\int_0^{\frac{\pi}{2}} \sin^a x \cos^b x\,dx = \frac{1}{2} B\left(\frac{a+1}{2}, \frac{b+1}{2}\right)$ を示せ．

7. 次の広義積分を求めよ．

(1) $\displaystyle\int_a^b \frac{dx}{\sqrt{(x-a)(b-x)}}$ (2) $\displaystyle\int_0^1 x\log x\,dx$

8. 次の曲線で囲まれる図形のうち，原点を含む部分の面積を求めよ．ただし，$a>b>0$ とする．

   (1) $\dfrac{x^2}{a^2}+\dfrac{y^2}{b^2}=1$ と $\dfrac{x^2}{b^2}+\dfrac{y^2}{a^2}=1$

   (2) $x=a\cos^3 t,\quad y=a\sin^3 t$

9. 次の極座標で与えられるカージオイドの全長を求めよ．

   $$r=a(1+\cos\theta),\quad 0\leqq\theta\leqq 2\pi,\quad a>0$$

10. 次の曲線を x 軸の周りに1回転してできる図形の体積と表面積を求めよ．

    (1) $y=\cos x,\quad 0\leqq x\leqq\dfrac{\pi}{2}$ (2) $y=\sqrt{x},\quad 0\leqq x\leqq 1$

    (3) $y=\tan x,\quad 0\leqq x\leqq\dfrac{\pi}{4}$

11. 曲線 $y=\cos^2 x+1\ \left(0\leqq x\leqq\dfrac{\pi}{2}\right)$ の長さを，シンプソンの公式を用いて，近似値を求めよ．

第4章

偏微分

4.1 平面の領域

点 $P(a,b)$ と正数 ε に対して，
$$U_\varepsilon(P) = \left\{(x,y) \,\middle|\, \sqrt{(x-a)^2+(y-b)^2} < \varepsilon \right\}$$
を点 P の ε 近傍という．

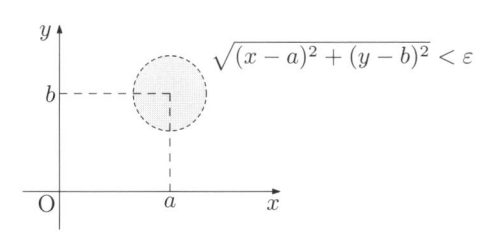

図 4.1

点集合 D の点 $P(a,b)$ が**内点**であるとは，適当に ε を選べば，P の ε 近傍が D に含まれる，ことをいう．

点 P が D の**外点**であるとは，点 P が，平面から D の点を除いた，D の補集合 D^c の内点であることである．

点 P が D の**境界点**であるとは，D の内点でも外点でもない点のことをいい，境界点の集合を D の**境界**という．

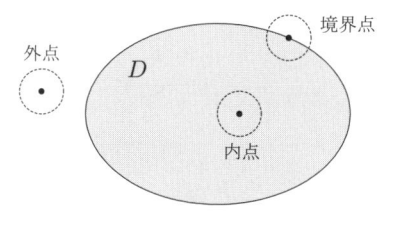

図 4.2

D が内点のみから構成されているとき，D を**開集合**という．D の補集合が開集合のとき，D を**閉集合**という．とくに，**空集合** $\emptyset$ と**全体集合**は，開集合であり閉集合でもある．

D の任意の2点が連続曲線で結べるとき，D を**連結**という．連結な開集合を**開領域**または**領域**といい，連結な閉集合を**閉領域**という．D を含む原点の ε 近傍が存在するとき，D は**有界**であるという．

ここで，簡単な例を示しておく．

(1) $\{(x,y) \mid \sqrt{x^2+y^2} < 1\}$ は開領域である（図 4.3 左）．
(2) $\{(x,y) \mid 1 < \sqrt{x^2+y^2} < 2\}$ は開領域である．
(3) $\{(x,y) \mid \sqrt{x^2+y^2} \leq 1\}$ は閉領域である（図 4.3 右）．
(4) $\{(x,y) \mid \sqrt{x^2+y^2} = 1\}$ は (1) と (3) の境界であり，閉集合でもある．

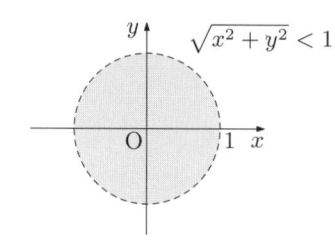

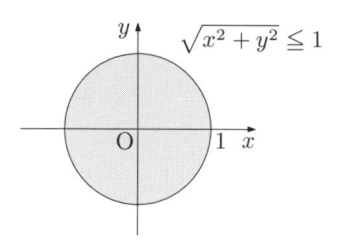

図 4.3

4.2 2変数関数

4.2.1 2変数関数の定義

3つの変数 x, y, z の間に，たとえば
$$z = 2x + 3y - 1, \qquad z = \sqrt{a^2 - x^2 - y^2}$$
という関係があれば，x と y の値が定まると，上の各式を満たす z の値が定まる．このような場合に，z は x と y の関数という．

一般に，x と y がいろいろな値をとって変わり，その値の各組 (x,y) に対して，z の値が定まるとき，z を x, y の**2変数関数**という．このことを，
$$z = f(x,y)$$
と表し，$x = a$，$y = b$ のときの $f(x,y)$ の値を $f(a,b)$ で表す．

各組 (x, y) に対して，xy–平面上の点 $\mathrm{P}(x, y)$ を定める．この 2 変数関数を点 P の関数ともいい
$$z = f(\mathrm{P})$$
とも表す．

対応する z の値が存在する点 P の集合を，この関数の**定義域**という．定義域の各点に対する z の値の集合を，この関数の**値域**という．以下，定義域は領域または閉領域とする．

問題 4.2.1 次の式で定義される関数の定義域は，どんな集合にするのが自然か．このときの値域も求めよ．

(1) $z = \dfrac{x^2 - y^2}{x^2 + y^2}$ (2) $z = \tan^{-1}(x^2 + y^2)$

(3) $z = \log(x + y)$ (4) $z = \sqrt{1 - \dfrac{x^2}{3^2} - \dfrac{y^2}{2^2}}$

4.2.2 2 変数関数のグラフ

2 変数関数 $z = f(x, y)$ があるとき，定義域 D 内の 1 点 $\mathrm{P}(a, b)$ を定めると関数の値 $f(a, b)$ が定まる．これらの 3 つの値から 3 次元空間内の点 $(a, b, f(a, b))$ が定まる．

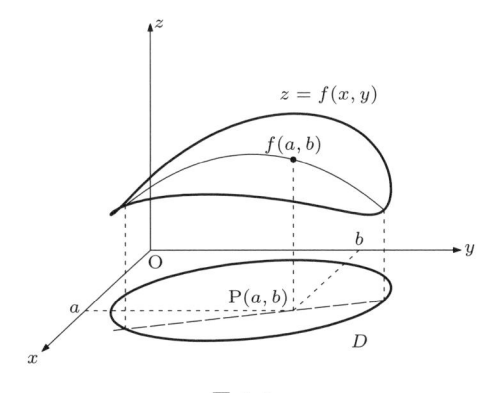

図 4.4

D 内のすべての点 (x, y) に対して，$z = f(x, y)$ を満たす 3 次元空間内の点 (x, y, z) がきまる．これらの 3 次元空間内の点の集合を 2 変数関数 $z = f(x, y)$ のグラフという．

2 変数関数のグラフは，一般に曲面（平面を含む）になる．

例題 4.2.1 次の関数のグラフをかけ.
 (1)　$z = \dfrac{1}{2}x + y + 1$　　(2)　$z = \sqrt{4 - x^2 - y^2}$

解　(1) z は x, y の 1 次式であるから，グラフは点 A$(0,0,1)$ を通る平面である．平面上の任意の点 P(x,y,z) と点 A を結ぶ，ベクトル $(-x, -y, -z+1)$ とベクトル $\left(\dfrac{1}{2}, 1, -1\right)$ の内積は 0 であるから，2 つのベクトルは互いに垂直である．よって，求めるグラフは点 A$(0,0,1)$ を通りベクトル $\left(\dfrac{1}{2}, 1, -1\right)$ に垂直な平面である．

(2)　平面上の任意の点 P(x,y,z) と原点 O を結ぶ線分の長さは $\sqrt{x^2 + y^2 + z^2} = 2$ で，一定である．

よって，求めるグラフは原点 O$(0,0,0)$ を中心とする半径 2 の球の $z \geqq 0$ の部分である．　◇

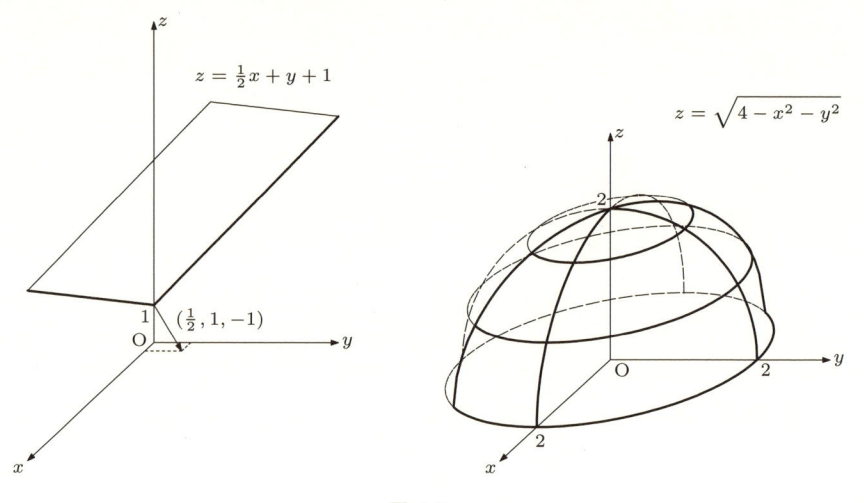

図 4.5

4.2.3　2 変数関数の極限と連続

定義　点 P(x,y) が点 A(a,b) に近づくとする．このとき, 関数 $f(x,y) = f(\mathrm{P})$ が α に限りなく近づくとき，$f(x,y)$ は A において極限値 α に収束するといい，

$$\lim_{(x,y)\to(a,b)} f(x,y) = \alpha, \qquad \lim_{P \to A} f(P) = \alpha$$

などと表す．

これを ε-δ 論法でかくと，

$$\forall \varepsilon > 0,\ \exists \delta > 0\ ;\ 0 < \sqrt{(x-a)^2 + (y-b)^2} < \delta$$

を満たすすべての点 $P(x,y)$ について，

$$|f(x,y) - \alpha| < \varepsilon$$

が成り立つ．

例題 4.2.2 $\displaystyle\lim_{(x,y)\to(0,0)} \frac{x^2 y}{x^2 + y^2}$ を求めよ．

解 $x = r\cos\theta,\ y = r\sin\theta$ とおけば

$$\lim_{(x,y)\to(0,0)} \frac{x^2 y}{x^2+y^2} = \lim_{r\to 0} \frac{r^3 \cos^2\theta \sin\theta}{r^2} = \lim_{r\to 0} r\cos^2\theta \sin\theta = 0 \qquad \diamondsuit$$

例題 4.2.3 $\displaystyle\lim_{(x,y)\to(0,0)} \frac{xy}{x^2 + y^2}$ を求めよ．

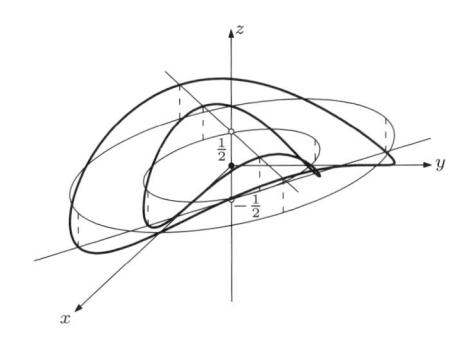

図 4.6

解 $x = r\cos\theta,\ y = r\sin\theta$ とおけば

$$\frac{xy}{x^2+y^2} = \frac{r^2 \cos\theta \sin\theta}{r^2} = \cos\theta \sin\theta = \frac{1}{2}\sin 2\theta$$

$\displaystyle\lim_{r\to 0} \sin 2\theta$ は θ に依存するため収束しない． $\diamondsuit$

定義 関数 $f(x,y)$ が点 $Q(a,b)$ で連続であるとは,
$$\lim_{(x,y)\to(a,b)} f(x,y) = f(a,b)$$
が成り立つことである.

これを ε-δ 論法でかくと,
$$\forall \varepsilon > 0, \ \exists \delta > 0; \ \sqrt{(x-a)^2+(y-b)^2} < \delta$$
を満たすすべての点 $P(x,y)$ について
$$|f(x,y) - f(a,b)| < \varepsilon$$
が成り立つ.

定義域 D の各点で連続なとき,D で**連続**であるという.

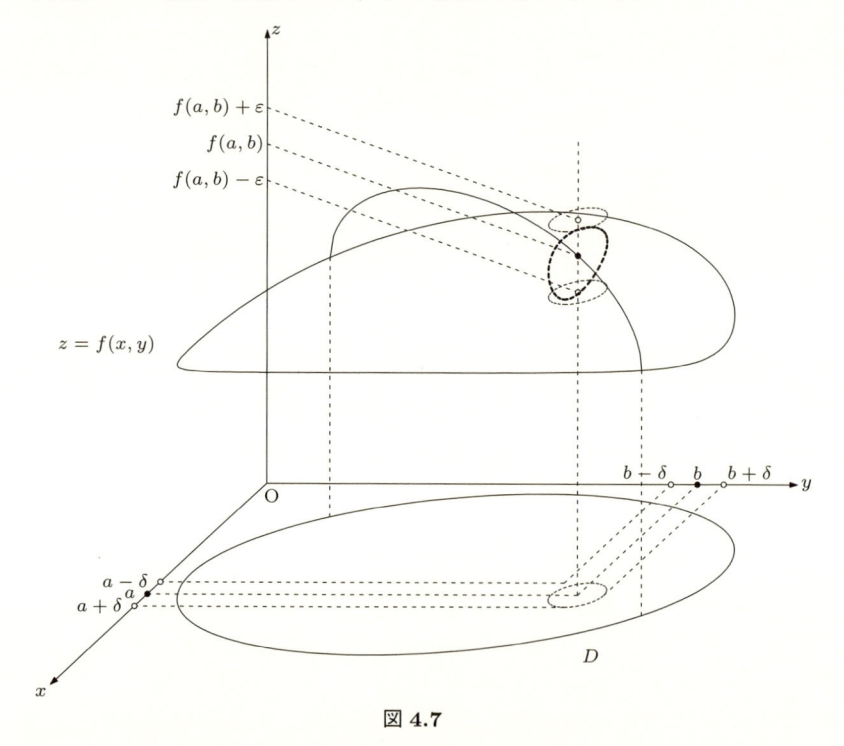

図 **4.7**

注意 収束と連続のちがいは,点 (a,b) で,条件 $0 < \sqrt{(x-a)^2+(y-b)^2} < \delta$ を満たすか,条件 $\sqrt{(x-a)^2+(y-b)^2} < \delta$ を満たすかである.

> **定理 4.1** 関数 $f(x,y)$, $g(x,y)$ が D で連続であり,c を定数とする.このとき,
> (1) $f(x,y)+g(x,y)$ も D で連続
> (2) $cf(x,y)$ も D で連続
> (3) $f(x,y)g(x,y)$ も D で連続
> (4) $\dfrac{f(x,y)}{g(x,y)}$ $(g(x,y) \neq 0)$ も D で連続

> **定理 4.2** 関数 $f(x,y)$, $g(x,y)$ が点 (a,b) で連続で,さらに,関数 $h(x,y)$ も点 $(f(a,b),g(a,b))$ で連続とする.このとき,$h(f(x,y),g(x,y))$ は点 (a,b) で連続である.(連続関数の合成関数は連続である.)

問題 4.2.2 定理 4.1, 4.2 を証明せよ.

> **定理 4.3(中間値の定理)** 関数 $f(x,y)$ は領域 D で連続とする.D の任意の異なる 2 点 $A(x_1,y_1)$, $B(x_2,y_2)$ に対して,$f(A) \neq f(B)$ とする.このとき,$f(A)$ と $f(B)$ の間の値 η に対し,$f(P) = \eta$ となる点 $P \in D$ が存在する.

証明 領域 D に含まれる,$A(x_1,y_1)$, $B(x_2,y_2)$ を結ぶ連続曲線 C を $x = g(t)$, $y = h(t)$, $0 \leq t \leq 1$ とする.$x = g(t)$, $y = h(t)$ は区間 $[0,1]$ で連続関数であるから,$f(g(t),h(t))$ も区間 $[0,1]$ で連続関数である.よって,1 変数の中間値の定理(定理 1.16, p.41)から

$$c \in (0,1), \quad (g(c),h(c)) \in D, \quad f(g(c),h(c)) = \eta$$

となる c が存在する.　◇

> **定理 4.4(最大値・最小値の定理)** 有界な閉領域 D で定義された連続関数 $f(x,y)$ は,D で最大値および最小値をとる.

問題 4.2.3 定理 4.4 を 1 変数の場合の方法で証明せよ.

4.3 偏微分

4.3.1 偏微分可能と偏微分係数

D で定義された 2 変数関数を $z = f(x,y)$ とする.点 $A(a,b) \in D$ において

$$\lim_{h \to 0} \frac{f(a+h, b) - f(a, b)}{h}$$

が収束するとき，関数 $z = f(x, y)$ は，点 $\mathrm{A}(a, b)$ において x に関して**偏微分可能**という．その極限値を点 (a, b) における x についての**偏微分係数**といい，$f_x(a, b)$ と表す．

2 変数関数 $z = f(x, y)$ において，$y = b$ を代入すると，z は x の 1 変数関数 $z = f(x, b)$ となる．この関数の $x = a$ における微分係数が $f_x(a, b)$ である．

同様に，

$$\lim_{k \to 0} \frac{f(a, b+k) - f(a, b)}{k}$$

が収束するとき，関数 $z = f(x, y)$ は，点 $\mathrm{A}(a, b)$ において y に関して偏微分可能という．その極限値を点 (a, b) における y についての偏微分係数といい，$f_y(a, b)$ と表す．

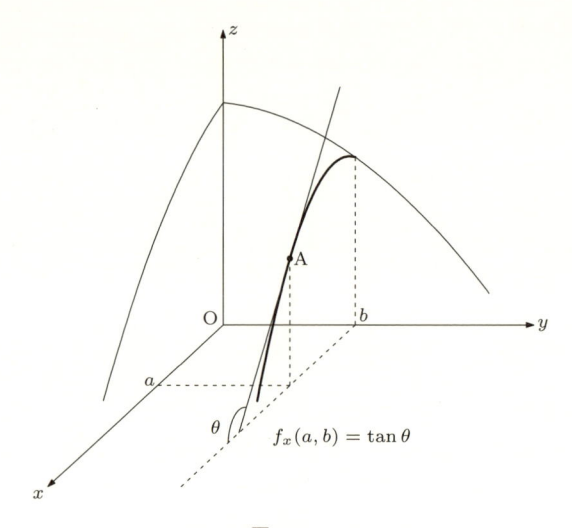

図 4.8

これは 2 変数関数 $z = f(x, y)$ において，$x = a$ を代入すると，z は y の 1 変数関数 $z = f(a, y)$ となる．この関数の $y = b$ における微分係数が $f_y(a, b)$ である．

4.3.2 偏導関数

D で定義された 2 変数関数 $z = f(x, y)$ が，D のすべての点において，x に

関して偏微分可能であるとする．このとき，D の点 (x,y) に，その点 (x,y) における x についての偏微分係数を対応させたものを，x についての**偏導関数**といい

$$f_x(x,y), \quad f_x, \quad \frac{\partial f(x,y)}{\partial x}, \quad \frac{\partial}{\partial x}f(x,y), \quad z_x, \quad \frac{\partial z}{\partial x}$$

などと表す．

D で定義された 2 変数関数 $z = f(x,y)$ が，D のすべての点において，y に関して偏微分可能であるとする．このとき，D の点 (x,y) に，その点 (x,y) における y についての偏微分係数を対応させたものを，y についての**偏導関数**といい

$$f_y(x,y), \quad f_y, \quad \frac{\partial f(x,y)}{\partial y}, \quad \frac{\partial}{\partial y}f(x,y), \quad z_y, \quad \frac{\partial z}{\partial y}$$

などと表す．

f_x, f_y がともに存在するとき，$f(x,y)$ は**偏微分可能**といい，f_x, f_y を偏導関数という．さらに，これらが連続であるとき，関数 $f(x,y)$ は C^1 **級関数**という．

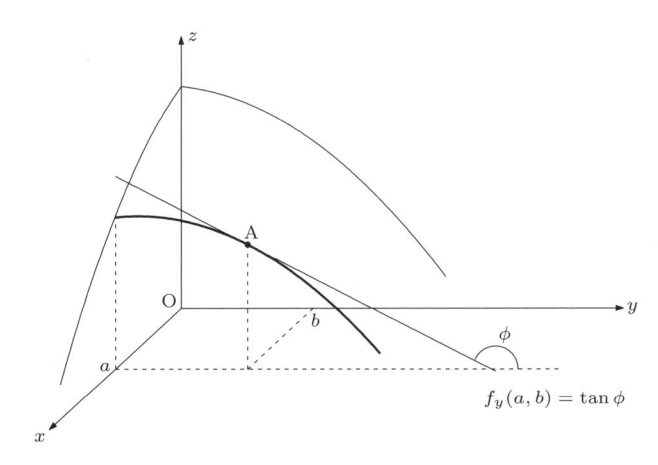

図 4.9

例題 4.3.1 $z = x^3 + y^3 - 3axy$ の偏導関数を求めよ．

解 $\dfrac{\partial z}{\partial x} = 3x^2 - 3ay, \quad \dfrac{\partial z}{\partial y} = 3y^2 - 3ax \quad \diamondsuit$

例題 4.3.2 $z = \tan^{-1} \dfrac{x}{y}$ の偏導関数を求めよ.

解 $\dfrac{\partial z}{\partial x} = \dfrac{1}{1+\left(\dfrac{x}{y}\right)^2} \dfrac{1}{y} = \dfrac{y}{x^2+y^2}$, $\quad \dfrac{\partial z}{\partial y} = \dfrac{1}{1+\left(\dfrac{x}{y}\right)^2} \dfrac{-x}{y^2} = \dfrac{-x}{x^2+y^2}$ ◇

問題 4.3.1 次の関数の偏導関数を求めよ.

(1) $z = x^3y + x^2y^2 + y^4$ (2) $z = \dfrac{x}{y}$ (3) $z = \sqrt{x^2+y^2+1}$

(4) $z = \log(x^2+y^2)$ (5) $z = x^3 e^y$ (6) $z = \cos(x^2 y)$

(7) $z = \sin^{-1}(xy^2)$ (8) $z = \cos^{-1}(x^2+e^y)$ (9) $z = \tan^{-1}\left(\sin\dfrac{y}{x}\right)$

2 変数関数は偏微分可能であっても,連続でない関数が存在する.

例題 4.3.3

$$f(x,y) = \begin{cases} \dfrac{xy}{x^2+y^2}, & (x,y) \neq (0,0) \\ 0, & (x,y) = (0,0) \end{cases}$$

は $(0,0)$ で偏微分可能であるが,連続でない.

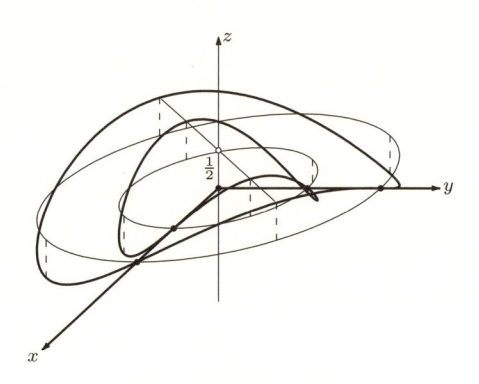

図 4.10

解 $\displaystyle\lim_{h\to 0}\dfrac{f(0+h,0)-f(0,0)}{h} = 0$, $\displaystyle\lim_{h\to 0}\dfrac{f(0,0+h)-f(0,0)}{h} = 0$ であるから,$(0,0)$ で $f(x,y)$ は偏微分可能であるが,例題 4.2.3 により $\displaystyle\lim_{(x,y)\to(0,0)} f(x,y)$ は存在しないから,連続でない. ◇

4.3.3 高次偏導関数

C^1 級関数 $z = f(x,y)$ の偏導関数が，さらに偏微分可能であるならば，次の4個の偏導関数が考えられる．

$$f_{xx} = (f_x)_x, \quad f_{xy} = (f_x)_y, \quad f_{yx} = (f_y)_x, \quad f_{yy} = (f_y)_y$$

これらを $f(x,y)$ の **2次偏導関数** といい，

$$z_{xx}, \quad \frac{\partial^2 z}{\partial x^2}, \quad f_{xx}(x,y), \quad \frac{\partial^2 f(x,y)}{\partial x^2}, \quad \frac{\partial^2}{\partial x^2}f(x,y)$$

$$z_{xy}, \quad \frac{\partial^2 z}{\partial y \partial x}, \quad f_{xy}(x,y), \quad \frac{\partial^2 f(x,y)}{\partial y \partial x}, \quad \frac{\partial^2}{\partial y \partial x}f(x,y),$$

$$z_{yx}, \quad \frac{\partial^2 z}{\partial x \partial y}, \quad f_{yx}(x,y), \quad \frac{\partial^2 f(x,y)}{\partial x \partial y}, \quad \frac{\partial^2}{\partial x \partial y}f(x,y),$$

$$z_{yy}, \quad \frac{\partial^2 z}{\partial y^2}, \quad f_{yy}(x,y), \quad \frac{\partial^2 f(x,y)}{\partial y^2}, \quad \frac{\partial^2}{\partial y^2}f(x,y)$$

などと書く．

注意 f_{xy} と $\dfrac{\partial^2 f}{\partial y \partial x}$ の x と y の順序に注意すること．

f の2次偏導関数が存在するとき，f は **2回偏微分可能** という．さらに，これらがすべて連続なとき，f は C^2 **級関数** であるという．

問題 4.3.2 次の関数の2次偏導関数を求めよ．
(1) $z = x^3 y + x^2 y^2 + y^4$
(2) $z = \dfrac{x}{y}$
(3) $z = \sqrt{1 - x^2 - y^2}$
(4) $z = \log(x^2 + y^2 + 1)$
(5) $z = e^{x^2 + y^2}$
(6) $z = e^{3y} \cos x$
(7) $z = \sin^{-1} \dfrac{x}{y}$
(8) $z = \cos^{-1}(x^2 e^y)$
(9) $z = \tan^{-1}(x^2 + y^2)$

$f(x,y)$ の $n-1$ 次偏導関数が存在し，それらが x,y で偏微分可能であるとき，$f(x,y)$ は n **回偏微分可能** という．偏微分してえられた関数を n **次偏導関数** といい，それらがすべて連続なとき，$f(x,y)$ は C^n **級関数** という．すべての自然数 n について，n 回偏微分可能であるとき，$f(x,y)$ は ∞ **回偏微分可能** といい，すべての自然数 n について C^n 級のとき，$f(x,y)$ は C^∞ **級関数** という．

問題 4.3.2 の関数は x と y の微分の順番を入れ替えても同じ関数になった．しかし，次の例題のように，一般には x と y の微分の順番を入れ替えた関数は異なる．

例題 4.3.4
$$f(x,y) = \begin{cases} \dfrac{xy(x^2-y^2)}{x^2+y^2}, & (x,y) \neq (0,0) \\ 0, & (x,y) = (0,0) \end{cases}$$
は $f_{xy}(0,0) \neq f_{yx}(0,0)$ であることを示せ．

解 偏微分係数の定義より，
$$f_x(0,y) = \lim_{h \to 0} \frac{f(0+h,y) - f(0,y)}{h} = \lim_{h \to 0} \frac{1}{h} \frac{hy(h^2-y^2)}{h^2+y^2} = -y$$
同じように定義から計算して，$f_y(x,0) = x$ がわかる．さらに，
$$f_x(0,0) = \lim_{h \to 0} \frac{f(0+h,0) - f(0,0)}{h} = 0$$
$$f_y(0,0) = \lim_{h \to 0} \frac{f(0,0+h) - f(0,0)}{h} = 0$$
となる．よって，
$$f_{xy}(0,0) = \lim_{h \to 0} \frac{f_x(0,0+h) - f_x(0,0)}{h} = -1$$
$$f_{yx}(0,0) = \lim_{h \to 0} \frac{f_y(0+h,0) - f_y(0,0)}{h} = 1 \quad \diamond$$

ここで，x と y の微分の順番を入れ替えても，偏導関数が同じ関数になる条件を述べる．

定理 4.5 関数 $f(x,y)$ が C^2 級のとき，$f_{xy}(x,y) = f_{yx}(x,y)$ である．

証明 $P = f(x+h, y+k) - f(x+h, y) - f(x, y+k) + f(x,y)$ とおく．
$\phi(x) = f(x, y+k) - f(x,y)$ とおき，平均値の定理 (定理 2.7, p.67) を用いると
$$P = \phi(x+h) - \phi(x) = \phi'(x + \theta h)h, \quad 0 < \theta < 1$$
$$= (f_x(x+\theta h, y+k) - f_x(x+\theta h, y))h$$
$$= f_{xy}(x+\theta h, y+\theta_1 k)hk, \quad 0 < \theta_1 < 1$$
となる．同様に $\psi(y) = f(x+h, y) - f(x,y)$ とおき，平均値の定理（定理 2.7）を用いると
$$P = \psi(y+k) - \psi(y) = \psi'(y + \theta_2 k)k, \quad 0 < \theta_2 < 1$$
$$= (f_y(x+h, y+\theta_2 k) - f_y(x, y+\theta_2 k))k$$

$$= f_{yx}(x+\theta_3 h, y+\theta_2 k)hk, \qquad 0<\theta_3<1$$

したがって，

$$\frac{P}{hk} = f_{xy}(x+\theta h, y+\theta_1 k) = f_{yx}(x+\theta_3 h, y+\theta_2 k)$$

が成立する．ここで，$f(x,y)$ は C^2 級関数だから，f_{xy} と f_{yx} は連続である．よって，$h \to 0$，$k \to 0$ とすれば $\lim_{\rho \to 0} \frac{P}{hk} = f_{xy} = f_{yx}$, $\rho = \sqrt{h^2+k^2}$. $\diamondsuit$

この定理から，C^n 級関数 $z = f(x,y)$ の n 次偏導関数は，次の $n+1$ 個の関数を求めれば十分である．

$$z_{x^n},\ z_{x^{n-1}y},\ z_{x^{n-2}y^2},\ \ldots,\ z_{x^2 y^{n-2}},\ z_{xy^{n-1}},\ z_{y^n}$$

問題 4.3.3 次の関数の n 次偏導関数を求めよ．
(1)　$z = x^3 + y^3 - 2xy$　　(2)　$z = e^x \sin 2y$

4.4　全微分

4.4.1　全微分可能

定理 2.2 (p.58) より，h が 0 に近いとき，1 変数関数 $f(x)$ が次の式

$$f(a+h) - f(a) = f'(a)h + o(h)$$

を満足するならば，$x=a$ で微分可能である．これを拡張した定義を述べる．

> **定義**　$\rho = \sqrt{h^2+k^2}$ が 0 に近いとき，2 変数関数 $f(x,y)$ が次の式
> $$f(a+h, b+k) - f(a,b) = f_x(a,b)h + f_y(a,b)k + o(\rho)$$
> を満足するとき，$f(x,y)$ は $(x,y)=(a,b)$ で全微分可能という．

領域 D の各点で関数 $f(x,y)$ が全微分可能なとき，$f(x,y)$ は D で**全微分可能**であるという．

定理 4.6　領域 D で関数 $f(x,y)$ が C^1 級ならば，$f(x,y)$ は D で全微分可能．

証明　$Q = f(x+h, y+k) - f(x,y)$

とおくと，平均値の定理（定理 2.7, p.67）から $0 < \theta_1, \theta_2 < 1$ である θ_1, θ_2 が存在して

$$Q = f_x(x + h\theta_1, y)h + f_y(x + h, y + k\theta_2)k$$

ここで，$\alpha = f_x(x + h\theta_1, y) - f_x(x, y)$, $\beta = f_y(x + h, y + k\theta_2) - f_y(x, y)$ とおけば，

$$Q = f_x(x, y)h + f_y(x, y)k + \alpha h + \beta k$$

となる．$\rho = \sqrt{h^2 + k^2}$ とおけば，$\rho \to 0$ のとき $h, k \to 0$ であり，$f_x(x, y), f_y(x, y)$ は連続なので $\alpha, \beta \to 0$ となる．よって，コーシー–シュワルツの不等式（例題 1.1.1 (3)）より

$$\frac{|\alpha h + \beta k|}{\rho} \leq \frac{\sqrt{(h^2 + k^2)(\alpha^2 + \beta^2)}}{\rho} = \sqrt{\alpha^2 + \beta^2}$$

であり，f は C^1 級より $\rho \to 0$ のとき $\alpha, \beta \to 0$ であるから，

$$Q = f(x + h, y + k) - f(x, y) = f_x(x, y)h + f_y(x, y)k + o(\rho)$$

となり，定理が成立する． ◇

定義 関数 $z = f(x, y)$ が全微分可能であるとき，

$$dz = f_x(x, y)dx + f_y(x, y)dy$$

を $z = f(x, y)$ の全微分という．これを df とも表す．

上の式の右辺の dx, dy がどのようなものかを調べる．まず，$z = x$ の場合の全微分は $dz = 1 \cdot dx + 0 \cdot dy = dx$ であるから，dx は x の全微分である．

次に，$z = y$ の場合の全微分は $dz = 0 \cdot dx + 1 \cdot dy = dy$ であるから，dy は y の全微分である．

問題 4.4.1 次の関数の全微分を求めよ．
 (1) $z = 2x^2 - 3xy + y^2$ (2) $z = x^2 e^{x+y}$ (3) $z = (x + y)\sqrt{1 - x^2 - y^2}$

問題 4.4.2 △ABC の外接円の半径は一定であるとする．角の大きさを A, B, C, 頂点 A, B, C の対辺の長さをそれぞれ a, b, c とする．このとき，次の等式が成り立つことを示せ．

$$\frac{da}{\cos A} + \frac{db}{\cos B} + \frac{dc}{\cos C} = 0$$

4.4.2 接平面

$$\text{平面} \quad z = f(a,b) + f_x(a,b)(x-a) + f_y(a,b)(y-b)$$

は点 $(a,b,f(a,b))$ を通る．この平面を点 (a,b) における曲面 $z = f(x,y)$ の**接平面**という．

ベクトル $(-f_x(a,b), -f_y(a,b), 1)$ は接平面に垂直であり，**法線ベクトル**という．

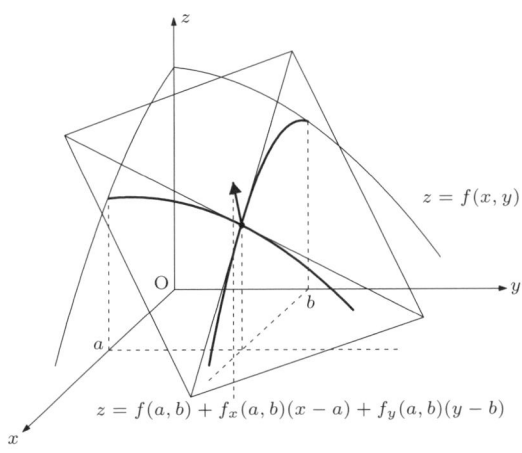

図 4.11

問題 4.4.3 次の曲面上の点 (a,b,c) における，接平面の方程式と法線ベクトルを求めよ．
(1) $z = x^3 - y^3$ (2) $z = \sqrt{1-x^2-y^2}$

4.5 合成関数の微分

4.5.1 合成関数の微分法

定理 4.7 関数 $z = f(x,y)$ が全微分可能で，$x = g(t)$, $y = h(t)$ が t について微分可能とする．このとき，合成関数 $z = f(g(t), h(t))$ は t について微分可能で

$$\frac{dz}{dt} = \frac{\partial z}{\partial x}\frac{dx}{dt} + \frac{\partial z}{\partial y}\frac{dy}{dt}$$

が成り立つ．

証明 $x = g(t)$, $y = h(t)$ は微分可能だから

$$\Delta x = g(t+\eta) - g(t), \quad \Delta y = h(t+\eta) - h(t), \quad \rho = \sqrt{(\Delta x)^2 + (\Delta y)^2}$$

とおくと

$$\eta \to 0 \text{ のとき } \rho \to 0, \quad \lim_{\eta \to 0} \frac{\Delta x}{\eta} = g'(t), \quad \lim_{\eta \to 0} \frac{\Delta y}{\eta} = h'(t)$$

である．関数 $f(x,y)$ は全微分可能だから，

$$\frac{f(g(t+\eta), h(t+\eta)) - f(g(t), h(t))}{\eta}$$
$$= \frac{f_x(g(t), h(t))(g(t+\eta) - g(t)) + f_y(g(t), h(t))(h(t+\eta) - h(t)) + o(\rho)}{\eta}$$
$$= f_x(g(t), h(t))\frac{\Delta x}{\eta} + f_y(g(t), h(t))\frac{\Delta y}{\eta} + \frac{o(\rho)}{\eta}$$

となる．ここで，

$$\lim_{\eta \to 0}\left|\frac{\rho}{\eta}\right| = \lim_{\eta \to 0}\sqrt{\left(\frac{\Delta x}{\eta}\right)^2 + \left(\frac{\Delta y}{\eta}\right)^2} = \sqrt{(g'(t))^2 + (h'(t))^2}$$

となるから，

$$\lim_{\eta \to 0} \frac{o(\rho)}{\eta} = \lim_{\eta \to 0} \frac{o(\rho)}{\rho}\frac{\rho}{\eta} = 0$$

したがって，

$$\frac{dz}{dt} = \lim_{\eta \to 0} \frac{f(g(t+\eta), h(t+\eta)) - f(g(t), h(t))}{\eta}$$
$$= f_x(g(t), h(t))g'(t) + f_y(g(t), h(t))h'(t) \quad \diamondsuit$$

問題 4.5.1 次の関係式から $\dfrac{dz}{dt}, \dfrac{d^2z}{dt^2}$ を求めよ．
(1) C^2 級関数 $z = f(x,y), \quad x = a + ht, \quad y = b + kt$
(2) $z = x^2 + y^2 - 1, \quad x = t - \cos t, \quad y = 1 - \sin t$
(3) $z = xy, \quad x = e^t, \quad y = \sin t$

定理 4.8 関数 $z = f(x,y)$ が全微分可能で，$x = g(u,v), y = h(u,v)$ が u,v について偏微分可能であるとする．このとき，合成関数 $z = f(g(u,v), h(u,v))$ は u,v について偏微分可能で

が成り立つ.
$$\frac{\partial z}{\partial u} = \frac{\partial z}{\partial x}\frac{\partial x}{\partial u} + \frac{\partial z}{\partial y}\frac{\partial y}{\partial u}, \quad \frac{\partial z}{\partial v} = \frac{\partial z}{\partial x}\frac{\partial x}{\partial v} + \frac{\partial z}{\partial y}\frac{\partial y}{\partial v}$$

証明 v を固定し，定理 4.7 における t を u と考える．このとき，x, y を u で微分するのは，v を固定した微分であるから $\dfrac{\partial x}{\partial u}, \dfrac{\partial y}{\partial u}$ となる．よって，

$$\frac{\partial z}{\partial u} = \frac{\partial z}{\partial x}\frac{\partial x}{\partial u} + \frac{\partial z}{\partial y}\frac{\partial y}{\partial u}$$

同様に，u を固定し，定理 4.7 における t を v と考える．このとき，x, y を v で微分するのは，u を固定した微分であるから $\dfrac{\partial x}{\partial v}, \dfrac{\partial y}{\partial v}$ となる．よって，

$$\frac{\partial z}{\partial v} = \frac{\partial z}{\partial x}\frac{\partial x}{\partial v} + \frac{\partial z}{\partial y}\frac{\partial y}{\partial v} \quad \diamond$$

問題 4.5.2 次の関係式から $\dfrac{\partial z}{\partial u}, \dfrac{\partial z}{\partial v}$ を求めよ.
(1) $z = x^2 y, \quad x = u + v, \quad y = u - v$
(2) $z = (x^2 + 1)\log(1 + y^2), \quad x = u + v^2, \quad y = u^2 + v$
(3) $z = x^2 y, \quad x = e^u \sin v, \quad y = e^u \cos v$

問題 4.5.3 $z = f(x, y)$ が C^2 級で，$x = u\cos\alpha - v\sin\alpha, \quad y = u\sin\alpha + v\cos\alpha$ とする．このとき，次の式が成り立つことを示せ．
(1) $\left(\dfrac{\partial z}{\partial u}\right)^2 + \left(\dfrac{\partial z}{\partial v}\right)^2 = \left(\dfrac{\partial z}{\partial x}\right)^2 + \left(\dfrac{\partial z}{\partial y}\right)^2$
(2) $\dfrac{\partial^2 z}{\partial u^2}\dfrac{\partial^2 z}{\partial v^2} - \left(\dfrac{\partial^2 z}{\partial u \partial v}\right)^2 = \dfrac{\partial^2 z}{\partial x^2}\dfrac{\partial^2 z}{\partial y^2} - \left(\dfrac{\partial^2 z}{\partial x \partial y}\right)^2$

次の例は，変数を適当に定めて，定理 4.8 を適用すればよい．

例題 4.5.1 $z = f\left(\dfrac{y}{x}\right)$ のとき，$x\dfrac{\partial z}{\partial x} + y\dfrac{\partial z}{\partial y} = 0$ を示せ．

解 $u = \dfrac{y}{x}$ とおけば，

$$\frac{\partial z}{\partial x} = \frac{dz}{du}\frac{\partial u}{\partial x} = \frac{dz}{du}\frac{-y}{x^2}, \quad \frac{\partial z}{\partial y} = \frac{dz}{du}\frac{\partial u}{\partial y} = \frac{dz}{du}\frac{1}{x}$$

であるから，

$$x\frac{\partial z}{\partial x} + y\frac{\partial z}{\partial y} = \frac{dz}{du}\frac{-y}{x} + \frac{dz}{du}\frac{y}{x} = 0 \quad \diamond$$

4.5.2 ヤコビアン

2つの C^1 級関数 $x = \phi(u,v)$, $y = \xi(u,v)$ が与えられたとき，2変数 x, y が 2変数 u, v に変換されるという．このとき，

$$\frac{\partial(x,y)}{\partial(u,v)} = \begin{vmatrix} \dfrac{\partial x}{\partial u} & \dfrac{\partial x}{\partial v} \\ \dfrac{\partial y}{\partial u} & \dfrac{\partial y}{\partial v} \end{vmatrix} = \frac{\partial x}{\partial u}\frac{\partial y}{\partial v} - \frac{\partial x}{\partial v}\frac{\partial y}{\partial u}$$

を変数変換の **ヤコビアン** または **関数行列式** という．

ただし，$\begin{vmatrix} a & b \\ c & d \end{vmatrix} = ad - bc$ で，行列 $\begin{pmatrix} a & b \\ c & d \end{pmatrix}$ の行列式という．

問題 4.5.4 次の変数変換のヤコビアンを求めよ．
(1) 極座標変換　$x = r\cos\theta$,　$y = r\sin\theta$
(2) 変数変換　$x = \dfrac{u}{u^2+v^2}$,　$y = \dfrac{v}{u^2+v^2}$

4.6 テイラーの定理

4.6.1 テイラーの定理

2変数関数 $f(x,y)$ は C^n 級とする．$x = a + ht$, $y = b + kt$ のとき，合成関数 $z = F(t) = f(a+th, b+tk)$ の t についての微分を考える．定理 4.7 において，$\dfrac{dx}{dt} = h$, $\dfrac{dy}{dt} = k$ であるから，

$$\frac{dz}{dt} = F'(t) = h\frac{\partial f(x,y)}{\partial x} + k\frac{\partial f(x,y)}{\partial y}$$

となる．ここで，x で偏微分して h 倍し，y で偏微分して k 倍して和をとる作用を $h\dfrac{\partial}{\partial x} + k\dfrac{\partial}{\partial y}$ で表すと

$$\left(h\frac{\partial}{\partial x} + k\frac{\partial}{\partial y}\right)f(x,y) = h\frac{\partial f(x,y)}{\partial x} + k\frac{\partial f(x,y)}{\partial y}$$

$$\frac{dz}{dt} = F'(t) = \left(h\frac{\partial}{\partial x} + k\frac{\partial}{\partial y}\right)f(x,y)$$

と表される．さらに，$F'(t)$ を t について微分すると

$$\frac{d^2z}{dt^2} = h^2\frac{\partial^2 f(x,y)}{\partial x^2} + 2hk\frac{\partial^2 f(x,y)}{\partial x \partial y} + k^2\frac{\partial^2 f(x,y)}{\partial y^2}$$

$$\frac{d^2z}{dt^2} = \left(h\frac{\partial}{\partial x} + k\frac{\partial}{\partial y}\right)\left(\left(h\frac{\partial}{\partial x} + k\frac{\partial}{\partial y}\right)f(x,y)\right)$$

と表される．これを $\left(h\dfrac{\partial}{\partial x} + k\dfrac{\partial}{\partial y}\right)^2 f(x,y)$ とかくと

$$\frac{d^2z}{dt^2} = h^2\frac{\partial^2 f(x,y)}{\partial x^2} + 2hk\frac{\partial^2 f(x,y)}{\partial x \partial y} + k^2\frac{\partial^2 f(x,y)}{\partial y^2} = \left(h\frac{\partial}{\partial x} + k\frac{\partial}{\partial y}\right)^2 f(x,y)$$

である．さらに，t について微分し，同じような表現を用いると，

$$\frac{d^3z}{dt^3} = h^3\frac{\partial^3 f(x,y)}{\partial x^3} + 3h^2k\frac{\partial^3 f(x,y)}{\partial x^2 \partial y} + 3hk^2\frac{\partial^3 f(x,y)}{\partial x \partial y^2} + k^3\frac{\partial^3 f(x,y)}{\partial y^3}$$
$$= \left(h\frac{\partial}{\partial x} + k\frac{\partial}{\partial y}\right)^3 f(x,y)$$

一般に，$f(x,y)$ に $h\dfrac{\partial}{\partial x} + k\dfrac{\partial}{\partial y}$ を n 回続けて作用させることを

$$\left(h\frac{\partial}{\partial x} + k\frac{\partial}{\partial y}\right)^n f(x,y)$$

とかくと，次の定理が成り立つ．（ライプニッツの公式（定理 2.13, p.72）参照）

定理 4.9 C^n 級の 2 変数関数 $f(x,y)$ において，$x = a+ht, y = b+kt$ であるとする．このとき，合成関数 $z = F(t) = f(a+th, b+tk)$ の t についての n 次導関数は，次の関係式で与えられる．

$$\frac{d^n z}{dt^n} = \left(h\frac{\partial}{\partial x} + k\frac{\partial}{\partial y}\right)^n f(x,y) = \sum_{j=0}^{n} {}_n\mathrm{C}_j h^{n-j} k^j \frac{\partial^n}{\partial x^{n-j} \partial y^j} f(x,y)$$

ただし，$\left(h\dfrac{\partial}{\partial x} + k\dfrac{\partial}{\partial y}\right)^0 f(x,y) = f(x,y)$, $\dfrac{\partial^n}{\partial x^n \partial y^0}f(x,y) = \dfrac{\partial^n}{\partial x^n}f(x,y)$, $\dfrac{\partial^n}{\partial x^0 \partial y^n}f(x,y) = \dfrac{\partial^n}{\partial y^n}f(x,y)$ とする．

証明 数学的帰納法で証明する．

$n=1,2,3$ のときは，上に説明したことから成立する．

n が r のとき正しい，と仮定すれば，次の式が成り立つ．

$$\frac{d^r z}{dt^r} = \left(h\frac{\partial}{\partial x} + k\frac{\partial}{\partial y}\right)^r f(x,y) = \sum_{j=0}^{r} {}_r\mathrm{C}_j h^{r-j} k^j \frac{\partial^r}{\partial x^{r-j} \partial y^j} f(x,y)$$

両辺を t で微分すると

$$\frac{d^{r+1}z}{dt^{r+1}} = \left(h\frac{\partial}{\partial x} + k\frac{\partial}{\partial y}\right)\left(h\frac{\partial}{\partial x} + k\frac{\partial}{\partial y}\right)^r f(x,y)$$

$$= \left(h\frac{\partial}{\partial x} + k\frac{\partial}{\partial y}\right)\left(\sum_{j=0}^{r} {}_r\mathrm{C}_j h^{r-j}k^j \frac{\partial^r}{\partial x^{r-j}\partial y^j}f(x,y)\right)$$

$$= \left(\sum_{j=0}^{r} {}_r\mathrm{C}_j h^{r-j}k^j \left(h\frac{\partial}{\partial x} + k\frac{\partial}{\partial y}\right)\frac{\partial^r}{\partial x^{r-j}\partial y^j}\right)f(x,y)$$

$$= \left(h^{r+1}\frac{\partial^{r+1}}{\partial x^{r+1}} + \sum_{j=1}^{r}({}_r\mathrm{C}_{j-1}+{}_r\mathrm{C}_j)h^{r-j+1}k^j\frac{\partial^{r+1}}{\partial x^{r-j+1}\partial y^j}\right.$$

$$\left. + k^{r+1}\frac{\partial^{r+1}}{\partial y^{r+1}}\right)f(x,y)$$

ここで，${}_r\mathrm{C}_{j-1} + {}_r\mathrm{C}_j = {}_{r+1}\mathrm{C}_j$ であるから

$$\frac{d^{r+1}z}{dt^{r+1}} = \left(h\frac{\partial}{\partial x} + k\frac{\partial}{\partial y}\right)^{r+1} f(x,y) = \sum_{j=0}^{r+1} {}_{r+1}\mathrm{C}_j h^{r+1-j}k^j \frac{\partial^{r+1}}{\partial x^{r+1-j}\partial y^j}f(x,y)$$

となり，$r+1$ のときも正しい．

よって，数学的帰納法により，すべての自然数 n について定理が成り立つ． ◇

1変数関数のマクローリンの定理（定理 2.16, p.75）を使って，次の 2 変数のテイラーの定理が証明される．

定理 4.10（テイラーの定理） 2 変数関数 $f(x,y)$ は領域 D で C^n 級関数とする．点 $(a,b) \in D$ であり，h, k が 0 に十分近いならば，

$$f(a+h, b+k)$$
$$= f(a,b) + \frac{1}{1!}\left(hf_x(a,b) + kf_y(a,b)\right)$$
$$+ \frac{1}{2!}\left(h^2 f_{xx}(a,b) + 2hk f_{xy}(a,b) + k^2 f_{yy}(a,b)\right)$$
$$+ \frac{1}{3!}\left(h^3 f_{xxx}(a,b) + 3h^2 k f_{xxy}(a,b) + 3hk^2 f_{xyy}(a,b) + k^3 f_{yyy}(a,b)\right) + \cdots$$
$$+ \frac{1}{(n-1)!}\left(h\frac{\partial}{\partial x} + k\frac{\partial}{\partial y}\right)^{n-1} f(a,b) + \frac{1}{n!}\left(h\frac{\partial}{\partial x} + k\frac{\partial}{\partial y}\right)^n f(a+\theta h, b+\theta k)$$
$$= \sum_{j=0}^{n-1} \frac{1}{j!}\left(h\frac{\partial}{\partial x} + k\frac{\partial}{\partial y}\right)^j f(a,b) + \frac{1}{n!}\left(h\frac{\partial}{\partial x} + k\frac{\partial}{\partial y}\right)^n f(a+\theta h, b+\theta k)$$

を満たす $\theta, 0 < \theta < 1$ が存在する.

証明 $F(t) = f(a+th, b+tk)$ とおけば，$f(x,y)$ は C^n 級だから

$$F^{(n)}(t) = \left(h\frac{\partial}{\partial x} + k\frac{\partial}{\partial y} \right)^n f(a+th, b+tk)$$

が成立する．関数 $F(t)$ に対して，1 変数のマクローリンの定理（定理 2.16, p.75) を用いると

$$F(1) = F(0) + F'(0) + \cdots + \frac{F^{(n-1)}(0)}{(n-1)!} + \frac{F^{(n)}(\theta)}{n!}, \qquad 0 < \theta < 1$$

を満たす θ が存在する．よって，定理が成り立つ． ◇

4.6.2 マクローリンの定理

定理 4.11（マクローリンの定理） 2 変数関数 $f(x,y)$ が点 $(0,0)$ を含む領域 D で C^n 級関数とする．このとき，点 $(h,k) \in D$ ならば，

$$f(h,k) = \sum_{j=0}^{n-1} \frac{1}{j!} \left(h\frac{\partial}{\partial x} + k\frac{\partial}{\partial y} \right)^j f(0,0) + \frac{1}{n!} \left(h\frac{\partial}{\partial x} + k\frac{\partial}{\partial y} \right)^n f(\theta h, \theta k)$$

を満たす $\theta, \ 0 < \theta < 1$ が存在する.

定義（マクローリン展開） 2 変数関数 $f(x,y)$ が点 $(0,0)$ を含む領域 D で C^∞ 級関数とする．このとき，点 $(h,k) \in D$ に対して，

$$\lim_{n \to \infty} \frac{1}{n!} \left(h\frac{\partial}{\partial x} + k\frac{\partial}{\partial y} \right)^n f(\theta h, \theta k) = 0$$

のとき，

$$f(h,k) = \sum_{j=0}^{\infty} \frac{1}{j!} \left(h\frac{\partial}{\partial x} + k\frac{\partial}{\partial y} \right)^j f(0,0)$$

をマクローリン展開という．ただし，$0 < \theta < 1$ である.

注意 ここで h を x，k を y で置き換えた次の式がよく使われる.

$$f(x,y) = f(0,0) + \frac{1}{1!} \left(x f_x(0,0) + y f_y(0,0) \right)$$
$$+ \frac{1}{2!} \left(x^2 f_{xx}(0,0) + 2xy f_{xy}(0,0) + y^2 f_{yy}(0,0) \right)$$

$$+ \frac{1}{3!}\left(x^3 f_{xxx}(0,0) + 3x^2 y f_{xxy}(0,0) + 3xy^2 f_{xyy}(0,0) + y^3 f_{yyy}(0,0)\right)$$

$$+ \cdots + \frac{1}{n!}\left(x\frac{\partial}{\partial x} + y\frac{\partial}{\partial y}\right)^n f(0,0) + \cdots$$

$$= \sum_{j=0}^{\infty} \frac{1}{j!}\left(x\frac{\partial}{\partial x} + y\frac{\partial}{\partial y}\right)^j f(0,0)$$

例題 4.6.1 $f(x,y) = e^{x+y}\sin y$ のマクローリン展開を，x,y について 3 次の項まで求めよ．

解 $\dfrac{\partial^i f}{\partial x^i} = e^{x+y}\sin y,\ i = 0, 1, 2, \ldots$ である．

$$\frac{\partial f}{\partial y} = e^{x+y}\sin y + e^{x+y}\cos y = \sqrt{2}\, e^{x+y}\sin\left(y + \frac{\pi}{4}\right),$$

$$\frac{\partial^2 f}{\partial y^2} = \sqrt{2}\, e^{x+y}\sin\left(y + \frac{\pi}{4}\right) + \sqrt{2}\, e^{x+y}\cos\left(y + \frac{\pi}{4}\right)$$

$$= \sqrt{2}^{\,2} e^{x+y}\sin\left(y + \frac{\pi}{4}\cdot 2\right)$$

以下同様にして（正確には数学的帰納法で証明して）

$$\frac{\partial^j f}{\partial y^j} = \left(\sqrt{2}\right)^j e^{x+y}\sin\left(y + \frac{\pi}{4}\cdot j\right)$$

をえる．以上のことから $\dfrac{\partial f^{i+j}(x,y)}{\partial x^i \partial y^j} = e^{x+y}\left(\sqrt{2}\right)^j \sin\left(y + \dfrac{j\pi}{4}\right)$ となるから

$$f(x,y) = y + xy + y^2 + \frac{1}{2}x^2 y + xy^2 + \frac{1}{3}y^3 + \cdots \quad \diamondsuit$$

問題 4.6.1 例題 4.6.1 を 1 変数のマクローリン展開を用いて解け．

問題 4.6.2 次の関数のマクローリン展開を x,y について 3 次の項まで求めよ．

(1) $f(x,y) = \dfrac{x^2 - y^2}{1 + x + 2y}$ \quad (2) $f(x,y) = \sin\left(x + \dfrac{y}{x+1}\right)$

(3) $f(x,y) = e^{\sin xy}$ \quad (4) $f(x,y) = \dfrac{1}{\sqrt{1 - x - y}}$

4.7 陰関数定理

4.7.1 陰関数

$f(x,y) = 2x - 3y + 5 = 0$ を y について解くと,$y = \phi(x) = \dfrac{1}{3}(2x+5)$ となる.

$f(x,y) = x^2 + y^2 - 1 = 0$ を y について解くと,$y = \phi(x) = \sqrt{1-x^2}$ (または $\phi(x) = -\sqrt{1-x^2}$) となる.

いずれの場合も,ある区間 I のすべての x に対して $f(x, \phi(x)) = 0$ を満たしている.一般に,区間 I で定義された関数 $y = \phi(x)$ が,2 変数関数 $f(x,y)$ に対して

$$f(x, \phi(x)) = 0, \qquad x \in I$$

を満たすとき,$y = \phi(x)$ を $f(x,y) = 0$ によって定まる**陰関数** (implicit function) という.単に,y の値が $y = f(x)$ で与えられている関数を,**陽関数** (explicit function) という.

関数 $f(x,y)$ によっては,$f(x,y) = 0$ が y について解けるとは限らないし,陰関数が存在するとも限らない.また存在しても,ただ 1 つとは限らない.

4.7.2 陰関数定理

陰関数が存在して,ただ 1 つであるのは,どのような場合かを示すのが次の定理である.

> **定理 4.12(陰関数定理)** $z = f(x,y)$ が領域 D で C^1 級関数で,点 $(a,b) \in D$ で $f(a,b) = 0$, $f_y(a,b) \neq 0$ とする.このとき,a を含むある区間 I で微分可能な関数 $y = \phi(x)$ がただ 1 つ存在し,$z = f(x, \phi(x)) = 0, x \in I, b = \phi(a)$ を満たし,
> $$\frac{dy}{dx} = -\frac{f_x(x,y)}{f_y(x,y)}$$

証明 $f_y(a,b) \neq 0$ であり,f_y は連続であるから,点 (a,b) の適当な近傍 $U_\varepsilon(a,b)$ で,$f_y(x,y) > 0$ と仮定する.($f_y(x,y) < 0$ としても同様に証明される.)

図 4.12

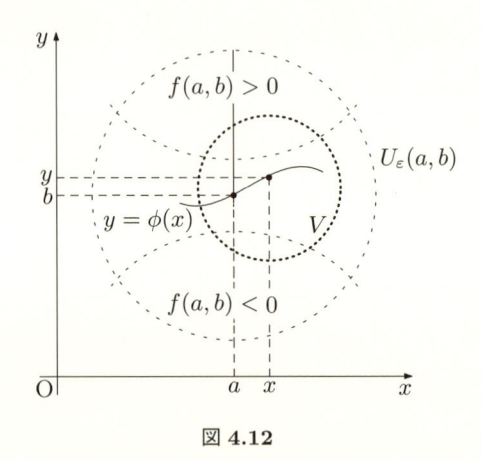

点 $(x,y) \in U_\varepsilon(a,b)$ の各 x で, y を増加させると, $f(x,y)$ も単調に増加する. $f(a,b) = 0$ であり, $f(x,y)$ は連続であるから, a を含むある区間 I の各 x に対して, $f(x,y) = 0$ となる点 (x,y) が, $U_\varepsilon(a,b)$ に含まれる適当な領域 V に, ただ 1 つ存在する. 区間 I の各 x に, この y を対応させる関数を $y = \phi(x)$ とすれば,

$$f(x, \phi(x)) = 0, \quad x \in I, \quad b = \phi(a)$$

次に, $\phi(a+h) - \phi(a) = k, h \neq 0$ とおくと

$$f(a+h, b+k) = f(a+h, \phi(a+h)) = 0$$

である. テイラーの定理 (定理 4.10, p.136) より, $0 < \theta < 1$ となる θ が存在して,

$$f(a+h, b+k) = f(a,b) + f_x(a+\theta h, b+\theta k)h + f_y(a+\theta h, b+\theta k)k$$

である. さらに, $f(a,b) = 0$, $f(a+h, b+k) = 0$ より $\dfrac{k}{h} = -\dfrac{f_x(a+\theta h, b+\theta k)}{f_y(a+\theta h, b+\theta k)}$ である. $f(x,y)$ が C^1 級関数であり, $k = \phi(a+h) - \phi(a) \to 0 \quad (h \to 0)$ であることから

$$\lim_{h \to 0} \frac{\phi(a+h) - \phi(a)}{h} = \lim_{h \to 0} \frac{k}{h} = -\frac{f_x(a,b)}{f_y(a,b)}$$

となり, 関数 $\phi(x)$ は $x = a$ で微分可能である. これは区間 I で成り立つから, 区間 I で微分可能である. ◇

注意 $f_y(a,b) \neq 0$ のかわりに $f_x(a,b) \neq 0$ が成り立つならば, x, y の役割を入れかえて, 同

様な結果が成り立つ．つまり，b を含むある区間 J で微分可能な関数 $x = \psi(y)$ がただ 1 つ存在し，$f(\psi(y), y) = 0, y \in J, a = \psi(b)$ を満たし，$\dfrac{dx}{dy} = -\dfrac{f_y(x, y)}{f_x(x, y)}$ となる．

さらに，$z = f(x, y)$ が領域 D で C^2 級関数で $f_y(x, y) \neq 0$ ならば

$$\frac{d^2 y}{dx^2} = -\frac{\dfrac{df_x(x,y)}{dx} f_y(x,y) - f_x(x,y) \dfrac{df_y(x,y)}{dx}}{(f_y(x,y))^2}$$

$$= -\frac{\left(f_{xx}(x,y) + f_{xy}(x,y)\dfrac{dy}{dx}\right) f_y(x,y) - f_x(x,y)\left(f_{yx}(x,y) + f_{yy}(x,y)\dfrac{dy}{dx}\right)}{(f_y(x,y))^2}$$

$$= -\frac{f_{xx}(x,y)(f_y(x,y))^2 - 2f_{xy}(x,y) f_x(x,y) f_y(x,y) + f_{yy}(x,y)(f_x(x,y))^2}{(f_y(x,y))^3}$$

$$= -\frac{f_{xx} f_y{}^2 - 2 f_{xy} f_x f_y + f_{yy} f_x{}^2}{f_y{}^3}$$

例題 4.7.1 $f(x, y) = x^3 + y^3 - 3xy = 0$ において $\dfrac{dy}{dx}, \dfrac{d^2 y}{dx^2}$ を求めよ．

解 $f_x(x, y) = 3x^2 - 3y$, $f_y(x, y) = 3y^2 - 3x$, $f_{xx}(x, y) = 6x$, $f_{xy}(x, y) = -3$, $f_{yy}(x, y) = 6y$ である．$f_y(x, y) = 0$ となる (x, y) は，$y^2 - x = 0$ を $f(x, y) = x^3 + y^3 - 3xy = 0$ に代入して，$y^3(y^3 - 2) = 0$ より $y = 0, y = \sqrt[3]{2}$ のときである．よって，

$$f_y(x, y) = 3(y^2 - x) \neq 0$$

すなわち $y \neq 0, y \neq \sqrt[3]{2}$ のとき

$$\frac{dy}{dx} = -\frac{x^2 - y}{y^2 - x}, \quad \frac{d^2 y}{dx^2} = -\frac{2xy(x^3 + y^3 - 3xy + 1)}{(y^2 - x)^3} = \frac{-2xy}{(y^2 - x)^3} = \frac{2xy}{(x - y^2)^3} \qquad \diamondsuit$$

4.8 関数の極値

4.8.1 関数の極大・極小

関数 $z = f(x, y)$ が領域 D で定義されているとする．D の点 (a, b) において，D に含まれる，点 (a, b) のある近傍のすべての点 $(x, y) \neq (a, b)$ で，つねに

$$f(x, y) < f(a, b) \qquad (f(x, y) > f(a, b))$$

が成り立つとき，$z = f(x, y)$ は (a, b) で**極大値**（**極小値**）をとるという．極大値と極小値をあわせて，**極値**という．

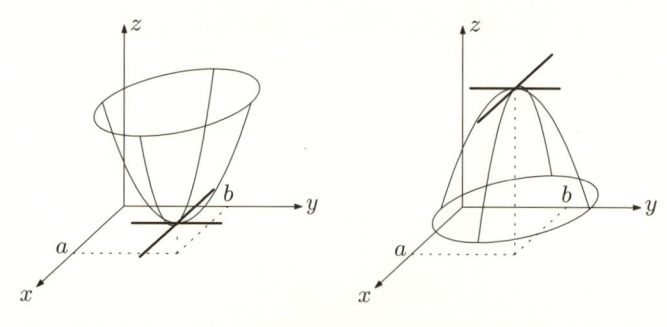

図 4.13

注意 どのような小さな近傍でも，存在すればよい．

C^1 級関数 $f(x,y)$ が点 (a,b) で極値をとるとする．このとき，関数 $f(x,b)$ を考えると，x の 1 変数関数として $x=a$ で，$f(x,b)$ は極値をとる．よって，$f_x(a,b)=0$ となる．さらに，関数 $f(a,y)$ を考えると，y の 1 変数関数として $y=b$ で，$f(a,y)$ は極値をとる．よって，$f_y(a,b)=0$ となる．

次の定理が成り立つ．

> **定理 4.13** 領域 D で定義された C^1 級関数 $z=f(x,y)$ が，D の点 (a,b) で極値をとるならば，
> $$f_x(a,b)=0, \qquad f_y(a,b)=0$$
> である．

この定理は極値をとる必要条件を述べている．次のグラフからわかるように，この定理の逆は成り立たない．

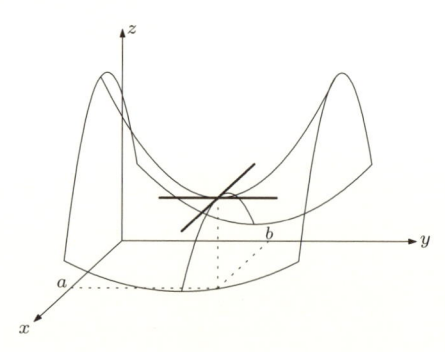

図 4.14

2 変数関数の極値を判定するには，次の定理が使われる．

定理 4.14 領域 D で C^2 級関数 $z=f(x,y)$ が，D の点 (a,b) で $f_x(a,b)=0$, $f_y(a,b)=0$ を満たしているとする．$A=f_{xx}(a,b)$, $B=f_{xy}(a,b)$, $C=f_{yy}(a,b)$ とおく．

1. $B^2-AC<0$ のとき，
   (a) $A>0$ ならば，$f(a,b)$ は極小値である．
   (b) $A<0$ ならば，$f(a,b)$ は極大値である．
2. $B^2-AC>0$ のとき，$f(a,b)$ は極値ではない．
3. $B^2-AC=0$ のとき，$f(a,b)$ が極値であるかどうかの判定はできない．（グラフをかいたり，別の方法で調べなければならない．）

証明 テイラーの定理（定理 4.10, p.136）により，$0<\theta<1$ となる θ が存在して，

$$f(a+h,b+k)$$
$$=f(a,b)+\left(\frac{\partial}{\partial x}h+\frac{\partial}{\partial y}k\right)f(a,b)+\frac{1}{2}\left(\frac{\partial}{\partial x}h+\frac{\partial}{\partial y}k\right)^2 f(a+\theta h,b+\theta k)$$

となる．偏微分係数は仮定より $f_x(a,b)=0$, $f_y(a,b)=0$ であるから

$$2\left(f(a+h,b+k)-f(a,b)\right)=\left(\frac{\partial}{\partial x}h+\frac{\partial}{\partial y}k\right)^2 f(a+\theta h,b+\theta k)$$
$$=f_{xx}(a+\theta h,b+\theta k)h^2+2f_{xy}(a+\theta h,b+\theta k)hk+f_{yy}(a+\theta h,b+\theta k)k^2$$

ここで，$A=f_{xx}(a,b)$, $B=f_{xy}(a,b)$, $C=f_{yy}(a,b)$, $\alpha=f_{xx}(a+\theta h,b+\theta k)-f_{xx}(a,b)$, $\beta=f_{xy}(a+\theta h,b+\theta k)-f_{xy}(a,b)$, $\gamma=f_{yy}(a+\theta h,b+\theta k)-f_{yy}(a,b)$ とおくと，

$$2(f(a+h,b+k)-f(a,b))=Ah^2+2Bhk+Ck^2+\alpha h^2+2\beta hk+\gamma k^2$$

$\rho=\sqrt{h^2+k^2}$ とおくと，
$$\left|\frac{h}{\rho}\right|\leq 1, \quad \left|\frac{k}{\rho}\right|\leq 1$$

である．さらに，$\rho\to 0$ のとき $h,k\to 0$ であり，$f(x,y)$ は C^2 級関数であるから，$\alpha,\beta,\gamma\to 0$ となる．よって，$\alpha h^2+2\beta hk+\gamma k^2=o(\rho^2)$ だから，ρ が

0 に近いところでは $f(a+h,b+k) - f(a,b)$ の符号は $Ah^2 + 2Bhk + Ck^2$ の符号と同じである．ここで，$\phi(h,k) = Ah^2 + 2Bhk + Ck^2$ とおく．$(h,k) \neq (0,0)$ なので，$k \neq 0$ としてよい（他も同様に証明できる）．$t = \dfrac{h}{k}$ とおくと，

$$\phi(h,k) = Ah^2 + 2Bhk + Ck^2 = (At^2 + 2Bt + C)k^2$$

1. $B^2 - AC < 0$ のとき，$0 \leq B^2 < AC$ より A と C は同符号である．
   - （a） $A > 0$ なら，つねに $\phi(h,k) > 0$ であり，$f(a,b)$ は極小値である．
   - （b） $A < 0$ なら，つねに $\phi(h,k) < 0$ であり，$f(a,b)$ は極大値である．
2. $B^2 - AC > 0$ のとき，$\phi(h,k) = 0$ となる t の値が 2 つ存在し，その値の近くで $\phi(h,k)$ は正にも負にもなる．よって，極値をとらない．
3. $B^2 - AC = 0$ のとき，$\phi(h,k) = 0$ となる t の値が 1 つ存在し，その値以外では，$\phi(h,k)$ はつねに正または負である．$\phi(h,k) = 0$ となるところで，$f(a+h,b+k) - f(a,b)$ の符号は，$\alpha h^2 + 2\beta hk + \gamma k^2 = o(\rho^2)$ の符号によって決まる．よって，極値であるかどうかの判定はできない． ◇

例題 4.8.1 $f(x,y) = x^3 + y^3 - 3axy$, $a \neq 0$ の極値を調べよ．

解 $f_x(x,y) = 3x^2 - 3ay = 0$, $f_y(x,y) = 3y^2 - 3ax = 0$ を解いて，$(x,y) = (0,0)$, $(x,y) = (a,a)$ をえる．また，$f_{xx}(x,y) = 6x$, $f_{xy}(x,y) = -3a$, $f_{yy}(x,y) = 6y$ より

$$f_{xy}(0,0)^2 - f_{xx}(0,0)f_{yy}(0,0) = (-3a)^2 > 0$$

であるから，点 $(0,0)$ で極値をとらない．

$$f_{xy}(a,a)^2 - f_{xx}(a,a)f_{yy}(a,a) = (-3a)^2 - (6a)(6a) = -27a^2 < 0,$$

$f_{xx}(a,a) = 6a$ であるから，$f(a,a)$ は，$a < 0$ ならば 極大値であり，$a > 0$ ならば 極小値である． ◇

4.8.2 条件付き極値

関数 $f(x,y)$, $g(x,y)$ は領域 D で C^1 級関数であるとする．領域 D の点 (x,y) が $g(x,y) = 0$ を満たすとき，点 (x,y) を条件 $g(x,y) = 0$ を満たす点という．このような点の集合を W とする．W の点 (a,b) の ε 近傍 $U_\varepsilon(a,b)$ と W との

共通部分を $W_\varepsilon(a,b)$ とする.

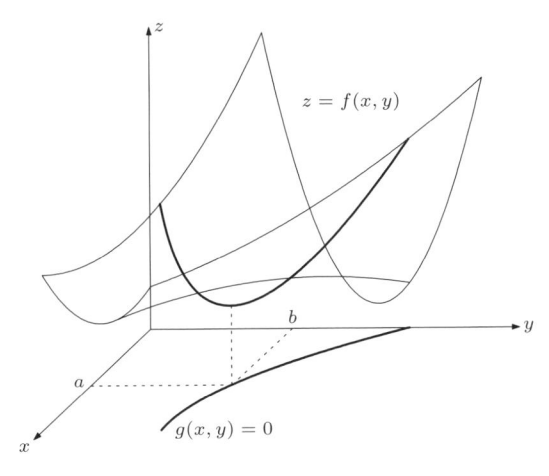

図 4.15

ある適当な ε で, $W_\varepsilon(a,b)$ の各点における $z = f(x,y)$ の値のうち, 点 (a,b) における値 $f(a,b)$ が, 他の点における値よりも大きく(小さく)なるとき, $z = f(x,y)$ は点 (a,b) で**条件付き極大値(極小値)**, 2つをまとめて極値をとるという.

条件付き極値問題はどのように解決すればよいだろうか. ラグランジュ (Lagrange, 1736–1813) は未定係数法を用いて次の定理をえた.

定理 4.15(ラグランジュの未定係数法) 関数 $f(x,y)$ と $g(x,y)$ は領域 D で C^1 級関数であるとする. $f(x,y)$ が条件 $g(x,y) = 0$ のもとで, 点 (a,b) で条件付き極値をとるとする. このとき, ある定数 λ が存在して

$$f_x(a,b) - \lambda g_x(a,b) = 0$$
$$f_y(a,b) - \lambda g_y(a,b) = 0$$

を満たす. ただし, $g_x(a,b)^2 + g_y(a,b)^2 \neq 0$ とする.

証明 $g_y(a,b) \neq 0$ とすれば, 陰関数の定理より, $x = a$ の近くで微分可能な関数 $y = h(x)$ が存在して

$$h(a) = b, \quad g(x, h(x)) = 0, \quad h'(a) = -\frac{g_x(a,b)}{g_y(a,b)}$$

となる．一方，$f(x,y)$ が点 (a,b) で条件付き極値をとるから

$$0 = \frac{d}{dx}f(a,b) = f_x(a,b) + f_y(a,b)h'(a) = f_x(a,b) - \frac{f_y(a,b)}{g_y(a,b)}g_x(a,b)$$

となる．$\lambda = \dfrac{f_y(a,b)}{g_y(a,b)}$ とおけば $f_y(a,b) - \lambda g_y(a,b) = 0$ であり，上の式に代入すれば

$$f_x(a,b) - \lambda g_x(a,b) = 0$$

がえられる．$g_x(a,b) \neq 0$ のときも同様に証明される． ◇

ベクトルの内積から，ラグランジュの未定係数法は，次のように解釈することができる．

条件の関数 $g(x,y) = 0$ 上の点をパラメータ t を用いて $(x,y) = (x(t), y(t))$ と表すと，$g(x(t), y(t)) = 0$ となるから，$\dfrac{dg}{dt} = 0$ が成り立つ．したがって，

$$\frac{\partial g}{\partial x}\frac{dx}{dt} + \frac{\partial g}{\partial y}\frac{dy}{dt} = 0$$

が成立する．ベクトルの内積で表現すると

$$\left(\frac{\partial g}{\partial x}, \frac{\partial g}{\partial y}\right) \cdot \left(\frac{dx}{dt}, \frac{dy}{dt}\right) = 0$$

である．したがって，ベクトル $\left(\dfrac{\partial g}{\partial x}, \dfrac{\partial g}{\partial y}\right)$ と $\left(\dfrac{dx}{dt}, \dfrac{dy}{dt}\right)$ は直交する．一方，関数 $f(x(t), y(t))$ が極値を持つ点では $\dfrac{df}{dt} = 0$ であるから

$$\frac{\partial f}{\partial x}\frac{dx}{dt} + \frac{\partial f}{\partial y}\frac{dy}{dt} = 0, \qquad \left(\frac{\partial f}{\partial x}, \frac{\partial f}{\partial y}\right) \cdot \left(\frac{dx}{dt}, \frac{dy}{dt}\right) = 0$$

である．したがって，ベクトル $\left(\dfrac{\partial f}{\partial x}, \dfrac{\partial f}{\partial y}\right)$ と $\left(\dfrac{dx}{dt}, \dfrac{dy}{dt}\right)$ は直交している．よって，ベクトル $\left(\dfrac{\partial g}{\partial x}, \dfrac{\partial g}{\partial y}\right)$ と $\left(\dfrac{\partial f}{\partial x}, \dfrac{\partial f}{\partial y}\right)$ は平行であるから，

$$\lambda\left(\frac{\partial g}{\partial x}, \frac{\partial g}{\partial y}\right) = \left(\frac{\partial f}{\partial x}, \frac{\partial f}{\partial y}\right)$$

である．

したがって，

$$f_x - \lambda g_x = 0, \quad f_y - \lambda g_y = 0$$

をえる．

例題 4.8.2 条件 $g(x,y) = x^2 + 2y^2 - 1 = 0$ のもとで，$f(x,y) = xy$ の最大値と最小値を求めよ．

解 $\Psi(x,y) = f(x,y) - \lambda g(x,y) = xy - \lambda(x^2 + 2y^2 - 1)$ とおく．

$$\Psi_x(x,y) = f_x(x,y) - \lambda g_x(x,y) = y - 2\lambda x = 0$$

$$\Psi_y(x,y) = f_y(x,y) - \lambda g_y(x,y) = x - 4\lambda y = 0$$

$$-\Psi_\lambda(x,y) = g(x,y) = x^2 + 2y^2 - 1 = 0$$

これらを満たす x, y を求める．第 1 式, 第 2 式より λ を消去して，

$$2y^2 - x^2 = 0$$

をえる．この式と第 3 式 $\Psi_\lambda(x,y) = 0$ を連立して解いて，次の 4 点をえる．

$$(x,y) = \left(\frac{\sqrt{2}}{2}, \frac{1}{2}\right), \ \left(\frac{\sqrt{2}}{2}, -\frac{1}{2}\right), \ \left(-\frac{\sqrt{2}}{2}, \frac{1}{2}\right), \ \left(-\frac{\sqrt{2}}{2}, -\frac{1}{2}\right)$$

この 4 点以外の点では極値はとらない．最大値と最小値はこの 4 点の中からとる．積 xy の値は $\frac{\sqrt{2}}{4}, -\frac{\sqrt{2}}{4}$ のみである．閉領域（閉集合）上の連続関数は最大値と最小値をとる，というワイエルシュトラスの最大値最小値の定理から，最大値と最小値の存在が保証される．

したがって，最大値 $= \frac{\sqrt{2}}{4}$，最小値 $= -\frac{\sqrt{2}}{4}$ と結論できる． ◇

4.9 平面曲線

4.9.1 平面曲線，接線，法線

$F(x,y)$ は C^1 級関数とし，$F(x,y) = 0$ で与えられる曲線を考察する．$F(a,b) = 0, F_y(a,b) \neq 0$ を満たす点 (a,b) における接線の傾きは

$$\left(\frac{dy}{dx}\right)_{x=a} = \frac{-F_x(a,b)}{F_y(a,b)}$$

であるから，接線の方程式は

$$F_x(a,b)(x-a) + F_y(a,b)(y-b) = 0$$

となる．$F(a,b) = 0, F_x(a,b) \neq 0$ の場合も同じ式になる．

法線は，接線と直交するから，

$$F_y(a,b)(x-a) - F_x(a,b)(y-b) = 0$$

となる．

4.9.2 特異点

$z = F(x,y)$ は C^2 級関数であるとする．

$$F(a,b) = 0, \quad F_x(a,b) = 0, \quad F_y(a,b) = 0$$

を満たす点 (a,b) を曲線 $F(x,y) = 0$ の特異点という．

特異点の近傍での，曲線の様子を考察する．$x = a+h, y = b+k$ とおく．テイラーの定理により，$0 < \theta < 1$ となる θ が存在して，

$$\begin{aligned}F(x,y) - F(a,b) &= F(a+h, b+k) - F(a,b) \\ &= F_x(a,b)h + F_y(a,b)k + \frac{1}{2}\left(F_{xx}(a+h\theta, b+k\theta)h^2\right. \\ &\quad \left. + 2F_{xy}(a+h\theta, b+k\theta)hk + F_{yy}(a+h\theta, b+k\theta)k^2\right)\end{aligned}$$

点 (a,b) を曲線 $F(x,y) = 0$ の特異点とする．$F_x(a,b) = 0, F_y(a,b) = 0$ より，

$$\begin{aligned}&2F(a+h,b+k) \\ &= F_{xx}(a+\theta h, b+\theta k)h^2 + 2F_{xy}(a+\theta h, b+\theta k)hk + F_{yy}(a+\theta h, b+\theta k)k^2\end{aligned}$$

ここで，$A = F_{xx}(a,b), B = F_{xy}(a,b), C = F_{yy}(a,b)$ とおき，さらに

$$\alpha = F_{xx}(a+\theta h, b+\theta k) - A, \quad \beta = F_{xy}(a+\theta h, b+\theta k) - B,$$
$$\gamma = F_{yy}(a+\theta h, b+\theta k) - C$$

とおくと，

$$2F(a+h, b+k) = Ah^2 + 2Bhk + Ck^2 + \alpha h^2 + 2\beta hk + \gamma k^2$$

$\rho = \sqrt{h^2 + k^2}$ とおくと，$\left|\dfrac{h}{\rho}\right| \leq 1, \left|\dfrac{k}{\rho}\right| \leq 1$ である．さらに，$f(x,y)$ は C^2 級関数であるから，$\rho \to 0$ のとき，$h, k \to 0$ であり，$\alpha, \beta, \gamma \to 0$ となる．よって，

$$\alpha h^2 + 2\beta hk + \gamma k^2 = o(\rho^2)$$

ここで，$A^2 + B^2 + C^2 \neq 0$ の場合を考える．

1. $B^2 - AC > 0$ のとき，

$$Ah^2 + 2Bhk + Ck^2 = A(h+\zeta_1 k)(h+\zeta_2 k) \quad (\zeta_1 k \neq \zeta_2 k)$$

とできる．$h = x-a, k = y-b$ を変化させるとき，点 (a,b) を通り，

$$h + \zeta_1 k = (x-a) + \zeta_1(y-b) = 0, \quad h + \zeta_2 k = (x-a) + \zeta_2(y-b) = 0$$

で定まる，異なる 2 直線上の点で $Ah^2 + 2Bhk + Ck^2 = 0$ となる．よって，この 2 直線で近似される，曲線上の点で $F(x,y) = F(a+h, b+k)$ は，0 となる．このような点を**結節点**という．

2. $B^2 - AC < 0$ のとき，定理 4.14 (p.143) より，点 (a,b) で $z = F(x,y)$ は極値をとる．よって，点 (a,b) の近傍で点 (a,b) のみが $F(a,b) = 0$ を満たす．このような点を**孤立点**という．

3. $B^2 - AC = 0$ のとき，

$$Ah^2 + 2Bhk + Ck^2 = A(h+\zeta_1 k)^2$$

とできる．h, k を変化させるとき，点 (a,b) を通り，$h + \zeta_1 k = (x-a) + \zeta_1(y-b) = 0$ で定まる 1 つの直線上の点で $Ah^2 + 2Bhk + Ck^2 = 0$ となる．この直線上以外の点では，$Ah^2 + 2Bhk + Ck^2$ は A と同符号である．したがって，この直線上の点で，$o(\rho^2)$ が表現している誤差項の符号が，A と同符号ならば孤立点となり，A と異符号ならば点 (a,b) の近くの曲線への接線は 1 つの直線である．このような点を**尖点**という．

$z = y^2$ のように，特異点は**直線**（x 軸）の場合もある．

以上より，つぎの定理がえられる．

定理 4.16 $F(x,y)$ は C^2 級関数とし，点 (a,b) を曲線 $F(x,y) = 0$ の特異点とする．$A = F_{xx}(a,b)$, $B = F_{xy}(a,b)$, $C = F_{yy}(a,b)$, $A^2 + B^2 + C^2 \neq 0$ とすれば，点 (a,b) は，
(1) $B^2 - AC > 0$ ならば 結節点
(2) $B^2 - AC < 0$ ならば 孤立点
(3) $B^2 - AC = 0$ ならば 尖点，
である．$A^2 + B^2 + C^2 = 0$ のとき，さらに高次の展開を調べて判断する．

例題 4.9.1（結節点） 曲線 $y^2 = (x+3)(x-2)^2$ の特異点を求めよ．

解 $F(x,y) = y^2 - (x+3)(x-2)^2$ とおくと

$$F_x(x,y) = -(x-2)(3x+4), \qquad F_y(x,y) = 2y$$

である．連立方程式 $F(x,y)=0$, $F_x(x,y)=0$, $F_y(x,y)=0$ の解は $(2,0)$ である．$F_{xx}(x,y) = -6x+2$, $F_{xy}(x,y) = 0$, $F_{yy}(x,y) = 2$ より,

$$F_{xx}(2,0) = -10, \qquad F_{xy}(2,0) = 0, \qquad F_{yy}(2,0) = 2$$

したがって,

$$F_{xy}(2,0)^2 - F_{xx}(2,0)F_{yy}(2,0) = 20 > 0$$

よって，点 $(2,0)$ は結節点である．　◇

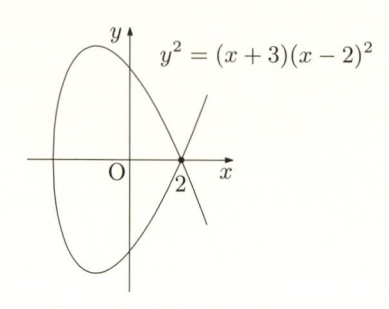

図 **4.16**　結節点

例題 4.9.2（孤立点）　曲線 $y^2 = x^2(x-2)$ の特異点を求めよ．

解　$F(x,y) = y^2 - x^2(x-2)$ とおくと

$$F_x(x,y) = x(-3x+4), \qquad F_y(x,y) = 2y$$

である．連立方程式 $F(x,y)=0$, $F_x(x,y)=0$, $F_y(x,y)=0$ の解は $(0,0)$ である．$F_{xx}(x,y) = -6x+4$, $F_{xy}(x,y) = 0$, $F_{yy}(x,y) = 2$ より,

$$F_{xx}(0,0) = 4, \quad F_{xy}(0,0) = 0, \quad F_{yy}(0,0) = 2$$

したがって,

$$F_{xy}(0,0)^2 - F_{xx}(0,0)F_{yy}(0,0) = -8 < 0$$

よって，点 $(0,0)$ は孤立点である．　◇

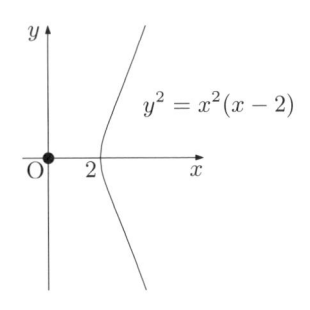

図 4.17 孤立点

例題 4.9.3（尖点） 曲線 $y^2 = (x-2)^3$ は点 $(2,0)$ の近くで $y = \sqrt{(x-2)^3}$ と $y = -\sqrt{(x-2)^3}$ の 2 つの曲線を持つ．点 $(2,0)$ において同一の接線 $y = 0$ を持ち，2 つの曲線はこの接線の両側に 1 つずつある．このような尖点を**第 1 種尖点**という．なぜなら，$F(x,y) = y^2 - (x-2)^3$ とおくと，

$$F_x(x,y) = -3(x-2)^2, \ F_y(x,y) = 2y$$

である．連立方程式 $F(x,y) = 0$, $F_x(x,y) = 0$, $F_y(x,y) = 0$ の解は $(2,0)$ である．$F_{xx} = -6(x-2)$, $F_{xy} = 0$, $F_{yy} = 2$ より，

$$F_{xy}(2,0)^2 - F_{xx}(2,0)F_{yy}(2,0) = 0 - 0 = 0$$

である．

曲線 $(y - x^2)^2 = x^5$ は原点 $(0,0)$ 近くで，$y = x^2 + \sqrt{x^5}$ と $y = x^2 - \sqrt{x^5}$ の 2 つの曲線を持つ．点 $(0,0)$ において同一の接線 $y = 0$ を持ち，2 つの曲線はともにこの接線の一方の側ある．このような尖点を**第 2 種尖点**という．

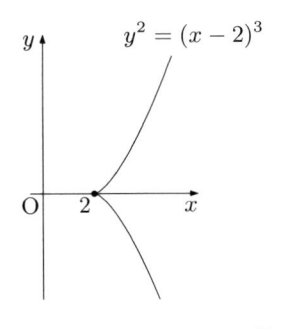

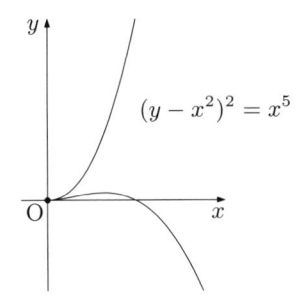

図 4.18 尖点

問題 4.9.1 次の曲線の特異点を求めよ．

(1)　$y^2 = x^2(x+a)$ 　　(2)　$(x^2+y^2)^2 = 4(x^2-y^2)$ 　　(3)　$x^5 + y^5 - 2x^2y^2 = 0$

問題 4.9.2 曲線 $y^2 = (x-a)(x-b)(x-c)$, $a \leqq b \leqq c$ の特異点を求めよ．この式は，平面 3 次曲線の射影変換によるニュートンの**標準形**である．

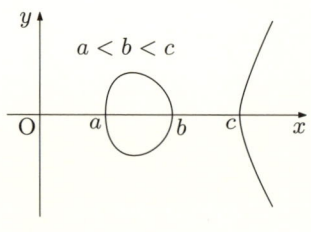

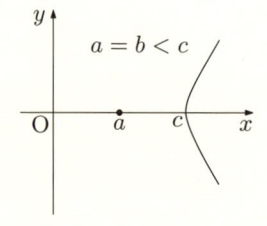

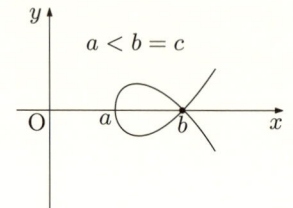

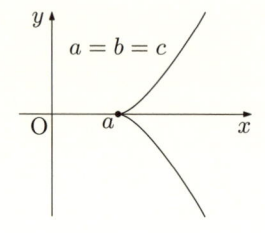

図 **4.19**

第 4 章：演習問題

1. 次の関数は，原点 $(0,0)$ において，連続であるかどうかを調べよ．

$$f(x,y) = \begin{cases} \dfrac{xy(y^2-x^2)}{x^2+y^2}, & (x,y) \neq (0,0) \\ 0, & (x,y) = (0,0) \end{cases}$$

2. 次の極限値が存在するかどうかを調べよ．

   (1) $\displaystyle\lim_{(x,y)\to(0,0)} \dfrac{x^2-y^2}{x^2+y^2}$
   (2) $\displaystyle\lim_{(x,y)\to(1,\pi)} x\sin\left(\dfrac{y}{x}\right)$

   (3) $\displaystyle\lim_{(x,y)\to(0,0)} x^2\sin\left(\dfrac{1}{y}\right)$

3. 次の関数の偏導関数を求めよ．

   (1) $z = e^{\frac{y}{x}}$
   (2) $z = \tan^{-1}\dfrac{y}{x}$

   (3) $z = \dfrac{ax+by}{cx+dy}$
   (4) $z = \sqrt{x^2+y^2}$

   (5) $z = \log\sqrt{x^2+y^2}$
   (6) $z = \sin^{-1}\dfrac{x^2-y^2}{x^2+y^2}, \quad xy > 0$

4. 次のことを証明せよ．

   (1) $z = f(ax+by)$ のとき, $b\dfrac{\partial z}{\partial x} = a\dfrac{\partial z}{\partial y}$

   (2) $z = f(x^2+y^2)$ のとき, $y\dfrac{\partial z}{\partial x} = x\dfrac{\partial z}{\partial y}$

   (3) $z = x^{\alpha}f\left(\dfrac{y}{x}\right)$ のとき, $x\dfrac{\partial z}{\partial x} + y\dfrac{\partial z}{\partial y} = \alpha z$

   (4) $z = f(x+at) - f(x-at)$ のとき, $\dfrac{\partial^2 z}{\partial t^2} = a^2\dfrac{\partial^2 z}{\partial x^2}$

5. 次の関数が $\dfrac{\partial^2 z}{\partial x^2} + \dfrac{\partial^2 z}{\partial y^2} = 0$ を満たすことを示せ．

   (1) $z = \dfrac{x}{x^2+y^2}$
   (2) $z = \tan^{-1}\dfrac{x}{y}$
   (3) $z = \log(x^2+y^2)$

6. 次の関数の全微分を求めよ．

   (1) $z = x^2 - xy + y^2$
   (2) $z = \sin^{-1}\dfrac{y}{x}, \quad x > 0$
   (3) $z = x^y$

7. 次の関数のマクローリン展開を x, y について 3 次の項まで求めよ．

   (1) $z = e^{-ax} \tan^{-1}(1+y)$ (2) $z = (1+x+y)^x$

8. 次の関数の極値を求めよ．

   (1) $z = x^4 - 4xy + y^4$ (2) $z = xy(a-x-y), \quad a > 0$

   (3) $z = xy + \dfrac{2}{x} + \dfrac{2}{y}, \quad xy > 0$ (4) $z = e^{-(x^2+y^2)}(2x^2 + 3y^2)$

   (5) $z = \sin x + \sin y + \sin(x+y), \qquad 0 \leqq x, y \leqq 2\pi$

9. 次の関数 $f(x,y)$ の条件付き極値を求めよ．

   (1) $xy = 1$ のとき，$f(x,y) = x^2 + 5y^2$

   (2) $x^2 + y^2 = 1$ のとき，$f(x,y) = 1 + 3xy$

   (3) $x^2 + 2y^2 = 1$ のとき，$f(x,y) = x^2 + y^2$

10. 次の変換のヤコビアンを求めよ．

    (1) $x = u+v, \quad y = uv$

    (2) $x = u\cos^n v, \quad y = u\sin^n v$ （n は自然数）

11. 関数 $z = f(x,y)$ が C^2 級で，$x = r\cos\theta, y = r\sin\theta$ とする．このとき，次の式が成り立つことを証明せよ．

    (1) $\left(\dfrac{\partial z}{\partial x}\right)^2 + \left(\dfrac{\partial z}{\partial y}\right)^2 = \left(\dfrac{\partial z}{\partial r}\right)^2 + \dfrac{1}{r^2}\left(\dfrac{\partial z}{\partial \theta}\right)^2$

    (2) $\dfrac{\partial^2 z}{\partial x^2} + \dfrac{\partial^2 z}{\partial y^2} = \dfrac{\partial^2 z}{\partial r^2} + \dfrac{1}{r}\dfrac{\partial z}{\partial r} + \dfrac{1}{r^2}\dfrac{\partial^2 z}{\partial \theta^2}$

12. 次の関係式から $\dfrac{dy}{dx}, \dfrac{d^2y}{dx^2}$ を求めよ．

    (1) $x^4 - x^2 + y^2 = 0$ (2) $x^3 + y^3 = 3$ (3) $xe^x + ye^y = 1$

第 5 章

重積分

5.1 重積分の定義

関数 $z = f(x, y) \geq 0$ が有界な閉領域 D で定義されているとする. 閉領域 D を z 軸に平行に移動してできる直柱を, 曲面 $z = f(x, y)$ で切りとり, これを上面とした立体を V とする. この V の体積を考える.

閉領域 D を n 個の小閉領域 $D_1, D_2, \ldots, D_n$ に分割し, 各 D_i の面積を S_i とする. 各 D_i を底とした小直柱をつくり曲面より下の部分の体積を V_i とする. 各 D_i における $f(x, y)$ の最大値を g_i, 最小値を l_i とすると, 次の式が成り立つ.

$$l_i S_i \leq V_i \leq g_i S_i, \quad V_l = \sum_{i=1}^{n} l_i S_i \leq V \leq \sum_{i=1}^{n} g_i S_i = V_g$$

ここで, 分割を細かくしていけば, V_g, V_l は V に近づくであろう.

このような考えのもとに, 2 変数関数の重積分を次のように定義する.

関数 $z = f(x, y)$ は有界な閉領域 D で定義されているとする. 閉領域 D を n 個の小閉領域 $D_1, D_2, \ldots, D_n$ に分割し, 各 D_i の面積を S_i とし, D の面積を S とする. このとき, $S = \sum_{i=1}^{n} S_i$ となるように分割する. この分割を Δ とする.

D_i の任意の 2 点を結ぶ線分の長さのなかで, 最大の長さを δ_i とする. この δ_i を D_i の直径という. $|\Delta| = \max\{\delta_i \mid i = 1, 2, \ldots, n\}$ と定義する. 各小閉領域 D_i から任意の点 (ξ_i, η_i) をとり

$$V_\Delta = \sum_{i=1}^{n} S_i f(\xi_i, \eta_i)$$

を考える.

$|\Delta| \to 0$ となるような, どのような分割で細分化しても, さらに, 点 (ξ_i, η_i) の選び方には無関係に

$$\lim_{|\Delta| \to 0} V_\Delta$$

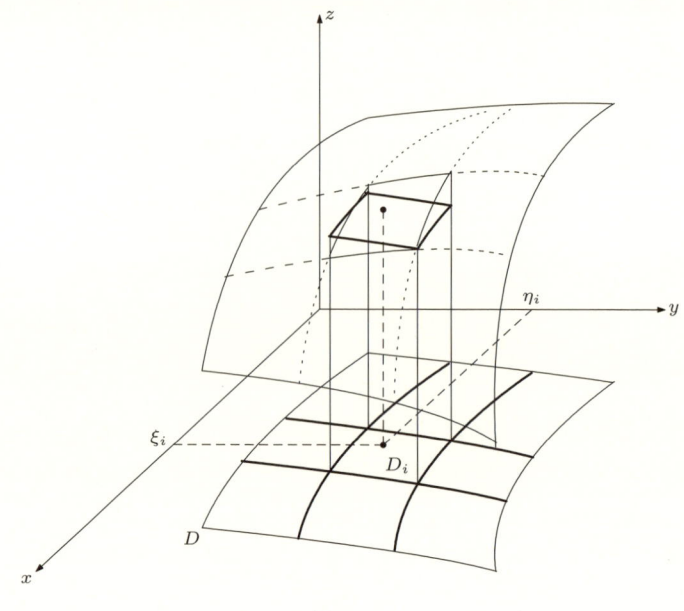

図 5.1

が一定の極限値に収束するとき，関数 $f(x,y)$ は D で**重積分可能**または**積分可能**という．その極限値を関数 $f(x,y)$ の D 上の重積分といい，

$$\iint_D f(x,y)\,dx\,dy$$

で表す．

例題 5.1.1 有界な閉領域 D で定義されている定数関数 $f(x,y) = C$ は積分可能である．

解 任意の分割 Δ で，閉領域 D が n 個の小閉領域 $D_1, D_2, \ldots, D_n$ に分割されているとする．各 D_i の面積を S_i，D の面積を S とする．各 D_i の任意の点 (ξ_i, η_i) で，つねに $f(\xi_i, \eta_i) = C$ であるから，

$$V_0 = \sum_{i=1}^n f(\xi_i, \eta_i)\,S_i = C\sum_{i=1}^n S_i = CS, \quad \iint_D C\,dx\,dy = CS \quad \diamondsuit$$

注意 関数 $z = f(x,y)$ が積分可能であるとき，閉領域 D の分割は計算に都合のよい方法で分割し，各小領域から都合のよい点を選んで重積分の値を計算した場合のみを考えればよい．

5.2 重積分の基本性質

積分可能な重要な例は，連続関数である．次の定理 5.1 が成り立つことが知られている．

定理 5.1 有界な閉領域 D で連続な関数は，D で積分可能である．

定理 5.2 関数 $f(x,y)$, $g(x,y)$ は，有界閉領域 D で連続関数とする．α, β を定数とする．このとき，次の式が成り立つ．

(1) $\displaystyle\iint_D \bigl(\alpha f(x,y) + \beta g(x,y)\bigr)\,dx\,dy$
$\displaystyle = \alpha \iint_D f(x,y)\,dx\,dy + \beta \iint_D g(x,y)\,dx\,dy$

(2) $D = D_1 \cup D_2$ で，$D_1 \cap D_2$ は内点を含まず，D_1 と D_2 が閉領域ならば，
$$\iint_D f(x,y)\,dx\,dy = \iint_{D_1} f(x,y)\,dx\,dy + \iint_{D_2} f(x,y)\,dx\,dy$$

(3) $\displaystyle\left|\iint_D f(x,y)\,dx\,dy\right| \leq \iint_D |f(x,y)|\,dx\,dy$

証明 (1) 関数 $\alpha f(x,y) + \beta g(x,y)$ は D で連続であるから，重積分可能である．分割 Δ によって，閉領域 D を n 個の小閉領域 D_1, D_2, ..., D_n に分割する．各 D_i の面積を S_i とし，各 D_i の任意の点を (ξ_i, η_i) とする．

$$V_n = \sum_{i=1}^n \bigl(\alpha f(\xi_i,\eta_i) + \beta g(\xi_i,\eta_i)\bigr) S_i = \sum_{i=1}^n \alpha f(\xi_i,\eta_i)\, S_i + \sum_{i=1}^n \beta g(\xi_i,\eta_i)\, S_i$$
$$= \alpha \left(\sum_{i=1}^n f(\xi_i,\eta_i)\, S_i\right) + \beta \left(\sum_{i=1}^n g(\xi_i,\eta_i)\, S_i\right)$$

ここで，$|\Delta| \to 0$ とすれば，(1) 式が成り立つ．

(2) 閉領域 D を閉領域 D_1, D_2 に分割し，さらに D_1 を n 個の小閉領域 E_1, E_2, ..., E_n に分割し，この分割を Δ_1 とする．D_2 を m 個の小閉領域 E_{n+1}, E_{n+2}, ..., E_{n+m} に分割し，この分割を Δ_2 とする．D を E_1, E_2, ..., E_{n+m} に分割する分割を Δ とする．各 E_i の任意の点を (ξ_i, η_i) とし，E_i の面積を S_i とする．$|\Delta| \to 0$ のとき，$|\Delta_1| \to 0$, $|\Delta_2| \to 0$ となる．

$$\iint_D f(x,y)\,dx\,dy = \lim_{|\Delta|\to 0} \sum_{i=1}^{n+m} S_i\, f(\xi_i,\eta_i)$$
$$= \lim_{|\Delta_1|\to 0} \sum_{i=1}^{n} S_i\, f(\xi_i,\eta_i) + \lim_{|\Delta_2|\to 0} \sum_{i=n+1}^{n+m} S_i\, f(\xi_i,\eta_i)$$
$$= \iint_{D_1} f(x,y)\,dx\,dy + \iint_{D_2} f(x,y)\,dx\,dy$$

(3) 分割 Δ によって，閉領域 D を n 個の小閉領域 $D_1, D_2, \ldots, D_n$ に分割する．各 D_i の面積を S_i とし，各 D_i の任意の点を (ξ_i,η_i) とする．

$$\left|\sum_{i=1}^{n} f(\xi_i,\eta_i)\, S_i\right| \leq \sum_{i=1}^{n} \left|f(\xi_i,\eta_i)\right| S_i$$

である．ここで，$|\Delta|\to 0$ とすれば，(3) 式が成り立つ．　　◇

5.3　重積分の計算

5.3.1　長方形上の重積分の計算

関数 $z=f(x,y)$ は長方形 $D=[a,b]\times[c,d]$ で連続な関数とする．x 軸上の閉区間 $[a,b]$ を

$$a = x_0 < x_1 < x_2 < \cdots < x_{m-1} < x_m = b$$

で m 個の小閉区間に分割する．この分割を Δ_x とかき，$\Delta x_i = x_i - x_{i-1}$ とする．y 軸上の閉区間 $[c,d]$ を

$$c = y_0 < y_1 < y_2 < \cdots < y_{n-1} < y_n = d$$

で n 個の小閉区間に分割する．この分割を Δ_y とかき，$\Delta y_j = y_j - y_{j-1}$ とする．

関数 $z=f(x,y)$ は長方形 D で連続であり，積分可能であるから，長方形 D を直線 $x=x_i\ (i=0,1,\ldots,m),\ y=y_j\ (j=0,1,\ldots,n)$ で分割する．この分割を Δ とする．

小長方形 $\{(x,y) \mid x_{i-1} \leqq x \leqq x_i,\ y_{j-1} \leqq y \leqq y_j\} = [x_{i-1},x_i]\times[y_{j-1},y_j]$ を D_{ij} とかく．D_{ij} の直径を δ_{ij} とすると，$\delta_{ij}=\sqrt{\Delta x_i{}^2+\Delta y_j{}^2}$ であり，D_{ij} の面積は $\Delta x_i \Delta y_j$ である．したがって，$f(x,y)$ の D 上の重積分は

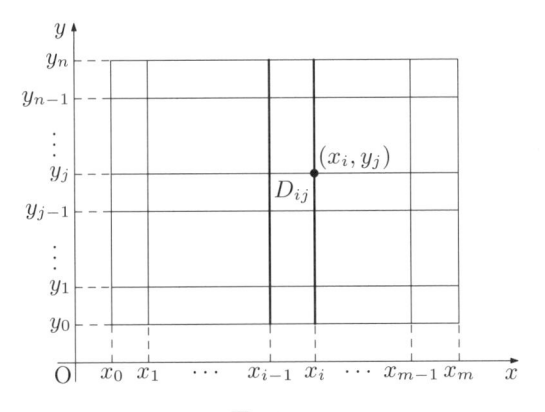

図 5.2

$$\lim_{|\Delta|\to 0}\sum_{i=1}^{m}\sum_{j=1}^{n}f(x_i,y_j)\Delta x_i \Delta y_j = \lim_{|\Delta|\to 0}\sum_{i=1}^{m}\left\{\sum_{j=1}^{n}f(x_i,y_j)\Delta y_j\right\}\Delta x_i$$

である. ただし, $|\Delta|\to 0$ は $|\Delta_x|\to 0$ かつ $|\Delta_y|\to 0$ を意味する.

したがって, 右辺の { } 内は各 x_i ごとに定積分

$$\int_c^d f(x_i,y)\,dy$$

になるので,

$$\int_a^b \left\{\int_c^d f(x,y)\,dy\right\}dx$$

をえる. これを

$$\int_a^b dx \int_c^d f(x,y)\,dy$$

とも表し, **逐次積分（累次積分）**という.

ここで, 和のとり方を変更して

$$\lim_{|\Delta|\to 0}\sum_{i=1}^{m}\sum_{j=1}^{n}f(x_i,y_j)\Delta x_i \Delta y_j = \lim_{|\Delta|\to 0}\sum_{j=1}^{n}\left\{\sum_{i=1}^{m}f(x_i,y_j)\Delta x_i\right\}\Delta y_j$$

と変形する. 右辺の { } 内は各 y_j ごとに定積分

$$\int_a^b f(x,y_j)\,dx$$

になるので,

$$\int_c^d \left\{\int_a^b f(x,y)\,dx\right\}dy$$

をえる．これを
$$\int_c^d dy \int_a^b f(x,y)\,dx$$
とも表す．

以上のことから，次の定理をえる．

定理 5.3 関数 $z = f(x,y)$ は，長方形 $D = [a,b] \times [c,d]$ で連続な関数とする．このとき，次の式が成り立つ．
$$\iint_D f(x,y)\,dx\,dy = \int_a^b \left\{ \int_c^d f(x,y)\,dy \right\} dx = \int_c^d \left\{ \int_a^b f(x,y)\,dx \right\} dy$$

例題 5.3.1 長方形 $D = [1,4] \times [2,5]$ 上で，$f(x,y) = 3x^2 + y^2$ の重積分を求めよ．

解
$$\iint_D (3x^2+y^2)\,dx\,dy = \int_2^5 \left\{ \int_1^4 (3x^2+y^2)\,dx \right\} dy = \int_2^5 \left\{ \left[x^3 + xy^2\right]_1^4 \right\} dy$$
$$= \int_2^5 (63+3y^2)\,dy = \left[63y + y^3\right]_2^5 = 189 + 117 = 306 \quad \diamond$$

例題 5.3.2 長方形 $D = [a,b] \times [c,d]$ 上で連続な関数 $f(x)\,g(y)$ について，次の式が成り立つことを示せ．
$$\iint_D f(x)\,g(y)\,dx\,dy = \int_a^b f(x)\,dx \cdot \int_c^d g(y)\,dy$$

解
$$\iint_D f(x)\,g(y)\,dx\,dy = \int_a^b \left\{ \int_c^d f(x)\,g(y)\,dy \right\} dx$$
$$= \int_a^b \left\{ f(x) \int_c^d g(y)\,dy \right\} dx = \int_a^b f(x)\,dx \cdot \int_c^d g(y)\,dy \quad \diamond$$

問題 5.3.1 長方形 $D = [a,b] \times [c,d]$ について，次の関数の D 上の重積分を求めよ．
(1) $xy + 1$ (2) e^{2x+2y}

5.3.2 一般の閉領域上の重積分の計算

関数 $z = f(x,y)$ は閉領域 D で連続な関数とし，閉領域 D が連続な曲線
$$y = \phi_1(x), \qquad y = \phi_2(x), \qquad x = a, \qquad x = b$$
で囲まれているとする．ただし，$c \leqq \phi_1(x) \leqq \phi_2(x) \leqq d$ とする．さらに，

5.3 重積分の計算

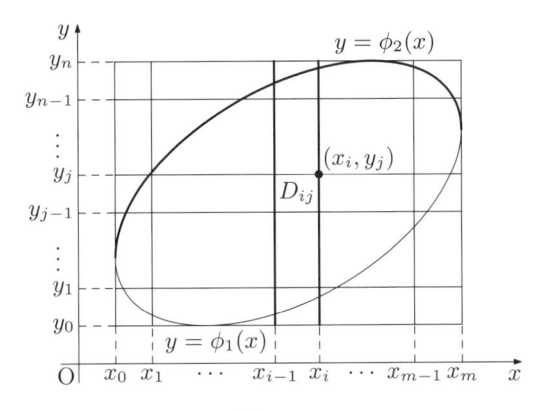

図 5.3

$$a = x_0 < x_1 < x_2 < \cdots < x_{m-1} < x_m = b$$

$$c = y_0 < y_1 < y_2 < \cdots < y_{n-1} < y_n = d$$

とする．閉領域 D で連続な関数 $z = f(x,y)$ は積分可能であるから，D を直線 $x = x_i$ $(i=0,1,\ldots,m)$, $y = y_j$ $(j=0,1,\ldots,n)$ で分割して考える．この分割を Δ とする．$\Delta x_i = x_i - x_{i-1}$, $\Delta y_j = y_j - y_{j-1}$ とおく．小長方形 $\{(x,y) \mid x_{i-1} \leqq x \leqq x_i,\ y_{j-1} \leqq y \leqq y_j\} = [x_{i-1}, x_i] \times [y_{j-1}, y_j]$ を D_{ij} とかく．$D_{ij} \subset D$ を満たす，すべての小長方形 D_{ij} の和集合を D_Δ とする．各 i について，D_Δ に含まれる小長方形を D_{ij}, $j = c_i, c_i+1, \ldots, d_i$ とすれば，

$$\begin{aligned}
\iint_D f(x,y)\,dx\,dy &= \lim_{|\Delta| \to 0} \iint_{D_\Delta} f(x,y)\,dx\,dy \\
&= \lim_{|\Delta| \to 0} \sum_{i=1}^{m} \sum_{j=c_i}^{d_i} f(x_i, y_j) \Delta x_i \Delta y_j \\
&= \lim_{|\Delta| \to 0} \sum_{i=1}^{m} \left\{ \sum_{j=c_i}^{d_i} f(x_i, y_j) \Delta y_j \right\} \Delta x_i
\end{aligned}$$

ここで，$|\Delta| \to 0$ のとき，$[y_{c_i - 1}, y_{d_i}] \to [\phi_1(x_i), \phi_2(x_i)]$ となる．よって，$\{\ \}$ 内は定積分

$$\int_{\phi_1(x_i)}^{\phi_2(x_i)} f(x_i, y)\,dy$$

になるから，

$$\iint_D f(x,y)\,dx\,dy = \int_a^b \left\{ \int_{\phi_1(x)}^{\phi_2(x)} f(x,y)\,dy \right\} dx$$

をえる．これを
$$\int_a^b dx \int_{\phi_1(x)}^{\phi_2(x)} f(x,y)\,dy$$
とも表し，領域が長方形の場合と同様に**逐次積分**（**累次積分**）という．

以上のことから，次の定理をえる．

> **定理 5.4（逐次積分）** 関数 $z = f(x,y)$ は閉領域 D で連続な関数とする．さらに，閉領域 D が連続な曲線
> $$y = \phi_1(x),\ y = \phi_2(x),\ x = a,\ x = b, \qquad a < b,\ \phi_1(x) \leqq \phi_2(x)$$
> で囲まれているとする．このとき，次のことが成立する．
> $$\iint_D f(x,y)\,dxdy = \int_a^b \left\{ \int_{\phi_1(x)}^{\phi_2(x)} f(x,y)\,dy \right\} dx$$

例題 5.3.3 $D = \{(x,y)\,|\,0 \leqq y \leqq x^2,\ 1 \leqq x \leqq 2\}$ 上で，関数 $f(x,y) = \dfrac{y}{x^2}$ の重積分を求めよ．

解
$$\iint_D \frac{y}{x^2}\,dx\,dy = \int_1^2 \left\{ \int_0^{x^2} \frac{y}{x^2}\,dy \right\} dx = \int_1^2 \left\{ \left[\frac{y^2}{2x^2} \right]_0^{x^2} \right\} dx$$
$$= \int_1^2 \frac{x^2}{2}\,dx = \left[\frac{x^3}{6} \right]_1^2 = \frac{7}{6} \qquad \diamondsuit$$

問題 5.3.2 $D = \{(x,y)\,|\,x^2 + y^2 \leqq 1\}$ のとき，次の重積分を求めよ．
(1) $\displaystyle\iint_D x^4\,dx\,dy$ (2) $\displaystyle\iint_D \sqrt{1-x^2-y^2}\,dx\,dy$

5.4 積分順序の変更

関数 $z = f(x,y)$ は閉領域 D で連続な関数とする．さらに，閉領域 D が連続な曲線
$$x = \psi_1(y), \quad x = \psi_2(y), \quad y = c, \quad y = d, \qquad c < d$$
で囲まれているとする．ただし，$\psi_1(y) \leqq \psi_2(y)$ とする．

§5.3.2 で述べたことと同様にして，各 j について考察すると，
$$\iint_D f(x,y)\,dxdy = \int_c^d \left\{ \int_{\psi_1(y)}^{\psi_2(y)} f(x,y)\,dx \right\} dy$$

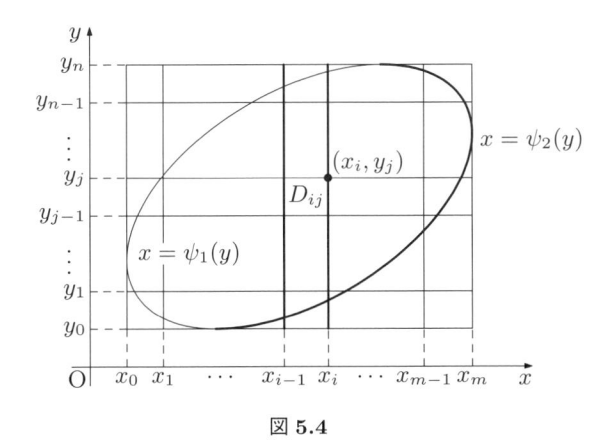

図 5.4

をえる.

一般に，閉領域 D が連続曲線
$$y = \phi_1(x),\ y = \phi_2(x),\ x = a,\ x = b, \quad a < b,\ \phi_1(x) \leqq \phi_2(x)$$
で囲まれていて，同時に，
$$x = \psi_1(y),\ x = \psi_2(y),\ y = c,\ y = d, \quad c < d,\ \psi_1(y) \leqq \psi_2(y)$$
で囲まれているとする．このとき，
$$\iint_D f(x,y)dxdy = \int_a^b \left\{ \int_{\phi_1(x)}^{\phi_2(x)} f(x,y)\,dy \right\} dx$$
$$= \int_c^d \left\{ \int_{\psi_1(y)}^{\psi_2(y)} f(x,y)\,dx \right\} dy$$

をえる．この2通りの求め方を，積分の**順序を変更する**という．

例題 5.4.1 重積分
$$I = \iint_D 6xy^2\,dx\,dy, \quad D = \{(x,y)\,|\,0 \leqq y \leqq x,\ 0 \leqq x \leqq 2\}$$
を逐次積分で求めよ．さらに，積分の順序を変更して求めよ．

解 $\phi_1(x) = 0,\ \phi_2(x) = x$ とすれば，
$$I = \int_0^2 dx \int_0^x 6xy^2\,dy = \int_0^2 2\bigl[xy^3\bigr]_0^x dx = \int_0^2 2x^4\,dx = \frac{2}{5}\bigl[x^5\bigr]_0^2 = \frac{64}{5}$$

次に，$\psi_1(y) = y$, $\psi_2(y) = 2$ とすれば

$$I = \int_0^2 dy \int_y^2 6xy^2 \, dx = \int_0^2 3\left[x^2 y^2\right]_y^2 dy$$

$$= \int_0^2 (12y^2 - 3y^4) \, dy = \left[4y^3 - \frac{3}{5}y^5\right]_0^2 = \frac{64}{5} \quad \diamond$$

例題 5.4.2 重積分

$$\iint_D x^2 y^2 \, dx \, dy, \qquad D = \{(x,y) \,|\, x^2 + y^2 \leq 1, \, 0 \leq x \leq 1\}$$

を逐次積分で求めよ．さらに，積分の順序を変更して求めよ．

解 $\phi_1(x) = -\sqrt{1-x^2}$, $\phi_2(x) = \sqrt{1-x^2}$ とすれば，

$$I = \iint_D x^2 y^2 \, dx \, dy = \int_0^1 dx \int_{\phi_1(x)}^{\phi_2(x)} x^2 y^2 \, dy$$

となり

$$I = \int_0^1 x^2 \left[\frac{y^3}{3}\right]_{-\sqrt{1-x^2}}^{\sqrt{1-x^2}} dx = \frac{2}{3} \int_0^1 x^2 \sqrt{(1-x^2)^3} \, dx$$

ここで，$x = \sin t$ とおいて置換積分する．$dx = \cos t \, dt$ であり，第 3 章：演習問題 4 を用いて，

$$I = \frac{2}{3} \int_0^{\frac{\pi}{2}} \sin^2 t \cos^4 t \, dt = \frac{2}{3} \int_0^{\frac{\pi}{2}} (\cos^4 t - \cos^6 t) \, dt = \frac{2}{3}\left(\frac{3}{16} - \frac{15}{96}\right)\pi = \frac{\pi}{48}$$

次に，$\psi_1(y) = 0$, $\psi_2(y) = \sqrt{1-y^2}$ とすれば $D = \{(x,y) \,|\, 0 \leq x \leq \sqrt{1-y^2}, \, -1 \leq y \leq 1\}$ と表せるから

$$I = \int_{-1}^1 dy \int_0^{\sqrt{1-y^2}} x^2 y^2 \, dx = \int_{-1}^1 y^2 \left[\frac{x^3}{3}\right]_0^{\sqrt{1-y^2}} dy = \frac{1}{3} \int_{-1}^1 y^2 \sqrt{(1-y^2)^3} \, dy$$

$y^2 \sqrt{(1-y^2)^3}$ は偶関数であるから

$$I = \frac{2}{3} \int_0^1 y^2 \sqrt{(1-y^2)^3} \, dy = \frac{\pi}{48} \qquad \diamond$$

次の問題は，与えられた累次積分のままで計算することが困難な場合である．積分の順序を変更することで，計算が容易になる．

問題 5.4.1 重積分 $\int_0^1 dx \int_{\sqrt{x}}^1 e^{\frac{x}{y}} \, dy$ を，積分の順序を変更して求めよ．

定理 5.5 関数 $f(x,y)$ は長方形 $[a,b]\times[c,d]$ で C^1 級であるとする．このとき，$F(y)=\displaystyle\int_a^b f(x,y)\,dx$ は微分可能で，$\dfrac{dF(y)}{dy}=\displaystyle\int_a^b f_y(x,y)\,dx$ である．

この定理は，微分と積分の順序交換が可能である，条件を示している．

証明 $F(y+h)-F(y)=\displaystyle\int_a^b (f(x,y+h)-f(x,y))\,dx$ である．ここで，$f(x,y)$ は C^1 級関数であるから

$$f(x,y+h)-f(x,y)=f_y(x,y)h+o(h)$$

したがって，

$$\lim_{h\to 0}\frac{F(y+h)-F(y)}{h}=\lim_{h\to 0}\left(\int_a^b f_y(x,y)\,dx+\int_a^b \frac{o(h)}{h}\,dx\right)$$
$$=\int_a^b f_y(x,y)\,dx \qquad \diamondsuit$$

例題 5.4.3 次の広義積分を求めよ．

$$u=\int_0^\infty e^{-a^2 x^2}\cos bx\,dx,\qquad a>0$$

解 関数 u を $u(b)$ と考える．被積分関数は C^1 級関数だから，b で微分すると，

$$\begin{aligned}\frac{du}{db}&=-\int_0^\infty e^{-a^2 x^2}x\sin bx\,dx\\&=\frac{1}{2a^2}\left[e^{-a^2 x^2}\sin bx\right]_0^\infty-\frac{b}{2a^2}\int_0^\infty e^{-a^2 x^2}\cos bx\,dx=-\frac{b}{2a^2}u\end{aligned}$$

となる．したがって，$\dfrac{1}{u}\dfrac{du}{db}=-\dfrac{b}{2a^2}$ であるから，b で積分して，

$$\int \frac{1}{u}\,du=-\int \frac{b}{2a^2}\,db \quad \text{より，}\quad \log|u|=-\frac{b^2}{4a^2}+c$$

$u=\pm e^c e^{-\frac{b^2}{4a^2}}$ であり，$C(a)=\pm e^c$ とおくと，$u=C(a)e^{-\frac{b^2}{4a^2}}$．
$b=0$ とおけば，

$$C(a)=u=\int_0^\infty e^{-a^2 x^2}\,dx=\int_0^\infty e^{-t^2}\frac{dt}{a}=\frac{\sqrt{\pi}}{2a} \qquad \text{(例題 5.6.2 で証明)}$$

であるから，

$$u = \frac{\sqrt{\pi}}{2a} e^{-\frac{b^2}{4a^2}} \qquad \diamondsuit$$

例題 5.4.4 次の広義積分を求めよ．

$$u = \int_0^\infty \frac{\log(1 + a^2 x^2)}{1 + b^2 x^2} dx, \qquad a > 0,\ b > 0,\ a \neq b$$

解 関数 u を $u(x, a)$ と考える．被積分関数は C^1 級関数だから，a で微分すると，

$$\begin{aligned}
\frac{du}{da} &= \int_0^\infty \frac{2ax^2\, dx}{(1 + a^2 x^2)(1 + b^2 x^2)} \\
&= \frac{2a}{a^2 - b^2} \int_0^\infty \left\{ \frac{1}{1 + b^2 x^2} - \frac{1}{1 + a^2 x^2} \right\} dx \\
&= \frac{2a}{a^2 - b^2} \left[\frac{1}{b} \tan^{-1} bx - \frac{1}{a} \tan^{-1} ax \right]_0^\infty = \frac{\pi}{(a+b)b}
\end{aligned}$$

となる．したがって，a で積分して，$u = \frac{\pi}{b} \log(a+b) + c$ をえる．$a \to 0$ のとき $u \to \int_0^\infty \frac{\log(1+0)}{1+b^2 x^2} dx = 0$ より，$c = -\frac{\pi}{b} \log b$ である．よって，

$$u = \frac{\pi}{b} \log(a+b) - \frac{\pi}{b} \log b = \frac{\pi}{b}(\log(a+b) - \log b) = \frac{\pi}{b} \log \frac{a+b}{b} \qquad \diamondsuit$$

5.5 重積分の変数変換

C^1 級関数 $x = \phi(u,v)$, $y = \psi(u,v)$ で uv-平面の領域 W から xy-平面の領域 D への対応が，与えられているとする．この変数変換のヤコビアン（p.134 参照）とこの対応の間に，次の関係が成り立つことが知られている．

$$\frac{\partial(x,y)}{\partial(u,v)} \neq 0 \iff \text{対応する小領域の間の対応は 1 対 1 である}$$

定理 5.6 C^1 級関数 $x = \phi(u,v)$, $y = \psi(u,v)$ で，uv-平面の閉領域 W から xy-平面の閉領域 D への 1 対 1 の対応が，与えられているとき，

$$\iint_D f(x,y)\, dx dy = \iint_W f(\phi(u,v), \psi(u,v)) \left| \frac{\partial(x,y)}{\partial(u,v)} \right| du\, dv$$

が成り立つ．ここで，$\left| \dfrac{\partial(x,y)}{\partial(u,v)} \right|$ はヤコビアンの絶対値である．

5.5 重積分の変数変換

証明 W に含まれる小さな長方形 $[u, u+h] \times [v, v+k]$ の頂点が対応する D の点 (x_i, y_i), $i = 1, 2, 3, 4$ をそれぞれ

$$
\begin{aligned}
(x_1, y_1) &= (\phi(u, v), \psi(u, v)), \\
(x_2, y_2) &= (\phi(u+h, v), \psi(u+h, v)), \\
(x_3, y_3) &= (\phi(u+h, v+k), \psi(u+h, v+k)), \\
(x_4, y_4) &= (\phi(u, v+k), \psi(u, v+k))
\end{aligned}
$$

とする．このとき，$x = \phi(u, v)$, $y = \psi(u, v)$ は C^1 級関数だから，テイラーの定理（定理 4.10, p.136）より

$$
\begin{aligned}
x_2 - x_1 &= \phi(u+h, v) - \phi(u, v) = \phi_u(u, v)h + o(h) \\
x_4 - x_1 &= \phi(u, v+k) - \phi(u, v) = \phi_v(u, v)k + o(k) \\
x_3 - x_4 &= \phi(u+h, v+k) - \phi(u, v+k) = \phi_u(u, v+k)h + o(h) \\
y_2 - y_1 &= \psi(u+h, v) - \psi(u, v) = \psi_u(u, v)h + o(h) \\
y_4 - y_1 &= \psi(u, v+k) - \psi(u, v) = \psi_v(u, v)k + o(k) \\
y_3 - y_4 &= \psi(u+h, v+k) - \psi(u, v+k) = \psi_u(u, v+k)h + o(h)
\end{aligned}
$$

よって，

$$
\lim_{\substack{h \to 0 \\ k \to 0}} \frac{x_2 - x_1}{x_3 - x_4} = \lim_{\substack{h \to 0 \\ k \to 0}} \frac{\phi_u(u, v)h + o(h)}{\phi_u(u, v+k)h + o(h)} = 1
$$

同様にして，

$$
\lim_{\substack{h \to 0 \\ k \to 0}} \frac{y_2 - y_1}{y_3 - y_4} = 1
$$

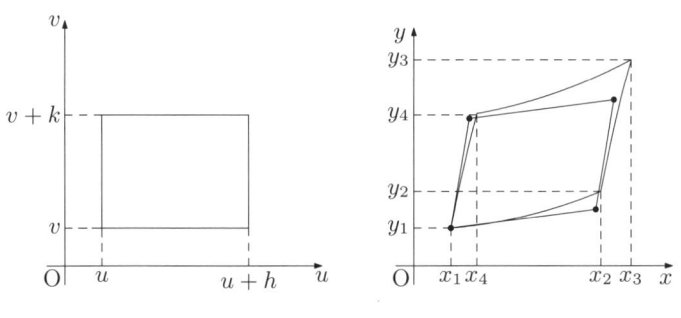

図 5.5

したがって，写された図形は平行四辺形に近づく．この平行四辺形の面積は

(問題 1.1.2 参照) $h, k \to 0$ のとき，次の式で近似される．

$$\left\| \begin{array}{cc} x_2 - x_1 & x_4 - x_1 \\ y_2 - y_1 & y_4 - y_1 \end{array} \right\| \fallingdotseq \left\| \begin{array}{cc} \phi_u(u,v)\,h & \phi_v(u,v)\,k \\ \psi_u(u,v)\,h & \psi_v(u,v)\,k \end{array} \right\|$$

$$= \left\| \begin{array}{cc} \phi_u(u,v) & \phi_v(u,v) \\ \psi_u(u,v) & \psi_v(u,v) \end{array} \right\| hk = \left| \frac{\partial(x,y)}{\partial(u,v)} \right| hk$$

よって，W の点 (u,v) を含む小閉領域 ω_1 が，D の小閉領域 ω に写されるとき，ω_1 の面積を $|\omega_1|$ とし，ω の面積を $|\omega|$ とすると，

$$|\omega| \text{ は，} \left| \frac{\partial(x,y)}{\partial(u,v)} \right| |\omega_1| \text{ で近似される．}$$

したがって，定理がえられる． ◇

注意 この定理では，閉領域 W から閉領域 D への 1 対 1 の対応を仮定しているが，1 対 1 とならない点の集合の面積が 0 ならば，定理は成り立つ

点 (x,y) を極座標で表して，(r,θ) とすれば，

$$x = r\cos\theta, \quad y = r\sin\theta$$

の関係がある．この変数変換を，**極座標変換**という．ヤコビアンは

$$\left| \begin{array}{cc} \dfrac{\partial x}{\partial r} & \dfrac{\partial x}{\partial \theta} \\ \dfrac{\partial y}{\partial r} & \dfrac{\partial y}{\partial \theta} \end{array} \right| = \left| \begin{array}{cc} \cos\theta & -r\sin\theta \\ \sin\theta & r\cos\theta \end{array} \right| = r(\cos^2\theta + \sin^2\theta) = r$$

である．

例題 5.5.1 重積分

$$\iint_D \sqrt{x^2 + y^2}\, dxdy, \qquad D = \left\{ (x,y) \mid x^2 + y^2 \leq 4,\ x \geq 0,\ y \geq 0 \right\}$$

を求めよ．

解 極座標変換

$$x = r\cos\theta, \qquad y = r\sin\theta$$

をすれば，D に対応する図形 W は

$$W = \left\{ (r,\theta) \ \middle|\ 0 \leq r \leq 2,\ 0 \leq \theta \leq \frac{\pi}{2} \right\}$$

となる．ヤコビアンは r であるから，

$$\iint_D \sqrt{x^2+y^2}\,dxdy = \iint_W r^2\,drd\theta = \int_0^{\frac{\pi}{2}} d\theta \int_0^2 r^2\,dr = \frac{4}{3}\pi \quad \diamondsuit$$

例題 5.5.2 重積分

$$\iint_D (x+y)\,dxdy, \qquad D = \left\{(x,y) \,\middle|\, \frac{x}{a} \leqq y \leqq ax,\ \frac{1}{a} \leqq x+y \leqq a \right\}$$

を求めよ．ただし，$a > 1$ とする．

解 次のような変換を考える．

$$x = uv, \qquad y = u - uv$$

D の条件の x, y を消去すると，$\dfrac{uv}{a} \leqq u - uv \leqq auv,\ \dfrac{1}{a} \leqq u \leqq a$．第 2 式より $u > 0$ だから，第 1 式を u で割って $\dfrac{v}{a} \leqq 1 - v \leqq av$．

よって，$\dfrac{1}{a+1} \leqq v \leqq \dfrac{a}{a+1}$．したがって，$D$ に対応する図形 W は

$$W = \left\{(u,v) \,\middle|\, \frac{1}{a} \leqq u \leqq a,\ \frac{1}{a+1} \leqq v \leqq \frac{a}{a+1} \right\}$$

となり，ヤコビアンの絶対値は

$$\left|\frac{\partial(x,y)}{\partial(u,v)}\right| = \left\|\begin{array}{cc} v & u \\ 1-v & -u \end{array}\right\| = |-uv - u(1-v)| = |-u| = u$$

である．よって，

$$\begin{aligned}
\iint_D (x+y)\,dxdy &= \iint_W u|-u|\,dudv = \iint_W u^2\,dudv \\
&= \int_{\frac{1}{a+1}}^{\frac{a}{a+1}} dv \int_{\frac{1}{a}}^{a} u^2\,du = \frac{(a-1)(a^6-1)}{3(a+1)a^3} \quad \diamondsuit
\end{aligned}$$

問題 5.5.1 極座標に変換して，次の重積分を求めよ．

(1) $\iint_D x^2\,dxdy,\ D = \{(x,y) \mid x^2+y^2 \leqq 1\}$

(2) $\iint_D e^{x^2+y^2}\,dxdy,\ D = \{(x,y) \mid x^2+y^2 \leqq 4\}$

(3) $\iint_D \sqrt{a^2-x^2-y^2}\,dxdy,\ D = \{(x,y) \mid x^2+y^2 \leqq a^2, a \geqq 0\}$

問題 5.5.2 次の重積分を求めよ．

(1) $\iint_D xy\,dxdy,\ D = \{(x,y) \mid x^2+y^2 \leqq a^2,\ x \geqq 0,\ y \geqq 0\}$

(2) $\iint_D (x+2y)\,dxdy, \quad D = \{(x,y)|\ \sqrt{x}+\sqrt{y} \leq \sqrt{a},\ x \geq 0,\ y \geq 0,\ a > 0\}$

(3) $\iint_D (x^2+3y^2)\,dxdy, \quad D = \{(x,y)|\ x^2+y^2 \leq 2x,\ y \geq 0\}$

5.6 広義の重積分

有界な関数と有界な閉領域が必要であった重積分の定義を拡張する．領域または関数が有界でない重積分を**広義積分**という．領域 D に対して，D に含まれる閉領域の列 $\{D_n\}_{n \in N}$ が次の条件：

(1) $D_n \subset D_{n+1} \quad (n = 1, 2, 3, \ldots)$ （単調増加列）
(2) D に含まれる任意の有界閉領域 D' は，適当な n をとれば $D' \subset D_n$ とできる

を満たすとき，列 $\{D_n\}_{n \in N}$ を D の**単調近似列**という．ここで，N は自然数全体の集合である．D が単調近似列をもち，D の任意の有界閉領域で，関数 $f(x,y)$ は連続であるとする．単調近似列の取り方に関係なく，

$$\lim_{n \to \infty} \iint_{D_n} f(x,y)dxdy$$

が一定な極限値に収束するとき，**広義積分可能**といい，極限値を D 上の**広義積分**という．次の定理が知られている．

> **定理 5.7** 関数 $f(x,y)$ の定義域 D が単調近似列をもち，D の任意の有界閉領域で，$f(x,y)$ は連続であるとする．このとき，1つの単調近似列 D_n で
> $$\lim_{n \to \infty} \iint_{D_n} f(x,y)dxdy$$
> が収束すれば，広義積分可能である．

例題 5.6.1 次の広義積分を求めよ．

$$\iint_D \frac{y}{(x+y)^2}\,dx\,dy, \quad D = (0,1] \times (0,1]$$

解 $\dfrac{y}{(x+y)^2}$ は D で有界でないから（たとえば，$x = y$ で $x \to +0$ とすると，∞ になる）．

$$D_n = \left[\frac{1}{n}, 1\right] \times \left[\frac{1}{n}, 1\right], \quad n \in N$$

である単調近似列を考える．

$$\iint_{D_n} \frac{y}{(x+y)^2}\,dxdy = \int_{\frac{1}{n}}^{1} dy \int_{\frac{1}{n}}^{1} \frac{y}{(x+y)^2}\,dx = \int_{\frac{1}{n}}^{1} \left[\frac{-y}{x+y}\right]_{\frac{1}{n}}^{1} dy$$

$$= \int_{\frac{1}{n}}^{1} \left(\frac{-y}{1+y} + \frac{y}{\frac{1}{n}+y}\right) dy = \int_{\frac{1}{n}}^{1} \left(-1 + \frac{1}{1+y} + 1 + \frac{-\frac{1}{n}}{y+\frac{1}{n}}\right) dy$$

$$= \int_{\frac{1}{n}}^{1} \left(\frac{1}{1+y} + \frac{-\frac{1}{n}}{y+\frac{1}{n}}\right) dy = \left[\log|1+y| - \frac{1}{n}\log\left|y + \frac{1}{n}\right|\right]_{\frac{1}{n}}^{1}$$

$$= \log 2 - \log\left(1 + \frac{1}{n}\right) - \frac{1}{n}\left(\log\left(1 + \frac{1}{n}\right) - \log\left(\frac{2}{n}\right)\right)$$

となる．ロピタルの定理より

$$\lim_{n\to\infty} \frac{1}{n}\log\left(\frac{2}{n}\right) = \lim_{n\to\infty} \frac{\log 2 - \log n}{n} = \lim_{n\to\infty} \frac{-1}{n} = 0$$

であるので，$n \to \infty$ とすれば

$$\iint_D \frac{y}{(x+y)^2}\,dxdy = \log 2 \quad \diamondsuit$$

例題 5.6.2 次の式が成り立つことを示せ．

$$\int_0^\infty e^{-x^2}\,dx = \frac{\sqrt{\pi}}{2}$$

解

$$I = \int_0^\infty e^{-x^2}\,dx > 0, \qquad I_n = \int_0^n e^{-x^2}\,dx = \int_0^n e^{-y^2}\,dy$$

とおく．

$$D = \{(x,y) \mid x \geqq 0, y \geqq 0\}, \qquad D_n = \{(x,y) \mid 0 \leqq x \leqq n, 0 \leqq y \leqq n\}$$

とすると，$\{D_n\}$ は D の単調近似列である．

$$I^2 = \lim_{n\to\infty} I_n^2 = \lim_{n\to\infty} \int_0^n e^{-x^2}\,dx \int_0^n e^{-y^2}\,dy \quad \text{(重積分に変換して)}$$

$$= \lim_{n\to\infty} \iint_{D_n} e^{-x^2-y^2}\,dxdy = \iint_D e^{-x^2-y^2}\,dxdy$$

となる．一方，
$$B_n = \{(x,y) \mid x^2 + y^2 \leqq n^2,\, x \geqq 0,\, y \geqq 0\}$$
とおけば，$\{B_n\}$ も D の単調近似列であるから
$$\iint_D e^{-x^2-y^2}\,dxdy = \lim_{n\to\infty} \iint_{B_n} e^{-x^2-y^2}\,dxdy$$
となる．ここで，極座標変換
$$x = r\cos\theta, \qquad y = r\sin\theta$$
をすれば，ヤコビアンは r であり，B_n に対応する領域 A_n は，
$$A_n = \left\{(r,\theta) \,\middle|\, 0 \leqq r \leqq n,\, 0 \leqq \theta \leqq \frac{\pi}{2}\right\}$$
となる．よって，
$$\iint_{B_n} e^{-x^2-y^2}\,dxdy = \iint_{A_n} e^{-r^2} r\,drd\theta = \int_0^{\frac{\pi}{2}} d\theta \int_0^n e^{-r^2} r\,dr$$
$$= \frac{\pi}{4}\left[-e^{-r^2}\right]_0^n = \frac{\pi}{4}(1 - e^{-n^2})$$
よって，$n \to \infty$ として
$$I^2 = \iint_D e^{-x^2-y^2}\,dxdy = \lim_{n\to\infty} \iint_{B_n} e^{-x^2-y^2}\,dxdy = \lim_{n\to\infty} \frac{\pi}{4}(1 - e^{-n^2}) = \frac{\pi}{4}$$
したがって，$I > 0$ だから
$$I = \frac{\sqrt{\pi}}{2} \qquad \diamondsuit$$

問題 5.6.1 ベータ関数 $B(p,q)$ とガンマ関数 $\Gamma(p)$ の間に，次の関係式が成り立つことを示せ．
$$B(p,q) = \frac{\Gamma(p)\Gamma(q)}{\Gamma(p+q)}$$

5.7 重積分の応用

5.7.1 体積

関数 $z = f(x,y) \geqq 0$ は有界な閉領域 D で連続とする．曲面 $z = f(x,y)$ と D で挟まれる部分の空間図形
$$D_f = \{(x,y,z) \mid (x,y) \in D,\, 0 \leqq z \leqq f(x,y)\}$$

の体積 V は，重積分の定義より

$$V = \iint_D f(x,y)dx\,dy$$

で与えられる．また，閉領域 D で連続な関数

$$z = f_1(x,y), \qquad z = f_2(x,y), \qquad f_1(x,y) \leqq f_2(x,y)$$

について，曲面 $z = f_1(x,y)$, $z = f_2(x,y)$ の間に挟まれる部分の体積は

$$V = \iint_D \left(f_2(x,y) - f_1(x,y)\right) dx\,dy$$

で与えられる．

問題 5.7.1 球 $x^2 + y^2 + z^2 \leqq a^2$ が，円柱 $x^2 + y^2 \leqq ax, a \geqq 0$ の内部によって，切り取られる部分の体積を求めよ．

問題 5.7.2 2つの曲面 $z = xy$, $x^2 + y^2 = 2ax, a \geqq 0$ および平面 $z = 0$ で囲まれる部分の体積を求めよ．

5.7.2 曲面積

関数 $z = f(x,y)$ は有界な閉領域 D で C^1 級関数とする．D の上での曲面 $z = f(x,y)$ の面積 S を次のように定義する．D を含む長方形 $[a,b] \times [c,d]$ を考えて，$[a,b]$, $[c,d]$ の分割を

$$a = x_0 < x_1 < x_2 < \cdots < x_m = b$$

$$c = y_0 < y_1 < y_2 < \cdots < y_n = d$$

とする．D を直線 $x = x_i$ $(i = 0, 1, \ldots, m)$, $y = y_j$ $(j = 0, 1, \ldots, n)$ で分割する．この分割を Δ とする．領域 D に含まれる小長方形 $[x_i, x_{i+1}] \times [y_j, y_{j+1}]$ を Δ_{ij} とおく．D に含まれる小長方形 Δ_{ij} の和集合を D_Δ とする．点 $(x_i, y_j, f(x_i, y_j))$ での曲面 $z = f(x,y)$ の接平面は，

$$z = f(x_i, y_j) + f_x(x_i, y_j)(x - x_i) + f_y(x_i, y_j)(y - y_j)$$

で与えられる．長方形 Δ_{ij} を接平面に投影（正射影）したときにできる，平行四辺形の面積 S_{ij} を求める．

長方形 Δ_{ij} と接平面とのなす角を θ とする．長方形と接平面の法線ベクトルは，それぞれ

$$(0,0,1), \quad (-f_x(x_i,y_j), -f_y(x_i,y_j), 1)$$

だから，（2つのベクトル $\vec{a}, \vec{b}$ の内積の関係 $\vec{a}\cdot\vec{b} = |\vec{a}||\vec{b}|\cos\theta$ から）

$$\cos\theta = \frac{1}{\sqrt{1+f_x(x_i,y_j)^2+f_y(x_i,y_j)^2}}$$

で与えられる．したがって，

$$\begin{aligned}S_{ij} &= \frac{1}{\cos\theta}(x_{i+1}-x_i)(y_{j+1}-y_j) \\ &= \sqrt{1+f_x(x_i,y_j)^2+f_y(x_i,y_j)^2}\,(x_{i+1}-x_i)(y_{j+1}-y_j)\end{aligned}$$

よって，曲面 S を

$$S = \lim_{|\Delta|\to 0}\sum_{\substack{i,j \\ \Delta_{ij}\subset D_\Delta}} S_{ij}$$

で定義すれば，重積分の定義から

$$S = \iint_D \sqrt{1+f_x(x,y)^2+f_y(x,y)^2}\,dxdy$$

となる．この値を，D 上の曲面 $z=f(x,y)$ の**曲面積**という．

よって，次の定理をえる．

定理 5.8 関数 $z=f(x,y)$ は，有界な閉領域 D で C^1 級関数とする．このとき，D 上の曲面 $z=f(x,y)$ の曲面積は

$$\iint_D \sqrt{1+f_x(x,y)^2+f_y(x,y)^2}\,dx\,dy$$

で与えられる．

極座標変換をすると，

定理 5.9 関数 $z=f(x,y)$ は，有界な閉領域 D で C^1 級関数とする．極座標変換 $x=r\cos\theta,\ y=r\sin\theta$ で，領域 D が領域 W に対応しているとする．このとき，D 上の曲面 $z=f(x,y)$ の曲面積は

$$\iint_W \sqrt{r^2 + \left(r\frac{\partial z}{\partial r}\right)^2 + \left(\frac{\partial z}{\partial \theta}\right)^2}\,dr\,d\theta$$

で与えられる．

証明 4章：演習問題 11(1) より

$$\left(\frac{\partial z}{\partial x}\right)^2 + \left(\frac{\partial z}{\partial y}\right)^2 = \left(\frac{\partial z}{\partial r}\right)^2 + \frac{1}{r^2}\left(\frac{\partial z}{\partial \theta}\right)^2$$

であり，極座標変換のヤコビアンは r であるから，

$$\iint_D \sqrt{1 + f_x(x,y)^2 + f_y(x,y)^2}\, dxdy = \iint_D \sqrt{1 + \left(\frac{\partial z}{\partial x}\right)^2 + \left(\frac{\partial z}{\partial y}\right)^2}\, dxdy$$

$$= \iint_W \sqrt{1 + \left(\frac{\partial z}{\partial r}\right)^2 + \frac{1}{r^2}\left(\frac{\partial z}{\partial \theta}\right)^2} \cdot r\, drd\theta$$

$$= \iint_W \sqrt{r^2 + \left(r\frac{\partial z}{\partial r}\right)^2 + \left(\frac{\partial z}{\partial \theta}\right)^2}\, drd\theta \quad \diamondsuit$$

例題 5.7.1 z 軸を中心にして，xz-平面での曲線

$$z = f(x), \qquad 0 < a \leqq x \leqq b$$

を，回転してできる回転体の表面積を求めよ．

解 この回転体の曲面の方程式は

$$z = f(\sqrt{x^2 + y^2})$$

である．領域 $D = \{(x,y) \mid a^2 \leqq x^2 + y^2 \leqq b^2\}$ とすると，求める曲面積 S は

$$S = \iint_D \sqrt{1 + \left\{f_x\left(\sqrt{x^2+y^2}\right)\right\}^2 + \left\{f_y\left(\sqrt{x^2+y^2}\right)\right\}^2}\, dx\, dy$$

で与えられる．極座標変換 $x = r\cos\theta$, $y = r\sin\theta$ をすれば，領域 D に対応する領域 W は

$$W = \{(r,\theta) \mid a \leqq r \leqq b,\ 0 \leqq \theta \leqq 2\pi\}$$

である．また，

$$f_x\left(\sqrt{x^2+y^2}\right) = \frac{\partial f\left(\sqrt{x^2+y^2}\right)}{\partial x} = \frac{\partial f\left(\sqrt{x^2+y^2}\right)}{\partial \sqrt{x^2+y^2}} \frac{\partial \sqrt{x^2+y^2}}{\partial x}$$

$$= f'\left(\sqrt{x^2+y^2}\right)\frac{\partial \sqrt{x^2+y^2}}{\partial x} = f'(r)\frac{x}{\sqrt{x^2+y^2}} = f'(r)\cos\theta$$

同様に，$f_y\left(\sqrt{x^2+y^2}\right) = f'(r)\sin\theta$．

したがって，極座標変換のヤコビアンは r であるから，

$$
\begin{aligned}
S &= \iint_W \sqrt{1+f'(r)^2\cos^2\theta + f'(r)^2\sin^2\theta}\cdot r\,dr\,d\theta \\
&= \int_0^{2\pi} d\theta \int_a^b r\sqrt{1+(f'(r))^2}\,dr \\
&= 2\pi \int_a^b r\sqrt{1+(f'(r))^2}\,dr = 2\pi \int_a^b x\sqrt{1+(f'(x))^2}\,dx
\end{aligned}
$$

をえる． ◇

これは定理 3.20 とは回転の中心軸が異なる．適当に変数をかえて，変形すれば，結果は同じものになる．

例題 5.7.2 円柱 $x^2+y^2 \leqq ax, a \geqq 0$ の内部によって，球面 $x^2+y^2+z^2=a^2$ が切り取られる部分の表面積を求めよ．

解 $D=\{(x,y) \mid x^2+y^2 \leqq ax\}$ とし，求める表面積を S とする．表面は上下に2つある．$z=\sqrt{a^2-x^2-y^2}$ とすると

$$z_x = \frac{-2x}{2\sqrt{a^2-x^2-y^2}} = \frac{-x}{\sqrt{a^2-x^2-y^2}}, \quad z_y = \frac{-y}{\sqrt{a^2-x^2-y^2}}$$

$$\frac{S}{2} = \iint_D \sqrt{1+z_x{}^2+z_y{}^2}\,dx\,dy = \iint_D \frac{a}{\sqrt{a^2-x^2-y^2}}\,dx\,dy$$

ここで，極座標変換 $x=r\cos\theta, y=r\sin\theta$ をすれば，ヤコビアン $\dfrac{\partial(x,y)}{\partial(r,\theta)}$ は r で，領域 D に対応する領域 W は

$$W = \left\{(r,\theta) \mid 0 \leqq r \leqq a\cos\theta, -\frac{\pi}{2} \leqq \theta \leqq \frac{\pi}{2}\right\}$$

であり，$z=\sqrt{a^2-x^2-y^2}=\sqrt{a^2-r^2}$ となるので，

$$
\begin{aligned}
\frac{S}{2} &= \iint_W \frac{ar}{\sqrt{a^2-r^2}}\,dr\,d\theta = a\int_{-\frac{\pi}{2}}^{\frac{\pi}{2}} \left[-\sqrt{a^2-r^2}\right]_0^{a\cos\theta} d\theta \\
&= a^2 \int_{-\frac{\pi}{2}}^{\frac{\pi}{2}} (1-|\sin\theta|)d\theta = 2a^2 \int_0^{\frac{\pi}{2}} (1-\sin\theta)d\theta \\
&= 2a^2 \left[\theta + \cos\theta\right]_0^{\frac{\pi}{2}} = a^2(\pi-2)
\end{aligned}
$$

よって，
$$S = 2a^2(\pi-2) \quad \diamondsuit$$

問題 5.7.3 $x^{\frac{2}{3}} + y^{\frac{2}{3}} = a^{\frac{2}{3}}$ を x 軸のまわりに 1 回転してできる，立体の体積および表面積を求めよ．ただし，$a > 0$ とする．

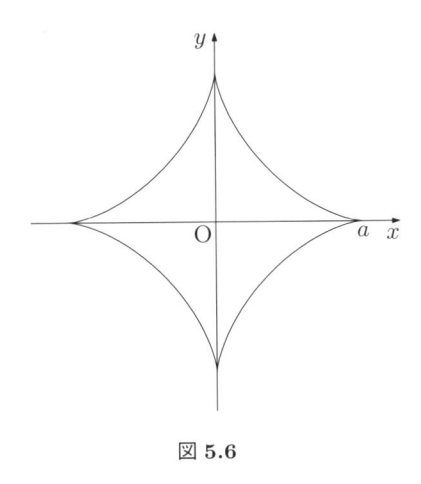

図 5.6

問題 5.7.4 $a > 0$ とする．平面 $x = a$ によって，放物面 $y^2 + z^2 = 2ax$ が切り取られる有限部分の表面積を求めよ．

5.8　3重積分

$f(x, y, z)$ は 3 次元空間内の有界な閉領域 V で連続な関数とする．重積分と同様に，以下のことが成り立つ．

閉領域 V を n 個の小閉領域 $V_1, V_2, \ldots, V_n$ に分割し，各 V_i の体積を ν_i とし，V の体積を ν とする．このとき，$\nu = \sum_{i=1}^{n} \nu_i$ となるように分割する．この分割を Δ とする．

V_i の任意の 2 点を結ぶ線分の長さのなかで，最大の長さを δ_i とする．この δ_i を V_i の**直径**という．$|\Delta| = \max\{\delta_i \mid i = 1, 2, \ldots, n\}$ と定義する．各小閉領域 V_i から，任意の点 (ξ_i, η_i, ϕ_i) をとり

$$W = \sum_{i=1}^{n} \nu_i f(\xi_i, \eta_i, \phi_i)$$

を考える．関数 $f(x, y, z)$ が V で連続な関数のとき，$|\Delta| \to 0$ となるように，どのような分割で細分化しても，点 (ξ_i, η_i, ϕ_i) の選び方には無関係に

は一定の値に収束することが知られている．その値を $w=f(x,y,z)$ の V 上の **3 重積分**といい，

$$\iiint_V f(x,y,z)\,dxdydz$$

とかく．閉領域 V が D 上で連続な曲面

$$z=\psi_1(x,y),\ z=\psi_2(x,y),\quad \psi_1(x,y)\leqq \psi_2(x,y)$$

で囲まれ，さらに，D が連続な曲線

$$y=\phi_1(x),\ y=\phi_2(x),\ x=a,\ x=b,\quad a<b,\ \phi_1(x)\leqq \phi_2(x)$$

で囲まれているとする．このとき，$f(x,y,z)$ の V 上の 3 重積分は，次の逐次積分

$$\iiint_V f(x,y,z)\,dxdydz=\int_a^b\left\{\int_{\phi_1(x)}^{\phi_2(x)}\left(\int_{\psi_1(x,y)}^{\psi_2(x,y)} f(x,y,z)dz\right)dy\right\}dx$$

で与えられる．

定理 5.10 uvw-空間の領域 Θ から xyz-空間の領域 V への 1 対 1 の変換

$$x=\phi(u,v,w),\quad y=\psi(u,v,w),\quad z=\chi(u,v,w)$$

があり，それぞれ C^1 級関数であるとすれば

$$\iiint_V f(x,y,z)\,dxdydz$$
$$=\iiint_\Theta f(\phi(u,v,w),\psi(u,v,w),\chi(u,v,w))\left|\frac{\partial(x,y,z)}{\partial(u,v,w)}\right|dudvdw$$

である．

ここで，

$$\frac{\partial(x,y,z)}{\partial(u,v,w)}=\begin{vmatrix}\dfrac{\partial x}{\partial u} & \dfrac{\partial x}{\partial v} & \dfrac{\partial x}{\partial w}\\[4pt] \dfrac{\partial y}{\partial u} & \dfrac{\partial y}{\partial v} & \dfrac{\partial y}{\partial w}\\[4pt] \dfrac{\partial z}{\partial u} & \dfrac{\partial z}{\partial v} & \dfrac{\partial z}{\partial w}\end{vmatrix}$$

$$=\frac{\partial x}{\partial u}\frac{\partial y}{\partial v}\frac{\partial z}{\partial w}+\frac{\partial y}{\partial u}\frac{\partial z}{\partial v}\frac{\partial x}{\partial w}+\frac{\partial z}{\partial u}\frac{\partial x}{\partial v}\frac{\partial y}{\partial w}$$

$$-\frac{\partial z}{\partial u}\frac{\partial y}{\partial v}\frac{\partial x}{\partial w}-\frac{\partial y}{\partial u}\frac{\partial x}{\partial v}\frac{\partial z}{\partial w}-\frac{\partial x}{\partial u}\frac{\partial z}{\partial v}\frac{\partial y}{\partial w}$$

で与えられる．これを**変換のヤコビアン**という．

例題 5.8.1 3次元の極座標変換

$$x = r\sin\theta\cos\phi, \ y = r\sin\theta\sin\phi, \ z = r\cos\theta, \ r \geqq 0, \ 0 \leqq \theta \leqq \pi, \ 0 \leqq \phi \leqq 2\pi$$

によって，領域 V が領域 Θ に変換されるとき，

$$\iiint_V f(x,y,z)\,dxdydz$$
$$= \iiint_\Theta f(r\sin\theta\cos\phi, r\sin\theta\sin\phi, r\cos\theta)r^2\sin\theta\,drd\theta d\phi$$

となることを示せ．

解 3次元の極座標変換

$$x = r\sin\theta\cos\phi, \qquad y = r\sin\theta\sin\phi, \qquad z = r\cos\theta$$

のヤコビアンは

$$\frac{\partial(x,y,z)}{\partial(r,\theta,\phi)} = \begin{vmatrix} \frac{\partial x}{\partial r} & \frac{\partial x}{\partial \theta} & \frac{\partial x}{\partial \phi} \\ \frac{\partial y}{\partial r} & \frac{\partial y}{\partial \theta} & \frac{\partial y}{\partial \phi} \\ \frac{\partial z}{\partial r} & \frac{\partial z}{\partial \theta} & \frac{\partial z}{\partial \phi} \end{vmatrix} = \begin{vmatrix} \sin\theta\cos\phi & r\cos\theta\cos\phi & -r\sin\theta\sin\phi \\ \sin\theta\sin\phi & r\cos\theta\sin\phi & r\sin\theta\cos\phi \\ \cos\theta & -r\sin\theta & 0 \end{vmatrix}$$

$$= r^2\cos^2\theta\sin\theta\cos^2\phi + r^2\sin^3\theta\sin^2\phi$$
$$\quad - (-r^2\sin^3\theta\cos^2\phi - r^2\sin\theta\cos^2\theta\sin^2\phi)$$
$$= r^2\cos^2\theta\sin\theta(\cos^2\phi + \sin^2\phi) + r^2\sin^3\theta(\cos^2\phi + \sin^2\phi)$$
$$= r^2\sin\theta(\cos^2\theta + \sin^2\theta) = r^2\sin\theta \geqq 0$$

であることからいえる． ◇

例題 5.8.2 $V = \{(x,y,z) \mid x^2 + y^2 + z^2 \leqq a^2\}$ のとき，

$$\iiint_V \sqrt{a^2 - x^2 - y^2 - z^2}\,dxdydz$$

を求めよ．

解 極座標変換

$$x = r\sin\theta\cos\phi, \qquad y = r\sin\theta\sin\phi, \qquad z = r\cos\theta$$

をすれば，この変換のヤコビアンは

$$\frac{\partial(x,y,z)}{\partial(r,\theta,\phi)} = r^2 \sin\theta$$

であり，V は

$$W = \{(r,\theta,\phi) \mid 0 \leq r \leq a,\ 0 \leq \theta \leq \pi,\ 0 \leq \phi \leq 2\pi\}$$

に対応する．よって，

$$\iiint_V \sqrt{a^2 - x^2 - y^2 - z^2}\, dxdydz = \iiint_W \sqrt{a^2 - r^2} \cdot r^2 \sin\theta\, drd\phi d\theta$$
$$= \int_0^\pi \sin\theta\, d\theta \int_0^{2\pi} d\phi \int_0^a \sqrt{a^2 - r^2} \cdot r^2\, dr$$
$$= \Big[-\cos\theta\Big]_0^\pi \cdot 2\pi \int_0^a \sqrt{a^2 - r^2} \cdot r^2\, dr = 4\pi \int_0^a \sqrt{a^2 - r^2} \cdot r^2\, dr$$

ここで，$r = a\sin\theta$ とおくと $dr = a\cos\theta d\theta$ であり，$r : 0 \to a$ のとき $\theta : 0 \to \dfrac{\pi}{2}$ だから

$$I = 4\pi \int_0^{\frac{\pi}{2}} \sqrt{a^2 - a^2\sin^2\theta}\, (a^2\sin^2\theta)(a\cos\theta)\, d\theta = 4\pi a^4 \int_0^{\frac{\pi}{2}} \sin^2\theta \cos^2\theta\, d\theta$$
$$= 4\pi a^4 \int_0^{\frac{\pi}{2}} \left(\frac{1}{2}\sin 2\theta\right)^2 d\theta = \pi a^4 \int_0^{\frac{\pi}{2}} \frac{1 - \cos 4\theta}{2}\, d\theta$$
$$= \frac{\pi a^4}{2}\left[\theta - \frac{1}{4}\sin 4\theta\right]_0^{\frac{\pi}{2}} = \frac{1}{4}\pi^2 a^4 \qquad \diamondsuit$$

第 5 章：演習問題

1. 次の逐次積分を求めよ．

   (1) $\displaystyle\int_0^a dx \int_0^a e^{px+qy}\,dy$ 　　(2) $\displaystyle\int_0^a dx \int_0^b xy(x-y)\,dy$

   (3) $\displaystyle\int_{\theta_1}^{\theta_2} d\theta \int_a^b r^2 \sin\theta\,dr$ 　　(4) $\displaystyle\int_1^{\log 2} dy \int_0^{\log y} e^{x+y}\,dx$

2. 次の重積分を求めよ．

   (1) $\displaystyle\iint_D (x+y^2)\,dxdy, \quad D=\{(x,y)\mid 1\leqq x\leqq 3,\ 2\leqq y\leqq 3\}$

   (2) $\displaystyle\iint_D (x^2+y^2)\,dxdy, \quad D=\{(x,y)\mid x^2+y^2\leqq 1\}$

   (3) $\displaystyle\iint_D \log\frac{x}{y^2}\,dxdy, \quad D=\{(x,y)\mid 1\leqq y\leqq x\leqq 2\}$

   (4) $\displaystyle\iint_D \sqrt{x}\,dxdy, \quad D=\{(x,y)\mid x^2+y^2\leqq x\}$

   (5) $\displaystyle\iint_D \frac{x^2}{1+y^4}\,dxdy, \quad D=\{(x,y)\mid 0\leqq x\leqq y\leqq 1\}$

   (6) $\displaystyle\iint_D \frac{1}{\sqrt{1+x^2+y^2}}\,dxdy,\ D=\{(x,y)\mid x^2+y^2\leqq 3,\ x\geqq 0,\ y\geqq 0\}$

   (7) $\displaystyle\iint_D \sqrt{\frac{1-x^2-y^2}{1+x^2+y^2}}\,dxdy,\ D=\{(x,y)\mid x^2+y^2\leqq 1,\ x\geqq 0,\ y\geqq 0\}$

3. 次の広義積分を求めよ．

   (1) $\displaystyle\iint_D \frac{1}{\sqrt{a^2-x^2-y^2}}\,dxdy, \quad D=\{(x,y)\mid x^2+y^2<a^2,\ a>0\}$

   (2) $\displaystyle\iint_D \tan^{-1}\frac{y}{x}\,dxdy, \quad D=\{(x,y)\mid x^2+y^2\leqq 2,\ x>0,\ y\geqq 0\}$

   (3) $\displaystyle\iint_D \frac{dxdy}{(x+y)^{\frac{3}{2}}}, \quad D=\{(x,y)\mid 0\leqq x\leqq 1,\ 0\leqq y\leqq 1,\ x^2+y^2\neq 0\}$

4. 定数 $a,b,c\geqq 0$ とする．このとき，曲面 $\dfrac{x^2}{a^2}+\left(\dfrac{y}{b}+\dfrac{z}{c}\right)^2=1$ と $y=0$,

$y = \dfrac{b}{2}$ で囲まれる体積を求めよ．

5. 曲線 $x = a(\theta - \sin\theta)$, $y = a(1 - \cos\theta)$, $0 \leqq \theta \leqq 2\pi$ を x 軸のまわりに回転してできる立体の体積を求めよ．

6. 前問 5 の立体の表面積を求めよ．

第 6 章

解 答

6.1 第 1 章：問題解答

問題 **1.1.1**
(1) $\sqrt{(2+1)^2+(-5+3)^2}=\sqrt{9+4}=\sqrt{13}$
(2) $\sqrt{(0+4)^2+(0+3)^2}=\sqrt{16+9}=5$
(3) $\sqrt{(1-2)^2+(3-5)^2+(1-4)^2}=\sqrt{1+4+9}=\sqrt{14}$
(4) $\sqrt{(2+4)^2+(2+3)^2+(-1-3)^2}=\sqrt{36+25+16}=\sqrt{77}$

問題 **1.1.2**
$\overrightarrow{OA}=\vec{a}$, $\overrightarrow{OB}=\vec{b}$ のとき，三角形 OAB の面積 S は $S=\dfrac{1}{2}\sqrt{|\vec{a}|^2|\vec{b}|^2-(\vec{a}\cdot\vec{b})^2}$ である．点 O(0,0), A(x_1,y_1), B(x_2,y_2) とすると，$\overrightarrow{OA}=(x_1,y_1)$, $\overrightarrow{OB}=(x_2,y_2)$ だから，$S=\dfrac{1}{2}|x_1y_2-x_2y_1|$ ともかける．

証明 $\angle AOB=\theta$ $(0\leqq\theta\leqq\pi)$ とすると，ベクトルの内積の定義より $\vec{a}\cdot\vec{b}=|\vec{a}||\vec{b}|\cos\theta$ で，$\sin\theta\geqq 0$ である．

$$S=\frac{1}{2}|\vec{a}||\vec{b}|\sin\theta=\frac{1}{2}|\vec{a}||\vec{b}|\sqrt{1-\cos^2\theta}$$
$$=\frac{1}{2}\sqrt{|\vec{a}|^2|\vec{b}|^2-|\vec{a}|^2|\vec{b}|^2\cos^2\theta}=\frac{1}{2}\sqrt{|\vec{a}|^2|\vec{b}|^2-(\vec{a}\cdot\vec{b})^2}$$

2 次元ベクトルの場合は，$|\vec{a}|^2=x_1{}^2+y_1{}^2$, $|\vec{b}|^2=x_2{}^2+y_2{}^2$, $\vec{a}\cdot\vec{b}=x_1x_2+y_1y_2$ だから $S=\dfrac{1}{2}\sqrt{(x_1y_2-x_2y_1)^2}=\dfrac{1}{2}|x_1y_2-x_2y_1|$． ◇

(1) O(2,1), A(−1,3), B(1,4) とおくと，$\overrightarrow{OA}=(-1,3)-(2,1)=(-3,2)$, $\overrightarrow{OB}=(1,4)-(2,1)=(-1,3)$ だから，面積 $=\dfrac{1}{2}|-3\cdot 3-2(-1)|=\dfrac{7}{2}$．

(2) O(a_1,a_2), A(b_1,b_2), B(c_1,c_2) とおくと，$\overrightarrow{OA}=(b_1,b_2)-(a_1,a_2)=(b_1-a_1,b_2-a_2)$, $\overrightarrow{OB}=(c_1-a_1,c_2-a_2)$ だから，面積 $=\dfrac{1}{2}|(b_1-a_1)(c_2-a_2)-(b_2-a_2)(c_1-a_1)|$．

(3) O(0,3,−1), A(2,3,4), B(1,2,1) とおくと，$\overrightarrow{OA}=(2,3,4)-(0,3,-1)=(2,0,5)$, $\overrightarrow{OB}=(1,2,1)-(0,3,-1)=(1,-1,2)$ だから，$|\overrightarrow{OA}|=\sqrt{29}$, $|\overrightarrow{OB}|=\sqrt{6}$, $\overrightarrow{OA}\cdot\overrightarrow{OB}=2\cdot 1+0\cdot(-1)+5\cdot 2=12$．よって，面積 $=\dfrac{1}{2}\sqrt{29\times 6-12^2}=\dfrac{1}{2}\sqrt{30}$．

(4) O(a_1,a_2,a_3), B(b_1,b_2,b_3), C(c_1,c_2,c_3) とおくと，$\overrightarrow{OB}=(b_1,b_2,b_3)-(a_1,a_2,a_3)=$

$(b_1-a_1, b_2-a_2, b_3-a_3)$, $\overrightarrow{OC} = (c_1, c_2, c_3) - (a_1, a_2, a_3) = (c_1-a_1, c_2-a_2, c_3-a_3)$ だから, $|\overrightarrow{OB}|^2 = (b_1-a_1)^2 + (b_2-a_2)^2 + (b_3-a_3)^2$, $|\overrightarrow{OC}|^2 = (c_1-a_1)^2 + (c_2-a_2)^2 + (c_3-a_3)^2$, $\overrightarrow{OB} \cdot \overrightarrow{OC} = (b_1-a_1)(c_1-a_1) + (b_2-a_2)(c_2-a_2) + (b_3-a_3)(c_3-a_3)$. よって, 面積は $\frac{1}{2}\sqrt{|\overrightarrow{OB}|^2 \cdot |\overrightarrow{OC}|^2 - (\overrightarrow{OB} \cdot \overrightarrow{OC})^2}$ であたえられる.

問題 1.1.3

(1) $\displaystyle\lim_{n\to\infty} \frac{n-5}{2n+3} = \lim_{n\to\infty} \frac{1-\frac{5}{n}}{2+\frac{3}{n}} = \frac{1}{2}$

(2) $\displaystyle\lim_{n\to\infty} \frac{4n}{2n^2+1} = \lim_{n\to\infty} \frac{4}{2n+\frac{1}{n}} = 0$

(3) $\displaystyle\lim_{n\to\infty} \frac{(-1)^n n^2 + 5}{n^2 + 3} = \lim_{n\to\infty} \frac{(-1)^n + \frac{5}{n^2}}{1 + \frac{3}{n^2}} = \begin{cases} 1, & n:偶数で\ n\to\infty \\ -1, & n:奇数で\ n\to\infty \end{cases}$

よって, 収束しない.

(4) $\displaystyle\lim_{n\to\infty} \left(\sqrt{n^2+2n-1} - n\right)$

$\displaystyle = \lim_{n\to\infty} \frac{2n-1}{\sqrt{n^2+2n-1}+n} = \lim_{n\to\infty} \frac{2-\frac{1}{n}}{\sqrt{1+\frac{2}{n}-\frac{1}{n^2}}+1} = 1$

問題 1.1.4

$\displaystyle\lim_{n\to\infty} a_n, \lim_{n\to\infty} b_n$ が収束するから, それぞれの極限値を α, β とすると, $\forall \varepsilon > 0$ に対して
$\exists N_1, \forall n \geqq N_1 \longrightarrow |a_n - \alpha| < \varepsilon, \quad \exists N_2, \forall n \geqq N_2 \longrightarrow |b_n - \beta| < \varepsilon$
が成立する.

(2) $|(a_n - b_n) - (\alpha - \beta)| = |(a_n-\alpha) - (b_n-\beta)| \leqq |a_n-\alpha| + |b_n-\beta| < 2\varepsilon$

(3) $N = \max\{N_1, N_2\}$ とすると, 任意の $n > N$ に対して, 数列 $\{b_n\}$ は収束列だから有界である. よって, $|b_n| \leqq M$ とおく. 三角不等式 (例題 1.1.1) より
$|a_n b_n - \alpha\beta| = |(a_n-\alpha)b_n + \alpha(b_n-\beta)| \leqq M|a_n-\alpha| + |\alpha||b_n-\beta| < (M+|\alpha|)\varepsilon$

(4) $\beta = \displaystyle\lim_{n\to\infty} b_n \neq 0$ より, 上の収束の定義式 $n \geqq N_2 \longrightarrow |b_n-\beta| < \varepsilon$ で, $\varepsilon = \frac{|\beta|}{2}$ とおくと, $\exists N_3, \forall n \geqq N_3 \longrightarrow |b_n-\beta| < \frac{|\beta|}{2}$, 三角不等式 $||a|-|b|| \leqq |a-b|$ を使うと, $|\beta| - |b_n| < \frac{1}{2}|\beta|, |b_n| > \frac{1}{2}|\beta|$. したがって,

$$\left|\frac{a_n}{b_n} - \frac{\alpha}{\beta}\right| = \frac{|a_n\beta - \alpha b_n|}{|b_n\beta|} = \frac{|(a_n-\alpha)\beta - \alpha(b_n-\beta)|}{|b_n\beta|}$$

$$\leqq \frac{\varepsilon|\beta| + \varepsilon|\alpha|}{\frac{1}{2}|\beta||\beta|} = \frac{2(|\alpha|+|\beta|)}{|\beta|^2} \cdot \varepsilon$$

である. よって, 収束の定義より証明される.

問題 1.1.5
定義より
$$_n\mathrm{C}_{n-r} = \frac{n!}{(n-(n-r))!\,(n-r)!} = \frac{n!}{r!\,(n-r)!} = \frac{n!}{(n-r)!\,r!} = {_n\mathrm{C}_r}$$
または，n 個のモノから r 個選ぶことは，残りのモノに着目すると，n 個のモノから残すものを $n-r$ 個選ぶことと 1 対 1 対応がつくから，証明される．

問題 1.2.1
(1) $y - 1 = \dfrac{2-1}{-4-1}(x-1) = -\dfrac{1}{5}(x-1), \quad y = -\dfrac{1}{5}x + \dfrac{6}{5}$

(2) $y - 3 = \dfrac{5-3}{-2-0}(x-0) = -x, \quad y = -x + 3$

(3) $pq \ne 0$ のとき $y - 0 = \dfrac{q-0}{0-p}(x-p) = -\dfrac{q}{p}(x-p)$ であるから $\dfrac{x}{p} + \dfrac{y}{q} = 1$. $p = 0$ で $q \ne 0$ のとき $x = 0$. $q = 0$ で $p \ne 0$ のとき $y = 0$. $p = q = 0$ のとき直線は存在しない．

問題 1.2.2
2 つの直線の傾きはそれぞれ m, m' である．傾きが等しいことと平行であることは同値であるから，平行ならば $m = m'$ である．または，2 直線それぞれと x 軸との交わる角度を α, β とすると $\tan\alpha = m$, $\tan\beta = m'$ である．平行であることは，$\alpha = \beta$ であるから，$\tan\alpha = \tan\beta$. よって，$m = m'$. 直交することは $\beta = \alpha \pm \dfrac{\pi}{2}$ となることである．よって，
$$m' = \tan\beta = \tan\left(\alpha \pm \dfrac{\pi}{2}\right) = -\dfrac{1}{\tan\alpha} = -\dfrac{1}{m}, \qquad mm' = -1$$
したがって，2 つの直線が垂直となるのは，傾きの積 $mm' = -1$ のときである．

問題 1.2.3
$y = \dfrac{3}{4}x - 2$ に垂直な直線の傾きは $-\dfrac{4}{3}$ で，点 $(2,1)$ を通るから，$y - 1 = -\dfrac{4}{3}(x-2)$.
$$y = -\dfrac{4}{3}x + \dfrac{11}{3}$$

問題 1.2.4
一般に，直線 $y = mx + n$ に関して，点 (a,b) と対称な点を (X,Y) とする．2 つの点の中点が直線上にあり，2 点を結ぶ直線と与えられた直線が直交するから
$$\begin{cases} \dfrac{Y+b}{2} = m \cdot \dfrac{X+a}{2} + n \\ m \cdot (Y-b) = -(X-a) \end{cases}$$
これを解いて，$X = \dfrac{a(1-m^2) + 2m(b-n)}{1+m^2}, \quad Y = \dfrac{-b(1-m^2) + 2ma + 2n}{1+m^2}.$
したがって，$m = \dfrac{5}{2}$, $n = -1$, $(a,b) = (-2,1)$ を代入して，点 $(-2,1)$ と対称な点の座標は $\left(\dfrac{82}{29}, \dfrac{-27}{29}\right)$ である．

問題 1.2.5

一般に, 点 $P(p,q)$ から直線 $\ell : ax+by+c=0$ に垂線 PH を引き, $H(x,y)$ とすると, $PH^2 = (x-p)^2+(y-q)^2$. 直線 PH は点 (p,q) を通り, 直線 ℓ に垂直であるから, $b(x-p)-a(y-q)=0$. $ab \neq 0$ のとき, 直線 ℓ の傾きは $-\dfrac{a}{b}$, 直線 PH の傾きは $\dfrac{b}{a}$ であるから, 直線 PH の方程式を $\dfrac{x-p}{a} = \dfrac{y-q}{b} = t$ とおくと, $x-p = at,\ y-q = bt$. よって, $a(x-p)+b(y-q) = (a^2+b^2)t,\ ax+by-(ap+bq) = (a^2+b^2)t$. 点 H は, 直線 ℓ 上にあるから, $ax+by+c=0$ より $(a^2+b^2)t = -(ap+bq+c),\quad t = \dfrac{-(ap+bq+c)}{a^2+b^2}$.

$PH^2 = (x-p)^2+(y-q)^2 = (at)^2+(bt)^2 = (a^2+b^2)t^2 = \dfrac{1}{a^2+b^2}(ap+bq+c)^2$. したがって, $PH = \dfrac{|ap+bq+c|}{\sqrt{a^2+b^2}}$.

$a=0$ または $b=0$ のとき, $a=0$ の場合は $b \neq 0$ であり, 点 (p,q) と直線 $by+c=0$ の距離は $\left|q-\left(-\dfrac{c}{b}\right)\right| = \left|q+\dfrac{c}{b}\right|$ で, これは上の式で $a=0$ としたものに等しい. $b=0$ の場合も同様である. よって,

$$\text{点 } (p,q) \text{ と直線 } by+c=0 \text{ の距離は} \dfrac{|ap+bq+c|}{\sqrt{a^2+b^2}} \text{ である}.$$

問題の答えは $\dfrac{|ap+b-q|}{\sqrt{a^2+1}}$ である.

問題 1.2.6

頂点が $(2,3)$ であるから, 放物線は $y = a(x-2)^2+3$ とおける. 直線 $y=4x-2$ と 1 点で交わるから, 2 つの式から y を消去した方程式が重解を持つこと, すなわち, 判別式 $D=0$ が必要十分条件であるから, $4x-2 = a(x-2)^2+3,\ ax^2-4(a+1)x+(4a+5)=0$, 判別式 $D/4 = 4(a+1)^2 - a(4a+5) = 0$ より $a = -\dfrac{4}{3}$. 求める放物線は

$$y = -\dfrac{4}{3}(x-2)^2+3 = -\dfrac{4}{3}x^2+\dfrac{16}{3}x-\dfrac{7}{3}.$$

問題 1.2.7

2 次関数であるから, $a \neq 0$ である. $a<0$ と仮定すると $y = ax^2\left(1+\dfrac{b}{ax}+\dfrac{c}{ax^2}\right)$ だから, $x \to \pm\infty$ のとき $y \to -\infty$ となるから, つねに正とはならない. したがって, $a>0$ が必要である. このとき, $y = a\left(x+\dfrac{b}{2a}\right)^2 + c - \dfrac{b^2}{4a}$ であるから, つねに正となるためには $c - \dfrac{b^2}{4a} = \dfrac{4ac-b^2}{4a} > 0$ であることが必要十分である. $a>0$ であるから, 判別式 $D = b^2-4ac < 0$ である. 以上より, $a>0,\ D = b^2-4ac<0$ が求める条件である.

問題 1.2.8

(1) $x^2-3x+1 = \left(x-\dfrac{3+\sqrt{5}}{2}\right)\left(x-\dfrac{3-\sqrt{5}}{2}\right)$

(2) 因数定理により $x+1$ で割り切れるから, $x^3+1 = (x+1)(x^2-x+1)$.

(3) 因数定理により $x-1$ で割り切れるから，$x^3 - 7x + 6 = (x-1)(x^2 + x - 6) = (x-1)(x+3)(x-2)$.

(4) $x^4 + 1 = (x^2+1)^2 - 2x^2 = (x^2 + 1 - \sqrt{2}\,x)(x^2 + 1 + \sqrt{2}\,x)$

問題 1.2.9

(1) 分母を払って，$2 = a(x+3) + b(x-2)$ となる．この式に $x = -3,\ 2$ を代入して $2 = -5b,\ 2 = 5a$ をえるから，$a = \dfrac{2}{5},\ b = -\dfrac{2}{5}$.

(2) 分母を払って，$2x + 1 = (ax + b)(x + 2) + c(x^2 + 1)$. $x = -2,\ i = \sqrt{-1}$ を代入して，$-3 = 5c,\ 2i + 1 = (ai + b)(i + 2) = (2b - a) + (2a + b)\,i$. 実数部と虚数部を比較して，$2b - a = 1,\ 2a + b = 2$ をえるから，$a = \dfrac{3}{5},\ b = \dfrac{4}{5},\ c = -\dfrac{3}{5}$.

問題 1.2.10

問題 1.2.8 の結果を用いる．

(1) $\dfrac{1}{x^2 - 3x + 1}$

$$= \dfrac{1}{\left(x - \dfrac{3+\sqrt{5}}{2}\right)\left(x - \dfrac{3-\sqrt{5}}{2}\right)} = \dfrac{a}{x - \dfrac{3+\sqrt{5}}{2}} + \dfrac{b}{x - \dfrac{3-\sqrt{5}}{2}}$$

とおく．分母を払って $1 = a\left(x - \dfrac{3-\sqrt{5}}{2}\right) + b\left(x - \dfrac{3+\sqrt{5}}{2}\right)$. $x = \dfrac{3-\sqrt{5}}{2},\ \dfrac{3+\sqrt{5}}{2}$ を代入して $1 = b \cdot (-\sqrt{5}),\ 1 = a \cdot \sqrt{5}$ をえるから，

$$\dfrac{1}{x^2 - 3x + 1} = \dfrac{1}{\sqrt{5}}\left(\dfrac{1}{x - \dfrac{3+\sqrt{5}}{2}} - \dfrac{1}{x - \dfrac{3-\sqrt{5}}{2}}\right)$$

(2) $\dfrac{1}{x^3 + 1} = \dfrac{1}{(x+1)(x^2 - x + 1)} = \dfrac{A}{x+1} + \dfrac{Bx + C}{x^2 - x + 1}$ とする．分母を払って $1 = A(x^2 - x + 1) + (Bx + C)(x + 1)$. この式に $x = -1,\ 0,\ 1$ を代入して $1 = 3A,\ 1 = A + C,\ 1 = A + 2(B + C)$. これを解いて，$A = \dfrac{1}{3},\ B = \dfrac{-1}{3},\ C = \dfrac{2}{3}$. よって

$$\dfrac{1}{x^3 + 1} = \dfrac{1}{3}\dfrac{1}{x+1} + \dfrac{1}{3}\dfrac{-x + 2}{x^2 - x + 1}$$

(3) $\dfrac{1}{x^3 - 7x + 6} = \dfrac{1}{(x-1)(x+3)(x-2)} = \dfrac{A}{x-1} + \dfrac{B}{x-2} + \dfrac{C}{x+3}$ とする．分母を払って $1 = A(x+3)(x-2) + B(x-1)(x+3) + C(x-1)(x-2)$. この式に $x = 1,\ 2,\ -3$ を代入して $1 = -4A,\ 1 = 5B,\ 1 = 20C$. これを解いて，$A = -\dfrac{1}{4},\ B = \dfrac{1}{5},\ C = \dfrac{1}{20}$. よって

$$\dfrac{1}{x^3 - 7x + 6} = -\dfrac{1}{4}\dfrac{1}{x-1} + \dfrac{1}{5}\dfrac{1}{x-2} + \dfrac{1}{20}\dfrac{1}{x+3}$$

(4) $\dfrac{1}{x^4 + 1} = \dfrac{1}{(x^2 - \sqrt{2}\,x + 1)(x^2 + \sqrt{2}\,x + 1)} = \dfrac{Ax + B}{x^2 - \sqrt{2}\,x + 1} + \dfrac{Cx + D}{x^2 + \sqrt{2}\,x + 1}$ よ

り，分母を払って，$1 = (Ax+B)(x^2+\sqrt{2}\,x+1)+(Cx+D)(x^2-\sqrt{2}\,x+1)$．$x = 0, 1, i$ を代入して

$$\begin{cases} 1 &= B+D \\ 1 &= (A+B)(2+\sqrt{2})+(C+D)(2-\sqrt{2}) \\ &= 2(A+B+C+D)+\sqrt{2}(A+B-C-D) \\ 1 &= (A\,i+B)\,\sqrt{2}\,i+(C\,i+D)\,(-\sqrt{2}\,i) \\ &= (-\sqrt{2}\,A+\sqrt{2}\,C)+(\sqrt{2}\,B-\sqrt{2}\,D)\,i \end{cases}$$

より，実部と虚部を比較して $-\sqrt{2}\,A+\sqrt{2}\,C=1$，$B-D=0$ をえる．$1=B+D$ より，$B=D=\dfrac{1}{2}$．上の第 2 式に代入して $1=2(A+C+1)+\sqrt{2}(A-C)$，$-\sqrt{2}A+\sqrt{2}C=1$ と連立させて，$A=\dfrac{-1}{2\sqrt{2}}$，$C=\dfrac{1}{2\sqrt{2}}$．よって，

$$\dfrac{1}{x^4+1}$$

$$= \dfrac{\dfrac{-x}{2\sqrt{2}}+\dfrac{1}{2}}{x^2-\sqrt{2}\,x+1}+\dfrac{\dfrac{x}{2\sqrt{2}}+\dfrac{1}{2}}{x^2+\sqrt{2}\,x+1}=\dfrac{1}{2\sqrt{2}}\dfrac{-x+\sqrt{2}}{x^2-\sqrt{2}\,x+1}+\dfrac{1}{2\sqrt{2}}\dfrac{x+\sqrt{2}}{x^2+\sqrt{2}\,x+1}$$

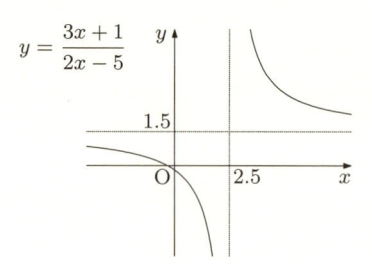

問題 1.2.11 $y=\dfrac{3x+1}{2x-5}=\dfrac{3}{2}+\dfrac{17}{2}\dfrac{1}{2x-5}=\dfrac{3}{2}+\dfrac{17}{4}\dfrac{1}{x-\dfrac{5}{2}}$

図 6.1

問題 1.2.12 (1) $\dfrac{1}{2}$ (2) $-\dfrac{\sqrt{2}}{2}$ (3) $\dfrac{\sqrt{3}}{3}$ (4) $-\dfrac{\sqrt{2}}{2}$

問題 1.2.13

(1) $\sin^2\theta+\cos^2\theta=1$ より，$\cos^2\theta=1-\sin^2\theta=\dfrac{9}{25}$．

$$\cos\theta=\pm\dfrac{3}{5}, \quad \tan\theta=\dfrac{\sin\theta}{\cos\theta}=\mp\dfrac{4}{3} \quad \text{(復号同順)}$$

(2) $1+\tan^2\theta=\dfrac{1}{\cos^2\theta}$ より，$\dfrac{1}{\cos^2\theta}=1+9=10$．

$$\cos\theta=\pm\dfrac{1}{\sqrt{10}}, \quad \sin\theta=\tan\theta\cdot\cos\theta=\mp\dfrac{3}{\sqrt{10}} \quad \text{(復号同順)}$$

問題 1.2.14
加法定理を用いる．

(1) $\sin\dfrac{5}{12}\pi = \sin\left(\dfrac{\pi}{4}+\dfrac{\pi}{6}\right) = \sin\dfrac{\pi}{4}\cos\dfrac{\pi}{6}+\cos\dfrac{\pi}{4}\sin\dfrac{\pi}{6}$

$\qquad = \dfrac{\sqrt{2}}{2}\cdot\dfrac{\sqrt{3}}{2} + \dfrac{\sqrt{2}}{2}\cdot\dfrac{1}{2} = \dfrac{\sqrt{6}+\sqrt{2}}{4}$

(2) $\cos\dfrac{1}{12}\pi = \cos\left(\dfrac{\pi}{4}-\dfrac{\pi}{6}\right) = \cos\dfrac{\pi}{4}\cos\dfrac{\pi}{6}+\sin\dfrac{\pi}{4}\sin\dfrac{\pi}{6}$

$\qquad = \dfrac{\sqrt{2}}{2}\cdot\dfrac{\sqrt{3}}{2} + \dfrac{\sqrt{2}}{2}\cdot\dfrac{1}{2} = \dfrac{\sqrt{6}+\sqrt{2}}{4}$

(3) $\tan\dfrac{-1}{12}\pi = \tan\left(\dfrac{\pi}{6}-\dfrac{\pi}{4}\right) = \dfrac{\tan\dfrac{\pi}{6}-\tan\dfrac{\pi}{4}}{1+\tan\dfrac{\pi}{6}\tan\dfrac{\pi}{4}}$

$\qquad = \dfrac{\dfrac{1}{\sqrt{3}}-1}{1+\dfrac{1}{\sqrt{3}}} = \dfrac{1-\sqrt{3}}{1+\sqrt{3}} = -2+\sqrt{3}$

問題 1.2.15
加法定理と倍角公式を用いる．

$$\sin 3\alpha = \sin(2\alpha+\alpha) = \sin 2\alpha\,\cos\alpha + \cos 2\alpha\,\sin\alpha$$
$$= 2\sin\alpha\,\cos\alpha\,\cos\alpha + (1-2\sin^2\alpha)\sin\alpha$$
$$= 2\sin\alpha(1-\sin^2\alpha) + (1-2\sin^2\alpha)\sin\alpha = 3\sin\alpha - 4\sin^3\alpha$$

$$\cos 3\alpha = \cos(2\alpha+\alpha) = \cos 2\alpha\,\cos\alpha - \sin 2\alpha\,\sin\alpha$$
$$= (2\cos^2\alpha - 1)\cos\alpha - 2\sin\alpha\,\cos\alpha\,\sin\alpha$$
$$= (2\cos^2\alpha - 1)\cos\alpha - 2\cos\alpha(1-\cos^2\alpha) = 4\cos^3\alpha - 3\cos\alpha$$

$\tan 3\alpha = \dfrac{\sin 3\alpha}{\cos 3\alpha}$ として，上で求めたものを使って計算して求まる．または

$$\tan 3\alpha = \tan(2\alpha+\alpha) = \dfrac{\tan 2\alpha+\tan\alpha}{1-\tan 2\alpha\,\tan\alpha} = \dfrac{\dfrac{2\tan\alpha}{1-\tan^2\alpha}+\tan\alpha}{1-\dfrac{2\tan\alpha}{1-\tan^2\alpha}\cdot\tan\alpha}$$

$$= \dfrac{2\tan\alpha + \tan\alpha(1-\tan^2\alpha)}{(1-\tan^2\alpha) - 2\tan^2\alpha} = \dfrac{3\tan\alpha - \tan^3\alpha}{1-3\tan^2\alpha}$$

別解：ド・モアブルの定理 $(\cos\theta+i\,\sin\theta)^3 = \cos 3\theta + i\,\sin 3\theta$ において，左辺を展開して実数部と虚数部を比較し，関係式 $\cos^2\theta+\sin^2\theta=1$ を用いて証明できる．

問題 1.2.16

(1) 公式 $\sin^2 x + \cos^2 x = 1$ の辺々を $\cos^2 x$ で割ると，$1+\tan^2 x = \dfrac{1}{\cos^2 x} = \sec^2 x$．

(2) $r = \sqrt{a^2+b^2}$ とおくと，$\left(\dfrac{a}{r}\right)^2 + \left(\dfrac{b}{r}\right)^2 = \dfrac{a^2+b^2}{r^2} = 1$ であるから，$\cos\alpha = \dfrac{a}{r}$,

$\sin\alpha = \dfrac{b}{r}$ となる角度 α が存在する．よって，加法定理より，

$$a\sin x + b\cos x = r\cos\alpha\sin x + r\sin\alpha\cos x$$
$$= r(\sin x\cos\alpha + \cos x\sin\alpha) = r\sin(x+\alpha)$$

(3), (4) 倍角公式より，$\cos x = \cos 2\left(\dfrac{x}{2}\right) = 2\cos^2\dfrac{x}{2} - 1 = 1 - 2\sin^2\dfrac{x}{2}$ から，

$$\sin^2\dfrac{x}{2} = \dfrac{1-\cos x}{2}, \qquad \cos^2\dfrac{x}{2} = \dfrac{1+\cos x}{2}$$

問題 1.2.17

(1) $y = \sin 2x + 1$

(2) $y = \sqrt{3}\sin x + \cos x + 2 = 2\sin\left(x + \dfrac{\pi}{6}\right) + 2$ であるから，$y = 2\sin x$ のグラフを x 軸方向に $-\dfrac{\pi}{6}$，y 軸方向に 2 だけ平行移動したグラフである．

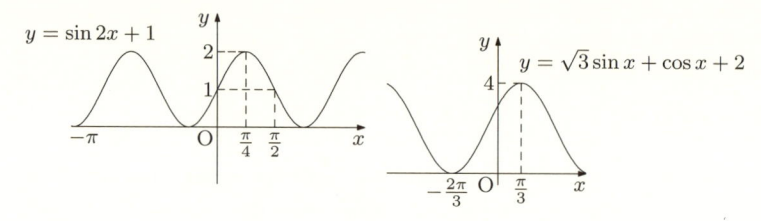

図 6.2

(3) $y = \tan(3x - 6) + 1 = \tan 3(x-2) + 1$ であるから，$y = \tan 3x$ のグラフを x 軸方向に 2，y 軸方向に 1 だけ平行移動したグラフである．

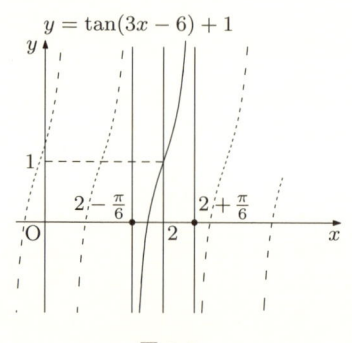

図 6.3

問題 1.2.18

m, n は有理数だから，整数 p, q, r, s を用いて，$m = \dfrac{p}{q}, n = \dfrac{r}{s}$ とかける．$\sqrt[q]{a} = x$ とお

くと，$x > 0$, $x^q = \sqrt[s]{a}$, $x^s = \sqrt[q]{a}$. よって，sp と qr は整数だから，

$$a^m \cdot a^n = \left(\sqrt[q]{a}\right)^p \left(\sqrt[s]{a}\right)^r = \left(x^s\right)^p \left(x^q\right)^r = x^{sp} \, x^{qr} = x^{sp+qr}$$

$$= \left(\sqrt[qs]{a}\right)^{sp+qr} = a^{\frac{sp+qr}{qs}} = a^{\frac{p}{q}+\frac{r}{s}} = a^{m+n}$$

$$\left(a^m\right)^n = \left(\left(\sqrt[q]{a}\right)^p\right)^n = \left(\left(x^s\right)^p\right)^n = \left(x^{sp}\right)^{\frac{r}{s}} = \left(\sqrt[s]{x^{sp}}\right)^r = \left(x^p\right)^r$$

$$= x^{pr} = \left(\sqrt[qs]{a}\right)^{pr} = a^{\frac{pr}{qs}} = a^{\frac{p}{q} \cdot \frac{r}{s}} = a^{mn}$$

次に改めて，$\sqrt[q]{a} = x$, $\sqrt[q]{b} = y$ とおくと，$x, y > 0$ である．

$$(ab)^m = (ab)^{\frac{p}{q}} = \left(\sqrt[q]{ab}\right)^p = \left(\sqrt[q]{a}\sqrt[q]{b}\right)^p = (xy)^p = x^p y^p$$

$$= \left(\sqrt[q]{a}\right)^p \left(\sqrt[q]{b}\right)^p = a^{\frac{p}{q}} b^{\frac{p}{q}} = a^m b^m$$

問題 1.2.19

α, β に収束する単調な有理数列 α_n, β_n を用いて，$a^\alpha = \lim_{n\to\infty} a^{\alpha_n}$, $a^\beta = \lim_{n\to\infty} a^{\beta_n}$ と定義される．このとき，極限の性質を用いて

$$a^\alpha \cdot a^\beta = \lim_{n\to\infty} a^{\alpha_n} \cdot \lim_{m\to\infty} a^{\beta_m} = \lim_{m,n\to\infty} a^{\alpha_n} \cdot a^{\beta_m} = \lim_{m,n\to\infty} a^{\alpha_n+\beta_m} = a^{\alpha+\beta}$$

$$(a^\alpha)^\beta = \lim_{n\to\infty}\left(\lim_{m\to\infty} a^{\alpha_m}\right)^{\beta_n} = \lim_{n\to\infty}\lim_{m\to\infty}(a^{\alpha_m})^{\beta_n} = \lim_{n\to\infty}\lim_{m\to\infty} a^{\alpha_m\beta_n} = a^{\alpha\beta}$$

$$(ab)^\beta = \lim_{n\to\infty}(ab)^{\beta_n} = \lim_{n\to\infty} a^{\beta_n} b^{\beta_n} = \lim_{n\to\infty} a^{\beta_n} \cdot \lim_{n\to\infty} b^{\beta_n} = a^\beta \cdot b^\beta$$

問題 1.2.20

(1) $81^{\frac{3}{4}} = \left(3^4\right)^{\frac{3}{4}} = 3^{4 \cdot \frac{3}{4}} = 3^3 = 27$

(2) $\left(36^{\frac{3}{4}}\right)^{-2} = \left(6^2\right)^{\frac{3}{4} \cdot (-2)} = 6^{2 \cdot \frac{3}{4} \cdot (-2)} = 6^{-3} = \dfrac{1}{216}$

(3) $0.001^{\frac{1}{3}} = \left(\dfrac{1}{10^3}\right)^{\frac{1}{3}} = \dfrac{1}{(10^3)^{\frac{1}{3}}} = \dfrac{1}{10^{3 \cdot \frac{1}{3}}} = \dfrac{1}{10^1} = \dfrac{1}{10}$

問題 1.2.21

(1) $\sqrt{2} \times \sqrt[3]{4} \times \sqrt[4]{8} = 2^{\frac{1}{2}} \cdot (2^2)^{\frac{1}{3}} \cdot (2^3)^{\frac{1}{4}} = 2^{\frac{1}{2}+\frac{2}{3}+\frac{3}{4}} = 2^{\frac{23}{12}}$

(2) $\sqrt{2\sqrt[3]{4\sqrt[4]{8}}} = \left(2 \cdot (4 \cdot 8^{\frac{1}{4}})^{\frac{1}{3}}\right)^{\frac{1}{2}} = \left(2 \cdot (2^2 \cdot (2^3)^{\frac{1}{4}})^{\frac{1}{3}}\right)^{\frac{1}{2}} = \left(2 \cdot (2^2 \cdot 2^{\frac{3}{4}})^{\frac{1}{3}}\right)^{\frac{1}{2}}$

$$= \left(2 \cdot (2^{2+\frac{3}{4}})^{\frac{1}{3}}\right)^{\frac{1}{2}} = \left(2 \cdot 2^{\frac{11}{4} \cdot \frac{1}{3}}\right)^{\frac{1}{2}} = \left(2^{1+\frac{11}{12}}\right)^{\frac{1}{2}} = 2^{\frac{23}{12} \cdot \frac{1}{2}} = 2^{\frac{23}{24}}$$

問題 **1.2.22**

(1) $y = -3^x$

(2) $y = 3^{-x}$

(3) $y = \left(\dfrac{1}{3}\right)^x$

(4) $y = -\left(\dfrac{1}{3}\right)^{-x}$

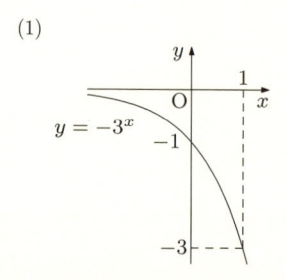

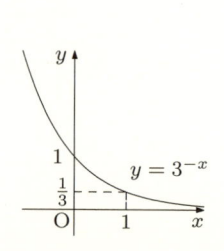

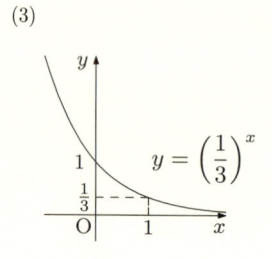

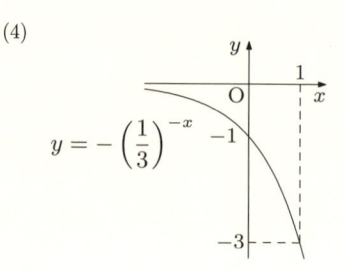

図 **6.4**

問題 **1.3.1**

(1) $\forall \varepsilon > 0, \quad \exists x_0; \forall x, \ x < x_0 \longrightarrow |f(x) - \alpha| < \varepsilon$
(2) $\forall M > 0, \quad \exists x_0; \forall x, \ x < x_0 \longrightarrow f(x) > M$
(3) $\forall M > 0, \quad \exists x_0; \forall x, \ x < x_0 \longrightarrow f(x) < -M$
(4) $\forall \varepsilon > 0, \quad \exists \delta > 0; \forall x, \ 0 < x - a < \delta \longrightarrow |f(x) - \alpha| < \varepsilon$
(5) $\forall M > 0, \quad \exists \delta > 0; \forall x, \ -\delta < x - a < 0 \longrightarrow f(x) > M$

問題 **1.3.2**

(1) の証明の記号を使う.

(2) $|cf(x) - c\alpha| = |c| \, |f(x) - \alpha| < |c| \, \dfrac{\varepsilon}{2} = \dfrac{1}{2}|c|\varepsilon$

(3) $\lim_{x \to a} g(x) = \beta$ より, 任意の $\varepsilon > 0$ に対して, ある $\delta_2 > 0$ が存在して, $0 < |x-a| < \delta_2$ ならば $|g(x) - \beta| < \dfrac{\varepsilon}{2}$ が成立している. 三角不等式 $\Big(||a| - |b|| \leqq |a-b|\Big)$ より, $|g(x)| - |\beta| < \dfrac{\varepsilon}{2}$, $|g(x)| < |\beta| + \dfrac{\varepsilon}{2}$ をえる. $\delta = \min\{\delta_1, \delta_2\}$ とする. $0 < |x-a| < \delta$ ならば, 三角不等式より,

$$|f(x)g(x) - \alpha\beta| = |g(x)(f(x) - \alpha) + \alpha(g(x) - \beta)|$$
$$\leqq |g(x)| \, |f(x) - \alpha| + |\alpha| \, |g(x) - \beta| \leqq \left(|\beta| + \dfrac{\varepsilon}{2}\right)\dfrac{\varepsilon}{2} + |\alpha|\dfrac{\varepsilon}{2}$$
$$= \dfrac{1}{2}\left(|\alpha| + |\beta| + \dfrac{\varepsilon}{2}\right)\varepsilon \to 0 \quad (\varepsilon \to 0)$$

(4) (1) の証明にあるように, $\lim_{x \to a} g(x) = \beta$ より, 任意の $\varepsilon > 0$ に対して, ある $\delta_2 > 0$ が存在して, $0 < |x-a| < \delta_2$ ならば $|g(x) - \beta| < \dfrac{\varepsilon}{2}$ が成立している. ここで, $\varepsilon = |\beta|$ とおくと, ある $\exists \delta_3 > 0$ が存在して, $0 < |x-a| < \delta_3$ ならば, $|g(x) - \beta| < \dfrac{|\beta|}{2}$ である. 三角不等式 $(||a| - |b|| \leqq |a - b|)$ より, $\left||g(x)| - |\beta|\right| \leqq \dfrac{|\beta|}{2}$, $\dfrac{|\beta|}{2} \leqq |g(x)| \leqq \dfrac{3}{2}|\beta|$.

したがって, $\delta = \min\{\delta_1, \delta_2, \delta_3\}$ とおくと, $0 < |x-a| < \delta$ のとき

$$\left|\dfrac{f(x)}{g(x)} - \dfrac{\alpha}{\beta}\right| = \dfrac{|f(x)\beta - \alpha g(x)|}{|\beta| |g(x)|} = \dfrac{|\beta(f(x) - \alpha) - \alpha(g(x) - \beta)|}{|\beta| |g(x)|}$$

$$\leqq \dfrac{\left(\dfrac{1}{2}|\beta| + \dfrac{1}{2}|\alpha|\right)\varepsilon}{|\beta| \cdot \dfrac{|\beta|}{2}} = \dfrac{|\alpha| + |\beta|}{|\beta|^2}\varepsilon$$

問題 1.3.3

仮定 $\lim_{x \to a} g(x) = \alpha$, $\lim_{x \to a} h(x) = \beta$ より,

$\underline{\forall \varepsilon > 0,\ \exists \delta > 0,\ \forall x,\ 0 < |x-a| < \delta} \longrightarrow |g(x) - \alpha| < \varepsilon,\ |h(x) - \beta| < \varepsilon$

すなわち, $\alpha - \varepsilon < g(x) < \alpha + \varepsilon$, $\beta - \varepsilon < h(x) < \beta + \varepsilon$ が成立する. このとき, $\alpha - \varepsilon < g(x) \leqq f(x) \leqq h(x) < \beta + \varepsilon$ で, $\alpha = \beta$ だから,

$$\alpha - \varepsilon < f(x) < \alpha + \varepsilon, \quad \underline{|f(x) - \alpha| < \varepsilon}$$

以上により, (下線部分を集めると)

$$\forall \varepsilon > 0, \quad \exists \delta > 0;\quad \forall x,\ 0 < |x-a| < \delta \longrightarrow |f(x) - \alpha| < \varepsilon$$

定義より, $\lim_{x \to a} f(x) = \alpha$ である.

問題 1.3.4

数列や関数の収束の証明と計算部分はほとんど同じである.

関数 $f(x), g(x)$ が区間 D で連続であるから, 任意の $x \in D$ を固定して考える. 点 x で関数 $f(x), g(x)$ は連続だから, 任意の $\forall \varepsilon > 0$ に対して, $\exists \delta > 0;\ \forall y, |y-x| < \delta \longrightarrow |f(y) - f(x)| < \varepsilon, |g(y) - g(x)| < \varepsilon$ が成立する.

(1) $|(f(y) + g(y)) - (f(x) + g(x))| \leqq |f(y) - f(x)| + |g(y) - g(x)| < 2\varepsilon$

(2) $|cf(y) - cf(x)| = |c|\,|f(y) - f(x)| \leqq |c|\varepsilon$

(3) $|g(y) - g(x)| < \varepsilon$ より, $|g(y)| - |g(x)| < \varepsilon, |g(y)| < |g(x)| + \varepsilon$ であるから,

$|f(y)g(y) - f(x)g(x)| = |g(y)(f(y) - f(x)) + f(x)(g(y) - g(x))|$

$$\leqq |g(y)|\varepsilon + |f(x)|\varepsilon < (|f(x)| + |g(x)| + \varepsilon)\varepsilon \longrightarrow 0 \quad (\varepsilon \longrightarrow 0)$$

(4) 連続の定義, $|g(y) - g(x)| < \varepsilon$ で $\varepsilon = \dfrac{1}{2}|g(x)|$ とおくと,

$$\exists \delta_1 > 0;\quad \forall y, |y-x| < \delta_1 \longrightarrow |g(y) - g(x)| < \dfrac{1}{2}|g(x)|$$

したがって，$\min\{\delta, \delta_1\}$ を改めて δ とすると，$|y-x|<\delta$ に対して，

$$|g(x)|-|g(y)| \leqq |g(x)-g(y)| < \frac{1}{2}|g(x)|, \quad \frac{1}{2}|g(x)| \leqq |g(y)|$$

よって，$|y-x|<\delta$ ならば

$$\left|\frac{f(y)}{g(y)}-\frac{f(x)}{g(x)}\right| = \frac{|f(y)g(x)-f(x)g(y)|}{|g(y)||g(x)|} = \frac{|g(x)(f(y)-f(x))-f(x)(g(y)-g(x))|}{|g(y)||g(x)|}$$

$$\leqq \frac{|g(x)|\varepsilon + |f(x)|\varepsilon}{|g(y)||g(x)|} \leqq \frac{|g(x)|+|f(x)|}{\frac{1}{2}|g(x)|^2}\varepsilon \longrightarrow 0 \quad (\varepsilon \longrightarrow 0)$$

問題 1.3.5

(1) $\log_2 0.64 = \log_2 \dfrac{64}{10^2} = \log_2 \dfrac{2^6}{10^2} = \log_2 2^6 - \log_2 10^2 = 6 - 2\log_2 10$

$\qquad = 6 - \dfrac{2}{\log_{10} 2} = 6 - \dfrac{2}{0.3010299\cdots} = -0.6438\cdots$

(2) $\log_{\frac{1}{2}} 16 = \dfrac{\log_2 16}{\log_2 \frac{1}{2}} = \dfrac{\log_2 2^4}{\log_2 2^{-1}} = \dfrac{4\log_2 2}{-\log_2 2} = -4$

(3) $\log_{\frac{1}{5}} 125 = \dfrac{\log_5 125}{\log_5 \frac{1}{5}} = \dfrac{\log_5 5^3}{\log_5 5^{-1}} = \dfrac{3\log_5 5}{-\log_5 5} = -3$

(4), (5) は適当な底に直す方針で計算する．

(4) $\log_3 5 \cdot \log_5 9 \cdot \log_9 27 = \dfrac{\log 5}{\log 3} \cdot \dfrac{\log 9}{\log 5} \cdot \dfrac{\log 27}{\log 9} = \dfrac{\log 3^3}{\log 3} = 3$

(5) $(\log_3 5 + \log_5 3)^2 - (\log_3 5 - \log_5 3)^2$ （展開して）

$\qquad = 4\log_3 5 \cdot \log_5 3 = 4\,\dfrac{\log 5}{\log 3} \cdot \dfrac{\log 3}{\log 5} = 4$

問題 1.3.6

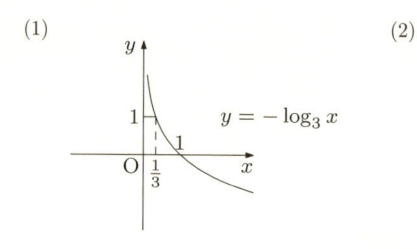

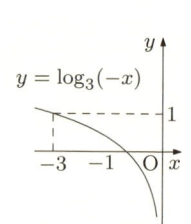

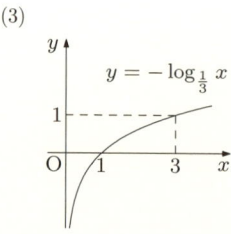

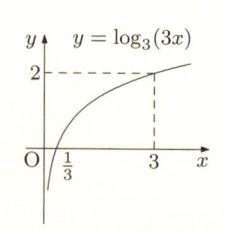

図 6.5

問題 1.3.7

逆三角関数の主値を求める.

(1) $x = \cos^{-1}\dfrac{-1}{2}$ とおくと, $-\dfrac{1}{2} = \cos x$ より, $x = \dfrac{2}{3}\pi$.

(2) $x = \sin^{-1}\dfrac{\sqrt{3}}{2}$ とおくと, $\dfrac{\sqrt{3}}{2} = \sin x$ より, $x = \dfrac{\pi}{3}$.

(3) $x = \tan^{-1}\dfrac{-\sqrt{3}}{3}$ とおくと, $\dfrac{-\sqrt{3}}{3} = -\dfrac{1}{\sqrt{3}} = \tan x$ より, $x = -\dfrac{\pi}{6}$.

(4) $x = \sin^{-1}\dfrac{-\sqrt{2}}{2}$ とおくと, $\dfrac{-\sqrt{2}}{2} = -\dfrac{1}{\sqrt{2}} = \sin x$ より, $x = -\dfrac{\pi}{4}$.

問題 1.3.8

(1) $y = \cos^{-1}\dfrac{1}{2}$ とおくと, $\dfrac{1}{2} = \cos y$ より, $y = \dfrac{\pi}{3}$ であるから, $\cos^{-1} x = 1 - \dfrac{\pi}{3}$. よって, $x = \cos\left(1 - \dfrac{\pi}{3}\right)$.

(2) $\tan^{-1}\dfrac{1}{7} = \alpha$ とおくと, $\tan\alpha = \dfrac{1}{7}$, $0 < \alpha < \dfrac{\pi}{4}$ である. よって, $\tan^{-1} x = \dfrac{1}{2}\left(\dfrac{\pi}{4} - \alpha\right)$, $x = \tan\dfrac{1}{2}\left(\dfrac{\pi}{4} - \alpha\right) > 0$. 公式 $\tan 2\theta = \dfrac{2\tan\theta}{1 - \tan^2\theta}$ を, $\theta = \dfrac{1}{2}\left(\dfrac{\pi}{4} - \alpha\right)$ として用いる. $\tan\theta = x$ であるから

$$\dfrac{2x}{1 - x^2} = \tan 2\theta = \tan 2 \cdot \dfrac{1}{2}\left(\dfrac{\pi}{4} - \alpha\right)$$

$$= \tan\left(\dfrac{\pi}{4} - \alpha\right) = \dfrac{\tan\dfrac{\pi}{4} - \tan\alpha}{1 + \tan\dfrac{\pi}{4}\cdot\tan\alpha} = \dfrac{1 - \dfrac{1}{7}}{1 + \dfrac{1}{7}} = \dfrac{6}{8} = \dfrac{3}{4}$$

$x > 0$ であるから, $3x^2 + 8x - 3 = 0$. $(3x - 1)(x + 3) = 0$ より, $x = \dfrac{1}{3}$.

問題 1.3.9

定義より計算をすれば証明できる.

(1) $\cosh^2(x) - \sinh^2(x) = \dfrac{1}{4}\left(e^x + e^{-x}\right)^2 - \dfrac{1}{4}\left(e^x - e^{-x}\right)^2$

$$= \dfrac{1}{4}\left((e^x + e^{-x}) + (e^x - e^{-x})\right)\left((e^x + e^{-x}) - (e^x - e^{-x})\right)$$

$$= \dfrac{1}{4}\cdot 2e^x \cdot 2e^{-x} = 1$$

(2) (1) の辺々を $\cosh^2(x)$ で割ってえられる.

(3) 右辺 $= \dfrac{1}{4}\left(e^x - e^{-x}\right)\left(e^y + e^{-y}\right) + \dfrac{1}{4}\left(e^x + e^{-x}\right)\left(e^y - e^{-y}\right)$

$$= \dfrac{1}{4}\left(2e^{x+y} - 2e^{-x-y}\right) = \dfrac{1}{2}\left(e^{x+y} - e^{-(x+y)}\right) = \sinh(x+y) = 左辺$$

(4) 右辺 $= \dfrac{1}{4}\left(e^x + e^{-x}\right)\left(e^y + e^{-y}\right) + \dfrac{1}{4}\left(e^x - e^{-x}\right)\left(e^y - e^{-y}\right)$

$$= \dfrac{1}{4}\left(2e^{x+y} + 2e^{-x-y}\right) = \cosh(x+y) = 左辺$$

問題 **1.3.10**

(1) 円 $x = 2\cos\theta,\quad y = 2\sin\theta,\quad 0 \leqq \theta < 2\pi$

(2) 楕円 $x = 3\cos\theta,\quad y = 2\sin\theta,\quad 0 \leqq \theta < 2\pi$

6.2　第 1 章：演習問題解答

[A]

1.

(1) $\displaystyle\lim_{n\to\infty}\frac{5n+4}{n^2-2n} = \lim_{n\to\infty}\frac{5+\dfrac{4}{n}}{n-2} = 0$

(2) $\displaystyle\lim_{n\to\infty}\frac{5^n}{2^n-5^n} = \lim_{n\to\infty}\frac{1}{\left(\dfrac{2}{5}\right)^n - 1} = -1$

(3) $\displaystyle\lim_{n\to\infty}\{(-4)^n + 2^n\} = \lim_{n\to\infty}(-4)^n\left(1+\left(-\dfrac{1}{2}\right)^n\right) \longrightarrow \pm\infty\ (n\to\infty)$ で発散する.

(4) 2 項定理より $3^n = (1+2)^n = 1 + n\cdot 2 + \dfrac{n(n-1)}{2}2^2 + \cdots > 2n(n-1)$ である. はさみうちの定理（定理 1.5）によって, $0 < \dfrac{2n}{3^n} < \dfrac{2n}{2n(n-1)} = \dfrac{1}{n-1} \longrightarrow 0\ (n\to\infty)$. よって, $\displaystyle\lim_{n\to\infty}\dfrac{2n}{3^n} = 0$ である.

(5) [B]2 から 0 であることがわかる. 直接に証明をしておく. $k \geqq 6$ のとき, $\dfrac{3}{k} \leqq \dfrac{1}{2}$ であるから,

$$0 < \frac{3^n}{n!} = \frac{3}{n}\cdot\frac{3}{n-1}\cdots\frac{3}{6}\cdot\frac{3^5}{5!} < \left(\frac{1}{2}\right)^{n-5}\frac{3^5}{5!} \longrightarrow 0 \qquad (n\to\infty)$$

はさみうちの定理（定理 1.5）によって, $\displaystyle\lim_{n\to\infty}\frac{3^n}{n!} = 0$ である.

2.

(1) $\displaystyle\lim_{x\to 2}\frac{x-2}{x^2-4} = \lim_{x\to 2}\frac{x-2}{(x+2)(x-2)} = \lim_{x\to 2}\frac{1}{x+2} = \frac{1}{4}$

(2) $\displaystyle\lim_{x\to\infty}x(\sqrt{x^2+3x}-x) = \lim_{x\to\infty}x\cdot\frac{3x}{\sqrt{x^2+3x}+x} = \lim_{x\to\infty}\frac{3x}{\sqrt{1+\dfrac{3}{x}}+1} = \infty$

(3) $\displaystyle\lim_{x\to\infty}\frac{3^x}{1-3^x} = \lim_{x\to\infty}\frac{1}{\dfrac{1}{3^x}-1} = -1$

(4) $\displaystyle\lim_{x\to-\infty}\frac{3^x}{1-3^x} = \frac{0}{1-0} = 0$

3.

(1) $y = \dfrac{3x-2}{x-4} = 3 + \dfrac{10}{x-4}$

(2) $y = \sqrt{x+3} - 2$

(3) $y = \cos^2(2x-6) = \cos^2 2(x-3) = \dfrac{1}{2}(1+\cos 4(x-3))$

(4) $y = \sin \dfrac{1}{x}$

(5) $y = \dfrac{1}{4^x} = \left(\dfrac{1}{4}\right)^x$

(6) $y = \log_{0.5} x = \dfrac{\log_2 x}{\log_2 0.5} = \dfrac{\log_2 x}{\log_2 2^{-1}} = -\log_2 x$ とそれぞれ変形してグラフを描くと次のようになる.

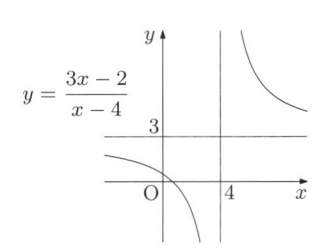

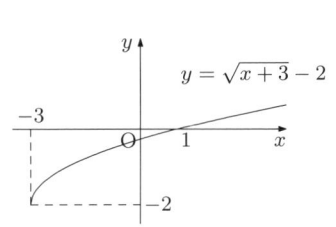

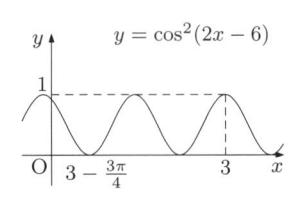

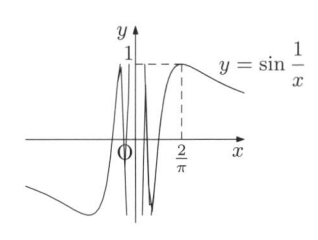

(1)

(2)

(3)

(4)

(5)

(6)

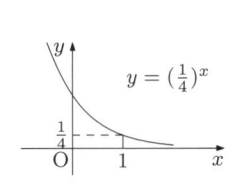

図 **6.6**

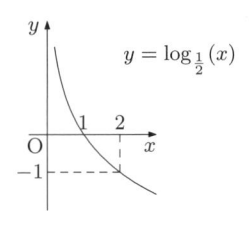

[B]
1.
第 1 章での実数の定義からの証明. 数列 $\left\{\dfrac{1}{n}\right\}$ は $1 > \dfrac{1}{2} > \dfrac{1}{3} > \cdots > \dfrac{1}{n} \geqq 0$ より, 下に有

界で単調減少だから，実数の公理より収束し，$\lim_{n\to\infty}\dfrac{1}{n}=\alpha$ が存在する．さらに $0\leqq\alpha<1$ である．$\alpha\neq 0$ とすると，十分大きな自然数 n で $\alpha\leqq\dfrac{1}{n}<\dfrac{\alpha}{1-\alpha}=\alpha+\dfrac{\alpha^2}{1-\alpha}$ となる n が存在する．これより $n>\dfrac{1-\alpha}{\alpha}=\dfrac{1}{\alpha}-1$, $n+1>\dfrac{1}{\alpha}$, $\dfrac{1}{n+1}<\alpha$ となり，すべての n で $\alpha\leqq\dfrac{1}{n}$ に矛盾する．よって，$\lim_{n\to\infty}\dfrac{1}{n}=0$．

次の定理は**アルキメデスの原則（原理）**といわれる．

$$\text{任意の正数 } a,b \text{ に対して } na>b \text{ となる自然数 } n \text{ が存在する．}$$

証明 すべての自然数 n に対し $na\leqq b$ ならば，数列 $\{a, 2a, \ldots, na, \ldots\}$ は上に有界で $a>0$ だから $a<2a<\cdots<na<\cdots$ が成り立つ．したがって，$\{na\,|\,n\in\mathbf{N}\}$ は，上に有界な単調増加数列である．よって，ある実数 c に収束する．任意の正数 ε に対し，ある適当な $n_0\in\mathbf{N}$ を選ぶと，$n>n_0$ となるすべての $n\in\mathbf{N}$ に対して $|na-c|<\varepsilon$ が成立する．

$$a=|(n_0+2)a-c-((n_0+1)a-c)|\leqq|(n_0+2)a-c|+|(n_0+1)a-c|<2\varepsilon$$

$\varepsilon=\dfrac{a}{2}$ に対して，n_0 を選べば，$a<2\varepsilon=a$ となり矛盾．よって，$na>b$ となる $n\in\mathbf{N}$ が存在する．　◇

解答 1：$\lim_{n\to\infty}\dfrac{1}{n}=0$ の証明．

任意の $\varepsilon>0$ に対して，2 つの正数 $\varepsilon, 1$ にアルキメデスの原理を適用して $n_0\varepsilon>1$ となる自然数 n_0 がえられる．$n>n_0$ なるすべての $n\in\mathbf{N}$ に対して

$$\left|\dfrac{1}{n}-0\right|<\dfrac{1}{n_0}<\varepsilon \quad \text{が成立するから} \quad \lim_{n\to\infty}\dfrac{1}{n}=0$$

例：任意の実数 x に対して，$m-1\leqq x<m$ を満たす整数 m が存在する．

解答 2：数列 $\left(\dfrac{1}{n}\right)$ は単調減少で $\dfrac{1}{n}>0$ だから収束する．極限値を α とすると，$0\leqq\alpha<1$ である．ここで，$\alpha\neq 0$ とすると十分大きなすべての自然数 n で

$$\alpha\leqq\dfrac{1}{n}, \quad n\alpha\leqq 1$$

となる．これはアルキメデスの原理に矛盾する．

2.

$a<m$ となる正整数 m をとる．$m<n$ であるすべての n に対して

$$0<\dfrac{a^n}{n!}=\dfrac{a^m}{m!}\dfrac{a}{m+1}\dfrac{a}{m+2}\cdots\dfrac{a}{n}<\dfrac{a^m}{m!}\left(\dfrac{a}{m}\right)^{n-m}$$

$0<\dfrac{a}{m}<1$ より $\left(\dfrac{a}{m}\right)^{n-m}\to 0 \quad (n\to\infty)$．よって，$\lim_{n\to\infty}\dfrac{a^n}{n!}=0$．

3.

$a>1$ より $a^{\frac{1}{n}}>1$ で，n に関して $a^{\frac{1}{n}}$ は単調減少関数である．実数の公理より $\lim_{n\to\infty}a^{\frac{1}{n}}=$

$\alpha \geqq 1$ が存在する。$\alpha > 1$ と仮定すると，すべての自然数 n に対して，$a^{\frac{1}{n}} \geqq \alpha = 1+h \ (h>0)$ とかける。このとき

$$a = \left(a^{\frac{1}{n}}\right)^n \geqq (1+h)^n = 1 + nh + \frac{n(n-1)}{2}h^2 + \cdots > nh \to \infty \quad (n \to \infty)$$

となり，a が定数であることに矛盾する。したがって，$h=0, \alpha=1$ である。

4.
$b - a > 0$ だから，$b - a > \dfrac{1}{n} > 0$ となる n をとれば，有理数 $\dfrac{1}{n}$ が $(0, b-a)$ 内に存在する。区間 (a, b) の長さは $\dfrac{1}{n}$ より大であるから，$\dfrac{1}{n}$ の整数倍が区間 (a, b) 内にある。

5.
$I_{n+1} \subset I_n$ だから $a_1 \leqq a_2 \leqq \ldots \leqq a_n \leqq \ldots \leqq b_n \leqq \ldots \leqq b_2 \leqq b_1$ である。数列 $\{a_n\}$ は上に有界な単調増加列であり，数列 $\{b_n\}$ は下に有界な単調減少列であるから，$\alpha = \lim_{n \to \infty} a_n, \beta = \lim_{n \to \infty} b_n$ は存在する。$\beta < \alpha$ であると仮定する。収束の定義から

$$\forall \varepsilon > 0, \quad \exists N; \forall n \geqq N \quad \text{ならば} \quad \alpha - \varepsilon < a_n < \alpha + \varepsilon, \quad \beta - \varepsilon < b_n < \beta + \varepsilon$$

ここで，$\varepsilon = \dfrac{\alpha - \beta}{2}$ とすると

$$a_n - b_n > (\alpha - \varepsilon) - (\beta + \varepsilon) = \alpha - \beta - 2\varepsilon = 0$$

となり，$a_n > b_n$ で $I_n = \emptyset$（空集合）となり仮定に矛盾する。よって，$\beta \geqq \alpha$。次に，$\beta > \alpha$ と仮定する。収束の定義において，$\varepsilon = \dfrac{\beta - \alpha}{3}$ とおくと，三角不等式より

$$|b_n - a_n| = |(b_n - \beta) + (\beta - \alpha) + (\alpha - a_n)| \geqq |\beta - \alpha| - |(b_n - \beta) + (\alpha - a_n)|$$
$$\geqq |\beta - \alpha| - |b_n - \beta| - |\alpha - a_n| \geqq 3\varepsilon - \varepsilon - \varepsilon = \varepsilon$$

これは $\lim_{n \to \infty} (b_n - a_n) = 0$ に矛盾する。よって，$\alpha = \beta$ となり，$\bigcap_{n=1}^{\infty} I_n$ を満たす実数はただ 1 つである。

6.
下限については，要素すべての符号を反転した集合を考えるとよいから，上限のみを証明しても一般性を失わない。実数の空でない有界部分集合 S には上限が存在することを証明する。上限の定義より，$\forall x \in S$ に対して，$x \leqq M$ を満たす M のうち最小のものが上限である。S は有界だから，$\exists b_1; \forall x \in S$ に対して $x < b_1$。また，S の任意の 1 つの元（集合の要素）を a_1 とする。$c_1 = \dfrac{a_1 + b_1}{2}$ を考える。$\exists x \in S; c_1 \leqq x$ ならば $a_2 = c_1, b_2 = b_1$ とし，そうでなければ $a_2 = a_1, b_2 = c_1$ とする。
次に，$c_2 = \dfrac{a_2 + b_2}{2}$ とし，$\exists x \in S; c_2 \leqq x$ ならば $a_3 = c_2, b_3 = b_2$ とし，そうでなければ $a_3 = a_2, b_3 = c_2$ とする。
これを以下繰り返して，数列 $\{a_n\}, \{b_n\}$ を作る。$b_n - a_n = \dfrac{1}{2^{n-1}}(b_1 - a_1) \to 0 \ (n \to \infty)$

で，$I_{n+1} = [a_{n+1}, b_{n+1}] \subset [a_n, b_n] = I_n$ であるから，カントールの定理（前述の問題 5）より，$\bigcap_{n=1}^{\infty} I_n = \{p\}$ である．この p が上限である．

7.

数列は有界であるから，$I_1 = [a, b]$ 中にある中点 $\dfrac{a+b}{2}$ をとる．区間 $\left[a, \dfrac{a+b}{2}\right]$ と $\left[\dfrac{a+b}{2}, b\right]$ の少なくとも一方に，無限個の点が存在する．その区間を I_2 とする．上のことを続けると $I_n \supset I_{n+1}$ を満たし，$\lim_{n \to \infty} |I_n| = 0$．したがって，カントールの定理より各区間 I_n から 1 点をとってそれを x_n とすると，それが収束する部分列となる．

8.

増加する場合を証明する．減少の場合も同様である．$\dfrac{a_n}{b_n}$ は増加数列とする．一般に，

$$\frac{b}{a} \leqq \frac{d}{c} \quad \text{ならば} \quad \frac{b}{a} \leqq \frac{b+d}{a+c} \leqq \frac{d}{c}$$

である．よって，すべての自然数 n に対して $\dfrac{a_n}{b_n} \leqq \dfrac{a_{n+1}}{b_{n+1}}$ より

$$\frac{a_n}{b_n} \leqq \frac{a_n + a_{n+1}}{b_n + b_{n+1}} \leqq \frac{a_{n+1}}{b_{n+1}}$$

したがって

$$\frac{a_1}{b_1} \leqq \frac{a_2}{b_2} \leqq \cdots \leqq \frac{a_n}{b_n} \leqq \frac{a_{n+1}}{b_{n+1}}$$

より

$$\frac{a_1 + a_2 + \cdots + a_n}{b_1 + b_2 + \cdots + b_n} \leqq \frac{a_n}{b_n} \leqq \frac{a_{n+1}}{b_{n+1}}$$

$$\frac{a_1 + a_2 + \cdots + a_n}{b_1 + b_2 + \cdots + b_n} \leqq \frac{a_1 + a_2 + \cdots + a_n + a_{n+1}}{b_1 + b_2 + \cdots + b_n + b_{n+1}}$$

したがって，$\left(\sum_{k=1}^{n} a_k \bigg/ \sum_{k=1}^{n} b_k\right)$ も単調増加である．

9.

$$a_n - \sqrt{2} = \frac{1}{2}\left(a_{n-1} - 2\sqrt{2} + \frac{2}{a_{n-1}}\right) = \frac{1}{2a_{n-1}}(a_{n-1} - \sqrt{2})^2$$

同様に

$$a_n + \sqrt{2} = \frac{1}{2a_{n-1}}(a_{n-1} + \sqrt{2})^2$$

$$\frac{a_n - \sqrt{2}}{a_n + \sqrt{2}} = \left(\frac{a_{n-1} - \sqrt{2}}{a_{n-1} + \sqrt{2}}\right)^2 = \cdots = \left(\frac{a_1 - \sqrt{2}}{a_1 + \sqrt{2}}\right)^{2^{n-1}} = \left(\frac{a - \sqrt{2}}{a + \sqrt{2}}\right)^{2^{n-1}}$$

$a > 0$ より

$$-1 < \frac{a - \sqrt{2}}{a + \sqrt{2}} = 1 + \frac{-2\sqrt{2}}{a + \sqrt{2}} < 1$$

だから

$$\lim_{n\to\infty} \frac{a_n - \sqrt{2}}{a_n + \sqrt{2}} = 0 \quad \text{となる．よって} \quad \lim_{n\to\infty} a_n = \sqrt{2}$$

10.
定義より $a_1 = a > 0$, $a_n = \sqrt{a + a_{n-1}} > 0$ であるから，各 a_n は正である．定義より
$$(a_{n+1} - a_n)(a_{n+1} + a_n) = a_{n+1}^2 - a_n^2 = (a + a_n) - (a + a_{n-1}) = a_n - a_{n-1}$$
であり，a_n はすべて正であるから，
$$a_n \geqq a_{n-1} \quad \text{ならば} \quad a_{n+1} \geqq a_n, \quad a_n \leqq a_{n-1} \quad \text{ならば} \quad a_{n+1} \leqq a_n$$
となり，数列 $\{a_n\}$ は単調である．
(i) 数列 a_n が単調増加であるとするとき，$\sqrt{a + M} < M$ となる正数 M を選ぶ．$a = a_1 < M$ でもある．自然数 n まで $a_n < M$ が成立していると仮定すると，
$$a_{n+1} = \sqrt{a + a_n} < \sqrt{a + M} < M$$
である．したがって，数学的帰納法によって，すべての自然数 n で数列 a_n は有界である．上に有界な単調増加数列は収束するという定理（実数の公理）により，数列 a_n は収束する．
(ii) 数列 a_n が単調減少であるとするとき，すべての $a_n > 0$ であるから，下に有界である．よって，収束する．

11.
$a_n = \sum_{k=1}^{n} \frac{1}{k^2}$ であるから，a_n は増加関数であることは明らか．
$$a_n = \sum_{k=1}^{n} \frac{1}{k^2} \leqq 1 + \sum_{k=2}^{n} \frac{1}{k(k-1)} = 1 + \sum_{k=2}^{n} \left(\frac{1}{k-1} - \frac{1}{k} \right) = 1 + \left(1 - \frac{1}{n} \right) < 2$$

12.
$\lim_{n\to\infty} a_n = \alpha$ より，任意の $\varepsilon > 0$ に対してある N_0 が存在し，$n \geqq N_0$ である任意の n について $|a_n - \alpha| < \varepsilon$ が成立する．さらに，ある N_1 で次の式を満たす．

$$\text{すべての自然数 } n \geqq N_1 \text{ に対して，} \quad \frac{1}{n} \left| \sum_{i=1}^{N_0} (a_i - \alpha) \right| < \varepsilon$$

これらを ε-N 論法の記号で書き直すと

$$\forall \varepsilon > 0, \exists N_0, \forall n \geqq N_0 \longrightarrow |a_n - \alpha| < \varepsilon, \quad \exists N_1; \forall n \geqq N_1, \quad \frac{1}{n} \left| \sum_{i=1}^{N_0} (a_i - \alpha) \right| < \varepsilon$$

$N = \max\{N_0, N_1\}$ とする．$\forall n > N$ に対して

$$\left| \frac{\sum_{i=1}^{n} a_i}{n} - \alpha \right| = \frac{1}{n} \left| \sum_{i=1}^{n} (a_i - \alpha) \right| = \frac{1}{n} \left| \sum_{i=1}^{N_0} (a_i - \alpha) + \sum_{i=N_0+1}^{n} (a_i - \alpha) \right|$$

$$\leqq \frac{1}{n} \left\{ \left| \sum_{i=1}^{N_0} (a_i - \alpha) \right| + \sum_{i=N_0+1}^{n} |a_i - \alpha| \right\}$$

$$\leqq \frac{1}{n}\left\{\left|\sum_{i=1}^{N_0}(a_i-\alpha)\right|+(n-N_0)\varepsilon\right\}\leqq \varepsilon+\varepsilon=2\varepsilon$$

13.
相加相乗平均の定理より, $b_{n+1}=\dfrac{1}{2}(a_n+b_n)\geqq\sqrt{a_nb_n}=a_{n+1}$. よって, すべての n で $a_n\leqq b_n$ である. $a_{n+1}=\sqrt{a_nb_n}\geqq\sqrt{a_na_n}=a_n$, $b_{n+1}=\dfrac{1}{2}(a_n+b_n)\leqq\dfrac{1}{2}(b_n+b_n)=b_n$.
よって, a_n は単調増加, b_n は単調減少で
$$a_1\leqq a_2\leqq\ldots\leqq a_n\leqq\ldots\leqq b_n\leqq\ldots\leqq b_1$$
したがって, a_n, b_n はそれぞれ上と下に有界で単調だから収束する. $\lim_{n\to\infty}a_n=a$, $\lim_{n\to\infty}b_n=b$ とすると
$$\begin{cases}a_{n+1}=\sqrt{a_nb_n}\\ b_{n+1}=\dfrac{1}{2}(a_n+b_n)\end{cases}\text{より}\quad\begin{cases}a=\sqrt{ab}\\ b=\dfrac{1}{2}(a+b)\end{cases},\quad a=b$$

14.
$\lim_{n\to\infty}\left(1+\dfrac{1}{n}\right)^n=e$ であることを用いる. 十分大きな任意の x に対して, $(\exists n;)\ n\leqq x<n+1$ となる自然数 n が存在する.

$$\left(1+\frac{1}{x}\right)^x\leqq\left(1+\frac{1}{n}\right)^x\leqq\left(1+\frac{1}{n}\right)^{n+1}=\left(1+\frac{1}{n}\right)^n\left(1+\frac{1}{n}\right)\to e\quad(n\to\infty)$$

$$\left(1+\frac{1}{x}\right)^x\geqq\left(1+\frac{1}{n+1}\right)^n=\left(1+\frac{1}{n+1}\right)^{n+1}\left(1+\frac{1}{n+1}\right)^{-1}\to e$$

よって, はさみうちの定理 (定理 1.5) により, $\lim_{x\to\infty}\left(1+\dfrac{1}{x}\right)^x=e$.

15.
e を別の表現 $e=\sum_{n=1}^{\infty}\dfrac{1}{n!}$ で表す. e を有理数と仮定すると, $e=\dfrac{q}{p}\ (p\geqq 1)$ とおける. $p!e$ は整数で, $p!e=m+\sum_{n=p+1}^{\infty}\dfrac{p!}{n!}$ (m はある整数) より, $0<\sum_{n=p+1}^{\infty}\dfrac{p!}{n!}$ は整数となるが,

$$0<\left|\sum_{n=p+1}^{\infty}\frac{p!}{n!}\right|=\frac{1}{p+1}+\frac{1}{(p+1)(p+2)}+\cdots$$
$$<\frac{1}{p+1}+\frac{1}{(p+1)^2}+\frac{1}{(p+1)^3}+\cdots=\frac{1}{p+1}\cdot\frac{1}{1-\dfrac{1}{p+1}}=\frac{1}{p}<1$$

となる. 0 と 1 の間に整数が存在することになり, 矛盾する.
別解: マクローリンの定理 (定理 2.16) を用いても証明できる. いま, e が有理数 $\dfrac{q}{p}$ であると仮定する. この p を用いて
$$e^x=1+\frac{1}{1!}x+\frac{1}{2!}x^2+\cdots+\frac{1}{p!}x^p+\frac{e^{\theta x}}{(p+1)!}x^{p+1},\qquad 0<\theta<1$$

である．$x=1$ を代入すると
$$e = 1 + \frac{1}{1!} + \frac{1}{2!} + \cdots + \frac{1}{p!} + \frac{e^\theta}{(p+1)!}, \quad 0 < \theta < 1$$
と表すことができるので，
$$\frac{e^\theta}{p+1} = p!e - p!\left(1 + \frac{1}{1!} + \frac{1}{2!} + \cdots + \frac{1}{p!}\right)$$
となる．右辺の第 1 項と第 2 項は正の整数であるから，左辺も整数である．$\frac{e^\theta}{p+1} \geqq 1$ であり，$e^\theta < e < 3$ であるから，$\frac{3}{p+1} > 1$ より，$p = 1$．したがって，e は正の整数でなければならない．しかし，$2 < e < 3$ であるから，これは矛盾である．

16.
$$\lim_{x \to \infty} \left(1 - \frac{1}{x}\right)^x = \lim_{x \to \infty} \frac{1}{\left(\dfrac{x}{x-1}\right)^x} = \lim_{x \to \infty} \frac{1}{\left(1 + \dfrac{1}{x-1}\right)^x}$$
$$= \lim_{x \to \infty} \frac{1}{\left(1 + \dfrac{1}{x-1}\right)^{x-1}\left(1 + \dfrac{1}{x-1}\right)} = \frac{1}{e}$$

17.
任意の実数 $x \in [a,b]$ に対して，x に収束する有理数列 $(r_n)_{n=1}^\infty$ を選ぶと，$\lim_{n \to \infty} r_n = x$ である．有理数の上では $f(x)$ と $g(x)$ は一致するから，$f(r_n) = g(r_n)$．また，関数 $f(x), g(x)$ は連続関数だから
$$f(x) = f(\lim_{n \to \infty} r_n) = \lim_{n \to \infty} f(r_n) = \lim_{n \to \infty} g(r_n) = g(\lim_{n \to \infty} r_n) = g(x)$$
よって，$[a,b]$ のすべての点で $f(x)$ と $g(x)$ は一致する．

18.
奇関数だから，$x > 0$ のときのみ調べればよい．$x > 0$ のとき
$$\tan\left(\frac{\pi}{2} - \tan^{-1} x\right) = \frac{\sin\left(\dfrac{\pi}{2} - \tan^{-1} x\right)}{\cos\left(\dfrac{\pi}{2} - \tan^{-1} x\right)} = \frac{\cos(\tan^{-1} x)}{\sin(\tan^{-1} x)} = \frac{1}{\tan(\tan^{-1} x)} = \frac{1}{x}$$
（調べなくてもよいが念のため）$x < 0$ のとき，
$$\tan\left(-\frac{\pi}{2} - \tan^{-1} x\right) = \frac{\sin\left(-\dfrac{\pi}{2} - \tan^{-1} x\right)}{\cos\left(-\dfrac{\pi}{2} - \tan^{-1} x\right)} = \frac{-\cos(\tan^{-1} x)}{-\sin(\tan^{-1} x)}$$
$$= \frac{1}{\tan(\tan^{-1} x)} = \frac{1}{x}$$

19.

$\cos^{-1} x = y$ とすると, $0 \leqq y \leqq \pi, x = \cos y$ であり, $\cos\left(\dfrac{y}{2}\right) \geqq 0$ であるから, $\cos^2\left(\dfrac{y}{2}\right) = \dfrac{1+\cos y}{2} = \dfrac{1+x}{2}$, $\cos\left(\dfrac{y}{2}\right) = \sqrt{\dfrac{1+x}{2}}$. よって, $\cos^{-1}\sqrt{\dfrac{1+x}{2}} = \dfrac{y}{2} = \dfrac{1}{2}\cos^{-1} x$.

20.

$\alpha = \tan^{-1}\dfrac{1}{2}, \beta = \tan^{-1}\dfrac{1}{3}$ とおくと, $0 < \alpha, \beta < \dfrac{\pi}{4}$ である.

$$\tan(\alpha + \beta) = \frac{\tan\alpha + \tan\beta}{1 - \tan\alpha\tan\beta} = \frac{\dfrac{1}{2} + \dfrac{1}{3}}{1 - \dfrac{1}{2}\cdot\dfrac{1}{3}} = \frac{5}{5} = 1$$

$0 < \alpha + \beta < \dfrac{\pi}{2}$ であるから, $\alpha + \beta = \dfrac{\pi}{4}$.

21.

$\alpha = \tan^{-1}\dfrac{1}{7}, \beta = \tan^{-1}\dfrac{3}{79}$ とおくと, $\tan\alpha = \dfrac{1}{7}, \tan\beta = \dfrac{3}{79}$.

$$\tan(5\alpha + 2\beta) = \frac{\tan 5\alpha + \tan 2\beta}{1 - \tan 5\alpha \tan 2\beta}$$

$$\tan 2\alpha = \frac{2\tan\alpha}{1 - \tan^2\alpha} = \frac{\dfrac{2}{7}}{1 - \dfrac{1}{49}} = \frac{14}{48} = \frac{7}{24}$$

$$\tan 4\alpha = \frac{2\tan 2\alpha}{1 - \tan^2 2\alpha} = \frac{2 \times \dfrac{7}{24}}{1 - \left(\dfrac{7}{24}\right)^2} = \frac{2 \times 24 \times 7}{24^2 - 7^2} = \frac{336}{527}$$

$$\tan(5\alpha) = \frac{\tan\alpha + \tan 4\alpha}{1 - \tan\alpha\tan 4\alpha} = \frac{\dfrac{336}{527} + \dfrac{1}{7}}{1 - \dfrac{336}{527} \times \dfrac{1}{7}} = \frac{2879}{3353}$$

$$\tan 2\beta = \frac{2\tan\beta}{1 - \tan^2\beta} = \frac{2 \times \dfrac{3}{79}}{1 - \left(\dfrac{3}{79}\right)^2} = \frac{2 \times 79 \times 3}{79^2 - 9} = \frac{474}{6232}$$

$$\tan(5\alpha + 2\beta) = \frac{\tan 5\alpha + \tan 2\beta}{1 - \tan 5\alpha\tan 2\beta} = \frac{\dfrac{2879}{3353} + \dfrac{474}{6232}}{1 - \dfrac{2879}{3353} \times \dfrac{474}{6232}} = \frac{19531250}{19531250} = 1$$

22.

$\lim\limits_{x \to 0} f(x) = \lim\limits_{x \to 0} \sin\dfrac{1}{x}$ は $x \to 0$ のとき, -1 と 1 の間を変化する. よって, 収束しない. したがって, 不連続である.

別解: $x = 0$ で連続と仮定すると, $\forall\varepsilon > 0, \exists\delta > 0, |x - 0| < \delta \longrightarrow |f(x)| < \varepsilon$ でなければ

ならない．しかし，$\varepsilon = \dfrac{1}{2}$ に対して，どのように $\delta > 0$ をとっても，$\delta > x = \dfrac{2}{(2n+1)\pi}$ である x に対して，$|f(x)| = 1 > \varepsilon$ となる．よって，$f(x)$ は $x = 0$ で連続でない．

23.
$x = y = 0$ とおくと，$f(0) = f(0) + f(0)$, $f(0) = 0$ である．$f(1) = c$ とおくと，任意の自然数 n について
$$f(n) = f(n-1+1) = f(n-1) + f(1) = \cdots = nf(1) = nc$$
$x = -y$ とおくと $0 = f(0) = f(x) + f(-x)$, $f(-x) = -f(x)$ より $f(x)$ は奇関数である．以上より，整数 $n \in \mathbf{Z}$ のとき，$f(n) = nc$, $c = f(1)$ とかけることがわかる．$x = \dfrac{q}{p}$（有理数，$p > 0$）のとき
$$qc = f(q) = f(px) = f((p-1)x + x) = f((p-1)x) + f(x) = \cdots = pf(x)$$
よって，$f(x) = \dfrac{q}{p}c = cx$, x は有理数とかける．$f(x)$ は連続だから問題 17 より，すべての実数 x で $f(x) = cx$ の形である．
(**注意**：$f(x)$ の連続性の条件はとることができない．$f(x)$ がリーマン (Riemann) 可積分（ルベーグ可測関数でない，ふつうの積分可能な関数）の条件があれば成立する．)

24.
$g(x) = \log|f(x)|$ とおくと，$g(x)$ は連続である．$f(x) \neq 0$ より
$$\log|f(x+y)| = \log|f(x)f(y)| = \log|f(x)| + \log|f(y)|,$$
$$g(x+y) = g(x) + g(y)$$
問題 23 より $g(x) = cx$ とかける．よって，$|f(x)| = e^{cx}$, $f(x) = \pm e^{cx}$．また，$x = y = 0$ とおくと
$$f(0) = f(0)f(0), \quad f(x) \neq 0 \quad \text{より} \quad f(0) = 1$$
よって，
$$f(x) = e^{cx}$$

6.3　第 2 章：問題解答

問題 2.1.1
合成関数や商の微分の公式を何回かくり返して求める．
(1)　$((2x-3)(3x-2))' = 2(3x-2) + (2x-3) \cdot 3 = 12x - 13$
(2)　$\left(\dfrac{1}{x+1}\right)' = ((x+1)^{-1})' = -(x+1)^{-2} = \dfrac{-1}{(x+1)^2}$
(3)　$\left(\dfrac{x^2+3}{x-5}\right)' = \left(x + 5 + \dfrac{28}{x-5}\right)' = 1 - \dfrac{28}{(x-5)^2}$
(4)　$(3(2x-3)^8)' = 3 \cdot 8(2x-3)^7(2x-3)' = 48(2x-3)^7$

(5) $\left(\dfrac{x^2+1}{x^3-7x+6}\right)' = \dfrac{(x^2+1)'(x^3-7x+6)-(x^2+1)(x^3-7x+6)'}{(x^3-7x+6)^2}$

$= \dfrac{2x(x^3-7x+6)-(x^2+1)(3x^2-7)}{(x^3-7x+6)^2} = \dfrac{-x^4-10x^2+12x+7}{(x^3-7x+6)^2}$

(6) $\left(\dfrac{5x-3}{(x+3)^4+1}\right)' = \dfrac{(5x-3)'((x+3)^4+1)-(5x-3)((x+3)^4+1)'}{((x+3)^4+1)^2}$

$= \dfrac{5((x+3)^4+1)-(5x-3)\cdot 4(x+3)^3}{((x+3)^4+1)^2}$

$= \dfrac{5((x+3)^4+1)-(5(x+3)-18)\cdot 4(x+3)^3}{((x+3)^4+1)^2}$

$= \dfrac{-15(x+3)^4+72(x+3)^3+5}{((x+3)^4+1)^2}$

問題 **2.1.2**

(1) $(\sin(2x-3))' = (\cos(2x-3))(2x-3)' = 2\cos(2x-3)$

(2) $(\cos^3(x^2+1))' = 3(\cos^2(x^2+1))\cdot(\cos(x^2+1))'$
$= 3\cos^2(x^2+1)\cdot(-\sin(x^2+1))(x^2+1)' = -6x\sin(x^2+1)\cos^2(x^2+1)$

(3) $(\tan x)' = \dfrac{1}{\cos^2 x}$ だから,

$\left(\tan^2(x+3)\right)' = 2\tan(x+3)\cdot(\tan(x+3))' = 2\tan(x+3)\cdot\dfrac{1}{\cos^2(x+3)}$

(4) $(\sin 2x \tan x)' = (\sin 2x)'\tan x + (\sin 2x)(\tan x)'$

$= 2\cos 2x \cdot \tan x + \sin 2x \cdot \dfrac{1}{\cos^2 x}$

または, $(\sin 2x \tan x)' = \left(2\sin x \cos x \cdot \dfrac{\sin x}{\cos x}\right)' = (2\sin^2 x)' = 4\sin x \cos x.$

(5) $\left(\dfrac{\cos x}{x}\right)' = \dfrac{(\cos x)' x - \cos x\,(x)'}{x^2} = \dfrac{-x\sin x - \cos x}{x^2}$

(6) $(\tan x)' = \dfrac{1}{\cos^2 x}$ だから,

$\left(\dfrac{5x-3}{1+\tan(x+3)}\right)' = \dfrac{(5x-3)'(1+\tan(x+3))-(5x-3)(1+\tan(x+3))'}{(1+\tan(x+3))^2}$

$= \dfrac{5(1+\tan(x+3))-(5x-3)\cdot\dfrac{1}{\cos^2(x+3)}}{(1+\tan(x+3))^2}$

問題 **2.1.3**

(1) $\left(\log(5x^3+2)\right)' = \dfrac{(5x^3+2)'}{5x^3+2} = \dfrac{15x^2}{5x^3+2}$

(2) $\left((\log x)^2\right)' = 2(\log x)\dfrac{1}{x} = \dfrac{2\log x}{x}$

(3) $\left((x^2+2)^3(1-x^3)^4\right)' = \left((x^2+2)^3\right)'(1-x^3)^4 + (x^2+2)^3\left((1-x^3)^4\right)'$

$= 3(x^2+2)^2(x^2+2)'(1-x^3)^4 + (x^2+2)^3 4(1-x^3)^3(1-x^3)'$

$= 6x(x^2+2)^2(1-x^3)^4 - 12x^2(x^2+2)^3(1-x^3)^3$

$$= 6x(x^2+2)^2(1-x^3)^3(1-4x-3x^3)$$

(4) $\left(\log(x+\sqrt{1+x^2})\right)' = \dfrac{(x+\sqrt{1+x^2})'}{x+\sqrt{1+x^2}} = \dfrac{1+\dfrac{1}{2}\cdot\dfrac{2x}{\sqrt{1+x^2}}}{x+\sqrt{1+x^2}}$

$= \dfrac{1+\dfrac{x}{\sqrt{1+x^2}}}{x+\sqrt{1+x^2}} = \dfrac{1}{\sqrt{1+x^2}}\dfrac{\sqrt{1+x^2}+x}{x+\sqrt{1+x^2}} = \dfrac{1}{\sqrt{1+x^2}}$

(5) $f'(x) = f(x)(\log|f(x)|)'$ を用いて,

$(x^x)' = x^x(\log x^x)' = x^x(x\log x)' = x^x\left(\log x + x\cdot\dfrac{1}{x}\right) = x^x(\log x + 1)$

(6) $((\cos x)^{\tan x})' = (\cos x)^{\tan x}\left(\log|(\cos x)^{\tan x}|\right)' = (\cos x)^{\tan x}(\tan x\log|\cos x|)'$

$= (\cos x)^{\tan x}\left((\tan x)'\log|\cos x| + \tan x(\log|\cos x|)'\right)$

$= (\cos x)^{\tan x}\left(\dfrac{\log|\cos x|}{\cos^2 x} + \tan x\cdot\dfrac{-\sin x}{\cos x}\right)$

$= (\cos x)^{\tan x}\dfrac{1}{\cos^2 x}\left(\log|\cos x| - \sin^2 x\right)$

問題 2.1.4

(1) $(3^x)' = 3^x(\log 3^x)' = 3^x(x\log 3)' = 3^x\log 3$

(2) $(e^x + e^{-x})' = e^x - e^{-x}$

(3) $(5^x\sqrt{2x+3})' = (5^x)'\sqrt{2x+3} + 5^x(\sqrt{2x+3})' = 5^x(\log 5)\sqrt{2x+3} + 5^x\dfrac{1}{\sqrt{2x+3}}$

(4) $\left(e^{x^2}\right)' = e^{x^2}(x^2)' = 2xe^{x^2}$

(5) $(x^k e^{px})' = (x^k)'e^{px} + x^k(e^{px})' = kx^{k-1}e^{px} + x^k e^{px}p = (k+px)x^{k-1}e^{px}$

(6) $(2^x\sqrt[3]{x^2})' = (2^x)'\sqrt[3]{x^2} + 2^x(\sqrt[3]{x^2})' = 2^x(\log 2)\sqrt[3]{x^2} + 2^x\cdot\dfrac{2}{3}x^{-\frac{1}{3}}$

問題 2.1.5

$f(x) = e^x$ とすると, $f^{-1}(x) = \log x$, $f'(x) = e^x$ である. $\dfrac{df^{-1}(x)}{dx} = \dfrac{d}{dx}\log x = \dfrac{1}{x}$ で, $\dfrac{1}{f'(f^{-1}(x))} = \dfrac{1}{e^{\log x}} = \dfrac{1}{x}$ であるから確かめられた.

問題 2.1.6

(1) $\left(\sin^{-1}(2x-3)\right)' = \dfrac{(2x-3)'}{\sqrt{1-(2x-3)^2}} = \dfrac{2}{\sqrt{1-(2x-3)^2}}$

(2) $\left((\cos^{-1}x)^2\right)' = 2\cos^{-1}x\cdot(\cos^{-1}x)' = 2\cos^{-1}x\cdot\dfrac{-1}{\sqrt{1-x^2}} = \dfrac{-2\cos^{-1}x}{\sqrt{1-x^2}}$

(3) $\left(\tan^{-1}(3x^2)\right)' = \dfrac{1}{1+(3x^2)^2}\cdot(3x^2)' = \dfrac{6x}{1+9x^4}$

(4) $\left(x\sqrt{a^2-x^2} + a^2\sin^{-1}\dfrac{x}{a}\right)'$

$= \sqrt{a^2-x^2} + x\left(\sqrt{a^2-x^2}\right)' + a^2\cdot\dfrac{1}{\sqrt{1-\left(\dfrac{x}{a}\right)^2}}\left(\dfrac{x}{a}\right)'$ ($a>0$ より)

$$= \sqrt{a^2-x^2} - \frac{x^2}{\sqrt{a^2-x^2}} + \frac{a^2}{\sqrt{a^2-x^2}} = \frac{2(a^2-x^2)}{\sqrt{a^2-x^2}} = 2\sqrt{a^2-x^2}$$

(5) $\left(\dfrac{1}{ab}\tan^{-1}\left(\dfrac{b}{a}\tan x\right)\right)' = \dfrac{1}{ab} \cdot \dfrac{1}{1+\left(\dfrac{b}{a}\tan x\right)^2} \left(\dfrac{b}{a}\tan x\right)'$

$$= \frac{1}{ab} \cdot \frac{a^2}{a^2+b^2\tan^2 x} \cdot \frac{b}{a} \cdot \frac{1}{\cos^2 x} = \frac{1}{a^2\cos^2 x + b^2\sin^2 x}$$

問題 2.1.7

$y = \cosh^{-1}(x)$ とおく. $x = \cosh y$ より, $x = \dfrac{1}{2}(e^y + e^{-y}) \geqq 1$. $e^y = Y > 0$ とおく.
$2x = Y + Y^{-1}$, $Y^2 - 2xY + 1 = 0$. x に対して y の値は 2 つ決まる. 普通 $y > 0$ をとり, $e^y = Y = x + \sqrt{x^2-1}$ とする. よって, $\cosh^{-1}(x) = y = \log\left(x + \sqrt{x^2-1}\right)$ である.

$$(\cosh^{-1}(x))' = \frac{\left(x+\sqrt{x^2-1}\right)'}{x+\sqrt{x^2-1}} = \frac{1 + \dfrac{x}{\sqrt{x^2-1}}}{x+\sqrt{x^2-1}} = \frac{1}{\sqrt{x^2-1}}$$

問題 2.1.8

$y = \tanh^{-1}(x)$ とおく. $x = \tanh y = \dfrac{e^y - e^{-y}}{e^y + e^{-y}}$, $|x| < 1$. $e^y = Y > 0$ とおくと,
$x = \dfrac{Y - Y^{-1}}{Y + Y^{-1}} = \dfrac{Y^2-1}{Y^2+1}$, $Y^2 = \dfrac{1+x}{1-x} (>0)$ である. $Y > 0$ より $e^y = Y = \sqrt{\dfrac{1+x}{1-x}}$.
よって, $\tanh^{-1}(x) = y = \log\sqrt{\dfrac{1+x}{1-x}} = \dfrac{1}{2}(\log(1+x) - \log(1-x))$ である.

$$(\tanh^{-1}(x))' = \frac{1}{2}\left(\frac{1}{1+x} + \frac{1}{1-x}\right) = \frac{1}{2} \cdot \frac{2}{1-x^2} = \frac{1}{1-x^2}$$

問題 2.1.9

(1) $\dfrac{dx}{dt} = 1 - \dfrac{1}{t^2}$, $\dfrac{dy}{dt} = 1 - \dfrac{2}{t^3}$ より, $\dfrac{dy}{dx} = \dfrac{1 - \dfrac{2}{t^3}}{1 - \dfrac{1}{t^2}} = \dfrac{t^3-2}{t^3-t}$.

(2) 合成関数の微分法則より,

$$\frac{dx}{dt} = (e^{-t}\cos t)' = (e^{-t})'\cos t + e^{-t}(\cos t)' = -e^{-t}(\cos t + \sin t),$$

同様に, $\dfrac{dy}{dt} = e^{-t}(\cos t - \sin t)$ より, $\dfrac{dy}{dx} = \dfrac{e^{-t}(\cos t - \sin t)}{-e^{-t}(\cos t + \sin t)} = \dfrac{\sin t - \cos t}{\sin t + \cos t}$.

問題 2.2.1

(ロピタルの定理 2 の証明)

$a < x < x_1$ または $x_1 < x < a$ とする. $\lim_{x \to a} \dfrac{f'(x)}{g'(x)} = \alpha$ が存在するから, 定義より, 任意の $\forall \varepsilon > 0$ に対して, ある $\exists \delta_1 > 0$ が存在して $\underline{0 < |x-a| < \delta_1}$ を満たすすべての x で

$$\left|\frac{f'(x)}{g'(x)} - \alpha\right| < \varepsilon \qquad (*)$$

だから，$0 < |x_1 - a| < \delta_1$ となるように x_1 を a に十分近づけて固定 (fixed) する．このとき，$0 < |x_1 - a| < \delta_1$ の範囲で，$g(x)$ は微分可能であり，$g'(x) \neq 0$ である．
よって，x と x_1 にコーシーの平均値定理（定理 2.8）を用いると
$$\frac{f(x) - f(x_1)}{g(x) - g(x_1)} = \frac{f'(c)}{g'(c)}, \qquad a < c < x_1 \text{ または } x_1 < c < a$$
となる c が存在する．左辺の分母と分子を $g(x)$ で割って，分母を払って変形すると
$$\frac{f(x)}{g(x)} = \frac{f'(c)}{g'(c)}\left(1 - \frac{g(x_1)}{g(x)}\right) + \frac{f(x_1)}{g(x)}$$
収束の仮定 (∗) から
$$\left|\frac{f'(c)}{g'(c)} - \alpha\right| < \varepsilon, \qquad \left|\frac{f'(c)}{g'(c)}\right| < |\alpha| + \varepsilon$$
さらに，$x \to a$ のとき $g(x) \to \infty$ で，x_1 は固定されているから，$\dfrac{g(x_1)}{g(x)} \to 0$，$\dfrac{f(x_1)}{g(x)} \to 0$．
すなわち，ある $\exists \delta_2 > 0, \ 0 < |x - a| < \delta_2$ を満たすすべての x で
$$\left|\frac{g(x_1)}{g(x)}\right| < \varepsilon, \qquad \left|\frac{f(x_1)}{g(x)}\right| < \varepsilon$$
以上から，$\delta = \min\{\delta_1, \delta_2\}$ とおくと，$0 < |x - a| < \delta$ であるすべての x で
$$\left|\frac{f(x)}{g(x)} - \alpha\right| = \left|\frac{f'(c)}{g'(c)} - \alpha - \frac{f'(c)}{g'(c)} \cdot \frac{g(x_1)}{g(x)} + \frac{f(x_1)}{g(x)}\right|$$
$$\leq \left|\frac{f'(c)}{g'(c)} - \alpha\right| + \left|\frac{f'(c)}{g'(c)}\right|\left|\frac{g(x_1)}{g(x)}\right| + \left|\frac{f(x_1)}{g(x)}\right|$$
$$\leq \varepsilon + (|\alpha| + \varepsilon)\varepsilon + \varepsilon = (|\alpha| + \varepsilon + 2)\varepsilon$$

（ロピタルの定理 3 の証明）
極限値 $\displaystyle\lim_{x \to \infty} \frac{f'(x)}{g'(x)}$ が存在するから，その値を α とすると，
$\forall \varepsilon > 0, \exists M_1 > 0; \ \forall x > M_1 \text{ で } \left|\dfrac{f'(x)}{g'(x)} - \alpha\right| < \varepsilon$（十分大きい x で，$\dfrac{f'(x)}{g'(x)}$ は α に近い）．
$M_1 < x < x_1$ を満たす任意の x_1, x に対してコーシーの平均値定理（定理 2.8）を用いると
$$\frac{f(x) - f(x_1)}{g(x) - g(x_1)} = \frac{f'(c)}{g'(c)} \qquad (x < c < x_1)$$
となる c が存在する．x が十分大きいとき $g'(x) \neq 0$ となる．左辺の分母と分子を $g(x)$ で割って，分母を払って変形すると
$$\frac{f(x)}{g(x)} = \frac{f'(c)}{g'(c)}\left(1 - \frac{g(x_1)}{g(x)}\right) + \frac{f(x_1)}{g(x)}$$
x を固定する．$\displaystyle\lim_{x \to \infty} f(x) = 0 = \lim_{x \to \infty} g(x)$ だから定義より，$x_1 \to \infty$ のとき，
$\exists M_2 > 0; \ \forall x_1 > M_2$ で，

である．$M_1 < x < c$ のとき仮定から $\left|\dfrac{f(x_1)}{g(x)}\right| < \varepsilon,\ \left|\dfrac{g(x_1)}{g(x)}\right| < \varepsilon$

である．$M_1 < x < c$ のとき仮定から $\left|\dfrac{f'(c)}{g'(c)} - \alpha\right| < \varepsilon,\ \left|\dfrac{f'(c)}{g'(c)}\right| < |\alpha| + \varepsilon$ を満たしている．

よって，$M = \max\{M_1, M_2\}$ とすると，$\forall x > M$ を満たすすべての x で（$x \to \infty$ のとき）

$$\left|\dfrac{f(x)}{g(x)} - \alpha\right| = \left|\left(1 - \dfrac{g(x_1)}{g(x)}\right)\dfrac{f'(c)}{g'(c)} + \dfrac{f(x_1)}{g(x)} - \alpha\right|$$

$$\leqq \left|\dfrac{f'(c)}{g'(c)} - \alpha\right| + \left|\dfrac{f'(c)}{g'(c)}\right|\left|\dfrac{g(x_1)}{g(x)}\right| + \left|\dfrac{f(x_1)}{g(x)}\right|$$

$$\leqq \varepsilon + (|\alpha| + \varepsilon)\varepsilon + \varepsilon = (|\alpha| + \varepsilon + 2)\varepsilon$$

（ロピタルの定理 4 の証明）

ロピタルの定理 2 の証明中の 下線 部分を次のように変更すればよい．

$$\begin{array}{ll}
\exists \delta_1 > 0,\ 0 < |x - a| < \delta_1 & \longrightarrow\ \exists M_1 > 0,\ x > M_1 \\
0 < |x_1 - a| < \delta_1 & \longrightarrow\ x_1 > M_1 \\
\exists \delta_2,\ 0 < |x - a| < \delta_2 & \longrightarrow\ \exists M_2 > 0,\ x > M_2 \\
\delta = \min\{\delta_1, \delta_2\} & \longrightarrow\ M = \max\{M_1, M_2\} \\
0 < |x - a| < \delta & \longrightarrow\ x > M
\end{array}$$

問題 2.2.2

(1), (2), (5) はロピタルの定理の条件を満たしていることに注意を払って，ロピタルの定理を用いて求める．

(1) $\displaystyle\lim_{x \to 1}\dfrac{2x - 2}{\log x} = \lim_{x \to 1}\dfrac{2}{\dfrac{1}{x}} = 2$

(2) $\displaystyle\lim_{x \to 0}\dfrac{x - \sin^{-1} x}{x^3} = \lim_{x \to 0}\dfrac{1 - \dfrac{1}{\sqrt{1 - x^2}}}{3x^2} = \lim_{x \to 0}\dfrac{-x(1 - x^2)^{-\frac{3}{2}}}{6x}$

$= \displaystyle\lim_{x \to 0}\dfrac{-(1 - x^2)^{-\frac{3}{2}}}{6} = -\dfrac{1}{6}$

(3) $\displaystyle\lim_{x \to 0}\dfrac{3^x}{x^2}$ は，$x \to 0$ のとき，分母 $\to 0$ で分子 $\to 1$ だから，極限値は ∞ で存在しない．

(4) $\displaystyle\lim_{x \to \frac{\pi}{2}}\left(x - \dfrac{\pi}{2}\right)\tan x$

$= \displaystyle\lim_{x \to \frac{\pi}{2}}\left(x - \dfrac{\pi}{2}\right)\dfrac{\sin x}{\cos x} = \lim_{t \to 0} t \cdot \dfrac{\cos t}{-\sin t} \quad \left(x - \dfrac{\pi}{2} = t\ とおいた\right)$

$= \displaystyle\lim_{t \to 0}\dfrac{t}{\sin t} \cdot (-\cos t) = 1 \cdot (-1) = -1$

(5) $\displaystyle\lim_{x \to 0}\dfrac{\log \cos x}{x^2} = \lim_{x \to 0}\dfrac{-\dfrac{\sin x}{\cos x}}{2x} = \lim_{x \to 0}\dfrac{\sin x}{x} \cdot \left(-\dfrac{1}{2\cos x}\right) = -\dfrac{1}{2}$

問題 2.3.1

実際に、微分を $1, 2$ 回実行して、k 回微分を帰納的に推測する。推測後、詳しい証明は数学的帰納法による。マクローリンの定理の第 k 項の係数を求める。すべての関数は C^n 級関数であるから、誤差項は $o(x^n)$ である。

(1) $\left(\dfrac{1}{1-x}\right)^{(k)} = k!(1-x)^{-k-1}$ であるから，

$$\text{マクローリンの一般項の係数は} \frac{f^{(k)}(0)}{k!} = \frac{k!}{k!} = 1$$

(2) $(e^x)^{(k)} = e^x$ より，$\dfrac{f^{(k)}(0)}{k!} = \dfrac{1}{k!}$．

(3) $(\sin x)^{(k)} = \sin\left(x + \dfrac{\pi}{2}k\right)$ より，

$$\frac{f^{(k)}(0)}{k!} = \frac{1}{k!}\sin\left(\frac{\pi}{2}k\right) = \frac{1}{(2n+1)!}(-1)^n, \quad k = 2n+1$$

(4) $(\cos x)^{(k)} = \cos\left(x + \dfrac{\pi}{2}k\right)$ より，

$$\frac{f^{(k)}(0)}{k!} = \frac{1}{k!}\cos\left(\frac{\pi}{2}k\right) = \frac{1}{(2n)!}(-1)^n, \quad k = 2n$$

(5) $k \geqq 1$ のとき，$(\log(1+x))^{(k)} = \dfrac{(-1)^{k-1}(k-1)!}{(1+x)^k}$ より，$\dfrac{f^{(k)}(0)}{k!} = (-1)^{k-1}\cdot\dfrac{1}{k}$．

(6) $f(x) = (1+x)^\alpha$ とおくと，$f^{(n)}(x) = \alpha(\alpha-1)\cdots(\alpha-n+1)(1+x)^{\alpha-n}$．よって，

$$\frac{f^{(k)}(0)}{k!} = \frac{\alpha(\alpha-1)\cdots(\alpha-k+1)}{k!}$$

であるから，$k \geqq 1$ のとき ${}_\alpha C_k = \dfrac{\alpha(\alpha-1)\cdots(\alpha-k+1)}{k!}$，${}_\alpha C_0 = 1$ と定義すると

$$(1+x)^\alpha = 1 + {}_\alpha C_1 x + {}_\alpha C_2 x^2 + \cdots + {}_\alpha C_n x^n + o(x^n)$$

と表せる．

問題 2.3.2

(1) $\sqrt[4]{x+1} = (x+1)^{\frac{1}{4}}$

$$= 1 + \frac{1}{4}x + \frac{\frac{1}{4}\cdot\left(\frac{1}{4}-1\right)}{2!}x^2 + \cdots + \frac{\frac{1}{4}\cdot\left(\frac{1}{4}-1\right)\cdots\left(\frac{1}{4}-n+1\right)}{n!}x^n + o(x^n)$$

$$= 1 + \frac{1}{4}x + \frac{1}{2!}\cdot\frac{1}{4^2}(-3)x^2 + \cdots + \frac{1}{n!}\cdot\frac{1}{4^n}(-1)^{n-1}3\cdot 7\cdots(4n-5)x^n + o(x^n)$$

(2) $(a^x)' = a^x(\log a), \ldots, (a^x)^{(n)} = a^x(\log a)^n$ だから

$$a^x = 1 + (\log a)x + \frac{(\log a)^2}{2!}x^2 + \cdots + \frac{(\log a)^n}{n!}x^n + o(x^n)$$

または，$a^x = e^{x\log a}$ として e^x のマクローリン展開

$$a^x = e^{x\log a} = 1 + \frac{x\log a}{1!} + \frac{(x\log a)^2}{2!} + \cdots + \frac{(x\log a)^n}{n!} + o(x^n)$$

からもえられる．

(3) テイラー，マクローリン展開の表現の一意性より，どのように計算しても同じ表現がえられるから

$$\frac{e^x - 1}{x} = \frac{1}{x}\left(1 + \frac{x}{1!} + \frac{x^2}{2!} + \cdots + \frac{x^n}{n!} + \frac{x^{n+1}}{(n+1)!} + o(x^{n+1}) - 1\right)$$

$$= 1 + \frac{x}{2!} + \frac{x^2}{3!} + \cdots + \frac{x^{n-1}}{n!} + \frac{x^n}{(n+1)!} + o(x^n)$$

(4) $\left(\dfrac{1}{1+x}\right)^{(k)} = (-1)^k k!(1+x)^{-k-1}$ であり，連続だから，マクローリンの一般項は $\dfrac{f^{(k)}(0)}{k!}x^k = (-1)^k x^k$ だから，$\dfrac{1}{1+x} = 1 - x + x^2 - x^3 + \cdots + (-1)^n x^n + o(x^n)$．または，公式 $\dfrac{1}{1-x} = 1 + x + x^2 + \cdots + x^n + o(x^n)$ で，x に $-x$ を代入してもえられる．

(5) $(e^x)^{(k)} = e^x$，$(e^{-x})^{(k)} = (-1)^k e^{-x}$ であり，ともに連続である．マクローリンの一般項は $\dfrac{f^{(k)}(0)}{k!}x^k = \dfrac{1}{k!}\left(1 + (-1)^k\right)x^k$ より，

$$e^x + e^{-x} = 2\left(1 + \frac{1}{2!}x^2 + \frac{1}{4!}x^4 + \cdots + \frac{1}{(2n)!}x^{2n} + o(x^{2n})\right)$$

または，e^x のマクローリン展開 $e^x = 1 + x + \dfrac{1}{2!}x^2 + \dfrac{1}{3!}x^3 + \cdots + \dfrac{1}{(2n)!}x^{2n} + o(x^{2n})$ より，

$$e^x + e^{-x} = \left(1 + x + \frac{1}{2!}x^2 + \frac{1}{3!}x^3 + \cdots + \frac{1}{(2n)!}x^{2n} + o(x^{2n})\right)$$
$$+ \left(1 - x + \frac{1}{2!}x^2 - \frac{1}{3!}x^3 + \cdots + \frac{1}{(2n)!}(-1)^{2n}x^{2n} + o(x^{2n})\right)$$

から求まる．

問題 2.4.1

(1) $y' = 4x^3 - 4x$, $y'' = 12x^2 - 4$ である．$y' = 0$ より $x = 0, \pm 1$，$y'' = 0$ より $x = \pm\dfrac{1}{\sqrt{3}}$（変曲点）．したがって，次の増減表とグラフをえる．

x	$\cdots$	-1	$\cdots$	$-\dfrac{1}{\sqrt{3}}$	$\cdots$	0	$\cdots$	$\dfrac{1}{\sqrt{3}}$	$\cdots$	1	$\cdots$
y'	$-$	0	$+$		$+$	0	$-$		$-$	0	$+$
y''	$+$		$+$	0	$-$		$-$	0	$+$		$+$
y	↘	極小	↗	変曲点	↗	極大	↘	変曲点	↘	極小	↗

図 6.7

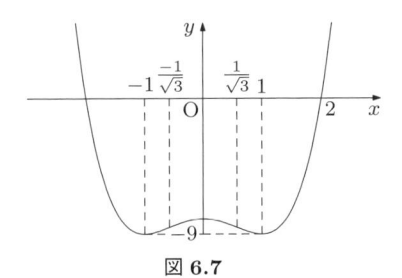

(2) $y' = 1 - \sin x$, $y'' = -\cos x$ $y' = 0$ より $x = \dfrac{\pi}{2} + 2n\pi$ (n は整数). $y'' = 0$ より $x = \dfrac{\pi}{2} + m\pi$ (m は整数). したがって，次の増減表とグラフをえる．

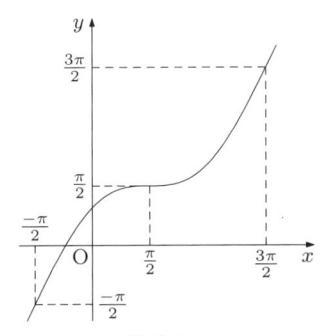

x	$\cdots$	$-\dfrac{\pi}{2}$	$\cdots$	$\dfrac{\pi}{2}$	$\cdots$	$\dfrac{3\pi}{2}$	$\cdots$
y'		+		0		+	
y''	+	0	−	0	+	0	−
y	↗	変曲点	↗	変曲点	↗	変曲点	↗

図 6.8

(3) $y' = \left(\dfrac{1+x^2}{1+x}\right)' = \left(x - 1 + \dfrac{2}{1+x}\right)' = 1 - \dfrac{2}{(1+x)^2}$, $y'' = \dfrac{4}{(1+x)^3}$ $y' = 0$ より $x = -1 \pm \sqrt{2}$ であり，$y'' = 0$ となる x は存在しない．したがって，次の増減表とグラフをえる．

x	$\cdots$	$-1-\sqrt{2}$	$\cdots$	-1	$\cdots$	$-1+\sqrt{2}$	$\cdots$
y'	+	0	−		−	0	+
y''		−				+	
y	↗	極大	↘		↘	極小	↗

図 6.9

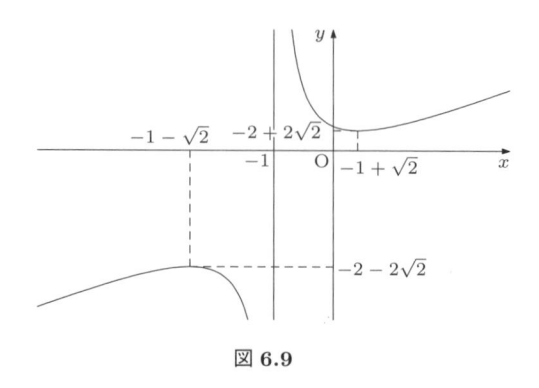

6.4 第 2 章：演習問題解答

1.

(1) $\left(\sin^{-1}\dfrac{x}{\sqrt{x^4+1}}\right)' = \dfrac{1}{\sqrt{1-\left(\dfrac{x}{\sqrt{x^4+1}}\right)^2}}\left(\dfrac{x}{\sqrt{x^4+1}}\right)'$

$= \dfrac{1}{\sqrt{1-\dfrac{x^2}{x^4+1}}} \cdot \dfrac{\sqrt{x^4+1} - x \cdot \dfrac{4x^3}{2\sqrt{x^4+1}}}{x^4+1}$

$= \dfrac{1}{\sqrt{x^4+1-x^2}} \cdot \dfrac{x^4+1-2x^4}{x^4+1} = \dfrac{1-x^4}{(x^4+1)\sqrt{x^4-x^2+1}}$

(2) $\left(\tan^{-1}\dfrac{1}{x^3}\right)' = \dfrac{1}{1+\left(\dfrac{1}{x^3}\right)^2} \cdot \left(\dfrac{1}{x^3}\right)' = \dfrac{1}{1+\dfrac{1}{x^6}} \cdot \dfrac{-3}{x^4} = \dfrac{-3x^2}{x^6+1}$

(3) $\left(\log(\tan^{-1}x)\right)' = \dfrac{(\tan^{-1}x)'}{\tan^{-1}x} = \dfrac{1}{\tan^{-1}x} \cdot \dfrac{1}{1+x^2}$

(4) $(e^{ax}\sin bx)' = (e^{ax})'\sin bx + e^{ax}(\sin bx)' = e^{ax}(a\sin bx + b\cos bx)$

(5) $Y = (\tan x)^{\sin x}$ とおくと，$\log Y = (\sin x)\log(\tan x)$.

$\dfrac{Y'}{Y} = (\sin x)'\log(\tan x) + \sin x(\log(\tan x))'$

$= (\cos x)\log(\tan x) + (\sin x) \cdot \dfrac{(\tan x)'}{\tan x}$

$Y' = (\tan x)^{\sin x}\left((\cos x)\log(\tan x) + (\sin x) \cdot \dfrac{1}{\dfrac{\sin x}{\cos x}} \cdot \dfrac{1}{\cos^2 x}\right)$

$$= (\tan x)^{\sin x} \left((\cos x) \log(\tan x) + \frac{1}{\cos x} \right)$$

(6) $\left(\tan^{-1}\left(\frac{x+a}{1-ax} \right) \right)' = \dfrac{1}{1 + \left(\dfrac{x+a}{1-ax} \right)^2} \cdot \left(\dfrac{x+a}{1-ax} \right)'$

$= \dfrac{1}{1 + \left(\dfrac{x+a}{1-ax} \right)^2} \cdot \dfrac{1-ax - (x+a)(-a)}{(1-ax)^2} = \dfrac{1+a^2}{(1-ax)^2 + (x+a)^2}$

$= \dfrac{1+a^2}{(1+a^2)(1+x^2)} = \dfrac{1}{1+x^2}$

(7) $Y = x^{\sin^{-1} x}$ とする．

$\log Y = (\sin^{-1} x) \log x.$ $\dfrac{Y'}{Y} = (\sin^{-1} x)' \log x + (\sin^{-1} x)(\log x)'$

$= \dfrac{1}{\sqrt{1-x^2}} \log x + (\sin^{-1} x) \cdot \dfrac{1}{x}.$ $Y' = x^{\sin^{-1} x} \left(\dfrac{1}{\sqrt{1-x^2}} \log x + (\sin^{-1} x) \cdot \dfrac{1}{x} \right)$

(8) $\left(\tan^{-1} \left(\sqrt{\dfrac{a-b}{a+b}} \sin^{-1} x \right) \right)' = \dfrac{1}{1 + \left(\sqrt{\dfrac{a-b}{a+b}} \sin^{-1} x \right)^2} \left(\sqrt{\dfrac{a-b}{a+b}} \sin^{-1} x \right)'$

$= \dfrac{1}{1 + \dfrac{a-b}{a+b}(\sin^{-1} x)^2} \cdot \sqrt{\dfrac{a-b}{a+b}} \cdot \dfrac{1}{\sqrt{1-x^2}}$

$= \dfrac{\sqrt{a^2 - b^2}}{\sqrt{1-x^2}\left(a+b+(a-b)(\sin^{-1} x)^2\right)}$

(9) $\left(2\tan^{-1} \sqrt{\dfrac{x-\alpha}{\beta-x}} \right)' = 2 \cdot \dfrac{1}{1 + \dfrac{x-\alpha}{\beta-x}} \left(\sqrt{\dfrac{x-\alpha}{\beta-x}} \right)'$

$= \dfrac{2}{1 + \dfrac{x-\alpha}{\beta-x}} \cdot \dfrac{1}{2} \sqrt{\dfrac{\beta-x}{x-\alpha}} \left(\dfrac{x-\alpha}{\beta-x} \right)' = \dfrac{\beta-x}{\beta-\alpha} \sqrt{\dfrac{\beta-x}{x-\alpha}} \cdot \dfrac{\beta-\alpha}{(\beta-x)^2}$

$= \dfrac{1}{\sqrt{(x-\alpha)(\beta-x)}}$

(10) $\left(\sin^{-1} \dfrac{2x-\alpha-\beta}{\beta-\alpha} \right)' = \dfrac{1}{\sqrt{1 - \left(\dfrac{2x-\alpha-\beta}{\beta-\alpha} \right)^2}} \left(\dfrac{2x-\alpha-\beta}{\beta-\alpha} \right)'$

$= \dfrac{1}{\sqrt{1 - \left(\dfrac{2x-\alpha-\beta}{\beta-\alpha} \right)^2}} \cdot \dfrac{2}{\beta-\alpha} = \dfrac{1}{\sqrt{(x-\alpha)(\beta-x)}}$

(11) $\left(x\sqrt{x^2+a} + a\log\left|x + \sqrt{x^2+a}\right| \right)' = \sqrt{x^2+a} + x \cdot \dfrac{2x}{2\sqrt{x^2+a}} + a \cdot \dfrac{1 + \dfrac{2x}{2\sqrt{x^2+a}}}{x + \sqrt{x^2+a}}$

$$= \sqrt{x^2+a} + \frac{x^2}{\sqrt{x^2+a}} + \frac{a}{\sqrt{x^2+a}} = 2\sqrt{x^2+a}$$

(12) $\left(\log\left(x-a+\sqrt{(x-a)^2+b^2}\right)\right)'$

$$= \frac{1}{x-a+\sqrt{(x-a)^2+b^2}}\left(x-a+\sqrt{(x-a)^2+b^2}\right)'$$

$$= \frac{1}{x-a+\sqrt{(x-a)^2+b^2}} \cdot \left(1 + \frac{2(x-a)}{2\sqrt{(x-a)^2+b^2}}\right) = \frac{1}{\sqrt{(x-a)^2+b^2}}$$

(13) $\dfrac{\sqrt{x+a}-\sqrt{x+b}}{\sqrt{x+a}+\sqrt{x+b}} = \dfrac{(\sqrt{x+a}-\sqrt{x+b})^2}{a-b} = \dfrac{2x+a+b-2\sqrt{(x+a)(x+b)}}{a-b}$

だから,

$$\left(\sqrt{(x+a)(x+b)} + \frac{a-b}{2}\log\left|\frac{\sqrt{x+a}-\sqrt{x+b}}{\sqrt{x+a}+\sqrt{x+b}}\right|\right)'$$

$$= \frac{((x+a)(x+b))'}{2\sqrt{(x+a)(x+b)}}$$

$$+ \frac{a-b}{2} \cdot \frac{1}{2x+a+b-2\sqrt{(x+a)(x+b)}} \cdot \left(2 - \frac{2x+a+b}{\sqrt{(x+a)(x+b)}}\right)$$

$$= \frac{2x+a+b}{2\sqrt{(x+a)(x+b)}} - \frac{a-b}{2} \cdot \frac{1}{\sqrt{(x+a)(x+b)}} = \frac{2(x+b)}{2\sqrt{(x+a)(x+b)}} = \sqrt{\frac{x+b}{x+a}}$$

(14) $\left(2\log(\sqrt{x-\alpha}+\sqrt{x-\beta})\right)' = 2 \cdot \dfrac{1}{\sqrt{x-\alpha}+\sqrt{x-\beta}}\left(\dfrac{1}{2\sqrt{x-\alpha}} + \dfrac{1}{2\sqrt{x-\beta}}\right)$

$$= \frac{1}{\sqrt{(x-\alpha)(x-\beta)}}$$

2.

$|f(x)-f(0)| = \left|\dfrac{x}{1+e^{\frac{1}{x}}}\right| \leqq |x| \to 0 \ (x \to 0)$ である. 詳しくかくと

$$\forall \varepsilon > 0, \ \exists \delta = \delta(\varepsilon) = \varepsilon, \ |x| < \delta \longrightarrow |f(x)-f(0)| \leqq |x| < \delta = \varepsilon$$

よって, $f(x)$ は $x=0$ で連続である. または, $\lim\limits_{x\to -0} f(x) = 0 = f(0), \ \lim\limits_{x\to +0} f(x) = 0 = f(0)$ を示してもよい. 次に, $h \neq 0$ に対して

$$\frac{f(h)-f(0)}{h-0} = \frac{f(h)}{h} = \frac{1}{1+e^{\frac{1}{h}}} = \begin{cases} 0, & h>0 \ \text{で} \ h\to 0 \ \text{のとき} \\ 1, & h<0 \ \text{で} \ h\to 0 \ \text{のとき} \end{cases}$$

よって, $\lim\limits_{h\to 0}\dfrac{f(h)-f(0)}{h-0}$ は存在しないから, 微分可能でない.

3.

$0 \leqq |f(x)-f(0)| = \left|x^2\sin\dfrac{1}{x}\right| \leqq x^2$ であるから, はさみうちの定理 (定理 1.12) より

$\lim_{x \to 0} f(x) = \lim_{x \to 0} x^2 \sin \frac{1}{x} = 0 = f(0)$ である．よって，関数 $f(x)$ は $x = 0$ で連続である．次に，微分可能性について調べる．$x \neq 0$ では，$f(x)$ は微分可能であることは明らかである．$x = 0$ のとき定義より，

$$\lim_{x \to 0} \frac{f(x) - f(0)}{x - 0} = \lim_{x \to 0} x \sin \frac{1}{x} = 0, \quad \text{なぜならば，つねに} \left| \sin \frac{1}{x} \right| \leq 1 \text{である．}$$

よって，$x = 0$ で微分可能で，$f'(0) = 0$ である．

注意：$g(x) = x \sin \frac{1}{x}$ $(x \neq 0)$, $g(0) = 0$ である関数は，原点 $x = 0$ で連続であるが，$\sin \frac{1}{x}$ が収束しないから，微分可能ではない．

4.
ライプニッツの公式より $n \geq 3$ のとき $\left(\binom{n}{j} \text{ は } {}_n\mathrm{C}_j \text{ のことである} \right)$

$$(x^3 f(x))^{(n)} = \sum_{j=0}^{n} \binom{n}{j} (x^3)^{(j)} f(x)^{(n-j)}$$

$$= x^3 f^{(n)}(x) + \binom{n}{1}(x^3)' f^{(n-1)}(x)$$

$$+ \binom{n}{2}(x^3)^{(2)} f^{(n-2)}(x) + \binom{n}{3}(x^3)^{(3)} f^{(n-3)}(x)$$

$$= x^3 f^{(n)}(x) + 3nx^2 f^{(n-1)}(x) + 3n(n-1)x f^{(n-2)}(x)$$

$$+ n(n-1)(n-2) f^{(n-3)}(x)$$

$n = 1$ のとき，$3x^2 f(x) + x^3 f'(x)$.
$n = 2$ のとき，$6x f(x) + 6x^2 f'(x) + x^3 f''(x)$.

5.
(1) $\dfrac{x+a}{x+b} = 1 + \dfrac{a-b}{x+b}$ より

$$\left(\frac{x+a}{x+b} \right)^{(n)} = (a-b)(-1)(-2) \cdots (-n) \frac{1}{(x+b)^{n+1}} = (-1)^n n! \frac{a-b}{(x+b)^{n+1}}$$

(2) $\dfrac{1}{x^2 - 3x + 2} = \dfrac{1}{(x-1)(x-2)} = \dfrac{1}{x-2} - \dfrac{1}{x-1}$ より

$$\left(\frac{1}{x^2 - 3x + 2} \right)^{(n)} = (-1)^n n! \left(\frac{1}{(x-2)^{n+1}} - \frac{1}{(x-1)^{n+1}} \right)$$

(3) $\dfrac{x^4}{1-x} = -x^3 - x^2 - x - 1 - \dfrac{1}{x-1}$ より

$$\left(\frac{x^4}{1-x} \right)^{(n)} = (-1)(-1)^n n! \frac{1}{(x-1)^{n+1}} + (-x^3 - x^2 - x - 1)^{(n)}$$

(4) $(\sin x)' = \sin \left(x + \dfrac{\pi}{2} \right)$, $(\sin ax)' = a \cos ax = a \sin \left(ax + \dfrac{\pi}{2} \right)$ と 3 倍角の公式 (p.28) より $\sin^3 x = \dfrac{3}{4} \sin x - \dfrac{1}{4} \sin 3x$,

$$(\sin^3 x)^{(n)} = \frac{3}{4}\sin\left(x + \frac{\pi}{2}n\right) - \frac{1}{4}\cdot 3^n \sin\left(3x + \frac{\pi}{2}n\right)$$

(5) $\sin x \cos^3 x = \sin x \cos x \cdot \cos^2 x = \frac{1}{2}\sin 2x \cdot \frac{1+\cos 2x}{2}$

$= \frac{1}{4}(\sin 2x + \sin 2x \cos 2x) = \frac{1}{4}\left(\sin 2x + \frac{1}{2}\sin 4x\right) = \frac{1}{4}\sin 2x + \frac{1}{8}\sin 4x$

$$(\sin x \cos^3 x)^{(n)} = \frac{1}{4}\cdot 2^n \sin\left(2x + \frac{\pi}{2}n\right) + \frac{1}{8}\cdot 4^n \sin\left(4x + \frac{\pi}{2}n\right)$$

(6) $(x^2 \sin x)' = 2x\sin x + x^2 \cos x$, $(x^2 \sin x)'' = 2\sin x + 4x\cos x - x^2 \sin x$

$n \geqq 3$ のとき

$$(x^2 \sin x)^{(n)} = \sum_{j=0}^{n}\binom{n}{j}(x^2)^{(j)}(\sin x)^{(n-j)}$$

$$= x^2(\sin x)^{(n)} + n\cdot 2x(\sin x)^{(n-1)} + n(n-1)(\sin x)^{(n-2)}$$

$$= x^2 \sin\left(x + \frac{\pi}{2}n\right) + 2nx\sin\left(x + \frac{\pi}{2}(n-1)\right) + n(n-1)\sin\left(x + \frac{\pi}{2}(n-2)\right)$$

6.

テイラー，マクローリン展開の一意性（定理 2.15）を用いる．

(1) $f(x) = \tan^{-1} x$ とすると

$$f'(x) = \frac{1}{1+x^2} = \frac{1}{1-(-x^2)} = 1 + (-x^2) + (-x^2)^2 + \cdots + (-x^2)^n + o(x^{2n})$$

$$= 1 - x^2 + x^4 + \cdots + (-1)^n x^{2n} + o(x^{2n})$$

積分して，$\tan^{-1} 0 = 0$ より

$$f(x) = x - \frac{1}{3}x^3 + \frac{1}{5}x^5 + \cdots + \frac{(-1)^n}{2n+1}x^{2n+1} + o(x^{2n+1})$$

(2) $(\sin^{-1} x)' = \dfrac{1}{\sqrt{1-x^2}} = (1-x^2)^{-\frac{1}{2}}$

$$= 1 + \left(-\frac{1}{2}\right)(-x^2) + \frac{1}{2!}\left(-\frac{1}{2}\right)\left(-\frac{3}{2}\right)(-x^2)^2 + \cdots$$

$$+ \frac{1}{n!}\left(-\frac{1}{2}\right)\left(-\frac{3}{2}\right)\cdots\left(-\frac{2n-1}{2}\right)(-x^2)^n + o(x^{2n})$$

$\sin^{-1} 0 = 0$ より，積分すると

$$\sin^{-1} x = x + \frac{1}{2}\cdot\frac{x^3}{3} + \frac{3}{8}\cdot\frac{x^5}{5} + \cdots + \frac{1\cdot 3\cdots(2n-1)}{n!\cdot 2^n}\frac{x^{2n+1}}{2n+1} + o(x^{2n+1})$$

発展：(1) の $\tan^{-1} x$ は簡単に求まったが，$\tan x$ のマクローリン展開はベルヌーイ数が関係してむつかしい．おもしろい性質を持っているのでここで求めておこう．

$f(x) = \tan x$ において，

$$f(0) = 0, \quad f'(0) = \left.\frac{1}{\cos^2 x}\right|_{x=0} = 1,$$

$$f''(0) = \left.\frac{2\tan x}{\cos^2 x}\right|_{x=0} = 0, \quad f^{(3)}(0) = 2\left(\frac{2\tan^2 x}{\cos^2 x} + \frac{1}{\cos^4 x}\right)\Big|_{x=0} = 2$$

である. よって,

$$f(x) = f'(0)x + \frac{f^{(3)}(0)}{3!}x^3 + o(x^3) = x + \frac{1}{3}x^3 + o(x^3)$$

$-\dfrac{\pi}{2} < x < \dfrac{\pi}{2}$ において

$$(1-x)^{-\frac{1}{2}} = 1 + \frac{1}{2}x + \frac{\frac{1}{2}\cdot\frac{3}{2}}{2!}x^2 + \cdots + \frac{\frac{1}{2}\cdot\frac{3}{2}\cdots\frac{2n-1}{2}}{n!}x^n + \cdots$$

$$= 1 + \frac{1}{2}x + \frac{1\cdot 3}{2\cdot 4}x^2 + \cdots + \frac{1\cdot 3\cdots(2n-1)}{2\cdot 4\cdots(2n)}x^n + \cdots$$

$$0 < \frac{1}{\cos x} = \frac{1}{\sqrt{\cos^2 x}} = \frac{1}{\sqrt{1-\sin^2 x}} = (1-\sin^2 x)^{-\frac{1}{2}}$$

$$= 1 + \frac{1}{2}\sin^2 x + \frac{1\cdot 3}{2\cdot 4}\sin^4 x + \frac{1\cdot 3\cdots(2n-1)}{2\cdot 4\cdots(2n)}\sin^{2n} x + \cdots$$

$$\tan x = \frac{\sin x}{\cos x} = \frac{\sin x}{\sqrt{1-\sin^2 x}}$$

$$= \sin x + \frac{1}{2}\sin^3 x + \frac{1\cdot 3}{2\cdot 4}\sin^5 x + \cdots + \frac{1\cdot 3\cdot(2n-1)}{2\cdot 4\cdot(2n)}\sin^{2n+1} x + \cdots$$

(マクローリン展開 $\sin x = x - \dfrac{1}{3!}x^3 + \dfrac{1}{5!}x^5 + \cdots$ を代入し, 展開し, x の 5 次までの係数を求めると)

$$= \left(x - \frac{1}{3!}x^3 + \frac{1}{5!}x^5 + \cdots\right) + \frac{1}{2}\left(x - \frac{1}{3!}x^3 + \frac{1}{5!}x^5 + \cdots\right)^3$$

$$+ \frac{1\cdot 3}{2\cdot 4}\left(x - \frac{1}{3!}x^3 + \frac{1}{5!}x^5 + \cdots\right)^5$$

$$= x + \frac{1}{3}x^3 + \frac{2}{15}x^5 + O(x^7)$$

詳しく求めると

$$\tan x = x + \frac{x^3}{3} + \frac{2}{15}x^5 + \frac{17}{315}x^7 + \frac{62}{2835}x^9 + \frac{1382}{155925}x^{11} + \cdots$$

一般には, 係数にベルヌーイ数が関係している.

$$\tan x = \sum_{k=1}^{\infty} \frac{2^{2k}(2^{2k}-1)B_k}{(2k)!} x^{2k-1}$$

ただし, B_k はベルヌーイ数という有理数で,

$$B_1 = \frac{1}{6}, \quad B_2 = \frac{1}{30}, \quad B_3 = \frac{1}{42}, \quad B_4 = \frac{1}{30}, \quad B_5 = \frac{5}{66}, \quad B_6 = \frac{691}{2730}$$

である.

$$B_7 = \frac{7}{6}, \quad B_8 = \frac{3617}{510}, \quad B_9 = \frac{43867}{798}, \quad B_{10} = \frac{174611}{330}$$

別の方法：$\cos x = 1 - \frac{x^2}{2!} + \frac{x^4}{4!} - \cdots$ はすべての実数 x で収束するから，$\frac{1}{\cos x}$ は 0 の近傍で x のべき級数に展開可能で，$\frac{1}{\cos x}$ は偶関数だから

$$\frac{1}{\cos x} = E_0 + \frac{E_1}{2!}x^2 + \cdots + \frac{E_n}{(2n)!}x^{2n} + \cdots$$

とかける．$\cos x$ をかけて

$$1 = \left(E_0 + \frac{E_1}{2!}x^2 + \frac{E_2}{4!}x^4 + \cdots + \frac{E_n}{(2n)!}x^{2n} + \cdots\right)\left(1 - \frac{x^2}{2!} + \frac{x^4}{4!} - \cdots\right)$$

x のべき乗の係数を比較して

$$1 = E_0, \quad 0 = \frac{E_1}{2!} - \frac{E_0}{2!}, \quad 0 = \frac{E_0}{4!} - \frac{E_1}{2!2!} + \frac{E_2}{4!}, \quad 0 = -\frac{E_0}{6!} + \frac{E_1}{2!4!} - \frac{E_2}{4!2!} + \frac{E_3}{6!}$$

したがって，

$$E_0 = 1, \quad E_1 = 1, \quad E_2 = 5, \quad E_3 = 61, \quad E_4 = 1385, \quad E_5 = 50521,$$

$$E_6 = 2702765, \quad E_7 = 199360981, \quad E_8 = 19391512145,$$

$$E_9 = 2404879675441, \quad E_{10} = 370371188237525,$$

で，E_n はすべて整数であり，オイラーの数という．

$$\tan x = \frac{\sin x}{\cos x} = \sin x \cdot \frac{1}{\cos x}$$

$$= \left(x - \frac{x^3}{3!} + \frac{x^5}{5!} - \cdots\right)\left(E_0 + \frac{E_1}{2!}x^2 + \frac{E_2}{4!}x^4 + \cdots + \frac{E_n}{(2n)!}x^{2n} + \cdots\right)$$

$$= \frac{T_1}{1!}x + \frac{T_2}{3!}x^3 + \cdots + \frac{T_n}{(2n-1)!}x^{2n-1} + \cdots \quad (\tan x は奇関数であるから)$$

とおくことができる．係数を比較して

$$T_1 = 1, \quad T_2 = 2, \quad T_3 = 16, \quad T_4 = 272, \quad T_5 = 7936,$$

$$T_6 = 353792, \quad T_7 = 22368256, \quad T_8 = 1903757312,$$

$$T_9 = 209865342976, \quad T_{10} = 2908885112832, \cdots$$

T_n はすべて整数である．これを正接係数という．$T_n = \dfrac{2^{2n}(2^{2n}-1)B_n}{2n}$ が成り立つ．

7. マクローリンの定理を用いる．

(1) $\displaystyle\lim_{x \to 0} \frac{\sin x - x}{x^3} = \lim_{x \to 0} \frac{x - \frac{1}{3!}x^3 + O(x^5) - x}{x^3} = \lim_{x \to 0}\left(-\frac{1}{3!} + O(x^2)\right) = -\frac{1}{6}$

(2) $\displaystyle\lim_{x \to 0} \frac{\cos x - 1 + \frac{1}{2}x^2}{x^4} = \lim_{x \to 0} \frac{1 - \frac{1}{2!}x^2 + \frac{1}{4!}x^4 + O(x^6) - 1 + \frac{1}{2}x^2}{x^4}$

$$= \lim_{x \to 0} \left(\frac{1}{4!} + O(x^2) \right) = \frac{1}{24}$$

(3) $\displaystyle\lim_{x \to 0} \frac{e^x - x - 1}{x^2} = \lim_{x \to 0} \frac{1 + x + \frac{1}{2!}x^2 + O(x^3) - x - 1}{x^2} = \lim_{x \to 0} \left(\frac{1}{2!} + O(x) \right) = \frac{1}{2}$

8.

(1)～(6) では，各段階でロピタルの定理の条件を満たしていることを注意する．

(1) $y = (e^x + 2x)^{\frac{1}{x}}$ とおく．$\log y = \frac{1}{x} \log(e^x + 2x)$ より，ロピタルの定理を用いて，

$$\lim_{x \to 0} \log y = \lim_{x \to 0} \frac{\log(e^x + 2x)}{x} = \lim_{x \to 0} \frac{e^x + 2}{e^x + 2x} = 3$$

よって，$\displaystyle\lim_{x \to 0}(e^x + 2x)^{\frac{1}{x}} = e^3$．

(2) $y = (\cos x)^{\frac{1}{x^2}}$ とおく．$\log y = \frac{1}{x^2} \log(\cos x)$ より

$$\lim_{x \to 0} \log y = \lim_{x \to 0} \frac{\log(\cos x)}{x^2} = \lim_{x \to 0} \frac{-\sin x}{2x \cos x} = \lim_{x \to 0} \frac{\sin x}{x} \frac{-1}{2\cos x} = -\frac{1}{2}$$

よって，$\displaystyle\lim_{x \to 0}(\cos x)^{\frac{1}{x^2}} = e^{-\frac{1}{2}} = \frac{1}{\sqrt{e}}$．ただし，$\log x$ が連続だから，$\lim$ と $\log$ の交換可能性を用いた．

(3) $\displaystyle\lim_{x \to 0} \left(\frac{1}{x^2} - \frac{1}{\sin^2 x} \right) = \lim_{x \to 0} \frac{\sin^2 x - x^2}{x^2 \sin^2 x}$

$= \displaystyle\lim_{x \to 0} \frac{2 \sin x \cos x - 2x}{2x \sin^2 x + 2x^2 \sin x \cos x}$（ロピタルの定理より）

$= \displaystyle\lim_{x \to 0} \frac{\cos 2x - 1}{\sin^2 x + 4x \sin x \cos x + x^2 \cos 2x}$

$= \displaystyle\lim_{x \to 0} \frac{-2\sin 2x}{2 \sin x \cos x + 4 \sin x \cos x + 4x \cos 2x + 2x \cos 2x - 2x^2 \sin 2x}$

$= \displaystyle\lim_{x \to 0} \frac{-2}{1 + 2 + \frac{2x}{\sin 2x} \cdot 3\cos 2x - 2x^2} = \frac{-2}{1 + 2 + 3} = -\frac{1}{3}$

（または，1 行目から，マクローリンの定理より）

$= \displaystyle\lim_{x \to 0} \frac{\left(x - \frac{1}{3!}x^3 + O(x^5) \right)^2 - x^2}{x^2 \sin^2 x} = \lim_{x \to 0} \frac{-\frac{2}{3!}x^4 + O(x^6)}{x^2 \sin^2 x}$

$= \displaystyle\lim_{x \to 0} \frac{-\frac{2}{3!} + O(x^2)}{\left(\frac{\sin x}{x} \right)^2} = -\frac{1}{3}$

(4) $a > 0$ より，$n \leqq a < n+1$ となる整数 n が存在する．n 回または $n+1$ 回ロピタルの定理を用いると

$$\lim_{x \to \infty} \frac{e^x}{x^a} = \begin{cases} \displaystyle\lim_{x \to \infty} \frac{e^x}{a(a-1)\cdots(a-n+1)} = \infty, & n = a \\ \displaystyle\lim_{x \to \infty} \frac{e^x x^{n+1-a}}{a(a-1)\cdots(a-n+1)(a-n)} = \infty, & n < a < n+1 \end{cases}$$

または，マクローリンの定理（展開）より

$$\lim_{x\to\infty}\frac{e^x}{x^a} = \lim_{x\to\infty}\frac{1+x+\dfrac{x^2}{2!}+\cdots+\dfrac{1}{n!}x^n+\dfrac{1}{(n+1)!}x^{n+1}+\cdots}{x^a}$$

$$\geqq \lim_{x\to\infty}\frac{\dfrac{1}{(n+1)!}x^{n+1}}{x^a} = \lim_{x\to\infty}\frac{1}{(n+1)!}x^{n+1-a} = \infty$$

(5) ロピタルの定理を用いると

$$\lim_{x\to 0}\frac{e^x-e^{-x}-2x}{x-\sin x} = \lim_{x\to 0}\frac{e^x+e^{-x}-2}{1-\cos x} = \lim_{x\to 0}\frac{e^x-e^{-x}}{\sin x} = \lim_{x\to 0}\frac{e^x+e^{-x}}{\cos x} = 2$$

マクローリンの定理を用いると

$$\lim_{x\to 0}\frac{e^x-e^{-x}-2x}{x-\sin x}$$

$$= \lim_{x\to 0}\frac{\left(1+x+\dfrac{1}{2}x^2+\dfrac{1}{3!}x^3+O(x^4)\right)-\left(1-x+\dfrac{1}{2}x^2-\dfrac{1}{3!}x^3+O(x^4)\right)-2x}{x-\left(x-\dfrac{1}{3!}x^3+O(x^5)\right)}$$

$$= \lim_{x\to 0}\frac{\dfrac{2}{3!}x^3+O(x^4)}{\dfrac{1}{3!}x^3+O(x^5)} = \lim_{x\to 0}\frac{2+O(x)}{1+O(x^2)} = 2$$

(6) $y=(\tan x)^{\cos x}$ とする．

$$\lim_{x\to\frac{\pi}{2}-0}\log y = \lim_{x\to\frac{\pi}{2}-0}(\cos x)\,\log(\tan x)$$

$$= \lim_{x\to\frac{\pi}{2}-0}\frac{\log(\tan x)}{\dfrac{1}{\cos x}} = \lim_{x\to\frac{\pi}{2}-0}\frac{1}{-\dfrac{\sin x}{\cos^2 x}}\cdot\frac{(\tan x)'}{\tan x}$$

$$= \lim_{x\to\frac{\pi}{2}-0}\frac{1}{-\dfrac{\sin x}{\cos^2 x}}\cdot\frac{1}{\tan x}\cdot\frac{1}{\cos^2 x} = \lim_{x\to\frac{\pi}{2}-0}\frac{\cos x}{-\sin^2 x} = 0$$

よって，$\displaystyle\lim_{x\to\frac{\pi}{2}-0}(\tan x)^{\cos x} = e^0 = 1$.

9.

$f(x) = \dfrac{1}{p}x^p + \dfrac{1}{q}x^q - x$ とおく．$p>1$ で $\dfrac{1}{p}+\dfrac{1}{q}=1$ より，$q>1$ である．このとき，$f'(x) = x^{p-1}+x^{q-1}-1$, $f''(x) = (p-1)x^{p-2}+(q-1)x^{q-2} > 0$, $x\geqq 1$ である．よって，$f'(x)$ は単調増加関数で，$f'(1)=1$ だから $f'(x)>0$, $x\geqq 1$ である．したがって，$x\geqq 1$ で，$f(x)$ は単調増加関数で $f(1) = \dfrac{1}{p}+\dfrac{1}{q}-1 = 0$ であるから，$x\geqq 1$ で，$f(x)\geqq 0$ である．等号の成立は $x=1$ のときである．よって，証明された．

10.

$$\sqrt[3]{30} = (30)^{\frac{1}{3}} = (3 \times 10)^{\frac{1}{3}} = \left(3^3 \times \frac{10}{9}\right)^{\frac{1}{3}} = 3\left(1 + \frac{1}{9}\right)^{\frac{1}{3}}$$

$$\left(1 + \frac{1}{9}\right)^{\frac{1}{3}} = 1 + \binom{\frac{1}{3}}{1}\frac{1}{9} + \binom{\frac{1}{3}}{2}\left(\frac{1}{9}\right)^2 + \binom{\frac{1}{3}}{3}\left(\frac{1}{9}\right)^3 + \binom{\frac{1}{3}}{4}\left(\frac{1}{9}\right)^4 + R_5$$

$$= 1 + \frac{1}{3}\cdot\frac{1}{9} + \frac{1}{2!}\cdot\frac{1}{3}\cdot\left(\frac{1}{3}-1\right)\left(\frac{1}{9}\right)^2 + \frac{1}{3!}\cdot\frac{1}{3}\cdot\left(\frac{1}{3}-1\right)\left(\frac{1}{3}-2\right)\left(\frac{1}{9}\right)^3$$

$$+ \frac{1}{4!}\cdot\frac{1}{3}\cdot\left(\frac{1}{3}-1\right)\left(\frac{1}{3}-2\right)\left(\frac{1}{3}-3\right)\left(\frac{1}{9}\right)^4 + R_5$$

$$= 1.035743698\cdots + R_5$$

よって, 3.107231094 が $\sqrt[3]{30}$ の近似値である. 正確な $\sqrt[3]{30}$ の値は $= 3.107232506\cdots$ である. $f(x) = (1+x)^{\frac{1}{3}}$ とおき $n=5$ 項までの誤差を計算すると,

$$誤差\ |R_5| = \left|\frac{x^n}{n!}f^{(5)}(\theta x)\right|, \quad 0 < \theta < 1$$

$$= \left|\frac{1}{5!}\left(\frac{1}{9}\right)^5 \frac{1}{3}\cdot\left(\frac{1}{3}-1\right)\left(\frac{1}{3}-2\right)\left(\frac{1}{3}-3\right)\left(\frac{1}{3}-4\right)(1+\theta x)^{\frac{1}{3}-5}\right|$$

$$\leq \frac{1}{5!}\left(\frac{1}{9}\right)^5 \cdot \frac{1}{3}\cdot\frac{2}{3}\cdot\frac{5}{3}\cdot\frac{8}{3}\cdot\frac{11}{3} = \frac{22}{3^{16}} = (5.11072\cdots) \times 10^{-7}$$

近似値の誤差は $3|R_5|$ だから, 1.53322×10^{-6} より小さい. よって, 3.10723 まで正確である. 近似値と $\sqrt[3]{30}$ の正確な誤差は 1.41195×10^{-6} である.

11.

$f(c) = 0$ で, $f'(x) > 0$ より, 区間 $[c,x)$ で $f(x) > 0$ であり $x_2 = x_1 - \dfrac{f(x_1)}{f'(x_1)} < x_1$ である. $c = x_1 - h$, $h > 0$ とおくとテイラーの定理より, ある θ, $0 < \theta < 1$ が存在して

$$0 = f(c) = f(x_1 - h) = f(x_1) - f'(x_1)h + \frac{1}{2!}f''(x_1 - \theta h)h^2 > f(x_1) - f'(x_1)h$$

である. ここで, $f''(x) > 0$ を使った. $f'(x_1) > 0$ より $h > \dfrac{f(x_1)}{f'(x_1)}$ である.

したがって, $c = x_1 - h < x_1 - \dfrac{f(x_1)}{f'(x_1)} = x_2 < x_1$. だから, $c < x_2 < x_1$ である. 同様にして, $x_1 > x_2 > \cdots > x_n > \cdots > c$ である.

数列 (x_n) は下に有界な単調列であるから収束する. $\lim\limits_{n\to\infty} x_n = \alpha$ とおくと $x_{n+1} = x_n - \dfrac{f(x_n)}{f'(x_n)}$ で, $f(x)$ と $f'(x)$ は連続であるから,

$$\alpha = \alpha - \frac{f(\alpha)}{f'(\alpha)}, \quad f(\alpha) = 0 \quad \text{すなわち,}\quad \alpha = c. \quad \text{よって,} \lim_{n\to\infty} x_n = c.$$

6.5　第3章：問題解答

問題 3.1.1

任意の実数である積分定数 C は省略する．

(1) $\displaystyle\int (x^3 + 4x^2 - 2x + 3)dx = \frac{1}{4}x^4 + \frac{4}{3}x^3 - x^2 + 3x$

(2) $\displaystyle\int (2x+1)^3 dx = \frac{1}{8}(2x+1)^4$

(3) $\displaystyle\int \frac{x^2 - 3x + 1}{\sqrt{x}} dx = \int (x^{\frac{3}{2}} - 3x^{\frac{1}{2}} + x^{-\frac{1}{2}})dx = \frac{2}{5}x^{\frac{5}{2}} - 2x^{\frac{3}{2}} + 2x^{\frac{1}{2}}$

(4) $\displaystyle\int (1 - \sin 2x)dx = x + \frac{1}{2}\cos 2x$

(5) $\displaystyle\int \frac{1}{2x+3}dx = \frac{1}{2}\log|2x+3|$

(6) $\displaystyle\int 3^{2x}dx = \int 9^x dx = \frac{1}{\log 9}9^x = \frac{1}{2\log 3}3^{2x}$

(7) $\displaystyle\int xe^x dx = \int x(e^x)' dx = xe^x - \int e^x dx = xe^x - e^x$

(8) $\displaystyle\int \log x = \int (x)' \log x\, dx = x\log x - \int x \cdot \frac{1}{x}dx = x\log x - \int dx = x\log x - x$

(9) $\displaystyle\int \tan x dx = \int \frac{\sin x}{\cos x}dx = \int \frac{-(\cos x)'}{\cos x}dx = -\log|\cos x|$

問題 3.1.2

(1) から (5), (8), (11), (15) は第 2 章の微分の公式（§2.1.13 参照）からわかる．

(6) $(\tan x)' = \left(\dfrac{\sin x}{\cos x}\right)' = \dfrac{(\sin x)'\cos x - \sin x (\cos x)'}{\cos^2 x} = \dfrac{\cos^2 x + \sin^2 x}{\cos^2 x} = \dfrac{1}{\cos^2 x}$

(7) $(-\log(\cos x))' = -\dfrac{(\cos x)'}{\cos x} = \dfrac{\sin x}{\cos x} = \tan x$

(8) $(\log|x + \sqrt{x^2 + A}|)' = \dfrac{(x + \sqrt{x^2 + A})'}{x + \sqrt{x^2 + A}} = \dfrac{1 + \dfrac{2x}{2\sqrt{x^2+A}}}{x + \sqrt{x^2 + A}} = \dfrac{\dfrac{x + \sqrt{x^2+A}}{\sqrt{x^2+A}}}{x + \sqrt{x^2+A}}$

$= \dfrac{1}{\sqrt{x^2 + A}}$

(9) $\left(\dfrac{1}{a}\tan^{-1}\dfrac{x}{a}\right)' = \dfrac{1}{a} \cdot \dfrac{1}{1 + \left(\dfrac{x}{a}\right)^2} \cdot \left(\dfrac{x}{a}\right)' = \dfrac{1}{a} \cdot \dfrac{1}{1 + \left(\dfrac{x}{a}\right)^2} \cdot \dfrac{1}{a} = \dfrac{1}{x^2 + a^2}$

(10) $\left(\sin^{-1}\dfrac{x}{a}\right)' = \dfrac{1}{\sqrt{1 - \left(\dfrac{x}{a}\right)^2}} \left(\dfrac{x}{a}\right)' = \dfrac{1}{\sqrt{1 - \left(\dfrac{x}{a}\right)^2}} \dfrac{1}{a} = \dfrac{1}{\sqrt{a^2 - x^2}}$

(11) $\left(\dfrac{1}{2}\left(x\sqrt{a^2 - x^2} + a^2 \sin^{-1}\dfrac{x}{a}\right)\right)'$

$= \dfrac{1}{2}\left(\sqrt{a^2 - x^2} + x \cdot \dfrac{-2x}{2\sqrt{a^2 - x^2}} + \dfrac{a^2}{\sqrt{a^2 - x^2}}\right)$

$$= \frac{1}{2} \cdot \frac{a^2 - x^2 - x^2 + a^2}{\sqrt{a^2 - x^2}} = \sqrt{a^2 - x^2}$$

(12) $\left(\frac{1}{2} \left(x\sqrt{x^2 + A} + A \log|x + \sqrt{x^2 + A}| \right) \right)'$ ((8) 式を用いて)

$$= \frac{1}{2} \left(\sqrt{x^2 + A} + \frac{x \cdot 2x}{2\sqrt{x^2 + A}} + \frac{A}{\sqrt{x^2 + A}} \right) = \frac{1}{2} \cdot \frac{x^2 + A + x^2 + A}{\sqrt{x^2 + A}} = \sqrt{x^2 + A}$$

(13) $\left(\frac{1}{2a} \log \left| \frac{x-a}{x+a} \right| \right)' = \left(\frac{1}{2a} (\log|x-a| - \log|x+a|) \right)'$

$$= \frac{1}{2a} \left(\frac{1}{x-a} - \frac{1}{x+a} \right) = \frac{1}{x^2 - a^2}$$

(14) $\left(\frac{1}{a-b} \log \left| \frac{x-a}{x-b} \right| \right)' = \frac{1}{a-b} (\log|x-a| - \log|x-b|)'$

$$= \frac{1}{a-b} \left(\frac{1}{x-a} - \frac{1}{x-b} \right) = \frac{1}{(x-a)(x-b)}$$

(15) これは §2.1.7 対数関数の導関数のところで証明した．

問題 3.1.3

積分して求めた式を微分して，確認する習慣をつけること．積分定数 C は省略する．

(1) $\displaystyle \int \frac{x}{x^2 + 4} dx = \frac{1}{2} \log(x^2 + 4)$

(2) $\displaystyle \int \sin^{-1} x \, dx = \int (x)' \sin^{-1} x \, dx = x \sin^{-1} x - \int x \cdot \frac{1}{\sqrt{1-x^2}} dx$

$$= x \sin^{-1} x + \sqrt{1 - x^2}$$

(3) 部分積分を 2 回おこなう

$$I = \int e^{ax} \cos bx \, dx = \int \left(\frac{1}{a} e^{ax} \right)' \cos bx \, dx$$

$$= \frac{1}{a} e^{ax} \cos bx - \int \frac{1}{a} e^{ax} \cdot b(-\sin bx) dx = \frac{1}{a} e^{ax} \cos bx + \frac{b}{a} \int e^{ax} \sin bx \, dx$$

$$= \frac{1}{a} e^{ax} \cos bx + \frac{b}{a} \left(\frac{1}{a} e^{ax} \sin bx - \int \frac{1}{a} e^{ax} \cdot b \cos bx \, dx \right)$$

$$= \frac{1}{a} e^{ax} \cos bx + \frac{b}{a^2} e^{ax} \sin bx - \frac{b^2}{a^2} I$$

よって，$\left(1 + \dfrac{b^2}{a^2} \right) I = \dfrac{1}{a^2} (a \cos bx + b \sin bx) e^{ax}$ だから

$$I = \frac{1}{a^2 + b^2} (a \cos bx + b \sin bx) e^{ax}$$

(4) $\displaystyle \int \sin 3x \, dx = -\frac{1}{3} \cos 3x$

(5) $t = \sin x$ と変数変換すると

$$\int \cos^5 x \, dx = \int \cos^4 x \cdot \cos x \, dx = \int (1 - \sin^2 x)^2 \cdot \cos x \, dx$$

$$= \int (1-t^2)^2 dt = \int (1-2t^2+t^4)dt = t - \frac{2}{3}t^3 + \frac{1}{5}t^5$$

$$= \sin x - \frac{2}{3}(\sin x)^3 + \frac{1}{5}(\sin x)^5$$

(6) $\displaystyle\int x^2 e^x dx = x^2 e^x - \int (x^2)' e^x dx = x^2 e^x - \int 2x e^x dx$

$\displaystyle\qquad = x^2 e^x - 2\left(xe^x - \int e^x dx\right) = x^2 e^x - 2xe^x + 2e^x$

(7) $\displaystyle\int \frac{e^x}{e^x + 2} dx = \log(e^x + 2)$

(8) $\displaystyle\int \sin^2 x\, dx = \int \frac{1-\cos 2x}{2} dx = \frac{1}{2}\left(x - \frac{1}{2}\sin 2x\right) = \frac{1}{2}x - \frac{1}{4}\sin 2x$

(9) $\displaystyle\int \tan^2 x dx = \int \frac{\sin^2 x}{\cos^2 x} dx = \int \frac{1-\cos^2 x}{\cos^2 x} dx = \int \left(\frac{1}{\cos^2 x} - 1\right) dx = \tan x - x$

問題 3.2.1

(1) $\displaystyle\int \frac{x^2+1}{(x+1)^4} dx = \int \frac{(x+1)^2 - 2(x+1) + 2}{(x+1)^4} dx$

$\displaystyle\qquad = \int \left(\frac{1}{(x+1)^2} - \frac{2}{(x+1)^3} + \frac{2}{(x+1)^4}\right) dx$

$\displaystyle\qquad = -\frac{1}{x+1} + \frac{1}{(x+1)^2} - \frac{2}{3} \cdot \frac{1}{(x+1)^3}$

(2) $\displaystyle\frac{2x}{(x+1)(x^2+1)^2} = \frac{A}{x+1} + \frac{Bx+C}{x^2+1} + \frac{Dx+E}{(x^2+1)^2}$ とおいて，分母を払うと

$$2x = A(x^2+1)^2 + (Bx+C)(x^2+1)(x+1) + (Dx+E)(x+1)$$

$x = 0, i, -1, 1$ とおいて係数 A, B, C, D を求めて

$$\frac{2x}{(x+1)(x^2+1)^2} = -\frac{1}{2} \cdot \frac{1}{x+1} + \frac{1}{2} \cdot \frac{x-1}{x^2+1} + \frac{x+1}{(x^2+1)^2}$$

をえるから

$$\int \frac{2x}{(x+1)(x^2+1)^2} dx = \int \left(-\frac{1}{2} \cdot \frac{1}{x+1} + \frac{1}{2} \cdot \frac{x-1}{x^2+1} + \frac{x+1}{(x^2+1)^2}\right) dx$$

$\displaystyle = -\frac{1}{2}\log|x+1| + \frac{1}{2}\int \frac{\frac{1}{2} \cdot 2x - 1}{x^2+1} dx + \int \left(\frac{\frac{1}{2} \cdot 2x}{(x^2+1)^2} + \frac{1}{(x^2+1)^2}\right) dx$

$\displaystyle = -\frac{1}{2}\log|x+1| + \frac{1}{4}\log(x^2+1) - \frac{1}{2}\int \frac{dx}{x^2+1} + \frac{1}{2} \cdot \frac{-1}{x^2+1} + \int \frac{dx}{(x^2+1)^2}$

（定理 3.4 を用いる）

$\displaystyle = -\frac{1}{2}\log|x+1| + \frac{1}{4}\log(x^2+1) - \frac{1}{2}\tan^{-1} x + \frac{1}{2} \cdot \frac{-1}{x^2+1}$

$\displaystyle \qquad + \frac{1}{2}\left(\frac{x}{x^2+1} + \int \frac{dx}{x^2+1}\right)$

$$= -\frac{1}{2}\log|x+1| + \frac{1}{4}\log(x^2+1) - \frac{1}{2}\tan^{-1}x + \frac{1}{2}\cdot\frac{-1}{x^2+1}$$

$$+ \frac{1}{2}\left(\frac{x}{x^2+1} + \tan^{-1}x\right)$$

$$= -\frac{1}{2}\log|x+1| + \frac{1}{4}\log(x^2+1) + \frac{1}{2}\cdot\frac{x-1}{x^2+1}$$

(3) $\displaystyle\int\frac{1}{x^4+1}dx = \int\left(\frac{\frac{\sqrt{2}}{4}x + \frac{1}{2}}{x^2+\sqrt{2}x+1} + \frac{-\frac{\sqrt{2}}{4}x + \frac{1}{2}}{x^2-\sqrt{2}x+1}\right)dx$ (問題 1.2.10 (4) より)

$$= \int\left(\frac{\frac{\sqrt{2}}{4}\left(x+\frac{\sqrt{2}}{2}\right) + \frac{1}{4}}{\left(x+\frac{\sqrt{2}}{2}\right)^2 + \frac{1}{2}} + \frac{-\frac{\sqrt{2}}{4}\left(x-\frac{\sqrt{2}}{2}\right) + \frac{1}{4}}{\left(x-\frac{\sqrt{2}}{2}\right)^2 + \frac{1}{2}}\right)dx$$

$$= \frac{\sqrt{2}}{8}\log\left(\left(x+\frac{\sqrt{2}}{2}\right)^2 + \frac{1}{2}\right) + \frac{1}{4}\sqrt{2}\tan^{-1}\sqrt{2}\left(x+\frac{\sqrt{2}}{2}\right)$$

$$- \frac{\sqrt{2}}{8}\log\left(\left(x-\frac{\sqrt{2}}{2}\right)^2 + \frac{1}{2}\right) + \frac{1}{4}\sqrt{2}\tan^{-1}\sqrt{2}\left(x-\frac{\sqrt{2}}{2}\right)$$

$$= \frac{1}{4\sqrt{2}}\log\left|\frac{x^2+\sqrt{2}\,x+1}{x^2-\sqrt{2}\,x+1}\right| + \frac{1}{2\sqrt{2}}\tan^{-1}\frac{\sqrt{2}\,x}{1-x^2}$$

ただし，$\tan^{-1}\alpha + \tan^{-1}\beta = \tan^{-1}\dfrac{\alpha+\beta}{1-\alpha\cdot\beta}$ ($\alpha\cdot\beta<1$ が必要十分) を用いた．

別解：2 つの積分 $\displaystyle\int\frac{x^2-1}{x^4+1}dx$, $\displaystyle\int\frac{x^2+1}{x^4+1}dx$ を考える．$\left(x+\dfrac{1}{x}=t\ \text{とおく}\right)$

$$\int\frac{x^2-1}{x^4+1}dx = \int\frac{1-\frac{1}{x^2}}{\left(x+\frac{1}{x}\right)^2-2}dx = \int\frac{dt}{t^2-2} = \int\frac{1}{(t-\sqrt{2})(t+\sqrt{2})}dt$$

$$= \frac{1}{2\sqrt{2}}\int\left(\frac{1}{t-\sqrt{2}} - \frac{1}{t+\sqrt{2}}\right)dt = \frac{1}{2\sqrt{2}}\log\left|\frac{t-\sqrt{2}}{t+\sqrt{2}}\right|$$

$$= \frac{1}{2\sqrt{2}}\log\left|\frac{x^2-\sqrt{2}\,x+1}{x^2+\sqrt{2}\,x+1}\right|$$

次に，$\left(x-\dfrac{1}{x}=t\ \text{とおくと}\right)$

$$\int\frac{x^2+1}{x^4+1}dx = \int\frac{1+\frac{1}{x^2}}{\left(x-\frac{1}{x}\right)^2+2}dx = \int\frac{dt}{t^2+2} = \frac{1}{\sqrt{2}}\tan^{-1}\frac{t}{\sqrt{2}}$$

$$= \frac{1}{\sqrt{2}} \tan^{-1}\left(\frac{1}{\sqrt{2}}\left(x - \frac{1}{x}\right)\right)$$

である．よって，2 つの不定積分の和と差を考えて

$$\boxed{\begin{aligned}\int \frac{1}{x^4+1} dx &= \frac{1}{2\sqrt{2}} \tan^{-1} \frac{x^2-1}{\sqrt{2}\,x} + \frac{1}{4\sqrt{2}} \log\left|\frac{x^2+\sqrt{2}\,x+1}{x^2-\sqrt{2}\,x+1}\right| \\ \int \frac{x^2}{x^4+1} dx &= \frac{1}{2\sqrt{2}} \tan^{-1} \frac{x^2-1}{\sqrt{2}\,x} - \frac{1}{4\sqrt{2}} \log\left|\frac{x^2+\sqrt{2}\,x+1}{x^2-\sqrt{2}\,x+1}\right| \end{aligned}}$$

をえる．上の答えと $\tan^{-1}$ の分母と分子が逆で符号が異なる．これは $\tan x + \tan \frac{1}{x} = \frac{\pi}{2} \cdot \mathrm{sgn}(x),\ x \neq 0$（第 1 章：演習問題 [B]18）が理由．
一般に

$$\boxed{\int \frac{1}{x^4+a^4} dx = \frac{1}{4\sqrt{2}\,a^3}\left[\log\left|\frac{x^2+\sqrt{2}\,ax+a^2}{x^2-\sqrt{2}\,ax+a^2}\right| + 2\tan^{-1}\frac{\sqrt{2}\,ax}{a^2-x^2}\right]}$$

(4) $\displaystyle I = \int \frac{4x+3}{(4x^2+3)^3} dx = \int \frac{\frac{1}{2}\cdot 8x + 3}{(4x^2+3)^3} dx = \frac{1}{2}\cdot\frac{-\frac{1}{2}}{(4x^2+3)^2} + \int \frac{3}{(4x^2+3)^3} dx$

$\displaystyle = -\frac{1}{4}\cdot\frac{1}{(4x^2+3)^2} + \frac{3}{4^3}\int \frac{1}{\left(x^2+\frac{3}{4}\right)^3} dx$ とおく．

$\displaystyle I_n = \int \frac{1}{\left(x^2+\frac{3}{4}\right)^n} dx$ とおいて，部分積分をすると

$$I_n = \int \frac{x'}{\left(x^2+\frac{3}{4}\right)^n} dx = \frac{x}{\left(x^2+\frac{3}{4}\right)^n} + 2n\int \frac{x^2}{\left(x^2+\frac{3}{4}\right)^{n+1}} dx$$

$$= \frac{x}{\left(x^2+\frac{3}{4}\right)^n} + 2n\int \frac{x^2+\frac{3}{4}-\frac{3}{4}}{\left(x^2+\frac{3}{4}\right)^{n+1}} dx = \frac{x}{\left(x^2+\frac{3}{4}\right)^n} + 2n\left(I_n - \frac{3}{4}I_{n+1}\right)$$

$$I_{n+1} = \frac{2}{3n}\left(\frac{x}{\left(x^2+\frac{3}{4}\right)^n} + (2n-1)I_n\right) \quad \text{(定理 3.4 の漸化式参照)}$$

となるから，

$$I_3 = \frac{1}{3}\left(\frac{x}{\left(x^2+\frac{3}{4}\right)^2} + 3I_2\right), \quad I_2 = \frac{2}{3}\left(\frac{x}{x^2+\frac{3}{4}} + I_1\right),$$

$$I_1 = \int \frac{1}{x^2 + \frac{3}{4}} dx = \frac{2}{\sqrt{3}} \tan^{-1} \frac{2}{\sqrt{3}} x$$

であるから

$$I = -\frac{1}{4} \cdot \frac{1}{(4x^2+3)^2} + \frac{1}{4} \cdot \frac{x}{(4x^2+3)^2} + \frac{1}{8} \cdot \frac{x}{4x^2+3} + \frac{1}{16\sqrt{3}} \tan^{-1} \frac{2}{\sqrt{3}} x$$

(5) $\displaystyle \int \frac{x^4}{(x^2+1)^5} dx = \int x^3 \left(\frac{-\frac{1}{8}}{(x^2+1)^4} \right)' dx$

$$= -\frac{1}{8} \cdot \frac{x^3}{(x^2+1)^4} + \frac{3}{8} \int x^2 \cdot \frac{1}{(x^2+1)^4} dx$$

$$= -\frac{1}{8} \cdot \frac{x^3}{(x^2+1)^4} + \frac{3}{8} \int x \left(\frac{-\frac{1}{6}}{(x^2+1)^3} \right)' dx$$

$$= -\frac{1}{8} \cdot \frac{x^3}{(x^2+1)^4} - \frac{1}{16} \cdot \frac{x}{(x^2+1)^3} + \frac{1}{16} \int \frac{1}{(x^2+1)^3} dx$$

$I_n = \displaystyle\int \frac{1}{(x^2+1)^n} dx$ とおくと，((4) と同様である) 定理 3.4 より

$$I_3 = \frac{1}{4}\left(\frac{x}{(x^2+1)^2} + 3I_2 \right), \quad I_2 = \frac{1}{2}\left(\frac{x}{x^2+1} + I_1 \right), \quad I_1 = \int \frac{1}{x^2+1} = \tan^{-1} x$$

であるから

$$I_3 = \frac{x}{4(x^2+1)^2} + \frac{3}{8} \cdot \frac{x}{x^2+1} + \frac{3}{8} \tan^{-1} x$$

よって，$\displaystyle \int \frac{x^4}{(x^2+1)^5} dx = -\frac{1}{8} \cdot \frac{x^3}{(x^2+1)^4} - \frac{1}{16} \cdot \frac{x}{(x^2+1)^3} + \frac{1}{64} \cdot \frac{x}{(x^2+1)^2}$

$$+ \frac{3}{128} \cdot \frac{x}{x^2+1} + \frac{3}{128} \tan^{-1} x$$

(6) $\displaystyle \frac{x^3 - 7x + 4}{x^2 + 3x + 2} = x - 3 + \frac{10}{x^2 + 3x + 2} = x - 3 + \frac{10}{(x+1)(x+2)}$

$$= x - 3 + 10\left(\frac{1}{x+1} - \frac{1}{x+2} \right)$$

から

$$\int \frac{x^3 - 7x + 4}{x^2 + 3x + 2} dx = \int \left(x - 3 + 10\left(\frac{1}{x+1} - \frac{1}{x+2} \right) \right) dx$$

$$= \frac{1}{2}(x-3)^2 + 10(\log|x+1| - \log|x+2|) = \frac{1}{2}(x-3)^2 + 10\log\left|\frac{x+1}{x+2}\right|$$

問題 3.2.2

(1), (2) ともに，$\tan \dfrac{x}{2} = t$ とおくと，

$$\sin x = \frac{2t}{1+t^2}, \quad \cos x = \frac{1-t^2}{1+t^2}, \quad x = 2\tan^{-1} t, \quad \frac{dx}{dt} = \frac{2}{1+t^2}$$

であるから

(1) $\displaystyle\int \frac{1}{2+\cos x}dx = \int \frac{1}{2+\dfrac{1-t^2}{1+t^2}}\cdot \frac{2}{1+t^2}dt = \int \frac{2dt}{t^2+3}$

$\displaystyle = \frac{2}{\sqrt{3}}\tan^{-1}\frac{t}{\sqrt{3}} = \frac{2}{\sqrt{3}}\tan^{-1}\frac{\tan\frac{x}{2}}{\sqrt{3}}$

(2) $\displaystyle\int \frac{\sin x}{\cos x(1+\sin x)}dx = \int \frac{\dfrac{2t}{1+t^2}}{\dfrac{1-t^2}{1+t^2}\left(1+\dfrac{2t}{1+t^2}\right)}\cdot \frac{2}{1+t^2}dt$

$\displaystyle = \int \frac{4t}{(1-t^2)(t^2+2t+1)}dt = \int \frac{4t}{(1-t)(t+1)^3}dt$

$\displaystyle = \int \left(\frac{\dfrac{1}{2}}{t+1}+\frac{1}{(t+1)^2}+\frac{-2}{(t+1)^3}+\frac{-\dfrac{1}{2}}{t-1}\right)dt$

$\displaystyle = \frac{1}{2}\log|t+1|-\frac{1}{t+1}+\frac{1}{(t+1)^2}-\frac{1}{2}\log|t-1|$

$\displaystyle = \frac{1}{2}\log\left|\tan\frac{x}{2}+1\right|-\frac{1}{\tan\dfrac{x}{2}+1}+\frac{1}{\left(\tan\dfrac{x}{2}+1\right)^2}-\frac{1}{2}\log\left|\tan\frac{x}{2}-1\right|$

問題 3.2.3

$e^x = t$ と変換すると，$\dfrac{dt}{dx} = e^x = t$ より $\dfrac{dx}{dt} = \dfrac{1}{t}$ だから

(1) $\displaystyle\int \frac{1}{3e^x+e^{-x}+1}dx = \int \frac{e^x}{3e^{2x}+1+e^x}dx$

$\displaystyle = \int \frac{dt}{3t^2+1+t} = \int \frac{dt}{3\left(t+\dfrac{1}{6}\right)^2+\dfrac{11}{12}} = \frac{1}{3}\int \frac{dt}{\left(t+\dfrac{1}{6}\right)^2+\dfrac{11}{36}}$

$\displaystyle = \frac{1}{3}\cdot\sqrt{\frac{36}{11}}\tan^{-1}\left(\sqrt{\frac{36}{11}}\cdot\left(t+\frac{1}{6}\right)\right) = \frac{2}{\sqrt{11}}\tan^{-1}\left(\frac{6}{\sqrt{11}}\left(t+\frac{1}{6}\right)\right)$

$\displaystyle = \frac{2}{\sqrt{11}}\tan^{-1}\left(\frac{1}{\sqrt{11}}(6e^x+1)\right)$

(2) $\displaystyle\int \left(e^x+e^{-x}\right)^5 dx = \int (e^{5x}+5e^{3x}+10e^x+10e^{-x}+5e^{-3x}+e^{-5x})dx$

$\displaystyle = \frac{1}{5}e^{5x}+\frac{5}{3}e^{3x}+10e^x-10e^{-x}-\frac{5}{3}e^{-3x}-\frac{1}{5}e^{-5x}$

(3) $\displaystyle\int \frac{dx}{(e^{2x}+e^{-x})^2} = \int \frac{1}{\left(t^2+\dfrac{1}{t}\right)^2}\cdot\frac{1}{t}dt = \int \frac{t}{(t^3+1)^2}dt$

$\displaystyle = \int \frac{1}{3t}\cdot\left(-\frac{1}{t^3+1}\right)'dt \quad (\text{部分積分})$

$\displaystyle = -\frac{1}{3t}\cdot\frac{1}{t^3+1}-\int \frac{-1}{3t^2}\cdot\left(-\frac{1}{t^3+1}\right)dt$

$$= -\frac{1}{3t(t^3+1)} - \frac{1}{3}\int\left(\frac{1}{t^2} - \frac{t}{t^3+1}\right)dt$$

$$= -\frac{1}{3t(t^3+1)} + \frac{1}{3t} + \frac{1}{3}\int\frac{t}{t^3+1}dt$$

ところで，

$$\int\frac{t}{t^3+1}dt = \int\left(\frac{-\dfrac{1}{3}}{t+1} + \dfrac{\dfrac{1}{3}(t+1)}{t^2-t+1}\right)dt$$

$$= -\frac{1}{3}\log|t+1| + \frac{1}{3}\int\frac{\dfrac{1}{2}(2t-1) + \dfrac{3}{2}}{t^2-t+1}dt$$

$$= -\frac{1}{3}\log|t+1| + \frac{1}{3}\cdot\frac{1}{2}\log|t^2-t+1| + \frac{1}{2}\int\frac{dt}{\left(t-\dfrac{1}{2}\right)^2 + \dfrac{3}{4}}$$

$$= -\frac{1}{3}\log|t+1| + \frac{1}{6}\log|t^2-t+1| + \frac{1}{2}\sqrt{\frac{4}{3}}\tan^{-1}\left(\sqrt{\frac{4}{3}}\left(t-\frac{1}{2}\right)\right)$$

以上より

$$\int\frac{dx}{(e^{2x}+e^{-x})^2} = -\frac{1}{3t(t^3+1)} + \frac{1}{3t} - \frac{1}{9}\log|t+1|$$

$$+ \frac{1}{18}\log|t^2-t+1| + \frac{1}{3\sqrt{3}}\tan^{-1}\left(\frac{1}{\sqrt{3}}(2t-1)\right)$$

$$= -\frac{1}{3e^x(e^{3x}+1)} + \frac{1}{3e^x} - \frac{1}{9}\log|e^x+1| + \frac{1}{18}\log|e^{2x}-e^x+1|$$

$$+ \frac{1}{3\sqrt{3}}\tan^{-1}\left(\frac{1}{\sqrt{3}}(2e^x-1)\right)$$

問題 3.2.4

(1) $\sqrt{\dfrac{1+x}{1-x}} = t$ とおくと $x = \dfrac{t^2-1}{t^2+1} = 1 + \dfrac{-2}{t^2+1}$, $dx = \dfrac{4t}{(t^2+1)^2}dt$ だから

$$\int\sqrt{\frac{1+x}{1-x}}dx = \int t\cdot\frac{4t}{(t^2+1)^2}dt$$

$$= \int\frac{4t^2}{(t^2+1)^2}dt = \int(-2t)\left(\frac{1}{t^2+1}\right)'dt = \frac{-2t}{t^2+1} - \int\frac{-2}{t^2+1}dt$$

$$= \frac{-2t}{t^2+1} + 2\tan^{-1}t = 2\tan^{-1}\sqrt{\frac{1+x}{1-x}} - \sqrt{(1+x)(1-x)}$$

(2) $\sqrt{1+x} = t$ とおくと，$1+x = t^2$, $\dfrac{dx}{dt} = 2t$ であるから

$$\int\frac{1}{(3+x)\sqrt{1+x}}dx = \int\frac{1}{(t^2+2)t}\cdot 2t\,dt = \int\frac{2}{t^2+2}dt = 2\cdot\frac{1}{\sqrt{2}}\tan^{-1}\frac{t}{\sqrt{2}}$$

$$= \sqrt{2}\tan^{-1}\sqrt{\frac{1+x}{2}}$$

問題 3.2.5

(1) $a > 0$ のとき，$\sqrt{ax^2+bx+c} = t - \sqrt{a}\,x$ とする．両辺を 2 乗して，

$$ax^2 + bx + c = t^2 - 2\sqrt{a}\,tx + ax^2, \quad x = \frac{t^2 - c}{b + 2\sqrt{a}\,t},$$

$$\frac{dx}{dt} = \frac{2\sqrt{a}\,t^2 + 2bt + 2c\sqrt{a}}{(2\sqrt{a}\,t + b)^2}, \quad \sqrt{ax^2+bx+c} = t - \sqrt{a}\,x = \frac{\sqrt{a}\,t^2 + bt + c\sqrt{a}}{2\sqrt{a}\,t + b}$$

である．よって，$R(x,y)$ は有理関数だから

$$\int R(x, \sqrt{ax^2+bx+c})dx$$
$$= \int R\left(\frac{t^2-c}{b+2\sqrt{a}\,t}, \frac{\sqrt{a}\,t^2+bt+c\sqrt{a}}{2\sqrt{a}\,t+b}\right)\frac{2\sqrt{a}\,t^2+2bt+2c\sqrt{a}}{(2\sqrt{a}\,t+b)^2}dt$$

で，t に関する有理関数となるから，被積分関数も有理関数となる．よって証明された．

(2) $a < 0$ のとき，$\sqrt{\dfrac{x-\alpha}{\beta-x}} = t$ より，$\dfrac{x-\alpha}{\beta-x} = t^2$, $x = \beta + \dfrac{\alpha-\beta}{t^2+1}$, $\dfrac{dx}{dt} = \dfrac{2(\beta-\alpha)t}{(t^2+1)^2}$
であり，

$$\sqrt{ax^2+bx+c} = \sqrt{a(x-\alpha)(x-\beta)} = \sqrt{\frac{x-\alpha}{\beta-x}(-a)(x-\beta)^2}$$
$$= \sqrt{-a}\cdot|x-\beta|t = \sqrt{-a}\left|\frac{\alpha-\beta}{t^2+1}\right|t = (\beta-\alpha)\sqrt{-a}\cdot\frac{t}{t^2+1}$$

よって，$R(x,y)$ は有理関数で

$$\int R(x, \sqrt{ax^2+bx+c})dx$$
$$= \int R\left(\beta + \frac{\alpha-\beta}{t^2+1}, (\beta-\alpha)\sqrt{-a}\cdot\frac{t}{t^2+1}\right)\frac{2(\beta-\alpha)t}{(t^2+1)^2}dt$$

で，t に関する有理関数となるから，被積分関数も有理関数となる．よって証明される．

問題 3.2.6

(1) $\sqrt{x^2-x+1} = t - x$ とおくと，$x = \dfrac{t^2-1}{2t-1}$, $\dfrac{dx}{dt} = \dfrac{2t^2-2t+2}{(2t-1)^2}$ より

$$\int \frac{dx}{(x+1)\sqrt{1-x+x^2}} = \int \frac{2t-1}{t^2+2t-2}\cdot\frac{1}{t-x}\cdot\frac{2t^2-2t+2}{(2t-1)^2}\,dt$$
$$= \int \frac{2t-1}{t^2+2t-2}\cdot\frac{2t-1}{t^2-t+1}\cdot\frac{2(t^2-t+1)}{(2t-1)^2}\,dt = \int \frac{2}{t^2+2t-2}\,dt$$
$$= \int \frac{2\,dt}{(t+1)^2-3} = \frac{1}{\sqrt{3}}\int\left(\frac{1}{t+1-\sqrt{3}} - \frac{1}{t+1+\sqrt{3}}\right)dt$$
$$= \frac{1}{\sqrt{3}}\left(\log|t+1-\sqrt{3}| - \log|t+1+\sqrt{3}|\right)$$

$$= \frac{1}{\sqrt{3}} \log \left| \frac{t+1-\sqrt{3}}{t+1+\sqrt{3}} \right| = \frac{1}{\sqrt{3}} \log \left| \frac{\sqrt{x^2-x+1}+x+1-\sqrt{3}}{\sqrt{x^2-x+1}+x+1+\sqrt{3}} \right|$$

(2) $x + \sqrt{x^2+2} = t$ とおくと, $\sqrt{x^2+2} = t - x$ より $x = \dfrac{t^2-2}{2t}$, $\dfrac{dx}{dt} = \dfrac{t^2+2}{2t^2}$ だから

$$\int \sqrt{x+\sqrt{x^2+2}}\, dx = \int \sqrt{t}\, \frac{t^2+2}{2t^2}\, dt = \frac{1}{2} \int \left(t^{\frac{1}{2}} + 2t^{-\frac{3}{2}} \right) dt$$

$$= \frac{1}{2} \left[\frac{2}{3} t^{\frac{3}{2}} - 4t^{-\frac{1}{2}} \right] = \frac{1}{3} \left(x + \sqrt{x^2+2} \right)^{\frac{3}{2}} - 2\left(x + \sqrt{x^2+2} \right)^{-\frac{1}{2}}$$

(3) $\sqrt{1+x^2} = t$ とおくと, $x^2 = t^2 - 1$ より $2x\, dx = 2t\, dt$ だから

$$\int x^3 \sqrt{1+x^2}\, dx = \int x^2 \sqrt{1+x^2} \cdot x\, dx = \int (t^2-1)\, t \cdot t\, dt = \int (t^4 - t^2)\, dt$$

$$= \frac{1}{5}(1+x^2)^{\frac{5}{2}} - \frac{1}{3}(1+x^2)^{\frac{3}{2}}$$

問題 3.3.1

区間 $[a,b]$ での分割 Δ を $\Delta: a = x_0 < x_1 < \ldots < x_{n-1} < x_n = b$, $\Delta x_i = x_i - x_{i-1}$ とする. $i = 1, 2, \ldots, n$ に対して, 各区間 $[x_{i-1}, x_i]$ には, 有理数と無理数が無数にあるから, 任意の $\xi_i \in (x_{i-1}, x_i)$ として, すべて有理数を選んで近似和 S_1 を求めると

$$S_1 = \sum_{i=1}^{n} f(\xi_i) \Delta x_i = \sum_{i=1}^{n} 1 \cdot \Delta x_i = b - a$$

また, $\xi_i \in (x_{i-1}, x_i)$ として, すべて無理数を選んで近似和 S_2 を求めると

$$S_2 = \sum_{i=1}^{n} f(\xi_i) \Delta x_i = \sum_{i=1}^{n} (-1) \cdot \Delta x_i = a - b \neq b - a$$

よって, ξ_i の選び方により, 近似和 S_1, S_2 が異なるから, 積分可能ではない.

問題 3.3.2

(1) $\sqrt{1-x} = t$ とおくと, $1 - x = t^2$, $-\dfrac{dx}{dt} = 2t$ で $x: 0 \to 1$ のとき $t: 1 \to 0$ より

$$\int_0^1 (x+1)\sqrt{1-x}\, dx = \int_1^0 (2-t^2) \cdot t \cdot (-2t) dt$$

$$= 2 \int_0^1 (2t^2 - t^4) dt = 2 \left[\frac{2}{3} t^3 - \frac{1}{5} t^5 \right]_0^1 = \frac{14}{15}$$

(2) 公式 $\displaystyle \int \sqrt{x^2 + A}\, dx = \frac{1}{2} \left(x \sqrt{x^2+A} + A \log(x + \sqrt{x^2+A}) \right)$ を用いる.

$$\int_{-1}^{1} \sqrt{x^2+x+3}\, dx = \int_{-1}^{1} \sqrt{\left(x+\frac{1}{2}\right)^2 + \frac{11}{4}}\, dx$$

$$= \frac{1}{2} \left[\left(x+\frac{1}{2}\right) \sqrt{x^2+x+3} + \frac{11}{4} \log \left| x + \frac{1}{2} + \sqrt{x^2+x+3} \right| \right]_{-1}^{1}$$

$$= \frac{1}{2}\left\{\frac{3}{2}\sqrt{5} + \frac{11}{4}\log\left(\frac{3}{2}+\sqrt{5}\right) - \left(-\frac{1}{2}\sqrt{3}+\frac{11}{4}\log\left(-\frac{1}{2}+\sqrt{3}\right)\right)\right\}$$

$$= \frac{1}{2}\left\{\frac{3}{2}\sqrt{5}+\frac{1}{2}\sqrt{3}+\frac{11}{4}\log\frac{2\sqrt{5}+3}{2\sqrt{3}-1}\right\} = \frac{3}{4}\sqrt{5}+\frac{1}{4}\sqrt{3}+\frac{11}{8}\log\frac{2\sqrt{5}+3}{2\sqrt{3}-1}$$

(3) 部分積分を 2 回おこなう

$$\int_0^1 x^2 e^{-x}dx = \left[-x^2 e^{-x}\right]_0^1 + \int_0^1 2xe^{-x}dx = -e^{-1} + 2\left\{\left[-xe^{-x}\right]_0^1 + \int_0^1 e^{-x}dx\right\}$$

$$= -3e^{-1} + 2\left[-e^{-x}\right]_0^1 = 2 - 5e^{-1}$$

(4) $\int_0^1 x\cos x\, dx = \left[x\sin x\right]_0^1 - \int_0^1 \sin x\, dx = \sin 1 + \left[\cos x\right]_0^1 = \sin 1 + \cos 1 - 1$

問題 **3.4.1**

(1) $t = \sqrt{\dfrac{x}{1-x}}$ とおくと, $x = \dfrac{t^2}{t^2+1} = 1 - \dfrac{1}{t^2+1}$. $x:0\to 1$ のとき $t:0\to\infty$,

$dx = -\left(\dfrac{1}{t^2+1}\right)' dt$ より

$$\int_0^1 \sqrt{\frac{x}{1-x}}\,dx = \int_0^\infty t\left(\frac{-1}{t^2+1}\right)' dt = \left[t\cdot\frac{-1}{t^2+1}\right]_0^\infty - \int_0^\infty \frac{-1}{t^2+1}\,dt$$

$$= \int_0^\infty \frac{1}{1+t^2}\,dt = \left[\tan^{-1} t\right]_0^\infty = \frac{\pi}{2}$$

(2) $\int_0^{\frac{\pi}{2}} \dfrac{1}{\sin x}dx = \int_0^{\frac{\pi}{2}} \dfrac{\sin x}{\sin^2 x}dx = \int_0^{\frac{\pi}{2}} \dfrac{\sin x}{1-\cos^2 x}dx$ ($t = \cos x$ とおく)

$$= \lim_{y\to 1-}\int_0^y \frac{dt}{1-t^2} = \frac{1}{2}\lim_{y\to 1-}\int_0^y \left(\frac{1}{1-t}+\frac{1}{1+t}\right)dt$$

$$= \frac{1}{2}\lim_{y\to 1-}(\log|1+y|-\log|1-y|) = \infty$$

(3) $\int_0^t \dfrac{x^2}{1+x^4}dx = \int_0^t \dfrac{x^2}{(x^2+1)^2-2x^2}dx$ (問題 3.2.1 (3) 別解参照)

$$= \int_0^t \frac{x^2}{(x^2-\sqrt{2}\,x+1)(x^2+\sqrt{2}\,x+1)}dx$$

$$= \int_0^t \left(\frac{\frac{1}{2\sqrt{2}}x}{x^2-\sqrt{2}\,x+1} - \frac{\frac{1}{2\sqrt{2}}x}{x^2+\sqrt{2}\,x+1}\right)dx$$

$$= \frac{1}{2\sqrt{2}}\int_0^t \left(\frac{\frac{1}{2}(2x-\sqrt{2})+\frac{\sqrt{2}}{2}}{x^2-\sqrt{2}\,x+1} - \frac{\frac{1}{2}(2x+\sqrt{2})-\frac{\sqrt{2}}{2}}{x^2+\sqrt{2}\,x+1}\right)dx$$

$$= \frac{1}{2\sqrt{2}}\left(\frac{1}{2}\log|t^2-\sqrt{2}\,t+1| + \int_0^t \frac{\frac{\sqrt{2}}{2}}{x^2-\sqrt{2}\,x+1}dx\right.$$

$$-\frac{1}{2}\log|t^2 + \sqrt{2}\,t + 1| + \int_0^t \frac{\frac{\sqrt{2}}{2}}{x^2 + \sqrt{2}\,x + 1}dx\Bigg)$$

$$= \frac{1}{2\sqrt{2}}\Bigg(\frac{1}{2}\log\left|\frac{t^2 - \sqrt{2}\,t + 1}{t^2 + \sqrt{2}\,t + 1}\right|$$

$$+ \frac{\sqrt{2}}{2}\int_0^t \frac{dx}{\left(x - \frac{\sqrt{2}}{2}\right)^2 + \frac{1}{2}} + \frac{\sqrt{2}}{2}\int_0^t \frac{dx}{\left(x + \frac{\sqrt{2}}{2}\right)^2 + \frac{1}{2}}\Bigg)$$

$$= \frac{1}{4\sqrt{2}}\log\left|\frac{t^2 - \sqrt{2}\,t + 1}{t^2 + \sqrt{2}\,t + 1}\right|$$

$$+ \frac{1}{4}\left[\sqrt{2}\tan^{-1}\left(\sqrt{2}\left(x - \frac{\sqrt{2}}{2}\right)\right) + \sqrt{2}\tan^{-1}\left(\sqrt{2}\left(x + \frac{\sqrt{2}}{2}\right)\right)\right]_0^t$$

$$\longrightarrow \frac{1}{4}\cdot\sqrt{2}\cdot\left(\frac{\pi}{2} + \frac{\pi}{2}\right) = \frac{\sqrt{2}}{4}\pi \quad (t \to \infty)$$

(4) $I = \int e^{-x}\cos x\,dx$ を求めるために, 部分積分を 2 回する.

$$I = -e^{-x}\cos x + \int e^{-x}(-\sin x)dx$$

$$= -e^{-x}\cos x - \left\{-e^{-x}\sin x + \int e^{-x}\cos x\,dx\right\} = -e^{-x}(\cos x - \sin x) - I$$

であるから, $I = \frac{1}{2}e^{-x}(\sin x - \cos x)$ となる. よって,

$$\int_0^\infty e^{-x}\cos x\,dx = \lim_{t\to\infty}\int_0^t e^{-x}\cos x\,dx = \lim_{t\to\infty}\left[\frac{1}{2}e^{-x}(\sin x - \cos x)\right]_0^t$$

$$= \frac{1}{2}\lim_{t\to\infty}e^{-t}(\sin t - \cos t) + \frac{1}{2} = \frac{1}{2}$$

問題 3.5.1

(1) $y = 2x^2 - 1$ と $y = -x + 2$ との交点の x 座標は

$$2x^2 - 1 = -x + 2, \quad 2x^2 + x - 3 = 0, \quad (x-1)(2x+3) = 0, \quad x = 1, -\frac{3}{2}$$

である. よって,

$$面積 = \int_{-\frac{3}{2}}^1 \left((-x+2) - (2x^2-1)\right)dx = -\int_{-\frac{3}{2}}^1 (2x^2 + x - 3)dx$$

$$= -\int_{-\frac{3}{2}}^1 (2x+3)(x-1)dx = -\int_{-\frac{3}{2}}^1 (2(x-1)+5)(x-1)dx$$

$$= -\int_{-\frac{3}{2}}^{1} \Big((2(x-1)^2 + 5(x-1) \Big) dx$$

$$= -\Big[\frac{2}{3}(x-1)^3 + \frac{5}{2}(x-1)^2 \Big]_{-\frac{3}{2}}^{1} = \frac{2}{3} \cdot \left(-\frac{5}{2}\right)^3 + \frac{5}{2} \cdot \left(\frac{-5}{2}\right)^2 = \frac{125}{24}$$

(2) 曲線はつねに $y \geqq 0$ であるから,

$$面積 = \int_0^{\frac{\pi}{2}} (\cos^2 x + 1) dx = \int_0^{\frac{\pi}{2}} \left(\frac{1}{2}(1 + \cos 2x) + 1 \right) dx = \Big[\frac{3}{2}x + \frac{1}{4} \sin 2x \Big]_0^{\frac{\pi}{2}} = \frac{3}{4}\pi$$

(3) $面積 = \int_0^1 y dx = \int_0^1 (1 - \sqrt{x})^2 dx = \int_0^1 (1 - 2\sqrt{x} + x) dx = \Big[x - \frac{4}{3}x^{\frac{3}{2}} + \frac{1}{2}x^2 \Big]_0^1 = \frac{1}{6}$

問題 3.5.2

$r = f(\theta) = a(1 + \cos \theta)$ だから,

$$面積 = \frac{1}{2} \int_0^{2\pi} f(\theta)^2 d\theta = \frac{1}{2} \int_0^{2\pi} a^2 (1 + \cos \theta)^2 d\theta$$

$$= \frac{a^2}{2} \int_0^{2\pi} (1 + 2\cos \theta + \cos^2 \theta) d\theta = \frac{a^2}{2} \int_0^{2\pi} \left(1 + 2\cos \theta + \frac{1 + \cos 2\theta}{2} \right) d\theta$$

$$= \frac{a^2}{2} \Big[\frac{3}{2}\theta + 2\sin \theta + \frac{1}{4}\sin 2\theta \Big]_0^{2\pi} = \frac{3}{2}\pi a^2$$

問題 3.5.3

$x^2 + y^2 = a^2$ より, $y \geqq 0$ の部分の曲線は $y = f(x) = \sqrt{a^2 - x^2}$ であり, $f'(x) = \dfrac{-x}{\sqrt{a^2 - x^2}}$ であるから

$$球の体積 = \pi \int_{-a}^{a} f(x)^2 dx = \pi \int_{-a}^{a} (a^2 - x^2) dx = \pi \Big[a^2 x - \frac{1}{3}x^3 \Big]_{-a}^{a} = \frac{4}{3}\pi a^3$$

$$球の表面積 = 2\pi \int_{-a}^{a} f(x) \sqrt{1 + f'(x)^2}\, dx$$

$$= 2\pi \int_{-a}^{a} \sqrt{a^2 - x^2} \times \sqrt{1 + \frac{x^2}{a^2 - x^2}}\, dx = 2\pi \int_{-a}^{a} \sqrt{a^2}\, dx = 4\pi a^2$$

問題 3.5.4

$\phi(\alpha) = a$, $\phi(\beta) = b$ とする. $\phi'(t) = \dfrac{dx}{dt} \neq 0$ のとき, 逆関数 $t = \phi^{-1}(x)$ が存在する. $y = \psi(t) = \psi(\phi^{-1}(x)) = f(x)$ とおくと, $\dfrac{dy}{dx} \dfrac{dx}{dt} = \dfrac{dy}{dt}$ である. $\phi'(t) = \dfrac{dx}{dt} > 0$ のとき, $a < b$ より

$$\ell = \int_a^b \sqrt{1 + \left(\frac{dy}{dx}\right)^2}\, dx = \int_\alpha^\beta \sqrt{1 + \left(\frac{dy}{dx}\right)^2} \frac{dx}{dt} dt = \int_\alpha^\beta \sqrt{\left(\frac{dx}{dt}\right)^2 + \left(\frac{dy}{dt}\right)^2}\, dt$$

$\phi'(t) = \dfrac{dx}{dt} < 0$ のとき, $\alpha < \beta$ なので $a > b$ となる. よって, $\left| \dfrac{dx}{dt} \right| = -\dfrac{dx}{dt}$ より

$$\ell = \int_b^a \sqrt{1+\left(\frac{dy}{dx}\right)^2}\,dx = \int_\beta^\alpha \sqrt{1+\left(\frac{dy}{dx}\right)^2}\,\frac{dx}{dt}dt$$

$$= \int_\beta^\alpha \sqrt{\left(\frac{dx}{dt}\right)^2 + \left(\frac{dx}{dt}\right)^2\left(\frac{dy}{dx}\right)^2}\,(-1)dt = \int_\alpha^\beta \sqrt{\left(\frac{dx}{dt}\right)^2 + \left(\frac{dy}{dt}\right)^2}\,dt$$

$\psi'(t) = \dfrac{dy}{dt} \neq 0$ のときも，同様に示される．

つねに，$\phi'(t) = 0$, $\psi'(t) = 0$ のときは，t が変化しても点は変わらないので，$\ell = 0$ である．$\phi'(t) = 0$ または $\psi'(t) = 0$ になる場合は，それらの点で分けて，それぞれの長さを求めて和をとればよい．

問題 3.5.5

(1) 問題 3.5.1 を参考にする．長さを ℓ とすると，$y = 2x^2 - 1$ より $y' = 4x$.

$$\ell = \int_{-\frac{3}{2}}^1 \sqrt{1+y'^2}\,dx = \int_{-\frac{3}{2}}^1 \sqrt{1+16x^2}\,dx = \sqrt{16}\int_{-\frac{3}{2}}^1 \sqrt{x^2 + \frac{1}{16}}\,dx$$

$$= \sqrt{16}\left[\frac{1}{2}\left(x\sqrt{x^2 + \frac{1}{16}} + \frac{1}{16}\log\left|x + \sqrt{x^2 + \frac{1}{16}}\right|\right)\right]_{-\frac{3}{2}}^1$$

$$= \frac{\sqrt{17}}{2} + \frac{3}{4}\sqrt{37} + \frac{1}{8}\log\frac{\sqrt{17}+4}{\sqrt{37}-6}$$

(2) $x = \cos^4\theta,\ y = \sin^4\theta,\ 0 \leqq \theta \leqq \dfrac{\pi}{2}$ とおく．

$$\left(\frac{dx}{d\theta}\right)^2 + \left(\frac{dy}{d\theta}\right)^2 = (4\cos^3\theta(-\sin\theta))^2 + (4\sin^3\theta(\cos\theta))^2$$

$$= 16\sin^2\theta\cos^2\theta(\cos^4\theta + \sin^4\theta)$$

よって，

$$\ell = \int_0^{\frac{\pi}{2}} \sqrt{\left(\frac{dx}{d\theta}\right)^2 + \left(\frac{dy}{d\theta}\right)^2}\,d\theta = 4\int_0^{\frac{\pi}{2}} \sin\theta\cos\theta\sqrt{\cos^4\theta + \sin^4\theta}\,d\theta$$

($\sin^2\theta = t$ とおくと，$2\sin\theta\cos\theta d\theta = dt$ だから)

$$= 4\int_0^1 \sqrt{(1-t)^2 + t^2}\,\frac{dt}{2} = 2\int_0^1 \sqrt{2t^2 - 2t + 1}\,dt = 2\sqrt{2}\int_0^1 \sqrt{t^2 - t + \frac{1}{2}}\,dt$$

$$= 2\sqrt{2}\int_0^1 \sqrt{\left(t - \frac{1}{2}\right)^2 + \frac{1}{4}}\,dt$$

$$= 2\sqrt{2}\cdot\frac{1}{2}\left[\left(t - \frac{1}{2}\right)\sqrt{t^2 - t + \frac{1}{2}} + \frac{1}{4}\log\left|\left(t - \frac{1}{2}\right) + \sqrt{t^2 - t + \frac{1}{2}}\right|\right]_0^1$$

$$= 1 + \frac{\sqrt{2}}{2}\log|\sqrt{2}+1|$$

6.6 第3章:演習問題

1.

(1) $\displaystyle\int \frac{x+1}{x^2+x+1}dx = \int \left(\frac{\frac{1}{2}(2x+1)}{x^2+x+1} + \frac{\frac{1}{2}}{x^2+x+1}\right)dx$

$\displaystyle\qquad = \frac{1}{2}\log(x^2+x+1) + \frac{1}{2}\int \frac{dx}{(x+\frac{1}{2})^2 + \frac{3}{4}}$

$\displaystyle\qquad = \frac{1}{2}\log(x^2+x+1) + \frac{1}{2}\cdot\frac{1}{\sqrt{\frac{3}{4}}}\tan^{-1}\frac{x+\frac{1}{2}}{\sqrt{\frac{3}{4}}}$

$\displaystyle\qquad = \frac{1}{2}\log(x^2+x+1) + \frac{1}{\sqrt{3}}\tan^{-1}\frac{2x+1}{\sqrt{3}}$

(2) $\displaystyle I_n = \int \frac{1}{(1+x^2)^n}dx = \frac{x}{(1+x^2)^n} + \int \frac{2nx^2}{(1+x^2)^{n+1}}dx$

$\displaystyle\qquad = \frac{x}{(1+x^2)^n} + 2n\int\left(\frac{1+x^2}{(1+x^2)^{n+1}} - \frac{1}{(1+x^2)^{n+1}}\right)dx$

$\displaystyle\qquad = \frac{x}{(1+x^2)^n} + 2n(I_n - I_{n+1}),$

$\displaystyle I_{n+1} = \frac{1}{2n}\left(\frac{x}{(1+x^2)^n} + (2n-1)I_n\right), \quad I_1 = \int \frac{dx}{1+x^2} = \tan^{-1}x$

$\displaystyle I_3 = \frac{1}{4}\left(\frac{x}{(1+x^2)^2} + 3I_2\right) = \frac{x}{4(1+x^2)^2} + \frac{3}{4}\left(\frac{1}{2}\left(\frac{x}{1+x^2} + I_1\right)\right)$

$\displaystyle\qquad = \frac{x}{4(1+x^2)^2} + \frac{3}{8}\frac{x}{1+x^2} + \frac{3}{8}\tan^{-1}x$

(3) $\displaystyle\int \frac{dx}{\cos x} = \int \frac{\cos x}{\cos^2 x}dx = \int \frac{d(\sin x)}{1-\sin^2 x} = \int \frac{dt}{1-t^2}$ ($t=\sin x$ とおいた)

$\displaystyle\qquad = \frac{1}{2}\int\left(\frac{1}{1-t} + \frac{1}{1+t}\right)dt = \frac{1}{2}\left(-\log|1-t| + \log|1+t|\right)$

$\displaystyle\qquad = \frac{1}{2}\log\left|\frac{1+\sin x}{1-\sin x}\right|$

(4) $\sin 3x = \sin x \cos 2x + \cos x \sin 2x = \sin x(1-2\sin^2 x) + 2\cos x \sin x \cos x$

$\qquad = \sin x(1-2\sin^2 x) + 2\sin x(1-\sin^2 x) = 3\sin x - 4\sin^3 x$

より

$\displaystyle\int \sin^3 x\, dx = \frac{1}{4}\int(3\sin x - \sin 3x)dx = \frac{1}{4}\left(-3\cos x + \frac{1}{3}\cos 3x\right)$

$\displaystyle\qquad = \frac{1}{12}\cos 3x - \frac{3}{4}\cos x$

または

$\displaystyle\int \sin^3 x\, dx = -\int \sin^2 x\, d(\cos x) = -\int(1-\cos^2 x)d(\cos x) = -\cos x + \frac{1}{3}\cos^3 x$

(5) $\tan\dfrac{x}{2}=t$ とおくと, $\sin x=\dfrac{2t}{1+t^2}$, $\cos x=\dfrac{1-t^2}{1+t^2}$ となる. また, $x=2\tan^{-1}t$ から, $\dfrac{dx}{dt}=\dfrac{2}{1+t^2}$ である. よって,

$$\int\frac{\sin x}{1+\sin x}dx=\int\frac{\dfrac{2t}{1+t^2}}{1+\dfrac{2t}{1+t^2}}\cdot\frac{2}{1+t^2}dt=\int\frac{4t}{(t^2+2t+1)(t^2+1)}dt$$

$$=2\int\left(\frac{1}{t^2+1}-\frac{1}{t^2+2t+1}\right)dt=2\left(\tan^{-1}t+\frac{1}{t+1}\right)$$

$$=2\left(\tan^{-1}(\tan\frac{x}{2})+\frac{1}{1+\tan\frac{x}{2}}\right)=x+\frac{2}{1+\tan\frac{x}{2}}$$

(6) $\displaystyle\int\frac{(\sqrt{x}+1)^3}{\sqrt{x}}dx=\int\left(x+3\sqrt{x}+3+\frac{1}{\sqrt{x}}\right)dx=\frac{1}{2}x^2+2x^{\frac{3}{2}}+3x+2\sqrt{x}$

(7) $\displaystyle\int\frac{dx}{\sqrt{a+x}-\sqrt{x}}=\int\frac{\sqrt{a+x}+\sqrt{x}}{a}dx=\frac{2}{3a}\left((a+x)^{\frac{3}{2}}+x^{\frac{3}{2}}\right)$

(8) $\displaystyle\int(x+5)\sqrt{\frac{x+1}{2x+5}}\,dx$, $\sqrt{\dfrac{x+1}{2x+5}}=t$ とおくと

$$x=\frac{5t^2-1}{-2t^2+1}=-\frac{5}{2}-\frac{3}{2}\frac{1}{2t^2-1},\quad dx=\frac{3}{2}\cdot 4t\cdot\frac{1}{(2t^2-1)^2}\,dt$$

よって

$$\int(x+5)\sqrt{\frac{x+1}{2x+5}}\,dx=\int\left(\frac{5}{2}-\frac{3}{2}\frac{1}{2t^2-1}\right)t\cdot 6t\cdot\frac{1}{(2t^2-1)^2}\,dt$$

$$=\int\left(\frac{15t^2}{(2t^2-1)^2}-\frac{9t^2}{(2t^2-1)^3}\right)dt$$

$$=\int\left(\frac{\dfrac{15}{2}(2t^2-1)+\dfrac{15}{2}}{(2t^2-1)^2}-\frac{\dfrac{9}{2}(2t^2-1)+\dfrac{9}{2}}{(2t^2-1)^3}\right)dt$$

$$=\int\left(\frac{15}{2}\cdot\frac{1}{2t^2-1}+3\cdot\frac{1}{(2t^2-1)^2}-\frac{9}{2}\cdot\frac{1}{(2t^2-1)^3}\right)dt$$

$I_n=\displaystyle\int\frac{dt}{(a^2t^2-b^2)^n}$ とおいて

$$I_1=\frac{1}{2ab}\log\left|\frac{at-b}{at+b}\right|,\quad I_{n+1}=\frac{1}{2nb^2}\frac{-t}{(a^2t^2-b^2)^n}+\frac{1-2n}{2nb^2}I_n$$

より求まる.

詳しく解答する.

$$J_n=\int\frac{dt}{(b^2-a^2t^2)^n}=\frac{t}{(b^2-a^2t^2)^n}-\int\frac{t\cdot(-n)\cdot a^2\cdot(-2t)}{(b^2-a^2t^2)^{n+1}}\,dt$$

$$= \frac{t}{(b^2-a^2t^2)^n} + 2n\int \frac{(b^2-a^2t^2)-b^2}{(b^2-a^2t^2)^{n+1}}\,dt = \frac{t}{(b^2-at^2)^n} + 2n(J_n - b^2 J_{n+1})$$

$$J_{n+1} = \frac{1}{2nb^2}\frac{t}{(b^2-a^2t^2)^n} + \frac{2n-1}{2nb^2}J_n = \frac{1}{2n}\frac{t}{(1-2t^2)^n} + \frac{2n-1}{2n}J_n,$$

($a=\sqrt{2}$, $b=1$ とおいた.)

$$J_1 = \int \frac{dt}{b^2-a^2t^2} = \frac{1}{2b}\int\left(\frac{1}{b-at}+\frac{1}{b+at}\right)dt = \frac{1}{2ab}\log\left|\frac{b+at}{b-at}\right|$$

$$= \frac{1}{2\sqrt{2}}\log\left|\frac{1+\sqrt{2}\,t}{1-\sqrt{2}\,t}\right|,$$

$$J_2 = \frac{1}{2}\cdot\frac{t}{1-2t^2} + \frac{1}{2}J_1,$$

$$J_3 = \frac{1}{4}\cdot\frac{t}{(1-2t^2)^2} + \frac{3}{4}J_2 = \frac{1}{4}\cdot\frac{t}{(1-2t^2)^2} + \frac{3}{8}\cdot\frac{t}{1-2t^2} + \frac{3}{8}J_1$$

したがって

$$\int (x+5)\sqrt{\frac{x+1}{2x+5}}\,dx = -\frac{15}{2}J_1 + 3J_2 + \frac{9}{2}J_3$$

$$= -\frac{15}{2}J_1 + \left(\frac{3}{2}\frac{t}{1-2t^2} + \frac{3}{2}J_1\right) + \left(\frac{9}{8}\frac{t}{(1-2t^2)^2} + \frac{27}{16}\frac{t}{1-2t^2} + \frac{27}{16}J_1\right)$$

$$= \frac{9}{8}\frac{t}{(1-2t^2)^2} + \frac{51}{16}\frac{t}{1-2t^2} - \frac{69}{16}J_1 \quad \left(1-2t^2 = \frac{3}{2x+5}\ \text{より}\right)$$

$$= \frac{1}{8}(2x+5)^2\sqrt{\frac{x+1}{2x+5}} + \frac{17}{16}(2x+5)\sqrt{\frac{x+1}{2x+5}}$$

$$\quad -\frac{69}{16}\cdot\frac{1}{2\sqrt{2}}\log\left|\frac{1+\sqrt{2}\sqrt{\dfrac{x+1}{2x+5}}}{1-\sqrt{2}\sqrt{\dfrac{x+1}{2x+5}}}\right|$$

$$= \left(\frac{1}{8}(2x+5) + \frac{17}{16}\right)\sqrt{(x+1)(2x+5)} - \frac{69}{32\sqrt{2}}\log\left|\frac{\sqrt{2x+5}+\sqrt{2}\sqrt{x+1}}{\sqrt{2x+5}-\sqrt{2}\sqrt{x+1}}\right|$$

$$= \left(\frac{x}{4}+\frac{27}{16}\right)\sqrt{(x+1)(2x+5)} - \frac{69}{32\sqrt{2}}\log\left|\frac{4x+7+2\sqrt{2}\sqrt{x+1}\sqrt{2x+5}}{3}\right|$$

(分母の有理化)

$$= \left(\frac{x}{4}+\frac{27}{16}\right)\sqrt{(x+1)(2x+5)} - \frac{69}{32\sqrt{2}}\log\left|4x+7+2\sqrt{2}\sqrt{x+1}\sqrt{2x+5}\right|$$

(定数は積分定数(いつもなので書いていない)に含まれるから)

(9) $\displaystyle\int \frac{\sqrt{a^2-x^2}}{x}\,dx = \int \frac{\sqrt{a^2-x^2}}{x^2}x\,dx$

($\sqrt{a^2-x^2} = t$ とおくと $x^2 = a^2-t^2,\quad 2x\,dx = -2t\,dt$)

$$= \int \frac{t}{a^2 - t^2} \cdot (-tdt) = \int \frac{t^2}{t^2 - a^2} dt = \int \left(1 + \frac{a^2}{t^2 - a^2}\right) dt$$

$$= t + \frac{a}{2} \int \left(\frac{1}{t-a} - \frac{1}{t+a}\right) dt = t + \frac{a}{2} \left(\log|t-a| - \log|t+a|\right)$$

$$= \sqrt{a^2 - x^2} + \frac{a}{2} \log\left|\frac{\sqrt{a^2 - x^2} - a}{\sqrt{a^2 - x^2} + a}\right| = \sqrt{a^2 - x^2} + a \log\left|\frac{a - \sqrt{a^2 - x^2}}{x}\right|$$

(10) $x = a\tan\theta$ とおくと, $dx = a \cdot \dfrac{d\theta}{\cos^2\theta}$.

$$\int \frac{dx}{(a^2 + x^2)^{\frac{3}{2}}} = \int \frac{a}{(a^2 + a^2\tan^2\theta)^{\frac{3}{2}}} \frac{d\theta}{\cos^2\theta} = \frac{1}{a^2} \int \cos\theta d\theta = \frac{1}{a^2} \sin\theta$$

$$\sin\theta = \cos\theta \ \tan\theta = \sqrt{\frac{1}{1 + \tan^2\theta}} \tan\theta = \sqrt{\frac{1}{1 + \left(\frac{x}{a}\right)^2}} \cdot \frac{x}{a} = \sqrt{\frac{1}{a^2 + x^2}} \cdot x$$

より

$$\int \frac{dx}{(a^2 + x^2)^{\frac{3}{2}}} = \frac{x}{a^2} \sqrt{\frac{1}{a^2 + x^2}} = \frac{1}{a^2} \frac{x}{\sqrt{a^2 + x^2}}$$

(11) $\sqrt{x^8 + a^8} = t$ とおくと, $x^8 = t^2 - a^8$, $8x^7 dx = 2tdt$, $4x^7 dx = tdt$ だから

$$\int \frac{x^3}{\sqrt{x^8 + a^8}} dx = \int \frac{x^{-4}}{4t} (4x^7 dx) = \int \frac{tdt}{4t\sqrt{t^2 - a^8}} = \frac{1}{4} \int \frac{dt}{\sqrt{t^2 - a^8}}$$

$$= \frac{1}{4} \log\left|t + \sqrt{t^2 - a^8}\right| = \frac{1}{4} \log\left|\sqrt{x^8 + a^8} + x^4\right|$$

(12) $\displaystyle\int \frac{x^2}{\sqrt{x^2 + 1}} dx = \int x\left(\sqrt{x^2 + 1}\right)' dx = x\sqrt{x^2 + 1} - \int \sqrt{x^2 + 1}\, dx$

$$= x\sqrt{x^2 + 1} - \frac{1}{2}\left(x\sqrt{x^2 + 1} + \log\left|x + \sqrt{x^2 + 1}\right|\right)$$

$$= \frac{1}{2}\left(x\sqrt{x^2 + 1} - \log\left|x + \sqrt{x^2 + 1}\right|\right)$$

(13) $\displaystyle\int x\sin^{-1} x dx = \frac{1}{2}x^2 \sin^{-1} x - \int \frac{1}{2} x^2 \cdot \frac{dx}{\sqrt{1 - x^2}}$

$$= \frac{1}{2}x^2 \sin^{-1} x + \int \frac{1}{2}x \left(\sqrt{1 - x^2}\right)' dx$$

$$= \frac{1}{2}x^2 \sin^{-1} x + \frac{1}{2}x\sqrt{1 - x^2} - \int \frac{1}{2}\sqrt{1 - x^2} dx$$

$$= \frac{1}{2}x^2 \sin^{-1} x + \frac{1}{2}x\sqrt{1 - x^2} - \frac{1}{4}(x\sqrt{1 - x^2} + \sin^{-1} x)$$

$$= \frac{1}{2}x^2 \sin^{-1} x + \frac{1}{4}x\sqrt{1 - x^2} - \frac{1}{4}\sin^{-1} x$$

2.

$$I_n = \int (\sin^{-1} x)^n dx = x(\sin^{-1} x)^n - \int x \cdot n(\sin^{-1} x)^{n-1} \cdot \frac{dx}{\sqrt{1 - x^2}}$$

$$= x(\sin^{-1} x)^n + n\int \left(\sqrt{1 - x^2}\right)' (\sin^{-1} x)^{n-1} dx$$

$$= x(\sin^{-1} x)^n$$
$$+ n\left[\sqrt{1-x^2}(\sin^{-1} x)^{n-1} - \int \sqrt{1-x^2}(n-1)(\sin^{-1} x)^{n-2}\frac{dx}{\sqrt{1-x^2}}\right]$$
$$= x(\sin^{-1} x)^n + n\sqrt{1-x^2}(\sin^{-1} x)^{n-1} - n(n-1)I_{n-2}$$

3.

(1) 最初と { } のところで部分積分を 2 回おこなう

$$\int_0^1 x(\tan^{-1} x)^2 dx = \left[\frac{1}{2}x^2(\tan^{-1} x)^2\right]_0^1 - \int_0^1 \frac{1}{2}x^2 \cdot 2\tan^{-1} x \cdot \frac{1}{1+x^2}dx$$

$$= \frac{1}{2}(\tan^{-1} 1)^2 - \int_0^1 \frac{x^2 \tan^{-1} x}{1+x^2}dx = \frac{1}{2}\left(\frac{\pi}{4}\right)^2 - \int_0^1 \left(1 - \frac{1}{1+x^2}\right)\tan^{-1} x\, dx$$

$$= \frac{\pi^2}{32} - \left\{\left[x\tan^{-1} x\right]_0^1 - \int_0^1 \frac{x}{1+x^2}dx\right\} + \left[\frac{1}{2}(\tan^{-1} x)^2\right]_0^1$$

$$= \frac{\pi^2}{32} - \frac{\pi}{4} + \int_0^1 \frac{x}{1+x^2}dx + \frac{1}{2}\left(\frac{\pi}{4}\right)^2$$

$$= \frac{\pi^2}{32} - \frac{\pi}{4} + \frac{1}{2}\left[\log(1+x^2)\right]_0^1 + \frac{\pi^2}{32} = \frac{\pi^2}{16} - \frac{\pi}{4} + \frac{1}{2}\log 2$$

(2) $\displaystyle\int_{-1}^1 (x^2-1)^5 dx = \int_{-1}^1 (x^{10} - 5x^8 + 10x^6 - 10x^4 + 5x^2 - 1)dx$

$$= 2\left(\frac{1}{11} - \frac{5}{9} + \frac{10}{7} - \frac{10}{5} + \frac{5}{3} - 1\right) = -\frac{512}{693}$$

4.

(1) $I_n = \displaystyle\int_0^{\frac{\pi}{2}} \sin^n x\, dx\ (n \geqq 2)$ とおく. $\dfrac{\pi}{2} - t = x$ とおくと,

$$\int_0^{\frac{\pi}{2}} \cos^n x\, dx = \int_{\frac{\pi}{2}}^0 \cos^n\left(\frac{\pi}{2} - t\right)(-dt) = \int_0^{\frac{\pi}{2}} \sin^n t\, dt = I_n$$

となる.

$$I_n = \int_0^{\frac{\pi}{2}} \sin^{n-1} x\, (-\cos x)'\, dx$$

$$= \left[\sin^{n-1} x\, (-\cos x)\right]_0^{\frac{\pi}{2}} + \int_0^{\frac{\pi}{2}} (n-1)\sin^{n-2} x\, \cos^2 x\, dx$$

$$= (n-1)\int_0^{\frac{\pi}{2}} \sin^{n-2} x\, (1 - \sin^2 x)\, dx = (n-1)(I_{n-2} - I_n)$$

であるから

$$I_n = \frac{n-1}{n}I_{n-2}, \quad I_0 = \int_0^{\frac{\pi}{2}} 1\, dx = \frac{\pi}{2}, \quad I_1 = \int_0^{\frac{\pi}{2}} \sin x\, dx = \left[-\cos x\right]_0^{\frac{\pi}{2}} = 1$$

よって

$$I_{2m} = \frac{2m-1}{2m}I_{2m-2} = \frac{2m-1}{2m} \cdot \frac{2m-3}{2m-2} \cdots \cdots \frac{1}{2}I_0$$

$$= \frac{2m-1}{2m} \cdot \frac{2m-3}{2m-2} \cdots \cdots \frac{1}{2} \cdot \frac{\pi}{2} = \frac{(2m-1)!!}{(2m)!!}\frac{\pi}{2}$$

$$I_{2m+1} = \frac{2m}{2m+1} \cdot \frac{2m-2}{2m-1} \cdots \frac{2}{3} I_1 = \frac{(2m)!!}{(2m+1)!!}$$

ただし，n が偶数のとき，

$$n!! = n(n-2)\cdots 4 \cdot 2, \quad 0!! = 1$$

n が奇数のとき，

$$n!! = n(n-2)\cdots 3 \cdot 1$$

で定義する．

(2) $\displaystyle\int_0^\pi \cos^n x dx = \int_0^{\frac{\pi}{2}} \cos^n x dx + \int_{\frac{\pi}{2}}^\pi \cos^n x dx \quad (x - \frac{\pi}{2} = t$ とおく$)$

$\displaystyle = \int_0^{\frac{\pi}{2}} \cos^n x dx + \int_0^{\frac{\pi}{2}} \cos^n \left(t + \frac{\pi}{2}\right) dx$

$\displaystyle = \int_0^{\frac{\pi}{2}} \cos^n x dx + (-1)^n \int_0^{\frac{\pi}{2}} \cos^n t dt = \begin{cases} 0, & n \text{ は奇数} \\ 2\int_0^{\frac{\pi}{2}} \cos^n x dx, & n \text{ は偶数} \end{cases}$

(1) の結果に帰着する．

5.

$x \to 0$ のとき，$x \sin \frac{1}{x} \to 0$ であるが $\cos \frac{1}{x}$ は振動する（収束しない）．よって，$f(x)$ は $x = 0$ において不連続である．

関数

$$p(x) = \begin{cases} x^2 \sin \frac{1}{x}, & x \neq 0 \\ 0, & x = 0 \end{cases}$$

が，求める原始関数の 1 つである．

$x \neq 0$ での微分は $\left(x^2 \sin \frac{1}{x}\right)' = 2x \sin \frac{1}{x} + x^2 \cos \frac{1}{x} \cdot \frac{-1}{x^2} = 2x \sin \frac{1}{x} - \cos \frac{1}{x}$.

$x = 0$ での微分は $p'(0) = \displaystyle\lim_{h \to 0} \frac{p(h) - p(0)}{h - 0} = \lim_{h \to 0} h \sin \frac{1}{h} = 0 = f(0)$.

6.

$a = 2p - 1$, $b = 2q - 1$ とおくと，左辺の積分が $\frac{1}{2}B(p, q)$ になることを証明すればよい．途中，$\sin x = t$, $\frac{dt}{dx} = \cos x$ と $t^2 = X$, $\frac{dX}{dt} = 2t$ と変数変換をする．

$$\int_0^{\frac{\pi}{2}} \sin^a x \cos^b x \, dx = \int_0^{\frac{\pi}{2}} (\sin x)^{2p-1} (\cos x)^{2q-1} \, dx$$

$$= \int_0^{\frac{\pi}{2}} (\sin x)^{2p-1} (\cos^2 x)^{q-1} \cdot \cos x \, dx$$

$$= \int_0^{\frac{\pi}{2}} (\sin x)^{2p-1} (1 - \sin^2 x)^{q-1} \cdot \cos x \, dx$$

$$= \int_0^1 t^{2p-1}(1 - t^2)^{q-1} dt = \int_0^1 t^{2(p-1)}(1 - t^2)^{q-1} \cdot t dt$$

$$= \int_0^1 X^{p-1}(1-X)^{q-1} \cdot \frac{1}{2}dX = \frac{1}{2}B(p,q)$$

7.

(1) $\sqrt{\dfrac{x-a}{b-x}} = t$ とおくと, $x = \dfrac{bt^2+a}{t^2+1} = b + \dfrac{a-b}{t^2+1}$, $dx = \left(\dfrac{a-b}{t^2+1}\right)' dt$. $x : a \to b$ のとき $t : 0 \to \infty$ だから,

$$\int_a^b \frac{dx}{\sqrt{(x-a)(b-x)}} = \int_0^\infty \frac{a-b}{t(b-x)}\left(\frac{1}{t^2+1}\right)' dt$$

$$= \int_0^\infty \frac{a-b}{-t \cdot \dfrac{a-b}{t^2+1}} \cdot \frac{-2t}{(t^2+1)^2} \, dt = \int_0^\infty \frac{2}{t^2+1} \, dt = 2\left[\tan^{-1} t\right]_0^\infty = 2 \cdot \frac{\pi}{2} = \pi$$

(2) $\displaystyle\int_0^1 x \log x \, dx = \left[\frac{1}{2}x^2 \log x\right]_0^1 - \int_0^1 \frac{1}{2}x^2 \cdot \frac{1}{x} dx$

$\left(\text{ここで, ロピタルの定理より } \lim_{x \to 0} x^2 \log x = \lim_{x \to 0} \dfrac{\log x}{\dfrac{1}{x^2}} = \lim_{x \to 0} \dfrac{\dfrac{1}{x}}{\dfrac{-2}{x^3}} = \lim_{x \to 0} \dfrac{-x^2}{2} = 0\right)$

$$= -\frac{1}{2}\int_0^1 x \, dx = -\frac{1}{2}\left[\frac{1}{2}x^2\right]_0^1 = -\frac{1}{4}$$

8.

(1)

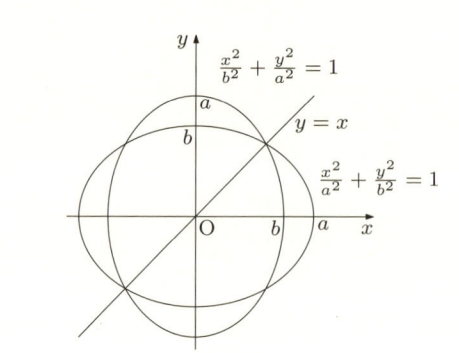

図 **6.10**

囲まれる図形は x, y 軸と直線 $y = \pm x$ について対称である. $a > b > 0$ であるから, $\dfrac{x^2}{b^2} + \dfrac{y^2}{a^2} = 1$ を極座標 $x = r\cos\theta$, $y = r\sin\theta$ に直すと $r^2 = \dfrac{a^2 b^2}{a^2 \cos^2\theta + b^2 \sin^2\theta}$.

$$\text{求める面積} = 8\int_0^{\frac{\pi}{4}} \frac{1}{2}r^2 d\theta = 4\int_0^{\frac{\pi}{4}} \frac{a^2 b^2}{a^2 \cos^2\theta + b^2 \sin^2\theta} d\theta$$

$$= 4a^2 \int_0^{\frac{\pi}{4}} \frac{1}{\tan^2\theta + \left(\frac{a}{b}\right)^2} \cdot \frac{1}{\cos^2\theta} d\theta = 4a^2 \int_0^{\frac{\pi}{4}} \frac{d(\tan\theta)}{\tan^2\theta + \left(\frac{a}{b}\right)^2}$$

$$= 4a^2 \cdot \frac{b}{a} \left[\tan^{-1}\left(\frac{b}{a}\tan\theta\right) \right]_{\theta=0}^{\frac{\pi}{4}} = 4ab\tan^{-1}\frac{b}{a}$$

(2) x 軸と y 軸について対称である．問題 6 の結果を用いる．$x: 0 \to a$ のとき $t: \frac{\pi}{2} \to 0$ だから

$$\text{求める面積} = 4\int_0^a y\,dx = 4\int_{\frac{\pi}{2}}^0 a\sin^3 t \cdot 3a(\cos^2 t)\cdot(-\sin t)dt$$

$$= 12a^2 \int_0^{\frac{\pi}{2}} \sin^4 t \cdot \cos^2 t \, dt = 12a^2 \cdot \frac{1}{2} B\left(\frac{5}{2}, \frac{3}{2}\right)$$

$$= 6a^2 \cdot \frac{\Gamma\left(\frac{5}{2}\right)\Gamma\left(\frac{3}{2}\right)}{\Gamma\left(\frac{5}{2}+\frac{3}{2}\right)} = 6a^2 \cdot \frac{\frac{3}{2}\left(\Gamma\left(\frac{3}{2}\right)\right)^2}{\Gamma(4)} = a^2 \cdot \frac{3}{2}\left(\frac{1}{2}\Gamma\left(\frac{1}{2}\right)\right)^2$$

$$= \frac{3}{8}\pi a^2$$

ただし，$B(p,q) = \dfrac{\Gamma(p)\Gamma(q)}{\Gamma(p+q)}$（第 5 章：問題 5.6.1 参照），$\Gamma\left(\dfrac{1}{2}\right) = \sqrt{\pi}$，
$\Gamma(s+1) = s\Gamma(s)$，$\Gamma(n+1) = n!$（n：自然数）（第 3 章例題 3.4.4 参照）を用いている．
直接証明する．

$$I_{m,n} = \int_0^{\frac{\pi}{2}} \sin^m\theta \, \cos^n\theta \, d\theta = \begin{cases} \dfrac{(m-1)!!(n-1)!!}{(m+n)!!}\dfrac{\pi}{2}, & m, n \text{ はともに偶数} \\ \dfrac{(m-1)!!(n-1)!!}{(m+n)!!}, & m, n \text{ の少なくとも} \\ & \text{一方が奇数} \end{cases}$$

である．これを証明する．第 3 章：演習問題 4 (1) の解より

$$\int_0^{\frac{\pi}{2}} \sin^n x \, dx = \int_0^{\frac{\pi}{2}} \cos^n x \, dx = \begin{cases} \dfrac{(n-1)(n-3)\cdots 3\cdot 1}{n(n-2)\cdots 4\cdot 2}\dfrac{\pi}{2}, & n \text{ は偶数で，} n \geqq 2 \\ \dfrac{(n-1)(n-3)\cdots 4\cdot 2}{n(n-2)\cdots 5\cdot 3}, & n \text{ は奇数で，} n \geqq 3 \end{cases}$$

$$= \begin{cases} \dfrac{(n-1)!!}{n!!}\dfrac{\pi}{2}, & n \text{ は偶数} \\ \dfrac{(n-1)!!}{n!!}, & n \text{ は奇数} \end{cases}$$

である．さらに，$I_{m,n} = I_{n,m}$ が成立している．
ただし，n が偶数のとき $n!! = n\cdot(n-2)\cdots\cdots 4\cdot 2$ で，
　　　n が奇数のとき $n!! = n\cdot(n-2)\cdots\cdots 3\cdot 1$ である．

$$I_{m,n} = \int_0^{\frac{\pi}{2}} \sin^m\theta \, \cos^n\theta \, d\theta = \int_0^{\frac{\pi}{2}} \left(\frac{1}{m+1}\sin^{m+1}\theta\right)' \cos^{n-1}\theta \, d\theta$$

$$= \left[\frac{1}{m+1}\sin^{m+1}\theta\ \cos^{n-1}\theta\right]_0^{\frac{\pi}{2}}$$

$$-\int_0^{\frac{\pi}{2}} \frac{1}{m+1}(\sin^{m+1}\theta)\,(n-1)\cos^{n-2}\theta\,(-\sin\theta)\,d\theta$$

$$=\frac{n-1}{m+1}\int_0^{\frac{\pi}{2}}\sin^{m+2}\theta\ \cos^{n-2}\theta\,d\theta = \frac{n-1}{m+1}I_{m+2,n-2}$$

が成立している.

(i) $m,\ n$ ともに偶数のとき

$$I_{m,n} = \frac{n-1}{m+1}I_{m+2,n-2} = \frac{(n-1)(n-3)}{(m+1)(m+3)}I_{m+4,n-4} = \cdots$$

$$= \frac{(n-1)(n-3)\cdots 3\cdot 1}{(m+1)(m+3)\cdots(m+n-1)}I_{m+n,0}$$

$$= \frac{(n-1)!!(m-1)!!}{(m+n-1)!!}\cdot\frac{(n+m-1)!!}{(m+n)!!}\frac{\pi}{2} = \frac{(n-1)!!(m-1)!!}{(m+n)!!}\frac{\pi}{2}$$

(ii) $m,\ n$ の少なくとも一方が奇数のとき (n を奇数としても一般性を失わない)

$$I_{m,n} = \frac{(n-1)(n-3)\cdots 4\cdot 2}{(m+1)(m+3)\cdots(m+n-2)}I_{m+n-1,1}$$

$$= \frac{(n-1)!!(m-1)!!}{(m+n-2)!!}\int_0^{\frac{\pi}{2}}\sin^{n+m-1}\theta\ \cos\theta\,d\theta$$

$$= \frac{(n-1)!!(m-1)!!}{(m+n-2)!!}\left[\frac{1}{n+m}\sin^{n+m}\theta\right]_0^{\frac{\pi}{2}}$$

$$= \frac{(n-1)!!(m-1)!!}{(m+n-2)!!}\frac{1}{n+m} = \frac{(n-1)!!(m-1)!!}{(m+n)!!}$$

よって,証明された.

9.

$0 \leq \theta \leq 2\pi$ で1周し,$x = r\cos\theta,\ y = r\sin\theta$ である.r は θ の関数だから,$\frac{dx}{d\theta} = \frac{dr}{d\theta}\cos\theta - r\sin\theta,\ \frac{dy}{d\theta} = \frac{dr}{d\theta}\sin\theta + r\cos\theta$ である.よって,カージオイドの全長は

$$\text{全長} = \int_0^{2\pi}\sqrt{\left(\frac{dx}{d\theta}\right)^2 + \left(\frac{dy}{d\theta}\right)^2}\,d\theta = \int_0^{2\pi}\sqrt{\left(\frac{dr}{d\theta}\right)^2 + r^2}\,d\theta$$

$$= \int_0^{2\pi}\sqrt{a^2\sin^2\theta + a^2(1+\cos\theta)^2}\,d\theta = a\int_0^{2\pi}\sqrt{2+2\cos\theta}\,d\theta$$

$$= a\int_0^{2\pi}\sqrt{4\cos^2\frac{\theta}{2}}\,d\theta = 2a\int_0^{2\pi}\left|\cos\frac{\theta}{2}\right|d\theta = 4a\int_0^{\pi}\cos\frac{\theta}{2}\,d\theta = 8a\left[\sin\frac{\theta}{2}\right]_0^{\pi} = 8a$$

10.

(1)

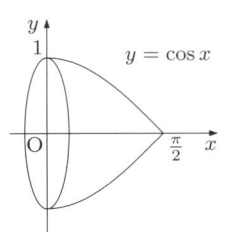

図 **6.11**

$$\text{体積} = \pi \int_0^{\frac{\pi}{2}} y^2 dx = \pi \int_0^{\frac{\pi}{2}} \cos^2 x \ dx = \frac{\pi}{2} \int_0^{\frac{\pi}{2}} (1 + \cos 2x) dx$$

$$= \frac{\pi}{2} \left[x + \frac{1}{2} \sin 2x \right]_0^{\frac{\pi}{2}} = \frac{\pi^2}{4}$$

$$\text{表面積} = 2\pi \int_0^{\frac{\pi}{2}} y \sqrt{1 + \left(\frac{dy}{dx}\right)^2} \ dx \quad (t = \sin x \ \text{とおくと})$$

$$= 2\pi \int_0^{\frac{\pi}{2}} \cos x \sqrt{1 + \sin^2 x} \ dx = 2\pi \int_0^1 \sqrt{1 + t^2} \ dt$$

$$= 2\pi \cdot \frac{1}{2} \left[t\sqrt{1+t^2} + \log|t + \sqrt{t^2+1}| \right]_0^1 = \pi \left(\sqrt{2} + \log(1 + \sqrt{2}) \right)$$

(2) $\text{体積} = \pi \int_0^1 y^2 dx = \pi \int_0^1 x dx = \pi \left[\frac{x^2}{2} \right]_0^1 = \frac{\pi}{2}$

$$\text{表面積} = 2\pi \int_0^1 y\sqrt{1 + \left(\frac{dy}{dx}\right)^2} \ dx = 2\pi \int_0^1 \sqrt{x} \sqrt{1 + \left(\frac{1}{2\sqrt{x}}\right)^2} \ dx$$

$$= \pi \int_0^1 \sqrt{4x+1} \ dx = \pi \left[\frac{(4x+1)^{\frac{3}{2}}}{6} \right]_0^1 = \frac{\pi}{6}(5\sqrt{5} - 1)$$

(3) $\text{体積} = \pi \int_0^{\frac{\pi}{4}} y^2 dx = \pi \int_0^{\frac{\pi}{4}} \tan^2 x \ dx = \pi \int_0^{\frac{\pi}{4}} \left(\frac{1}{\cos^2 x} - 1 \right) dx$

$$= \pi \left[\tan x - x \right]_0^{\frac{\pi}{4}} = \pi \left(1 - \frac{\pi}{4} \right)$$

$$\text{表面積} = 2\pi \int_0^{\frac{\pi}{4}} y \sqrt{1 + \left(\frac{dy}{dx}\right)^2} \ dx$$

$$= 2\pi \int_0^{\frac{\pi}{4}} \tan x \sqrt{1 + \frac{1}{\cos^4 x}} \ dx = 2\pi \int_0^{\frac{\pi}{4}} \frac{\sin x}{\cos x} \frac{\sqrt{1 + \cos^4 x}}{\cos^2 x} \ dx$$

$$\left(\cos x = t \ \text{とおくと} \ -\sin x = \frac{dt}{dx} \right)$$

$$= 2\pi \int_{\frac{1}{\sqrt{2}}}^1 \frac{\sqrt{1+t^4}}{t^3} dt$$

ところで

$$\boxed{\int \frac{\sqrt{x^4+a^4}}{x^3}dx = -\frac{\sqrt{x^4+a^4}}{2x^2} + \frac{1}{2}\log(x^2+\sqrt{x^4+a^4}\,)}$$

(下で証明する) であるから

$$表面積 = 2\pi\left[-\frac{\sqrt{t^4+1}}{2t^2} + \frac{1}{2}\log(t^2+\sqrt{t^4+1}\,)\right]_{\frac{1}{\sqrt{2}}}^{1}$$

$$= 2\pi\left(-\frac{\sqrt{2}}{2} + \frac{1}{2}\log(1+\sqrt{2}\,) + \sqrt{\frac{5}{4}} - \frac{1}{2}\log\left(\frac{1}{2}+\sqrt{\frac{5}{4}}\right)\right)$$

$$= 2\pi\left(\frac{\sqrt{5}-\sqrt{2}}{2} + \frac{1}{2}\log(1+\sqrt{2}\,) - \frac{1}{2}\log\frac{\sqrt{5}+1}{2}\right)$$

不定積分の証明

$$\int\frac{\sqrt{x^4+a^4}}{x^3}dx = \int\sqrt{x^4+a^4}\left(-\frac{1}{2x^2}\right)'dx$$

$$= -\frac{\sqrt{x^4+a^4}}{2x^2} + \frac{1}{2}\int\frac{4x^3}{2\sqrt{x^4+a^4}}\cdot\frac{1}{x^2}dx = -\frac{\sqrt{x^4+a^4}}{2x^2} + \int\frac{x}{\sqrt{x^4+a^4}}dx$$

$\sqrt{x^4+a^4} = t - x^2$ とおくと, $x^2 = \dfrac{t^2-a^4}{2t}$, $2xdx = \dfrac{t^2+a^4}{2t^2}dt$ より

$$\int\frac{x}{\sqrt{x^4+a^4}}dx = \int\frac{1}{t-x^2}\cdot\frac{t^2+a^4}{4t^2}dt = \int\frac{1}{t-\frac{t^2-a^4}{2t}}\cdot\frac{t^2+a^4}{4t^2}dt$$

$$= \int\frac{1}{2t}dt = \frac{1}{2}\log|t| = \frac{1}{2}\log(x^2+\sqrt{x^4+a^4}\,)$$

11.

$y' = 2\cos x(-\sin x) = -\sin 2x$ より,

$$長さ\,\ell = \int_0^{\frac{\pi}{2}}\sqrt{1+y'^2}\,dx = \int_0^{\frac{\pi}{2}}\sqrt{1+\sin^2 2x}\,dx = \frac{1}{2}\int_0^{\pi}\sqrt{1+\sin^2 t}\,dt$$

$$= \int_0^{\frac{\pi}{2}}\sqrt{1+\sin^2 t}\,dt \left(= \frac{1}{\sqrt{2}}\int_0^{\frac{\pi}{2}}\sqrt{3-\cos 2t}\,dt = \frac{1}{2\sqrt{2}}\int_0^{\pi}\sqrt{3-\cos x}\,dx\right)$$

この積分は,初等関数では表せないことが知られている.$\left[0, \dfrac{\pi}{2}\right]$ を 2 等分してシンプソン公式を用いる.

$$\ell \fallingdotseq \frac{1}{3}\cdot\frac{\pi}{4}\left(1+4\sqrt{\frac{3}{2}}+\sqrt{2}\right) = \frac{\pi}{12}\left(1+2\sqrt{6}+\sqrt{2}\right) = 1.91\cdots$$

x	0	$\dfrac{\pi}{4}$	$\dfrac{\pi}{2}$
$\sqrt{1+\sin^2 t}$	1	$\sqrt{\dfrac{3}{2}}$	$\sqrt{2}$

6.7 第 4 章：問題解答

問題 4.2.1
(1) 定義域は $(x, y) \neq (0, 0)$ である平面全体.
値域は $\dfrac{x^2 - y^2}{x^2 + y^2} = 1 + \dfrac{-2y^2}{x^2 + y^2} = 1 - \dfrac{2}{\left(\dfrac{x}{y}\right)^2 + 1}$ より $-1 \leqq z \leqq 1$ である.

(2) 定義域は全平面，値域は $0 \leqq z < \dfrac{\pi}{2}$.

(3) 定義域は $x + y > 0$ である範囲，値域は $-\infty < z < \infty$ （実数全体）.

(4) 定義域は $\left(\dfrac{x}{3}\right)^2 + \left(\dfrac{y}{2}\right)^2 \leqq 1$ （原点を中心として，長軸 6，短軸 4 の楕円の周および内部），値域は $0 \leqq z \leqq 1$.

問題 4.2.2
定理 4.1 の証明は問題 1.3.4 の証明とほとんど同じ方法である．D 内の任意の点 $\mathrm{P}(a, b)$ $(\forall (a,b) \in D)$ で関数 $f(x, y), g(x, y)$ は連続であるから，任意の $\forall \varepsilon > 0$ に対して，$\exists \delta > 0$; $\forall (x, y) \in D, \sqrt{(x-a)^2 + (y-b)^2} < \delta \longrightarrow |f(x,y) - f(a,b)| < \varepsilon, |g(x,y) - g(a,b)| < \varepsilon$
が成立する．このとき

(1) $\left| \bigl(f(x,y) + g(x,y) \bigr) - \bigl(f(a,b) + g(a,b) \bigr) \right|$
$\leqq |f(x,y) - f(a,b)| + |g(x,y) - g(a,b)| < 2\varepsilon$

(2) $|cf(x,y) - cf(a,b)| = |c| \, |f(x,y) - f(a,b)| \leqq |c|\varepsilon$

(3) $|g(x,y) - g(a,b)| < \varepsilon$ より，$|g(x,y)| - |g(a,b)| < \varepsilon$, $|g(x,y)| < |g(a,b)| + \varepsilon$ であるから，

$|f(x,y)g(x,y) - f(a,b)g(a,b)|$
$= |g(x,y)(f(x,y) - f(a,b)) + f(a,b)(g(x,y) - g(a,b))| \leqq |g(x,y)|\varepsilon + |f(a,b)|\varepsilon$
$\leqq (|f(a,b)| + |g(a,b)| + \varepsilon)\varepsilon \longrightarrow 0 \quad (\varepsilon \longrightarrow 0)$

(4) 連続の定義，$|g(x,y) - g(a,b)| < \varepsilon$ において，$\varepsilon = \dfrac{1}{2}|g(a,b)|$ とおくと，

$\exists \delta_1 > 0; \ \forall (x,y), \ \sqrt{(x-a)^2 + (y-b)^2} < \delta_1 \longrightarrow |g(x,y) - g(a,b)| < \dfrac{1}{2}|g(a,b)|$
したがって，$\min\{\delta, \delta_1\}$ を改めて δ とすると，$\sqrt{(x-a)^2 + (y-b)^2} < \delta$ に対して，

$|g(a,b)| - |g(x,y)| \leqq |g(x,y) - g(a,b)| < \dfrac{1}{2}|g(a,b)|, \quad \dfrac{1}{2}|g(a,b)| \leqq |g(x,y)|$

よって，$\sqrt{(x-a)^2 + (y-b)^2} < \delta$ ならば

$\left| \dfrac{f(x,y)}{g(x,y)} - \dfrac{f(a,b)}{g(a,b)} \right| = \dfrac{|\, f(x,y)g(a,b) - f(a,b)g(x,y) \,|}{|g(x,y)| \, |g(a,b)|}$
$= \dfrac{|\, g(a,b)(f(x,y) - f(a,b)) - f(a,b)(g(x,y) - g(a,b)) \,|}{|g(x,y)| \, |g(a,b)|}$

$$\leq \frac{|g(a,b)|\varepsilon + |f(a,b)|\varepsilon}{|g(x,y)|\,|g(a,b)|} \leq 2 \cdot \frac{|g(a,b)| + |f(a,b)|}{|g(a,b)|^2}\varepsilon \longrightarrow 0 \quad (\varepsilon \longrightarrow 0)$$

(定理 4.2 の証明)
仮定より,関数 $f(x,y), g(x,y)$ が点 (a,b) で連続であるから,

$$\lim_{(x,y)\to(a,b)} f(x,y) = f(a,b), \quad \lim_{(x,y)\to(a,b)} g(x,y) = g(a,b)$$

よって, $(x,y) \to (a,b)$ とすると, $(f(x,y), g(x,y)) \to (f(a,b), g(a,b))$ でもある.
$h(f(x,y), g(x,y))$ は点 $(f(a,b), g(a,b))$ で連続だから,

$$\lim_{(x,y)\to(a,b)} h(f(x,y), g(x,y))$$
$$= \lim_{\substack{(x,y)\to(a,b) \\ (f(x,y),g(x,y))\to(f(a,b),g(a,b))}} h(f(x,y), g(x,y))$$
$$= \lim_{(f(x,y),g(x,y))\to(f(a,b),g(a,b))} h(f(x,y), g(x,y)) = h(f(a,b), g(a,b))$$

これは, $h(f(x,y), g(x,y))$ が点 (a,b) で連続であることを示している.

問題 4.2.3

最大値・最小値の定理
まず,上と下に有界であることを示す.下に有界のときも同様にできるので,上に有界であることを示す.上に有界でないと仮定すると,任意の自然数 n について $f(x_n, y_n) > n$ となる点 $(x_n, y_n) \in D$ が存在する.したがって,ワイエルシュトラスの定理 (第 1 章:演習問題 B7 参照) より,収束する部分列 $\{x_{n_i}\}$ がとれ,それに対応する $\{y_{n_i}\}$ からも収束する部分列 $\{y_{m_i}\}$ がとれる.よって,点列 (x_{m_i}, y_{m_i}) は収束する.その極限値を (α, β) とすると, $(\alpha, \beta) \in D$(閉領域) であり

$$\lim_{i\to\infty} f(x_{m_i}, y_{m_i}) = \infty$$

一方, $f(x,y)$ は連続だから $\lim_{i\to\infty} f(x_{m_i}, y_{m_i}) = f(\alpha, \beta)$ となり矛盾する.したがって,上に有界である.

最大値の存在を示す. D 内の点 (a,b) を 1 点選ぶ.上に有界であるから, $\forall (x,y) \in D$ で $f(x,y) \leq K$ とし, $h_1 = K$, $l_1 = f(a,b)$ とする. $c_1 = \dfrac{1}{2}(h_1 + l_1)$ とし, $\forall (x,y) \in D$ で $f(x,y) \leq c_1$ ならば, $h_2 = c_1$, $l_2 = l_1$ とする.そうでなければ, $h_2 = h_1$, $l_2 = c_1$ とする.以下同様にして, $h_n - l_n = \left(\dfrac{1}{2}\right)^{n-1}(h_1 - l_1) \to 0 \quad (n \to \infty)$ で,

$$l_1 \leq l_2 \leq \cdots \leq l_n \leq \cdots \leq h_n \leq \cdots \leq h_2 \leq h_1 < K$$

よって,単調で上と下に有界であるから,数列 $\{l_n\}$, $\{h_n\}$ は収束して極限値は一致する. $\lim_{n\to\infty} l_n = \lim_{n\to\infty} h_n = M$ とする. $f(x,y)$ は連続関数だから, $\forall (x,y) \in D$ で $f(x,y) \leq M$ 一方,中間値の定理より, $f(a_n, b_n) = l_n$ となる点 $(a_n, b_n) \in D$ が存在する.数列 $(a_n, b_n) \in D$ の部分数列 $(a_{n_i}, b_{n_i}) \in D$ が $d = (d_1, d_2) \in D$ に収束するようにとれる.よって, $n_i \to \infty$ として $f(d_1, d_2) = M$, $(d_1, d_2) \in D$ である.

問題 4.3.1
合成関数や積の微分などの法則をくり返して求める

(1) $z_x = 3x^2y + 2xy^2, \quad z_y = x^3 + 2x^2y + 4y^3$

(2) $z_x = \dfrac{1}{y}, \quad z_y = -\dfrac{x}{y^2}$

(3) $z_x = \dfrac{x}{\sqrt{x^2+y^2+1}}, \quad z_y = \dfrac{y}{\sqrt{x^2+y^2+1}}$

(4) $z_x = \dfrac{2x}{x^2+y^2}, \quad z_y = \dfrac{2y}{x^2+y^2}$

(5) $z_x = 3x^2 e^y, \quad z_y = x^3 e^y$

(6) $z_x = -2xy\sin(x^2y), \quad z_y = -x^2 \sin(x^2 y)$

(7) $z_x = \dfrac{1}{\sqrt{1-(xy^2)^2}} \cdot \dfrac{\partial}{\partial x}(xy^2) = \dfrac{y^2}{\sqrt{1-x^2y^4}}$

$z_y = \dfrac{1}{\sqrt{1-(xy^2)^2}} \cdot \dfrac{\partial}{\partial y}(xy^2) = \dfrac{2xy}{\sqrt{1-x^2y^4}}$

(8) $z_x = \dfrac{-1}{\sqrt{1-(x^2+e^y)^2}} \cdot \dfrac{\partial}{\partial x}(x^2+e^y) = \dfrac{-2x}{\sqrt{1-(x^2+e^y)^2}}$

$z_y = \dfrac{-1}{\sqrt{1-(x^2+e^y)^2}} \cdot \dfrac{\partial}{\partial y}(x^2+e^y) = \dfrac{-e^y}{\sqrt{1-(x^2+e^y)^2}}$

(9) $z_x = \dfrac{1}{1+\sin^2\frac{y}{x}} \cdot \dfrac{\partial}{\partial x}\left(\sin\dfrac{y}{x}\right) = \dfrac{1}{1+\sin^2\frac{y}{x}} \cdot \cos\dfrac{y}{x} \cdot \dfrac{\partial}{\partial x}\left(\dfrac{y}{x}\right)$

$= \dfrac{1}{1+\sin^2\frac{y}{x}} \cdot \cos\dfrac{y}{x} \cdot \left(-\dfrac{y}{x^2}\right) = \dfrac{-y}{x^2\left(1+\sin^2\frac{y}{x}\right)} \cdot \cos\dfrac{y}{x}$

$z_y = \dfrac{1}{1+\sin^2\frac{y}{x}} \cdot \dfrac{\partial}{\partial y}\left(\sin\dfrac{y}{x}\right) = \dfrac{1}{1+\sin^2\frac{y}{x}} \cdot \cos\dfrac{y}{x} \cdot \dfrac{\partial}{\partial y}\left(\dfrac{y}{x}\right)$

$= \dfrac{1}{1+\sin^2\frac{y}{x}} \cdot \cos\dfrac{y}{x} \cdot \left(\dfrac{1}{x}\right) = \dfrac{1}{x\left(1+\sin^2\frac{y}{x}\right)} \cdot \cos\dfrac{y}{x}$

問題 4.3.2

(1) $z_x = 3x^2y + 2xy^2, \quad z_y = x^3 + 2x^2y + 4y^3,$

$z_{xx} = 6xy + 2y^2, \quad z_{xy} = z_{yx} = 3x^2 + 4xy, \quad z_{yy} = 2x^2 + 12y^2$

(2) $z_x = \dfrac{1}{y}, \quad z_y = -\dfrac{x}{y^2}, \quad z_{xx} = 0, \quad z_{xy} = z_{yx} = -\dfrac{1}{y^2}, \quad z_{yy} = \dfrac{2x}{y^3}$

(3) $z_x = \dfrac{-x}{\sqrt{1-x^2-y^2}}, \quad z_y = \dfrac{-y}{\sqrt{1-x^2-y^2}}$

$z_{xx} = \dfrac{-\sqrt{1-x^2-y^2} + x(\sqrt{1-x^2-y^2})'}{1-x^2-y^2}$

$= \dfrac{-\sqrt{1-x^2-y^2} + x \cdot \dfrac{-x}{\sqrt{1-x^2-y^2}}}{1-x^2-y^2} = \dfrac{y^2-1}{(1-x^2-y^2)\sqrt{1-x^2-y^2}}$

$$z_{xy} = z_{yx} = -x \cdot \left(\frac{-1}{2}\right) \frac{-2y}{(1-x^2-y^2)^{\frac{3}{2}}} = \frac{-xy}{(1-x^2-y^2)^{\frac{3}{2}}}$$

$$z_{yy} = \frac{x^2-1}{(1-x^2-y^2)\sqrt{1-x^2-y^2}} \quad (x \text{ と } y \text{ の対称性より})$$

(4) $z_x = \dfrac{2x}{x^2+y^2+1}, \quad z_y = \dfrac{2y}{x^2+y^2+1}$

$$z_{xx} = \frac{2(x^2+y^2+1)-2x(2x)}{(x^2+y^2+1)^2} = \frac{-2x^2+2y^2+2}{(x^2+y^2+1)^2}$$

$$z_{xy} = z_{yx} = \frac{-2x \cdot 2y}{(x^2+y^2+1)^2} = \frac{-4xy}{(x^2+y^2+1)^2}$$

$$z_{yy} = \frac{2x^2-2y^2+2}{(x^2+y^2+1)^2} \quad (x \text{ と } y \text{ の対称性より})$$

(5) $z_x = 2xe^{x^2+y^2}, \quad z_y = 2ye^{x^2+y^2},$

$z_{xx} = 2e^{x^2+y^2} + 2x \cdot (2x)e^{x^2+y^2} = 2(1+2x^2)e^{x^2+y^2},$

$z_{xy} = z_{yx} = 2x \cdot 2ye^{x^2+y^2} = 4xye^{x^2+y^2},$

$z_{yy} = 2(1+2y^2)e^{x^2+y^2}$

(6) $z_x = -e^{3y}\sin x, \quad z_y = 3e^{3y}\cos x,$

$z_{xx} = -e^{3y}\cos x, \quad z_{xy} = z_{yx} = -3e^{3y}\sin x, \quad z_{yy} = 9e^{3y}\cos x$

(7) $z_x = \dfrac{1}{\sqrt{1-\left(\dfrac{x}{y}\right)^2}} \cdot \dfrac{\partial}{\partial x}\left(\dfrac{x}{y}\right) = \dfrac{1}{\sqrt{1-\left(\dfrac{x}{y}\right)^2}} \cdot \dfrac{1}{y}$

$z_y = \dfrac{1}{\sqrt{1-\left(\dfrac{x}{y}\right)^2}} \cdot \dfrac{\partial}{\partial y}\left(\dfrac{x}{y}\right) = \dfrac{1}{\sqrt{1-\left(\dfrac{x}{y}\right)^2}} \cdot \dfrac{-x}{y^2}$

$z_{xx} = \dfrac{1}{y} \cdot \dfrac{-\dfrac{1}{2}}{\left(1-\left(\dfrac{x}{y}\right)^2\right)^{\frac{3}{2}}} \dfrac{\partial}{\partial x}\left(-\left(\dfrac{x}{y}\right)^2\right) = \dfrac{1}{y} \cdot \dfrac{\dfrac{1}{2}}{\left(1-\left(\dfrac{x}{y}\right)^2\right)^{\frac{3}{2}}} \cdot \dfrac{2x}{y^2}$

$= \dfrac{x}{y^3\left(1-\left(\dfrac{x}{y}\right)^2\right)^{\frac{3}{2}}}$

$z_{xy} = z_{yx} = \dfrac{-\dfrac{1}{2}}{\left(1-\left(\dfrac{x}{y}\right)^2\right)^{\frac{3}{2}}} \cdot \dfrac{\partial}{\partial y}\left(-\left(\dfrac{x}{y}\right)^2\right) \cdot \dfrac{1}{y} + \dfrac{1}{\sqrt{1-\dfrac{x^2}{y^2}}} \cdot \dfrac{\partial}{\partial y}\left(\dfrac{1}{y}\right)$

$= \dfrac{-1}{\left(1-\dfrac{x^2}{y^2}\right)^{\frac{3}{2}}} \cdot \dfrac{x^2}{y^4} - \dfrac{1}{\sqrt{1-\dfrac{x^2}{y^2}}} \cdot \dfrac{1}{y^2}$

$$z_{yy} = \cfrac{\frac{1}{2}}{\left(1-\cfrac{x^2}{y^2}\right)^{\frac{3}{2}}} \cdot \frac{\partial}{\partial y}\left(\frac{x^2}{y^2}\right) \cdot \frac{-x}{y^2} + \frac{1}{\sqrt{1-\cfrac{x^2}{y^2}}} \cdot \frac{\partial}{\partial y}\left(\frac{-x}{y^2}\right)$$

$$= \cfrac{x^3}{y^5\left(1-\cfrac{x^2}{y^2}\right)^{\frac{3}{2}}} + \cfrac{2x}{y^3\sqrt{1-\cfrac{x^2}{y^2}}}$$

(8) $\quad z_x = \dfrac{-1}{\sqrt{1-(x^2e^y)^2}} \cdot \dfrac{\partial}{\partial x}(x^2e^y) = \dfrac{-2xe^y}{\sqrt{1-x^4e^{2y}}}$

$\quad z_y = \dfrac{-1}{\sqrt{1-(x^2e^y)^2}} \cdot \dfrac{\partial}{\partial y}(x^2e^y) = \dfrac{-x^2e^y}{\sqrt{1-x^4e^{2y}}}$

$\quad z_{xx} = \dfrac{1}{1-x^4e^{2y}}\left(-2e^y\sqrt{1-x^4e^{2y}}+2xe^y \cdot \dfrac{-2x^3e^{2y}}{\sqrt{1-x^4e^{2y}}}\right)$

$\quad = \dfrac{-2(e^y+x^4e^{3y})}{(1-x^4e^{2y})\sqrt{1-x^4e^{2y}}},$

$\quad z_{xy} = z_{yx} = \dfrac{1}{1-x^4e^{2y}}\left(-2xe^y\sqrt{1-x^4e^{2y}}+2xe^y \cdot \dfrac{-2x^4e^{2y}}{2\sqrt{1-x^4e^{2y}}}\right)$

$\quad = \dfrac{1}{(1-x^4e^{2y})\sqrt{1-x^4e^{2y}}}(-2xe^y+2x^5e^{3y}-2x^5e^{3y}) = \dfrac{-2xe^y}{(1-x^4e^{2y})\sqrt{1-x^4e^{2y}}}$

$\quad z_{yy} = \dfrac{1}{1-x^4e^{2y}}\left(-x^2e^y\sqrt{1-x^4e^{2y}}+x^2e^y \cdot \dfrac{-2x^4e^{2y}}{2\sqrt{1-x^4e^{2y}}}\right)$

$\quad = \dfrac{1}{(1-x^4e^{2y})\sqrt{1-x^4e^{2y}}}(-x^2e^y+x^6e^{3y}-x^6e^{3y}) = \dfrac{-x^2e^y}{(1-x^4e^{2y})\sqrt{1-x^4e^{2y}}}$

(9) $\quad z_x = \dfrac{1}{1+(x^2+y^2)^2} \cdot \dfrac{\partial}{\partial x}(x^2+y^2) = \dfrac{2x}{1+(x^2+y^2)^2}, \quad z_y = \dfrac{2y}{1+(x^2+y^2)^2}$

$\quad z_{xx} = \dfrac{1}{(1+(x^2+y^2)^2)^2}\left\{2(1+(x^2+y^2)^2)-2x\cdot\dfrac{\partial}{\partial x}(1+(x^2+y^2)^2)\right\}$

$\quad = \dfrac{2(1+(x^2+y^2)^2)-2x\cdot 2(x^2+y^2)\cdot 2x}{(1+(x^2+y^2)^2)^2} = \dfrac{2-6x^4-4x^2y^2+2y^4}{(1+(x^2+y^2)^2)^2}$

$\quad z_{xy} = z_{yx} = \dfrac{2x}{(1+(x^2+y^2)^2)^2}(-1)\cdot 2(x^2+y^2)\cdot 2y = \dfrac{-8xy(x^2+y^2)}{(1+(x^2+y^2)^2)^2}$

$\quad z_{yy} = \dfrac{2-6y^4-4x^2y^2+2x^4}{(1+(x^2+y^2)^2)^2}$

問題 4.3.3

z はすべて C^∞ 関数であるから

(1) $\quad z_x = 3x^2-2y$, $z_y = 3y^2-2x$, $z_{xx} = 6x$, $z_{xy} = z_{yx} = -2$, $z_{yy} = 6y$, $z_{xxx} = 6$, $z_{xxy} = z_{xyy} = 0$, $z_{yyy} = 6$, 4 次以上の偏導関数はすべて 0 である.

(2) $\quad (\sin 2y)' = 2\cos 2y = 2\sin\left(2y+\dfrac{\pi}{2}\right)$ より, $(\sin 2y)^{(n)} = 2^n\sin\left(2y+\dfrac{\pi}{2}n\right)$ であることが（数学的帰納法より）わかる. $(e^x)^{(n)} = e^x$ である.

以上より, $z_{x^k y^{n-k}} = z_{y^{n-k}} = e^x \cdot 2^{n-k}\sin\left(2y+\dfrac{\pi}{2}(n-k)\right)$.

問題 4.4.1

z はすべて C^1 級関数であることに注意する.

(1) $z_x = 4x - 3y$, $z_y = -3x + 2y$ より, $dz = (4x - 3y)dx + (-3x + 2y)dy$

(2) $z_x = (2x + x^2)e^{x+y}$, $z_y = x^2 e^{x+y}$ より, $dz = (2x + x^2)e^{x+y}dx + x^2 e^{x+y}dy$

(3) $z_x = \sqrt{1 - x^2 - y^2} + (x+y)\dfrac{-x}{\sqrt{1 - x^2 - y^2}} = \dfrac{1 - 2x^2 - xy - y^2}{\sqrt{1 - x^2 - y^2}}$,

$z_y = \dfrac{1 - 2y^2 - xy - x^2}{\sqrt{1 - x^2 - y^2}}$ より, $dz = \dfrac{1 - 2x^2 - xy - y^2}{\sqrt{1 - x^2 - y^2}}dx + \dfrac{1 - 2y^2 - xy - x^2}{\sqrt{1 - x^2 - y^2}}dy$

問題 4.4.2

外接円の半径を R とする. 正弦定理より

$$\frac{a}{\sin A} = \frac{b}{\sin B} = \frac{c}{\sin C} = 2R$$

したがって, $a = 2R\sin A, \quad b = 2R\sin B, \quad c = 2R\sin C$. よって

$$da = 2R\cos A\, dA, \qquad db = 2R\cos B\, dB, \qquad dc = 2R\cos C\, dC$$

$\triangle ABC$ は三角形だから, $A + B + C = \pi$ である. したがって

$$\frac{da}{\cos A} + \frac{db}{\cos B} + \frac{dc}{\cos C} = 2R(dA + dB + dC) = 2Rd(A + B + C) = 2Rd\pi = 0$$

問題 4.4.3

(1) $z_x = 3x^2$, $z_y = -3y^2$ だから,

接平面 $z = (a^3 - b^3) + 3a^2(x - a) - 3b^2(y - b), \quad z = 3a^2 x - 3b^2 y - 2a^3 + 2b^3$

法線ベクトル $(-3a^2, 3b^2, 1)$

(2) $z_x = \dfrac{-x}{\sqrt{1 - x^2 - y^2}}$, $z_y = \dfrac{-y}{\sqrt{1 - x^2 - y^2}}$ だから,

接平面 $z = \sqrt{1 - a^2 - b^2} - \dfrac{a}{\sqrt{1 - a^2 - b^2}}(x - a) - \dfrac{b}{\sqrt{1 - a^2 - b^2}}(y - b)$

$z = -\dfrac{a}{\sqrt{1 - a^2 - b^2}}x - \dfrac{b}{\sqrt{1 - a^2 - b^2}}y + \dfrac{1}{\sqrt{1 - a^2 - b^2}}$

法線ベクトル $\left(\dfrac{a}{\sqrt{1 - a^2 - b^2}}, \dfrac{b}{\sqrt{1 - a^2 - b^2}}, 1\right)$

問題 4.5.1

(1) C^2 級であるから $f_{xy} = f_{yx}$

$$\frac{dz}{dt} = f_x \frac{dx}{dt} + f_y \frac{dy}{dt} = hf_x + kf_y$$

$$\frac{d^2 z}{dt^2} = \frac{d}{dt}\left(\frac{dz}{dt}\right) = \frac{d}{dt}(hf_x + kf_y) = h\left(f_{xx}\frac{dx}{dt} + f_{xy}\frac{dy}{dt}\right) + k\left(f_{yx}\frac{dx}{dt} + f_{yy}\frac{dy}{dt}\right)$$

$$= h(f_{xx}h + f_{xy}k) + k(f_{yx}h + f_{yy}k) = h^2 f_{xx} + 2hk f_{xy} + k^2 f_{yy}$$

(2) $\dfrac{dz}{dt} = z_x \dfrac{dx}{dt} + z_y \dfrac{dy}{dt} = 2x(1 + \sin t) + 2y(-\cos t)$

$$\frac{d^2 z}{dt^2} = \frac{d}{dt}\left(\frac{dz}{dt}\right) = \frac{d}{dt}(2x \cdot (1+\sin t) - 2y\cos t)$$
$$= 2\left(\frac{\partial x}{\partial x} \cdot \frac{dx}{dt} \cdot (1+\sin t) + x\frac{d}{dt}(1+\sin t)\right) - 2\left(\frac{\partial y}{\partial y} \cdot \frac{dy}{dt} \cdot \cos t + y\frac{d}{dt}(\cos t)\right)$$
$$= 2((1+\sin t)^2 + x\cos t) - 2(-\cos t \cdot \cos t - y\sin t)$$
$$= 2(2 + 2\sin t + x\cos t + y\sin t)$$

(3) $\displaystyle \frac{dz}{dt} = z_x \frac{dx}{dt} + z_y \frac{dy}{dt} = ye^t + x\cos t$

$$\frac{d^2 z}{dt^2} = \frac{d}{dt}\left(\frac{dz}{dt}\right) = \frac{d}{dt}(ye^t + x\cos t)$$
$$= \left(\frac{\partial y}{\partial y} \cdot \frac{dy}{dt} e^t + y\frac{d}{dt}e^t\right) + \left(\frac{\partial x}{\partial x} \cdot \frac{dx}{dt} \cdot \cos t + x\frac{d}{dt}\cos t\right)$$
$$= e^t \cos t + ye^t + e^t \cos t - x\sin t = 2e^t \cos t + e^t \sin t - e^t \sin t = 2e^t \cos t$$

問題 4.5.2

(1) $\displaystyle \frac{\partial z}{\partial u} = z_x \frac{\partial x}{\partial u} + z_y \frac{\partial y}{\partial u} = 2xy + x^2, \quad \frac{\partial z}{\partial v} = z_x \frac{\partial x}{\partial v} + z_y \frac{\partial y}{\partial v} = 2xy - x^2$

(2) $\displaystyle \frac{\partial z}{\partial u} = z_x \frac{\partial x}{\partial u} + z_y \frac{\partial y}{\partial u} = 2x\log(1+y^2) + \frac{2y(x^2+1)}{1+y^2} \cdot 2u$

$\displaystyle \frac{\partial z}{\partial v} = z_x \frac{\partial x}{\partial v} + z_y \frac{\partial y}{\partial v} = 4xv\log(1+y^2) + \frac{2y(x^2+1)}{1+y^2}$

(3) $\displaystyle \frac{\partial z}{\partial u} = z_x \frac{\partial x}{\partial u} + z_y \frac{\partial y}{\partial u} = 2xy\, e^u \sin v + x^2 e^u \cos v$

$\displaystyle \frac{\partial z}{\partial v} = z_x \frac{\partial x}{\partial v} + z_y \frac{\partial y}{\partial v} = 2xye^u \cos v - x^2 e^u \sin v$

問題 4.5.3

z は，2 回連続微分可能（C^2 級関数）だから $z_{uv} = z_{vu}$ であり，

$$\frac{\partial x}{\partial u} = \cos \alpha, \quad \frac{\partial y}{\partial u} = \sin \alpha, \quad \frac{\partial x}{\partial v} = -\sin \alpha, \quad \frac{\partial y}{\partial v} = \cos \alpha$$

である．$z_x = \dfrac{\partial z}{\partial x}, z_y = \dfrac{\partial z}{\partial y}$ とかく．

(1) $\displaystyle \frac{\partial z}{\partial u} = \frac{\partial z}{\partial x}\frac{\partial x}{\partial u} + \frac{\partial z}{\partial y}\frac{\partial y}{\partial u} = \frac{\partial z}{\partial x}\cos\alpha + \frac{\partial z}{\partial y}\sin\alpha = z_x \cos\alpha + z_y \sin\alpha$

$\displaystyle \frac{\partial z}{\partial v} = \frac{\partial z}{\partial x}\frac{\partial x}{\partial v} + \frac{\partial z}{\partial y}\frac{\partial y}{\partial v} = -\frac{\partial z}{\partial x}\sin\alpha + \frac{\partial z}{\partial y}\cos\alpha = -z_x \sin\alpha + z_y \cos\alpha$

この両式を辺々 2 乗して加えて，$\sin^2\alpha + \cos^2\alpha = 1$ を用いて証明される．

(2) $\displaystyle z_{uu} = \frac{\partial^2 z}{\partial u^2} = \frac{\partial}{\partial u} z_u = \frac{\partial}{\partial u}(z_x \cos\alpha + z_y \sin\alpha)$

$\displaystyle = \cos\alpha\left(z_{xx}\frac{\partial x}{\partial u} + z_{xy}\frac{\partial y}{\partial u}\right) + \sin\alpha\left(z_{yx}\frac{\partial x}{\partial u} + z_{yy}\frac{\partial y}{\partial u}\right)$

$\displaystyle = \cos\alpha\left(z_{xx}\cos\alpha + z_{xy}\sin\alpha\right) + \sin\alpha\left(z_{yx}\cos\alpha + z_{yy}\sin\alpha\right)$

$\displaystyle = z_{xx}\cos^2\alpha + 2z_{xy}\sin\alpha\cos\alpha + z_{yy}\sin^2\alpha$

$\displaystyle z_{vv} = \frac{\partial^2 z}{\partial v^2} = \frac{\partial}{\partial v} z_v = \frac{\partial}{\partial v}(z_x(-\sin\alpha) + z_y \cos\alpha)$

$$= (-\sin\alpha)\Big(z_{xx}\frac{\partial x}{\partial v} + z_{xy}\frac{\partial y}{\partial v}\Big) + \cos\alpha\Big(z_{yx}\frac{\partial x}{\partial v} + z_{yy}\frac{\partial y}{\partial v}\Big)$$

$$= (-\sin\alpha)\Big(z_{xx}(-\sin\alpha) + z_{xy}\cos\alpha\Big) + \cos\alpha\Big(z_{yx}(-\sin\alpha) + z_{yy}\cos\alpha\Big)$$

$$= z_{xx}\sin^2\alpha - 2z_{xy}\sin\alpha\cos\alpha + z_{yy}\cos^2\alpha$$

$$z_{uv} = \frac{\partial}{\partial v}z_u = \frac{\partial}{\partial v}(z_x\cos\alpha + z_y\sin\alpha)$$

$$= \cos\alpha\Big(z_{xx}\frac{\partial x}{\partial v} + z_{xy}\frac{\partial y}{\partial v}\Big) + \sin\alpha\Big(z_{yx}\frac{\partial x}{\partial v} + z_{yy}\frac{\partial y}{\partial v}\Big)$$

$$= \cos\alpha\Big(z_{xx}(-\sin\alpha) + z_{xy}\cos\alpha\Big) + \sin\alpha\Big(z_{yx}(-\sin\alpha) + z_{yy}\cos\alpha\Big)$$

$$= -z_{xx}\sin\alpha\cos\alpha + z_{xy}(\cos^2\alpha - \sin^2\alpha) + z_{yy}\sin\alpha\cos\alpha$$

であるから

$$z_{uu}z_{vv} - (z_{uv})^2$$

$$= z_{xx}^2\cos^2\alpha\sin^2\alpha - 2z_{xx}z_{xy}\cos^3\alpha\sin\alpha + z_{xx}z_{yy}\cos^4\alpha$$

$$+ 2z_{xx}z_{xy}\sin^3\alpha\cos\alpha - 4z_{xy}^2\sin^2\alpha\cos^2\alpha + 2z_{xy}z_{yy}\sin\alpha\cos^3\alpha$$

$$+ z_{xx}z_{yy}\sin^4\alpha - 2z_{xy}z_{yy}\sin^3\alpha\cos\alpha + z_{yy}^2\sin^2\alpha\cos^2\alpha$$

$$- \Big[z_{xx}^2\sin^2\alpha\cos^2\alpha + z_{xy}^2(\cos^2\alpha - \sin^2\alpha)^2 + z_{yy}^2\sin^2\alpha\cos^2\alpha$$

$$- 2z_{xx}z_{yy}\sin^2\alpha\cos^2\alpha - 2z_{xx}z_{xy}(\cos^2\alpha - \sin^2\alpha)\sin\alpha\cos\alpha$$

$$+ 2z_{xy}z_{yy}\sin\alpha\cos\alpha(\cos^2\alpha - \sin^2\alpha)\Big]$$

$$= z_{xx}z_{yy}(\cos^4\alpha + \sin^4\alpha + 2\sin^2\alpha\cos^2\alpha) - z_{xy}^2(4\sin^2\alpha\cos^2\alpha + (\cos^2\alpha - \sin^2\alpha)^2)$$

$$+ z_{xx}z_{xy}(-2\cos^3\alpha\sin\alpha + 2\sin^3\alpha\cos\alpha + 2\sin\alpha\cos\alpha(\cos^2\alpha - \sin^2\alpha))$$

$$+ z_{xy}z_{yy}(2\sin\alpha\cos^3\alpha - 2\sin^3\alpha\cos\alpha - 2\sin\alpha\cos\alpha(\cos^2\alpha - \sin^2\alpha))$$

$$= z_{xx}z_{yy}(\cos^2\alpha + \sin^2\alpha)^2 - z_{xy}^2(\cos^2\alpha + \sin^2\alpha)^2$$

$$= z_{xx}z_{yy} - z_{xy}^2$$

となり証明される.

問題 4.5.4

(1) $\dfrac{\partial(x,y)}{\partial(r,\theta)} = \begin{vmatrix} \dfrac{\partial x}{\partial r} & \dfrac{\partial x}{\partial \theta} \\ \dfrac{\partial y}{\partial r} & \dfrac{\partial y}{\partial \theta} \end{vmatrix} = \begin{vmatrix} \cos\theta & -r\sin\theta \\ \sin\theta & r\cos\theta \end{vmatrix} = r\cos^2\theta + r\sin^2\theta = r$

(2) $\dfrac{\partial(x,y)}{\partial(u,v)} = \begin{vmatrix} \dfrac{\partial x}{\partial u} & \dfrac{\partial x}{\partial v} \\ \dfrac{\partial y}{\partial u} & \dfrac{\partial y}{\partial v} \end{vmatrix} = \begin{vmatrix} \dfrac{v^2 - u^2}{(u^2+v^2)^2} & \dfrac{-2uv}{(u^2+v^2)^2} \\ \dfrac{-2uv}{(u^2+v^2)^2} & \dfrac{u^2 - v^2}{(u^2+v^2)^2} \end{vmatrix}$

$$= \frac{-1}{(u^2+v^2)^4}((u^2-v^2)^2 + 4u^2v^2) = \frac{-1}{(u^2+v^2)^2}$$

6.7 第 4 章：問題解答　257

問題 **4.6.1**
e^x と $\sin x$ のマクローリン展開より

$$f(x,y) = e^{x+y}\sin y$$
$$= \left(1 + \frac{x+y}{1!} + \frac{(x+y)^2}{2!} + \frac{(x+y)^3}{3!} + \cdots\right)\left(y - \frac{1}{3!}y^3 + \frac{1}{5!}y^5 - \cdots\right)$$
$$= y + (xy + y^2) + \left(\frac{1}{2}x^2 y + xy^2 + \frac{1}{3}y^3\right) - \frac{1}{6}y^3(x+y) + \cdots$$

として，望む項まで計算する．

問題 **4.6.2**
高次の偏微分係数を求めて計算する

$$f(x,y) = f(0,0) + f_x(0,0)x + f_y(0,0)y$$
$$+ \frac{1}{2!}(f_{xx}(0,0)x^2 + 2f_{xy}(0,0)xy + f_{yy}(0,0)y^2)$$
$$+ \frac{1}{3!}(f_{xxx}(0,0)x^3 + 3f_{xxy}(0,0)x^2 y + 3f_{xyy}(0,0)xy^2 + f_{yyy}(0,0)y^3)$$
$$+ 4 \text{ 次以上の項}$$

(1)　$f(x,y)$ は C^3 級だから，

$$f_x = \frac{2x(1+x+2y) - (x^2-y^2)}{(1+x+2y)^2} = \frac{2x+x^2+4xy+y^2}{(1+x+2y)^2}$$

$$f_y = \frac{-2y(1+x+2y) - (x^2-y^2)\cdot 2}{(1+x+2y)^2} = \frac{-2y-2xy-2y^2-2x^2}{(1+x+2y)^2}$$

$$f_{xx} = \frac{2+2x+4y}{(1+x+2y)^2} - \frac{(2x+x^2+4xy+y^2)\cdot 2}{(1+x+2y)^3}$$

$$f_{xy} = \frac{4x+2y}{(1+x+2y)^2} - \frac{2(2x+x^2+4xy+y^2)\cdot 2}{(1+x+2y)^3}$$

$$f_{yy} = \frac{-2-2x-4y}{(1+x+2y)^2} + \frac{(2y+2xy+2y^2+2x^2)\cdot 2\cdot 2}{(1+x+2y)^3}$$

$$f_{xxx} = \frac{2}{(1+x+2y)^2} - \frac{2(2+2x+4y)}{(1+x+2y)^3} - \frac{2(2+2x+4y)}{(1+x+2y)^3}$$
$$+ \frac{6(2x+x^2+4xy+y^2)}{(1+x+2y)^4}$$

$$f_{xxy} = \frac{4}{(1+x+2y)^2} - \frac{2(2+2x+4y)\cdot 2}{(1+x+2y)^3} - \frac{(4x+2y)\cdot 2}{(1+x+2y)^3}$$
$$+ \frac{6(2x+x^2+4xy+y^2)\cdot 2}{(1+x+2y)^4}$$

$$f_{xyy} = \frac{2}{(1+x+2y)^2} - \frac{2(4x+2y)\cdot 2}{(1+x+2y)^3} - \frac{4(4x+2y)}{(1+x+2y)^3}$$

$$+\frac{24(2x+x^2+4xy+y^2)}{(1+x+2y)^4}$$

$$f_{yyy} = \frac{-4}{(1+x+2y)^2} + \frac{2(2+2x+4y)\cdot 2}{(1+x+2y)^3} + \frac{4(2+2x+4y)}{(1+x+2y)^3}$$

$$+\frac{-12(2y+2xy+2y^2+2x^2)\cdot 2}{(1+x+2y)^4}$$

よって, 点 $(0,0)$ を代入して

$$f = 0, \quad f_x = f_y = 0, \quad f_{xx} = 2, \quad f_{xy} = 0,$$

$$f_{yy} = -2, \quad f_{xxx} = 2-4-4 = -6, \quad f_{xxy} = 4-8 = -4,$$

$$f_{xyy} = 2, \quad f_{yyy} = -4+8+8 = 12$$

したがって

$$f(x,y) = \frac{1}{2!}(2x^2 - 2y^2) + \frac{1}{3!}(-6x^3 - 12x^2y + 6xy^2 + 12y^3) + (4\text{ 次以上の項})$$

$$= (x^2 - y^2) - x^3 - 2x^2y + xy^2 + 2y^3 + (4\text{ 次以上の項})$$

(2) $f(x,y) = \sin\left(x + \dfrac{y}{x+1}\right)$ は C^3 級関数であるから

$$f_x = \cos\left(x + \frac{y}{x+1}\right)\left(1 - \frac{y}{(x+1)^2}\right), \quad f_y = \cos\left(x + \frac{y}{x+1}\right)\cdot \frac{1}{x+1}$$

$$f_{xx} = -\sin\left(x + \frac{y}{x+1}\right)\left(1 - \frac{y}{(x+1)^2}\right)^2 + \cos\left(x + \frac{y}{x+1}\right)\cdot \frac{2y}{(x+1)^3}$$

$$f_{xy} = f_{yx} = -\sin\left(x + \frac{y}{x+1}\right)\frac{1}{x+1}\left(1 - \frac{y}{(x+1)^2}\right) + \cos\left(x + \frac{y}{x+1}\right)\cdot \left(-\frac{1}{(x+1)^2}\right)$$

$$f_{yy} = -\sin\left(x + \frac{y}{x+1}\right)\cdot \frac{1}{(x+1)^2}$$

$$f_{xxx} = -\cos\left(x + \frac{y}{x+1}\right)\left(1 - \frac{y}{(x+1)^2}\right)^3$$

$$-\sin\left(x + \frac{y}{x+1}\right)\cdot 2\left(1 - \frac{y}{(x+1)^2}\right)\cdot \frac{2y}{(x+1)^3}$$

$$-\sin\left(x + \frac{y}{x+1}\right)\cdot \left(1 - \frac{y}{(x+1)^2}\right)\cdot \frac{2y}{(x+1)^3} + \cos\left(x + \frac{y}{x+1}\right)\cdot \frac{-6y}{(x+1)^4}$$

$$f_{xxy} = -\cos\left(x + \frac{y}{x+1}\right)\cdot \frac{1}{x+1}\left(1 - \frac{y}{(x+1)^2}\right)^2$$

$$-\sin\left(x + \frac{y}{x+1}\right)\cdot 2\left(1 - \frac{y}{(x+1)^2}\right)\left(-\frac{1}{(x+1)^2}\right)$$

$$-\sin\left(x + \frac{y}{x+1}\right)\cdot \frac{1}{x+1}\frac{2y}{(x+1)^3} + \cos\left(x + \frac{y}{x+1}\right)\cdot \frac{2}{(x+1)^3}$$

$$f_{xyy} = -\cos\left(x + \frac{y}{x+1}\right)\left(1 - \frac{y}{(x+1)^2}\right)\frac{1}{(x+1)^2} - \sin\left(x + \frac{y}{x+1}\right)\cdot \frac{-2}{(x+1)^3}$$

$$f_{yyy} = -\cos\left(x + \frac{y}{x+1}\right)\cdot \frac{1}{(x+1)^3}$$

よって，点 $(0,0)$ を代入して

$$f = 0, \quad f_x = f_y = 1, \quad f_{xx} = 0, \quad f_{xy} = -1, \quad f_{yy} = 0,$$

$$f_{xxx} = -1, \quad f_{xxy} = -1 + 2 = 1, \quad f_{xyy} = -1, \quad f_{yyy} = -1$$

したがって

$$f(x,y) = \frac{1}{1!}(x+y) + \frac{1}{2!}(-2xy) + \frac{1}{3!}(-x^3 + 3x^2y - 3xy^2 - y^3) + (4 \text{ 次以上の項})$$

$$= (x+y) - xy + \frac{1}{6}(-x^3 + 3x^2y - 3xy^2 - y^3) + (4 \text{ 次以上の項})$$

(3) $f(x,y) = e^{\sin xy}$ は C^3 級であるから

$f_x = e^{\sin xy} \cdot \cos xy \cdot y$

$f_y = e^{\sin xy} \cdot \cos xy \cdot x$

$f_{xx} = e^{\sin xy}(\cos xy \cdot y)^2 + e^{\sin xy}(-\sin xy)y^2$

$f_{xy} = f_{yx} = e^{\sin xy}(\cos xy)^2 xy + e^{\sin xy}(-\sin xy)xy + e^{\sin xy}\cos xy$

$f_{yy} = e^{\sin xy}(\cos xy \cdot x)^2 + e^{\sin xy}(-\sin xy) \cdot x^2$

$f_{xxx} = e^{\sin xy}(\cos xy \cdot y)^3 + e^{\sin xy} \cdot 2\cos xy \cdot y \cdot (-\sin xy)y^2$
$\quad + e^{\sin xy}(\cos xy)y(-\sin xy)y^2 + e^{\sin xy}(-\cos xy)y^3$

$f_{xxy} = e^{\sin xy}(\cos xy)^3 xy^2 + e^{\sin xy} \cdot 2\cos xy \cdot y(-\sin xy \cdot xy + \cos xy)$
$\quad + e^{\sin xy}(\cos xy) \cdot x(-\sin xy)y^2 + e^{\sin xy}(-\cos xy)xy^2 + 2e^{\sin xy}(-\sin xy)y$

$f_{yyx} = e^{\sin xy}(\cos xy)^3 \cdot y \cdot x^2 + e^{\sin xy} \cdot 2(\cos xy \cdot x)(-\sin xy \cdot yx + \cos xy)$
$\quad + e^{\sin xy}(\cos xy \cdot y)(-\sin xy)x^2 + e^{\sin xy}(-\cos xy) \cdot y \cdot x^2 + e^{\sin xy}(-\sin xy) \cdot 2x$

$f_{yyy} = e^{\sin xy}(\cos xy \cdot x)^3 + e^{\sin xy} \cdot 2(\cos xy \cdot x) \cdot (-\sin xy)x^2$
$\quad + e^{\sin xy}(\cos xy)x(-\sin xy)x^2 + e^{\sin xy}(-\cos xy)x^3$

よって，点 $(0,0)$ を代入して

$$f = 1, \quad f_x = f_y = 0, \quad f_{xx} = 0, \quad f_{xy} = 1, \quad f_{yy} = 0,$$

$$f_{xxx} = f_{xxy} = f_{xyy} = f_{yyy} = 0$$

したがって

$$f(x,y) = 1 + \frac{1}{2!}(2 \cdot 1 \cdot xy) + (4 \text{ 次以上の項}) = 1 + xy + (4 \text{ 次以上の項})$$

(4) $f(x,y) = \dfrac{1}{\sqrt{1-x-y}} = (1-x-y)^{-\frac{1}{2}}$ は C^3 級であり，x と y について対称であることに注意すると

$$f_x = -\frac{1}{2}(1-x-y)^{-\frac{3}{2}}(-1) = \frac{1}{2}(1-x-y)^{-\frac{3}{2}}$$

$$f_y = -\frac{1}{2}(1-x-y)^{-\frac{3}{2}}(-1) = \frac{1}{2}(1-x-y)^{-\frac{3}{2}}$$

$$f_{xx} = f_{yy} = f_{xy} = \frac{1}{2}\frac{3}{2}(1-x-y)^{-\frac{5}{2}} = \frac{3}{4}(1-x-y)^{-\frac{5}{2}}$$

$$f_{xxx} = f_{xxy} = f_{xyy} = f_{yyy} = \frac{3}{4} \cdot \frac{5}{2}(1-x-y)^{-\frac{7}{2}}$$

よって，点 $(0,0)$ を代入して

$$f = 1, \quad f_x = f_y = \frac{1}{2}, \quad f_{xx} = f_{xy} = f_{yy} = \frac{3}{4},$$

$$f_{xxx} = f_{xxy} = f_{xyy} = f_{yyy} = \frac{3}{4} \cdot \frac{5}{2}$$

したがって

$$f(x,y) = 1 + \frac{1}{1!}\left(\frac{1}{2}x + \frac{1}{2}y\right) + \frac{1}{2!} \cdot \frac{3}{4}(x^2 + 2xy + y^2)$$
$$+ \frac{1}{3!} \cdot \frac{3}{4} \cdot \frac{5}{2}(x^3 + 3x^2y + 3xy^2 + y^3) + (4\text{ 次以上の項})$$
$$= 1 + \frac{1}{2}(x+y) + \frac{3}{8}(x+y)^2 + \frac{5}{16}(x+y)^3 + (4\text{ 次以上の項})$$

別解：1変数のマクローリン展開を用いる

(1) $f(x,y) = \dfrac{x^2 - y^2}{1+x+2y} = (x^2 - y^2)\dfrac{1}{1-(-(x+2y))}$
$= (x^2 - y^2)(1 - (x+2y) + (x+2y)^2 - (x+2y)^3 + \cdots)$
$= (x^2 - y^2) - (x^2 - y^2)(x+2y) + (4\text{ 次以上の項})$
$= x^2 - y^2 + (-x^3 + xy^2 - 2x^2y + 2y^3) + (4\text{ 次以上の項})$

(2) $\dfrac{1}{1+x} = 1 - x + x^2 - x^3 + \cdots$ と $\sin x = x - \dfrac{1}{3!}x^3 + \dfrac{1}{5!}x^5 + \cdots$ より

$$f(x,y) = \sin\left(x + \frac{y}{x+1}\right) = \sin(x + y(1 - x + x^2 - x^3) + O(x^4))$$
$$= x + y(1 - x + x^2 - x^3) - \frac{1}{3!}(x + y(1 - x + x^2 - x^3))^3 + O(x^4)$$
$$= x + y(1-x) + yx^2 - \frac{1}{6}(x^3 + 3x^2y + 3xy^2 + y^3) + (4\text{ 次以上の項})$$
$$= x + y - xy - \frac{1}{6}(x^3 - 3x^2y + 3xy^2 + y^3) + (4\text{ 次以上の項})$$

(3) $f(x,y) = e^{\sin xy} = 1 + \sin xy + \dfrac{1}{2!}(\sin xy)^2 + \dfrac{1}{3!}(\sin xy)^3 + O((\sin xy)^4)$
$= 1 + \left(xy - \dfrac{1}{3!}(xy)^3 + O((xy)^5)\right) + \dfrac{1}{2!}\left(xy - \dfrac{1}{3!}(xy)^3 + O((xy)^5)\right)^2$
$\quad + \dfrac{1}{3!}\left(xy - \dfrac{1}{3!}(xy)^3 + O((xy)^5)\right)^3 + O((xy)^4)$
$= 1 + xy + \dfrac{1}{2}x^2y^2 + O((xy)^4) = 1 + xy + O\,(4\text{ 次以上の項})$

(4) $f(x,y) = \dfrac{1}{\sqrt{1-x-y}} = (1-(x+y))^{-\frac{1}{2}}$

$$= 1 + \frac{-\dfrac{1}{2}}{1!}(-(x+y)) + \frac{-\dfrac{1}{2} \cdot \left(-\dfrac{1}{2}-1\right)}{2!}(-(x+y))^2$$

$$+\frac{-\frac{1}{2}\cdot\left(-\frac{1}{2}-1\right)\cdot\left(-\frac{1}{2}-2\right)}{3!}(-(x+y))^3+(4\,次以上の項)$$
$$=1+\frac{1}{2}(x+y)+\frac{3}{8}(x+y)^2+\frac{5}{16}(x+y)^3+(4\,次以上の項)$$

問題 4.9.1

(1) $F(x,y)=y^2-x^2(x+a)$ とおくと, $F_x=-3x^2-2ax$, $F_y=2y$ である. 連立方程式 $F(x,y)=0$, $F_x=0$, $F_y=0$ を解くと, $a\neq 0$ のとき $(x,y)=(0,0)$ である. $F_{xx}=-6x-2a$, $F_{xy}=0$, $F_{yy}=2$ だから, $D=F_{xy}(0,0)^2-F_{xx}(0,0)F_{yy}(0,0)=0-(-2a)\cdot 2=4a$ である. よって,

(i) $a>0$ のとき, $D>0$ となるから点 $(0,0)$ は結節点である.

(ii) $a<0$ のとき, $D<0$ となるから点 $(0,0)$ は孤立点である.

(iii) $a=0$ のとき, $F(x,y)=0$, $F_x=0$, $F_y=0$ を解くと, 点 $(0,0)$ が解であり, $D=0$ となるから, 尖点または孤立点である. グラフを描いて尖点であることがわかる.

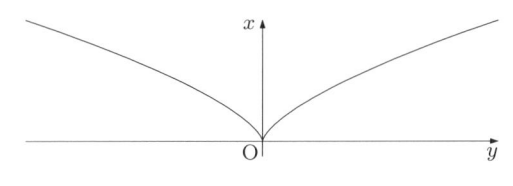

図 6.12

(2) $F(x,y)=(x^2+y^2)^2-4(x^2-y^2)$ とおくと, $F_x=2(x^2+y^2)\cdot 2x-8x$, $F_y=2(x^2+y^2)\cdot 2y+8y$ である. 連立方程式 $F(x,y)=0$, $F_x=0$, $F_y=0$ を解く. $F_x=0$ より $x(x^2+y^2)=2x$ であるから, $x=0$, $x^2+y^2=2$.

(i) $x=0$ のとき, $F=0$ と $F_y=0$ に代入して $y^4=-4y^2$, $y^3=-2y$ となり, $y=0$ のみが解である. よって, 特異点は $(0,0)$ である.

(ii) $x\neq 0$ のとき, $F_x=0$ から $x^2+y^2=2$. これを $F=0$, $F_y=0$ に代入して $4=4(x^2-y^2)$, $16y=0$ よって $y=0$, $x^2=1$ をえる. これは, $x^2+y^2=2$ を満足しない.

以上より, 特異点は $(x,y)=(0,0)$ である.

$F_{xx}=4(x^2+y^2)+8x^2-8=12x^2+4y^2-8$, $F_{xy}=8xy$, $F_{yy}=12y^2+4x^2+8$
点 $(0,0)$ のとき, $F_{xy}^2-F_{xx}F_{yy}=0-(-8)(8)=64>0$. よって結節点である.

(3) $F(x,y)=x^5+y^5-2x^2y^2$ とおくと, $F_x=5x^4-4xy^2$, $F_y=5y^4-4x^2y$ である. 連立方程式 $F(x,y)=0$, $F_x=0$, $F_y=0$ を解く. $F_x=0$ より $x(5x^3-4y^2)=0$ であるから, $x=0$, $5x^3-4y^2=0$.

(i) $x=0$ のとき, $F=0$ と $F_y=0$ に代入して $y^5=0$, $y^4=0$ より, 特異点は $(0,0)$ である.

(ii) $5x^3-4y^2=0$ のとき, $F_y=0$ より $y(5y^3-4x^2)=0$. よって, $y=0$, $5y^3-4x^2=0$.
(ア) $y=0$ のとき, 条件 $5x^3-4y^2=0$ に代入して $x^3=0$ で $x=0$
よって, 点 $(0,0)$ は $F(0,0)=0$ を満たすから特異点である.

(イ) $5y^3 - 4x^2 = 0$ のとき, $F = 0$ より $0 = x^5 + y^5 - 2y^2 \cdot \dfrac{5}{4}y^3 = x^5 - \dfrac{3}{2}y^5$ である.
また, $F = 0$ に条件 $5x^3 - 4y^2 = 0$ を代入して $0 = x^5 + y^5 - 2x^2 \cdot \dfrac{5}{4}x^3 = -\dfrac{3}{2}x^5 + y^5$ である.
以上から, $x^5 = \dfrac{3}{2}y^5$, $y^5 = \dfrac{3}{2}x^5$ これより, $(x, y) = (0, 0)$ が特異点である.
$F_{xx} = 20x^3 - 4y^2$, $F_{xy} = -8xy$, $F_{yy} = 20y^3 - 4x^2$ より
$$F_{xy}(0,0)^2 - F_{xx}(0,0)F_{yy}(0,0) = 0 - 0 \cdot 0 = 0$$
だから, 尖点または孤立点である. グラフを描いて尖点であることがわかる.

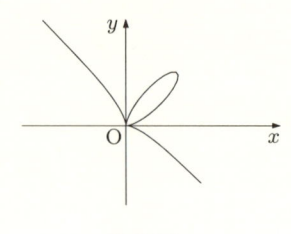

図 6.13

問題 4.9.2
$F(x, y) = y^2 - (x - a)(x - b)(x - c)$ とおくと
$$F_x = -(x-b)(x-c) - (x-a)(x-c) - (x-a)(x-b), \quad F_y = 2y$$
また, $F_{xx} = -2(3x - a - b - c)$, $F_{xy} = 0$, $F_{yy} = 2$ である. よって $F_y = 0$, $F = 0$ を解くと $(x, y) = (a, 0), (b, 0), (c, 0)$ となる. この点が $F_x = 0$ を満足するかどうかを調べる.
(1) $a < b < c$ のとき,
$(x, y) = (a, 0), (b, 0), (c, 0)$ のいずれも $F_x = 0$ を満足しないから特異点ではない.
(2) $a = b < c$ のとき,
$F_x = -2(x-a)(x-c) - (x-a)^2$ だから, 点 $(a, 0)$ のみが $F_x = 0$ を満たす.
$F_{xy}^2 - F_{xx}F_{yy} = 0 + 2(2a - b - c) \cdot 2 = 4(a - c) < 0$ であるから, 点 $(a, 0)$ は孤立点である.
(3) $a < b = c$ のとき,
$F_x = -(x-b)^2 - 2(x-a)(x-b)$ だから, 点 $(b, 0)$ のみが $F_x = 0$ を満たす.
$F_{xy}^2 - F_{xx}F_{yy} = 0 + 2(2b - a - c) \cdot 2 = 4(b - a) > 0$ であるから, 点 $(b, 0)$ は結節点である.
(4) $a = b = c$ のとき,
$F_x = -3(x - a)^2$ だから点 $(a, 0)$ は $F_x = 0$ を満たす.
$F_{xy}^2 - F_{xx}F_{yy} = 0 + 0 \cdot 2 = 0$ であるから, 尖点または孤立点である. グラフを描いて点 $(a, 0)$ は尖点である.
$F = 0$ を y について解くと, $y = \pm\sqrt{(x-a)^3}$, $x \geqq a$ がえられる. 2 つのグラフの点 $(a, 0)$ の近傍での接線を考えて, 尖点であるとわかる.

6.8　第4章：演習問題解答

1.
$$\lim_{h,k\to 0} f(k,h) = \lim_{r\to 0} \frac{r^2\cos\theta\ \sin\theta(r^2\sin^2\theta - r^2\cos^2\theta)}{r^2}$$
($k = r\cos\theta,\ h = r\sin\theta$ とおいた)
$$= \lim_{r\to 0} r^2\cos\theta\ \sin\theta(\sin^2\theta - \cos^2\theta) = 0 = f(0,0)$$
よって，原点 $(0,0)$ で連続である．

2.

(1) $\displaystyle\lim_{(x,y)\to(0,0)} \frac{x^2-y^2}{x^2+y^2} = \lim_{r\to 0}\frac{r^2(\cos^2\theta - \sin^2\theta)}{r^2} = \lim_{r\to 0}\cos 2\theta$
不定であり，極限値は存在しない．

(2) $\displaystyle\lim_{(x,y)\to(1,\pi)} x\sin\left(\frac{y}{x}\right) = 1\cdot\sin\left(\frac{\pi}{1}\right) = 0$

(3) $\left|x^2\sin\left(\dfrac{1}{y}\right)\right| \leqq x^2 \to 0\quad (x\to 0)$ よって，$\displaystyle\lim_{(x,y)\to(0,0)} x^2\sin\left(\frac{1}{y}\right) = 0$

3.

(1) $\dfrac{\partial z}{\partial x} = -\dfrac{y}{x^2}e^{\frac{y}{x}},\qquad \dfrac{\partial z}{\partial y} = \dfrac{1}{x}e^{\frac{y}{x}}$

(2) $\dfrac{\partial z}{\partial x} = \dfrac{1}{1+\left(\frac{y}{x}\right)^2}\cdot\dfrac{\partial}{\partial x}\left(\dfrac{y}{x}\right) = \dfrac{1}{1+\left(\frac{y}{x}\right)^2}\cdot\dfrac{-y}{x^2} = \dfrac{-y}{x^2+y^2}$

$\dfrac{\partial z}{\partial y} = \dfrac{1}{1+\left(\frac{y}{x}\right)^2}\cdot\dfrac{\partial}{\partial y}\left(\dfrac{y}{x}\right) = \dfrac{1}{1+\left(\frac{y}{x}\right)^2}\cdot\dfrac{1}{x} = \dfrac{x}{x^2+y^2}$

(3) $\dfrac{\partial z}{\partial x} = \dfrac{a(cx+dy) - (ax+by)c}{(cx+dy)^2} = \dfrac{(ad-bc)y}{(cx+dy)^2}$

$\dfrac{\partial z}{\partial y} = \dfrac{b(cx+dy) - (ax+by)d}{(cx+dy)^2} = -\dfrac{(ad-bc)x}{(cx+dy)^2}$

(4) $\dfrac{\partial z}{\partial x} = \dfrac{1}{2\sqrt{x^2+y^2}}\cdot 2x = \dfrac{x}{\sqrt{x^2+y^2}},\qquad \dfrac{\partial z}{\partial y} = \dfrac{1}{2\sqrt{x^2+y^2}}\cdot 2y = \dfrac{y}{\sqrt{x^2+y^2}}$

(5) $z = \log\sqrt{x^2+y^2} = \dfrac{1}{2}\log(x^2+y^2)$

$\dfrac{\partial z}{\partial x} = \dfrac{1}{2}\cdot\dfrac{2x}{x^2+y^2} = \dfrac{x}{x^2+y^2}\qquad \dfrac{\partial z}{\partial y} = \dfrac{1}{2}\cdot\dfrac{2y}{x^2+y^2} = \dfrac{y}{x^2+y^2}$

(6) $\dfrac{\partial z}{\partial x} = \dfrac{1}{\sqrt{1-\left(\dfrac{x^2-y^2}{x^2+y^2}\right)^2}}\dfrac{\partial}{\partial x}\left(\dfrac{x^2-y^2}{x^2+y^2}\right)$

$= \dfrac{1}{\sqrt{1-\left(\dfrac{x^2-y^2}{x^2+y^2}\right)^2}}\cdot\dfrac{2x(x^2+y^2) - (x^2-y^2)\cdot 2x}{(x^2+y^2)^2}$

$$= \frac{1}{\sqrt{(x^2+y^2)^2 - (x^2-y^2)^2}} \cdot \frac{4xy^2}{x^2+y^2}$$

$$= \frac{1}{\sqrt{2x^2 \cdot 2y^2}} \cdot \frac{4xy^2}{x^2+y^2} = \frac{2y}{x^2+y^2} \quad (xy>0 \text{ より})$$

$$\frac{\partial z}{\partial y} = \frac{1}{\sqrt{1-\left(\frac{x^2-y^2}{x^2+y^2}\right)^2}} \frac{\partial}{\partial y}\left(\frac{x^2-y^2}{x^2+y^2}\right)$$

$$= \frac{1}{\sqrt{1-\left(\frac{x^2-y^2}{x^2+y^2}\right)^2}} \cdot \frac{-2y(x^2+y^2)-(x^2-y^2)\cdot 2y}{(x^2+y^2)^2}$$

$$= \frac{1}{\sqrt{2x^2\cdot 2y^2}} \cdot \frac{-4yx^2}{x^2+y^2} = \frac{-2x}{x^2+y^2} \quad (xy>0 \text{ より})$$

4.

関数 $f(x)$ の x での微分を $\dfrac{df}{dx} = f'$ とする.

(1) $\dfrac{\partial z}{\partial x} = f' \cdot \dfrac{\partial}{\partial x}(ax+by) = af', \quad \dfrac{\partial z}{\partial y} = f' \cdot \dfrac{\partial}{\partial y}(ax+by) = bf'$

よって, $b\dfrac{\partial z}{\partial x} = baf' = a\dfrac{\partial z}{\partial y}.$

(2) $\dfrac{\partial z}{\partial x} = f' \cdot 2x, \quad \dfrac{\partial z}{\partial y} = f' \cdot 2y.$ よって, $y\dfrac{\partial z}{\partial x} = 2f'xy = x\dfrac{\partial z}{\partial y}.$

(3) $\dfrac{\partial z}{\partial x} = \alpha x^{\alpha-1} f\left(\dfrac{y}{x}\right) + x^\alpha f' \cdot \dfrac{\partial}{\partial x}\left(\dfrac{y}{x}\right) = \alpha x^{\alpha-1} f\left(\dfrac{y}{x}\right) - x^{\alpha-2}yf'$

$\dfrac{\partial z}{\partial y} = x^\alpha f' \dfrac{\partial}{\partial y}\left(\dfrac{y}{x}\right) = x^{\alpha-1}f'$

$x\dfrac{\partial z}{\partial x} + y\dfrac{\partial z}{\partial y} = \alpha x^\alpha f\left(\dfrac{y}{x}\right) - x^{\alpha-1}yf' + yx^{\alpha-1}f' = \alpha x^\alpha f\left(\dfrac{y}{x}\right) = \alpha z$

(4) $\dfrac{\partial z}{\partial t} = f'(x+at)\cdot a - f'(x-at)\cdot(-a),$

$\dfrac{\partial^2 z}{\partial t^2} = f''(x+at)\cdot a^2 - f''(x-at)\cdot(-a)^2$

$\dfrac{\partial z}{\partial x} = f'(x+at)\cdot 1 - f'(x-at)\cdot 1,$

$\dfrac{\partial^2 z}{\partial x^2} = f''(x+at)\cdot 1^2 - f''(x-at)\cdot 1^2$

よって, $\dfrac{\partial^2 z}{\partial t^2} = a^2 \dfrac{\partial^2 z}{\partial x^2}.$

5.

(1) $\dfrac{\partial z}{\partial x} = \dfrac{x^2+y^2 - x\cdot 2x}{(x^2+y^2)^2} = \dfrac{y^2-x^2}{(x^2+y^2)^2}, \quad \dfrac{\partial z}{\partial y} = \dfrac{-x\cdot 2y}{(x^2+y^2)^2}$

$\dfrac{\partial^2 z}{\partial x^2} = \dfrac{-2x(x^2+y^2)^2 - (y^2-x^2)2(x^2+y^2)2x}{(x^2+y^2)^4}$

$= \dfrac{2x(x^2+y^2)(x^2-3y^2)}{(x^2+y^2)^4}$

$$\frac{\partial^2 z}{\partial y^2} = \frac{-2x(x^2+y^2)^2 + 2xy \cdot 2(x^2+y^2) \cdot 2y}{(x^2+y^2)^4}$$

$$= \frac{2x(x^2+y^2)(3y^2-x^2)}{(x^2+y^2)^4} = -\frac{\partial^2 z}{\partial x^2}$$

(2) $\displaystyle \frac{\partial z}{\partial x} = \frac{1}{1+\left(\frac{x}{y}\right)^2} \cdot \frac{\partial}{\partial x}\left(\frac{x}{y}\right) = \frac{y}{x^2+y^2}, \qquad \frac{\partial^2 z}{\partial x^2} = \frac{-y \cdot 2x}{(x^2+y^2)^2}$

$\displaystyle \frac{\partial z}{\partial y} = \frac{1}{1+\left(\frac{x}{y}\right)^2} \cdot \frac{\partial}{\partial y}\left(\frac{x}{y}\right) = \frac{1}{1+\left(\frac{x}{y}\right)^2} \cdot \frac{-x}{y^2} = \frac{-x}{x^2+y^2}$

$\displaystyle \frac{\partial^2 z}{\partial y^2} = \frac{x \cdot 2y}{(x^2+y^2)^2} = -\frac{\partial^2 z}{\partial x^2}$

(3) $\displaystyle \frac{\partial z}{\partial x} = \frac{2x}{x^2+y^2}, \qquad \frac{\partial^2 z}{\partial x^2} = \frac{2(x^2+y^2) - 2x \cdot 2x}{(x^2+y^2)^2} = \frac{2(y^2-x^2)}{(x^2+y^2)^2}$

$\displaystyle \frac{\partial z}{\partial y} = \frac{2y}{x^2+y^2}, \qquad \frac{\partial^2 z}{\partial y^2} = \frac{2(x^2-y^2)}{(x^2+y^2)^2} = -\frac{\partial^2 z}{\partial x^2} \quad (x と y の対称性より)$

6.

各 z について, $\dfrac{\partial z}{\partial x}$ と $\dfrac{\partial z}{\partial y}$ を求める.

(1) $dz = (2x-y)dx + (2y-x)dy$

(2) $\displaystyle dz = \frac{1}{\sqrt{1-\left(\frac{y}{x}\right)^2}} \cdot \frac{\partial}{\partial x}\left(\frac{y}{x}\right) dx + \frac{1}{\sqrt{1-\left(\frac{y}{x}\right)^2}} \cdot \frac{\partial}{\partial y}\left(\frac{y}{x}\right) dy$

$\displaystyle = \frac{1}{\sqrt{1-\left(\frac{y}{x}\right)^2}} \cdot \frac{-y}{x^2} dx + \frac{1}{\sqrt{1-\left(\frac{y}{x}\right)^2}} \cdot \frac{1}{x} dy$

$\displaystyle = \frac{-1}{\sqrt{x^2-y^2}} \cdot \frac{y}{x} dx + \frac{1}{\sqrt{x^2-y^2}} \cdot dy \qquad (x>0 より)$

(3) $z = x^y = \left(e^{\log x}\right)^y = e^{y \log x}$ として微分するか, または対数微分をする.

$$\frac{\partial z}{\partial x} = yx^{y-1}, \qquad \frac{\partial z}{\partial y} = e^{y \log x} \cdot \frac{\partial}{\partial y}(y \log x) = x^y \cdot \log x$$

$$dz = yx^{y-1}\, dx + x^y \log x\, dy$$

7.

(1) $z = e^{-ax} \tan^{-1}(1+y)$ は C^3 級関数だから,

$z_x = (-a)e^{-ax} \tan^{-1}(1+y), \qquad z_y = e^{-ax} \dfrac{1}{1+(1+y)^2}$

$z_{xx} = (-a)^2 e^{-ax} \tan^{-1}(1+y), \qquad z_{xy} = (-a)e^{-ax} \dfrac{1}{1+(1+y)^2}$

$z_{yy} = e^{-ax} \dfrac{-2(1+y)}{(1+(1+y)^2)^2}, \qquad z_{xxx} = (-a)^3 e^{-ax} \tan^{-1}(1+y)$

$z_{xxy} = (-a)^2 e^{-ax} \dfrac{1}{1+(1+y)^2}, \qquad z_{xyy} = (-a)e^{-ax} \dfrac{-2(1+y)}{(1+(1+y)^2)^2}$

$$z_{yyy} = e^{-ax}\frac{6y^2+12y+4}{(1+(1+y)^2)^3}$$

よって，マクローリン展開は

$$z = \tan^{-1}1 + \frac{1}{1!}(-a\tan^{-1}1\cdot x + \frac{1}{2}y)$$

$$+\frac{1}{2!}\left((-a)^2\tan^{-1}1\cdot x^2 + 2(-a)\frac{1}{2}xy + \frac{-2}{4}y^2\right)$$

$$+\frac{1}{3!}\left((-a)^3\tan^{-1}1\cdot x^3 + 3(-a)^2\frac{1}{2}x^2y + 3(-a)\frac{-2}{4}\cdot xy^2 + \frac{4}{2^3}y^3\right)$$

$$= \frac{\pi}{4} + \left(-\frac{\pi}{4}ax + \frac{1}{2}y\right) + \frac{1}{2}\left(\frac{\pi}{4}a^2x^2 - axy - \frac{1}{2}y^2\right)$$

$$+ \frac{1}{6}\left(-\frac{\pi}{4}a^3x^3 + \frac{3}{2}a^2x^2y + \frac{3}{2}axy^2 + \frac{1}{2}y^3\right) + (4\,\text{次以上の項})$$

(2) $z=(1+x+y)^x$ は C^3 級であるから，

$$z_x = (1+x+y)^x(\log|(1+x+y)|^x)' = (1+x+y)^x\left(\log|1+x+y| + \frac{x}{1+x+y}\right)$$

$$z_y = x(1+x+y)^{x-1}$$

$$z_{xx} = (1+x+y)^x\left(\log|1+x+y| + \frac{x}{1+x+y}\right)^2$$

$$+ (1+x+y)^x\left(\frac{1}{1+x+y} + \frac{1+y}{(1+x+y)^2}\right)$$

$$z_{xy} = x(1+x+y)^{x-1}\left(\log|1+x+y| + \frac{x}{1+x+y}\right)$$

$$+ (1+x+y)^x\left(\frac{1}{1+x+y} - \frac{x}{(1+x+y)^2}\right)$$

$$z_{yy} = x(x-1)(1+x+y)^{x-2}$$

である．点 $(0,0)$ を代入して，$z=1$, $z_x=0$, $z_y=0$, $z_{xx}=2$, $z_{xy}=1$, $z_{yy}=0$ である．式は複雑になるが，3 次の偏導関数を求めて点 $(0,0)$ を代入して $z_{xxx}=-3$, $z_{xxy}=-2$, $z_{xyy}=-1$, $z_{yyy}=0$ であるから，

$$z = 1 + (x^2+xy) - \frac{1}{2}(x^3+2x^2y+xy^2) + (4\,\text{次以上の項})$$

1 変数のマクローリン展開を利用する方法

(1) $g(y) = z = e^{-ax}\tan^{-1}(1+y)$ とおく．

$$g'(y) = z_y = e^{-ax}\frac{1}{1+(1+y)^2} = e^{-ax}\frac{1}{2+2y+y^2} = \frac{1}{2}e^{-ax}\frac{1}{1+\left(y+\frac{1}{2}y^2\right)}$$

$$= \frac{1}{2}e^{-ax}\left(1 - (y+\frac{1}{2}y^2) + (y+\frac{1}{2}y^2)^2 - (y+\frac{1}{2}y^2)^3 + O(y^4)\right)$$

$$= \frac{1}{2}e^{-ax}(1-y+\frac{1}{2}y^2+O(y^4))$$

よって

$$g(y) = g(0) + \int_0^y g'(y)dy = \frac{\pi}{4}e^{-ax} + \frac{1}{2}e^{-ax}\left(y - \frac{1}{2}y^2 + \frac{1}{6}y^3 + O(y^5)\right)$$

$$= \frac{\pi}{4}\left(1 - ax + \frac{1}{2!}(-ax)^2 + \frac{1}{3!}(-ax)^3 + O(x^4)\right)$$

$$+ \frac{1}{2}\left(1 - ax + \frac{1}{2!}(-ax)^2 + \frac{1}{3!}(-ax)^3 + O(x^4)\right)\left(y - \frac{1}{2}y^2 + \frac{1}{6}y^3 + O(y^5)\right)$$

$$= \frac{\pi}{4} + \left(-\frac{\pi}{4}ax + \frac{1}{2}y\right) + \left(-\frac{a}{2}xy + \frac{\pi}{8}a^2x^2 - \frac{1}{4}y^2\right)$$

$$+ \left(\frac{1}{4}axy^2 + \frac{a^2}{4}x^2y + \frac{1}{12}y^3 - \frac{\pi}{24}a^3x^3\right) + (4\text{ 次以上の項})$$

(2) 2 項展開 $(1+x)^\alpha = 1 + \frac{\alpha}{1!}x + \frac{\alpha(\alpha-1)}{2!}x^2 + \frac{\alpha(\alpha-1)(\alpha-2)}{3!}x^3 + \cdots$ より

$$z = (1+x+y)^x = 1 + \frac{x}{1!}(x+y) + \frac{x(x-1)}{2!}(x+y)^2 + (4\text{ 次以上の項})$$

$$= 1 + (x^2 + xy) + \frac{1}{2}x(x-1)(x+y)^2 + (4\text{ 次以上の項})$$

$$= 1 + (x^2 + xy) - \frac{1}{2}(x^3 + 2x^2y + xy^2) + (4\text{ 次以上の項})$$

8.

$z = f(x,y)$ とおき,

$$g(x,y) = (f_{xy}(x,y))^2 - f_{xx}(x,y)f_{yy}(x,y) = \left(\frac{\partial^2 z}{\partial x \partial y}\right)^2 - \left(\frac{\partial^2 z}{\partial x^2}\right)\left(\frac{\partial^2 z}{\partial y^2}\right)$$

とおく.

(1) $\begin{cases} \dfrac{\partial z}{\partial x} = 4x^3 - 4y = 0 \\ \dfrac{\partial z}{\partial y} = 4y^3 - 4x = 0 \end{cases} \iff \begin{cases} x^3 = y \\ y^3 = x \end{cases}, \quad (x^3)^3 = x, \quad x^9 = x$

$x = 0, 1, -1$. よって, $(x,y) = (0,0), (1,1), (-1,-1)$.

$$f_{xx}(x,y) = \frac{\partial^2 z}{\partial x^2} = 12x^2, \quad f_{yy}(x,y) = \frac{\partial^2 z}{\partial y^2} = 12y^2, \quad f_{xy}(x,y) = \frac{\partial^2 z}{\partial x \partial y} = -4,$$

$$g(x,y) = \left(\frac{\partial^2 z}{\partial x \partial y}\right)^2 - \left(\frac{\partial^2 z}{\partial x^2}\right)\left(\frac{\partial^2 z}{\partial y^2}\right) = (-4)^2 - 12x^2 \cdot 12y^2$$

となる.

$g(0,0) = 16 > 0$ だから, $f(0,0)$ は極値ではない. $g(1,1) = 16 - 12 \cdot 12 = -128 < 0$ で, $f_{xx}(1,1) = 12 > 0$ だから, $f(1,1)$ は極小値である.
$g(-1,-1) = 16 - 12 \cdot 12 = -128 < 0$ で, $f_{xx}(-1,-1) = 12 > 0$ だから, $f(-1,-1)$ は極

小値である．

(2)　$z = f(x,y) = xy(a-x-y)$, $a > 0$ だから，$\dfrac{\partial z}{\partial x} = y(a-x-y) - xy = 0$，
$\dfrac{\partial z}{\partial y} = x(a-x-y) - xy = 0$ を連立して解く．$y(a-2x-y) = 0$，$x(a-x-2y) = 0$ より

$$\begin{cases} y = 0 \\ y = a - 2x \end{cases}, \quad \begin{cases} x = 0 \\ x = a - 2y \end{cases}$$

したがって，$(x,y) = (0,0)$, $(0,a)$, $(a,0)$, $\left(\dfrac{a}{3}, \dfrac{a}{3}\right)$　$\dfrac{\partial^2 z}{\partial x^2} = -2y$，$\dfrac{\partial^2 z}{\partial x \partial y} = a - 2x - 2y$，$\dfrac{\partial^2 z}{\partial y^2} = -2x$ であるから

$$g(x,y) = \left(\dfrac{\partial^2 z}{\partial x \partial y}\right)^2 - \left(\dfrac{\partial^2 z}{\partial x^2}\right)\left(\dfrac{\partial^2 z}{\partial y^2}\right) = (a-2x-2y)^2 - 4xy$$

$$g(0,0) = a^2 > 0, \quad g(0,a) = a^2 > 0, \quad g(a,0) = a^2 > 0, \quad g\left(\dfrac{a}{3}, \dfrac{a}{3}\right) = \dfrac{-1}{3}a^2 < 0$$

よって，$f(0,0)$, $f(0,a)$, $f(a,0)$ は極値を持たない．
$f\left(\dfrac{a}{3}, \dfrac{a}{3}\right) = \dfrac{1}{27}a^3$ は極値であり，$f_{xx}\left(\dfrac{a}{3}, \dfrac{a}{3}\right) = -\dfrac{2a}{3} < 0$ だから，極大値である．

(3)　$z = f(x,y)$ とおく．$z_x = y - \dfrac{2}{x^2}$，$z_y = x - \dfrac{2}{y^2}$．$z_x = 0$，$z_y = 0$ を連立して解くと $(x,y) = (\sqrt[3]{2}, \sqrt[3]{2})$ である．$z_{xx} = \dfrac{4}{x^3}$，$z_{xy} = 1$，$z_{yy} = \dfrac{4}{y^3}$ より

$$g(x,y) = z_{xy}^2 - z_{xx}z_{yy} = 1 - \dfrac{16}{x^3 y^3}$$

$(x,y) = (\sqrt[3]{2}, \sqrt[3]{2})$ のとき，$g(\sqrt[3]{2}, \sqrt[3]{2}) = 1 - 4 = -3 < 0$，$f_{xx}(\sqrt[3]{2}, \sqrt[3]{2}) = 2 > 0$ より，点 $(\sqrt[3]{2}, \sqrt[3]{2})$ は極小値である．

(4)　$z_x = -2xe^{-(x^2+y^2)}(2x^2+3y^2) + e^{-(x^2+y^2)} \cdot 4x = e^{-(x^2+y^2)}(4x - 4x^3 - 6xy^2)$
$z_y = -2ye^{-(x^2+y^2)}(2x^2+3y^2) + e^{-(x^2+y^2)} \cdot 6y = e^{-(x^2+y^2)}(6y - 4x^2y - 6y^3)$
$z_x = 0$, $z_y = 0$ を連立して解くと

$$\begin{cases} 4x - 4x^3 - 6xy^2 = 0 \\ 6y - 4x^2 y - 6y^3 = 0 \end{cases} \quad \begin{cases} x(2 - 2x^2 - 3y^2) = 0 \\ y(3 - 2x^2 - 3y^2) = 0 \end{cases}$$

第 1 式から $x = 0$,　$2 - 2x^2 - 3y^2 = 0$．
(i)　$x = 0$ のとき，第 2 式に代入して $y(3 - 3y^2) = 0$,　$y = 0$, $y = \pm 1$．
よって，$(x,y) = (0,0)$, $(0, \pm 1)$．
(ii)　$2 - 2x^2 - 3y^2 = 0$ のとき，第 2 式に代入して $y = 0$, (ii) の条件に代入して
$2 - 2x^2 = 0$,　$x = \pm 1$．よって $(x,y) = (\pm 1, 0)$．
以上の $(0,0)$, $(0, \pm 1)$, $(\pm 1, 0)$ の 5 点が極値の候補である．z は C^2 級である．

$$z_{xx} = -2xe^{-(x^2+y^2)}(4x - 4x^3 - 6xy^2) + e^{-(x^2+y^2)}(4 - 12x^2 - 6y^2)$$

$$z_{xy} = -2ye^{-(x^2+y^2)}(4x - 4x^3 - 6xy^2) + e^{-(x^2+y^2)}(-12xy)$$

$$z_{yy} = -2ye^{-(x^2+y^2)}(6y - 4x^2y - 6y^3) + e^{-(x^2+y^2)}(6 - 4x^2 - 18y^2)$$

$$g(x, y) = z_{xy}^2 - z_{xx}z_{yy}$$

とおくと

(i) $g(0, 0) = 0 - 4 \cdot 6 = -24 < 0$, $z_{xx}(0, 0) = 4 > 0$ より，$f(0, 0) = 0$ は極小値である．

(ii) $g(0, \pm 1) = 0 - (e^{-1}(-2)) \cdot (e^{-1}(-12)) = -24e^{-2} < 0$, $z_{xx}(0, \pm 1) = -2e^{-1} < 0$ より，$f(0, \pm 1) = 3e^{-1}$ は極大値である．

(iii) $g(\pm 1, 0) = 0 - (e^{-1}(-8)) \cdot (e^{-1} \cdot 2) = 16e^{-2} > 0$ より，$f(\pm 1, 0)$ は極値ではない．

(5) $z = f(x, y) = \sin x + \sin y + \sin(x + y)$, $0 \leqq x, y \leqq 2\pi$

$$\begin{cases} \dfrac{\partial z}{\partial x} = \cos x + \cos(x + y) = 0 \\ \dfrac{\partial z}{\partial y} = \cos y + \cos(x + y) = 0 \end{cases} \qquad \begin{cases} \cos x + \cos(x + y) = 0 \\ \cos x = \cos y \end{cases}$$

$\cos x = \cos y$ より，$y = x$ または $y = 2\pi - x$ である．ただし，$0 \leqq x \leqq 2\pi$ である．$\cos x + \cos(x + y) = 0$ に代入する．

(i) $y = 2\pi - x$ のとき，$\cos x = -1$, $x = \pi$, よって，$(x, y) = (\pi, \pi)$.

(ii) $y = x$ のとき，

$$\cos x + \cos 2x = 0, \ \cos x + 2\cos^2 x - 1 = 0,$$

$$(2\cos x - 1)(\cos x + 1) = 0, \qquad \cos x = \frac{1}{2}, -1, \qquad x = \frac{\pi}{3}, \frac{5}{3}\pi, \pi$$

よって，$(x, y) = \left(\dfrac{\pi}{3}, \dfrac{\pi}{3}\right), \left(\dfrac{5}{3}\pi, \dfrac{5}{3}\pi\right), (\pi, \pi)$.

$$\frac{\partial^2 z}{\partial x^2} = -\sin x - \sin(x + y), \qquad \frac{\partial^2 z}{\partial x \partial y} = -\sin(x + y), \qquad \frac{\partial^2 z}{\partial y^2} = -\sin y - \sin(x + y)$$

であり，$g(x, y) = (\sin(x + y))^2 - (\sin x + \sin(x + y))(\sin y + \sin(x + y))$ となる．さらに，$g\left(\dfrac{\pi}{3}, \dfrac{\pi}{3}\right) = -3\left(\sin \dfrac{\pi}{3}\right)^2 < 0$, $g(\pi, \pi) = 0$, $g\left(\dfrac{5}{3}\pi, \dfrac{5}{3}\pi\right) = \dfrac{3}{4} - \sqrt{3}\sqrt{3} = -\dfrac{9}{4} < 0$ である．また $\left(\sin \dfrac{10}{3}\pi = \sin \dfrac{4}{3}\pi = -\sin \dfrac{\pi}{3} = -\dfrac{\sqrt{3}}{2}, \ \sin \dfrac{5}{3}\pi = -\sin \dfrac{\pi}{3} = -\dfrac{\sqrt{3}}{2}\right)$

$f_{xx}\left(\dfrac{\pi}{3}, \dfrac{\pi}{3}\right) = -\sin \dfrac{\pi}{3} - \sin \dfrac{2}{3}\pi < 0$ $f_{xx}\left(\dfrac{5}{3}\pi, \dfrac{5}{3}\pi\right) = -\sin \dfrac{5\pi}{3} - \sin \dfrac{10}{3}\pi = \sqrt{3} > 0$

である．よって，$f\left(\dfrac{\pi}{3}, \dfrac{\pi}{3}\right) = \dfrac{3\sqrt{3}}{2}$ は極大値であり，$f\left(\dfrac{5}{3}\pi, \dfrac{5}{3}\pi\right) = -\dfrac{3\sqrt{3}}{2}$ は極小値である．

$f(\pi, \pi)$ は，定理 4.14 では判定できない．点 (π, π) の値を調べる．$|h|$ が十分小さいとき，$f(\pi + h, \pi + h) = -2\sin h + \sin(2h) = 2\sin h(-1 + \cos h)$ の符号は h の符号と逆である．よって，極値ではない．

9.

(1) $F(x,y) = x^2 + 5y^2 - \lambda(xy-1)$ とおく．

$$\frac{\partial F}{\partial x} = 2x - \lambda y = 0, \quad \frac{\partial F}{\partial y} = 10y - \lambda x = 0, \quad -\frac{\partial F}{\partial \lambda} = xy - 1 = 0$$

を連立して解くと，$2x = \lambda y$, $10y = \lambda x$, $xy = 1$ より $2x^2 = \lambda xy = \lambda$, $10y^2 = \lambda xy = \lambda$, $xy = 1$ となる．$\dfrac{\lambda}{2} = x^2 = 5y^2$, $xy = 1$ より $x^4 = 5y^2 x^2 = 5$, $x^2 = \sqrt{5}$. よって，$x = \pm\sqrt[4]{5}$ であるから，$(x, y, \lambda) = (5^{\frac{1}{4}}, 5^{-\frac{1}{4}}, 2 \cdot 5^{\frac{1}{2}}), (-5^{\frac{1}{4}}, -5^{-\frac{1}{4}}, 2 \cdot 5^{\frac{1}{2}})$ である．
$xy = 1$ において，$x \to 0$ のとき $y \to \infty$ となり，$f(x,y)$ の値はいくらでも大きくなるから最大値はない．
$f(x,y) > 0$ で連続であるから，最小値は存在する．
$f(5^{\frac{1}{4}}, 5^{-\frac{1}{4}}) = 2\sqrt{5}$, $f(-5^{\frac{1}{4}}, -5^{-\frac{1}{4}}) = 2\sqrt{5}$ で値は同じであるから，2 点で極値（最小値でもある）$2\sqrt{5}$ をとる．

(2) $F(x,y) = 1 + 3xy - \lambda(x^2 + y^2 - 1)$ とおく．

$$\frac{\partial F}{\partial x} = 3y - 2\lambda x = 0, \quad \frac{\partial F}{\partial y} = 3x - 2\lambda y = 0, \quad -\frac{\partial F}{\partial \lambda} = x^2 + y^2 - 1 = 0$$

を連立して解く．$F_x = 0$, $F_y = 0$ より λ を消去して，$y^2 = x^2$, $y = \pm x$ となる．$F_\lambda = 0$ に代入する

(i) $y = x$ のとき，
$2x^2 = 1$, $x = \pm\sqrt{\dfrac{1}{2}}$. よって，$(x,y) = \pm\left(\sqrt{\dfrac{1}{2}}, \sqrt{\dfrac{1}{2}}\right)$ が極値をとる候補である．

(ii) $y = -x$ のとき，
$(x,y) = \pm\left(\sqrt{\dfrac{1}{2}}, -\sqrt{\dfrac{1}{2}}\right)$ が極値をとる候補である．

同様にして，

$$\text{点}\ (x,y) = \pm\left(\sqrt{\dfrac{1}{2}}, \sqrt{\dfrac{1}{2}}\right) \text{のとき，値は } f(x,y) = 1 + \dfrac{3}{2} = \dfrac{5}{2}$$

$$\text{点}\ (x,y) = \pm\left(\sqrt{\dfrac{1}{2}}, -\sqrt{\dfrac{1}{2}}\right) \text{のとき，値は } f(x,y) = 1 - \dfrac{3}{2} = -\dfrac{1}{2}$$

である．さらに，条件 $x^2 + y^2 = 1$ は円で閉曲線（閉集合）だから，最大値と最小値をとる．よって，極大値（最大値でもある）は $\dfrac{5}{2}$, 極小値（最小値でもある）は $-\dfrac{1}{2}$ である．

別解：条件 $x^2 + y^2 = 1$ と相加相乗平均から

$$1 = x^2 + y^2 \geqq 2\sqrt{x^2 y^2} = 2|xy|, \quad |xy| \leqq \dfrac{1}{2}$$

よって，$-\dfrac{1}{2} = 1 - \dfrac{3}{2} \leqq f(x,y) = 1 + 3xy \leqq 1 + \dfrac{3}{2} = \dfrac{5}{2}$ である．

(3) $F(x,y) = x^2 + y^2 - \lambda(x^2 + 2y^2 - 1)$ とおく．

$\dfrac{\partial F}{\partial x} = 2x - 2\lambda x = 0, \quad \dfrac{\partial F}{\partial y} = 2y - 4\lambda y = 0, \quad -\dfrac{\partial F}{\partial \lambda} = x^2 + 2y^2 - 1 = 0$

を連立して解く. $F_x = 0$ より $x = 0$ または $\lambda = 1$ である.

(i) $x = 0$ のとき, $F_\lambda = 0$ より $y^2 = \dfrac{1}{2}$ である. 点 $\left(0, \pm\sqrt{\dfrac{1}{2}}\right)$ が極値の候補である.

(ii) $\lambda = 1$ のとき, $F_y = 0$ より $y = 0$ である. よって, $x^2 = 1$ より点 $(\pm 1, 0)$ が極値の候補である.

点 $(x, y) = \left(0, \pm\sqrt{\dfrac{1}{2}}\right)$ のとき, $f(x,y) = x^2 + y^2 = \dfrac{1}{2}$. 点 $(x, y) = (\pm 1, 0)$ のとき, $f(x, y) = 1$ である.

さらに, 条件 $x^2 + 2y^2 = 1$ は閉曲線 (閉集合) であり, $f(x,y)$ は連続関数であるから, $f(x,y)$ は最大値と最小値をとる. よって, 点 $(\pm 1, 0)$ で極大値 (最大値でもある) 1 をとる. 点 $\left(0, \pm\sqrt{\dfrac{1}{2}}\right)$ で極小値 (最小値でもある) $\dfrac{1}{2}$ をとる.

別解: $f(x,y) = x^2 + y^2 = (1 - 2y^2) + y^2 = 1 - y^2$. 条件より $x^2 = 1 - 2y^2 \geqq 0$ である. よって, $0 \leqq y^2 \leqq \dfrac{1}{2}$ となる. したがって, $\dfrac{1}{2} \leqq f(x,y) \leqq 1$ である.

10.

(1) $\dfrac{\partial(x,y)}{\partial(u,v)} = \begin{vmatrix} \dfrac{\partial x}{\partial u} & \dfrac{\partial x}{\partial v} \\ \dfrac{\partial y}{\partial u} & \dfrac{\partial y}{\partial v} \end{vmatrix} = \begin{vmatrix} 1 & 1 \\ v & u \end{vmatrix} = u - v$

(2) $\dfrac{\partial(x,y)}{\partial(u,v)} = \begin{vmatrix} \dfrac{\partial x}{\partial u} & \dfrac{\partial x}{\partial v} \\ \dfrac{\partial y}{\partial u} & \dfrac{\partial y}{\partial v} \end{vmatrix} = \begin{vmatrix} \cos^n v & nu\cos^{n-1} v\,(-\sin v) \\ \sin^n v & nu\sin^{n-1} v\,(\cos v) \end{vmatrix}$

$= nu \cos^{n-1} v\,\sin^{n-1} v \begin{vmatrix} \cos v & -\sin v \\ \sin v & \cos v \end{vmatrix} = nu \cos^{n-1} v\,\sin^{n-1} v$

11.

(1) $x_r = \cos\theta, \quad y_r = \sin\theta, \quad x_\theta = -r\sin\theta, \quad y_\theta = r\cos\theta$ であるから

$$\begin{cases} \dfrac{\partial z}{\partial r} = \dfrac{\partial z}{\partial x} \cdot \dfrac{\partial x}{\partial r} + \dfrac{\partial z}{\partial y} \cdot \dfrac{\partial y}{\partial r} = \dfrac{\partial z}{\partial x}\cos\theta + \dfrac{\partial z}{\partial y}\sin\theta \\ \dfrac{\partial z}{\partial \theta} = \dfrac{\partial z}{\partial x} \cdot \dfrac{\partial x}{\partial \theta} + \dfrac{\partial z}{\partial y} \cdot \dfrac{\partial y}{\partial \theta} = \dfrac{\partial z}{\partial x}(-r\sin\theta) + \dfrac{\partial z}{\partial y}(r\cos\theta) \end{cases}$$

$\left(\dfrac{\partial z}{\partial r}\right)^2 + \dfrac{1}{r^2}\left(\dfrac{\partial z}{\partial \theta}\right)^2 = \left(\dfrac{\partial z}{\partial x}\right)^2 (\cos^2\theta + \sin^2\theta) + \left(\dfrac{\partial z}{\partial y}\right)^2 (\cos^2\theta + \sin^2\theta)$

$= \left(\dfrac{\partial z}{\partial x}\right)^2 + \left(\dfrac{\partial z}{\partial y}\right)^2$

(2) (1) の結果より, $z_r = z_x \cos\theta + z_y \sin\theta, \quad z_\theta = z_x(-r\sin\theta) + z_y(r\cos\theta)$ であるから

$$z_{rr} = \frac{\partial}{\partial r}z_r = \frac{\partial}{\partial x}(z_x\cos\theta + z_y\sin\theta)\frac{\partial x}{\partial r} + \frac{\partial}{\partial y}(z_x\cos\theta + z_y\sin\theta)\frac{\partial y}{\partial r}$$

$$= (z_{xx}\cos\theta + z_{yx}\sin\theta)\cos\theta + (z_{xy}\cos\theta + z_{yy}\sin\theta)\sin\theta$$

$$= z_{xx}\cos^2\theta + 2z_{xy}\sin\theta\,\cos\theta + z_{yy}\sin^2\theta \qquad (z\text{ は }C^2\text{級だから})$$

$$z_{\theta\theta} = \frac{\partial}{\partial\theta}z_\theta = \frac{\partial}{\partial\theta}(z_x(-r\sin\theta) + z_y(r\cos\theta))$$

$$= \left(\frac{\partial}{\partial\theta}(z_x)(-r\sin\theta) + z_x\frac{\partial}{\partial\theta}(-r\sin\theta)\right) + \left(\frac{\partial}{\partial\theta}(z_y)(r\cos\theta) + z_y\frac{\partial}{\partial\theta}(r\cos\theta)\right)$$

$$= (-r\sin\theta)\left(z_{xx}\frac{\partial x}{\partial\theta} + z_{xy}\frac{\partial y}{\partial\theta}\right) - z_xr\cos\theta + (r\cos\theta)\left(z_{yx}\frac{\partial x}{\partial\theta} + z_{yy}\frac{\partial y}{\partial\theta}\right) - z_yr\sin\theta$$

$$= (-r\sin\theta)\left(z_{xx}(-r\sin\theta) + z_{xy}r\cos\theta\right) - z_xr\cos\theta$$
$$\quad + (r\cos\theta)\left(z_{yx}(-r\sin\theta) + z_{yy}r\cos\theta\right) - z_yr\sin\theta$$

$$= z_{xx}r^2\sin^2\theta - 2z_{xy}\cdot r^2\sin\theta\,\cos\theta + z_{yy}r^2\cos^2\theta - z_xr\cos\theta - z_yr\sin\theta$$

以上を,次の式に代入して,関係式 $\cos^2\theta + \sin^2\theta = 1$ を用いて

$$\frac{\partial^2 z}{\partial r^2} + \frac{1}{r}\frac{\partial z}{\partial r} + \frac{1}{r^2}\frac{\partial^2 z}{\partial\theta^2} = z_{rr} + \frac{1}{r}z_r + \frac{1}{r^2}z_{\theta\theta} = z_{xx} + z_{yy}$$

をえる.

12.

(1) $x^4 - x^2 + y^2 = 0$ を x で微分して, $4x^3 - 2x + 2y\cdot\dfrac{dy}{dx} = 0$,

$$\frac{dy}{dx} = \frac{x - 2x^3}{y} = \frac{-x(2x^2-1)}{y}$$

x でもう一度微分して, $12x^2 - 2 + 2\dfrac{dy}{dx}\cdot\dfrac{dy}{dx} + 2y\cdot\dfrac{d^2y}{dx^2} = 0.$

$$\frac{d^2y}{dx^2} = \frac{1}{y}\left(1 - 6x^2 - \frac{x^2(2x^2-1)^2}{y^2}\right) = \frac{1}{y^3}\left((1-6x^2)y^2 - x^2(2x^2-1)^2\right)$$

別解:陰関数の定理により

$$F(x,y) = x^4 - x^2 + y^2$$

とすると,

$$\frac{dy}{dx} = -\frac{F_x}{F_y} = -\frac{4x^3 - 2x}{2y} = \frac{-x(2x^2-1)}{y}$$

となる. $\dfrac{d^2y}{dx^2}$ は,直接 x で微分するか,または,§4.7.2 (p.141) の式を用いる.

(2) y を x の関数と考える. $x^3 + y^3 = 3$ の辺々を x で微分して

$$3x^2 + 3y^2\frac{dy}{dx} = 0, \quad x^2 + y^2\frac{dy}{dx} = 0, \quad \frac{dy}{dx} = -\frac{x^2}{y^2}, \quad y \neq 0$$

さらに x で微分して

$$2x + 2y\frac{dy}{dx}\cdot\frac{dy}{dx} + y^2\frac{d^2y}{dx^2} = 0, \quad 2x + 2y\left(\frac{x^2}{y^2}\right)^2 + y^2\frac{d^2y}{dx^2} = 0$$

$$\frac{d^2y}{dx^2} = -\frac{2(xy^3 + x^4)}{y^5} = \frac{-2x(x^3 + y^3)}{y^5} = \frac{-6x}{y^5}$$

(3) y を x の関数と考える．$xe^x + ye^y = 1$ の辺々を x で微分して

$$e^x + xe^x + \frac{dy}{dx}e^y + ye^y\frac{dy}{dx} = 0, \quad e^x(x+1) + e^y(y+1)\frac{dy}{dx} = 0$$

$$\frac{dy}{dx} = -\frac{e^x(x+1)}{e^y(y+1)}, \quad y+1 \neq 0$$

さらに x で微分して

$$e^x(x+1) + e^x + e^y(1+y)\left(\frac{dy}{dx}\right)^2 + e^y\frac{dy}{dx}\cdot\frac{dy}{dx} + e^y(1+y)\frac{d^2y}{dx^2} = 0$$

$$e^x(x+2) + \frac{e^{2x}(x+1)^2}{e^y(y+1)} + \frac{e^{2x}(x+1)^2}{e^y(y+1)^2} + e^y(y+1)\frac{d^2y}{dx^2} = 0$$

$$\frac{d^2y}{dx^2} = -\left(\frac{x+2}{y+1}e^{x-y} + \frac{(x+1)^2}{(y+1)^2}e^{2(x-y)} + \frac{(x+1)^2}{(y+1)^3}e^{2(x-y)}\right)$$

6.9　第 5 章：問題解答

問題 5.3.1

(1) $\displaystyle\iint_D (xy+1)dxdy = \iint_D xy\,dxdy + \iint_D dxdy$

$\displaystyle = \int_a^b x\,dx \int_c^d y\,dy + \int_a^b dx \int_c^d dy = \left[\frac{1}{2}x^2\right]_a^b \left[\frac{1}{2}y^2\right]_c^d + [x]_a^b [y]_c^d$

$\displaystyle = \frac{1}{2}(b^2-a^2)\frac{1}{2}(d^2-c^2) + (b-a)(d-c) = \frac{1}{4}(b-a)(d-c)((b+a)(d+c)+4)$

(2) $\displaystyle\iint_D e^{2x+2y}dxdy = \int_a^b e^{2x}dx \int_c^d e^{2y}dy = \left[\frac{1}{2}e^{2x}\right]_a^b \left[\frac{1}{2}e^{2y}\right]_c^d$

$\displaystyle = \frac{1}{4}(e^{2b}-e^{2a})(e^{2d}-e^{2c})$

問題 5.3.2

(1) $\displaystyle\iint_D x^4 dxdy$

$\displaystyle = \int_{-1}^1 x^4 dx \int_{-\sqrt{1-x^2}}^{\sqrt{1-x^2}} dy = \int_{-1}^1 x^4 2\sqrt{1-x^2}\,dx = 4\int_0^1 x^4\sqrt{1-x^2}\,dx$

($x = \sin\theta$ とおくと，$dx = \cos\theta d\theta$ で，$x : 0 \to 1$ のとき $\theta : 0 \to \dfrac{\pi}{2}$ であるから)

$\displaystyle = 4\int_0^{\frac{\pi}{2}} \sin^4\theta\sqrt{1-\sin^2\theta}\,\cos\theta d\theta = 4\int_0^{\frac{\pi}{2}} \sin^4\theta\cos^2\theta d\theta$

$$= 4\int_0^{\frac{\pi}{2}} \sin^4\theta(1-\sin^2\theta)d\theta = 4\int_0^{\frac{\pi}{2}}(\sin^4\theta - \sin^6\theta)d\theta$$
$$= 4\left(\frac{3!!}{4!!} - \frac{5!!}{6!!}\right)\cdot\frac{\pi}{2} = 4\left(\frac{3}{4\cdot 2} - \frac{5\cdot 3}{6\cdot 4\cdot 2}\right)\cdot\frac{\pi}{2} = \frac{\pi}{8}$$

(第3章：演習問題 4 (1) または問題 5.5.2 (2) の解答を参照)

(2) $\displaystyle\int_{-1}^1 dx \int_{-\sqrt{1-x^2}}^{\sqrt{1-x^2}} \sqrt{1-x^2-y^2}\,dy = 2\int_{-1}^1 dx \int_0^{\sqrt{1-x^2}} \sqrt{1-x^2-y^2}\,dy$

$$= 2\int_{-1}^1 dx\cdot\frac{1}{2}\left[y\sqrt{1-x^2-y^2} + (1-x^2)\sin^{-1}\frac{y}{\sqrt{1-x^2}}\right]_{y=0}^{\sqrt{1-x^2}}$$

(§3.1.3.の基本公式 (11))

$$= \int_{-1}^1(1-x^2)\sin^{-1}1\,dx = \frac{\pi}{2}\int_{-1}^1(1-x^2)dx = \frac{2}{3}\pi$$

問題 5.4.1

与えられた重積分の積分範囲 $0 \leqq x \leqq 1$, $\sqrt{x} \leqq y \leqq 1$ は，$0 \leqq y \leqq 1$, $0 \leqq x \leqq y^2$ となる．よって，

$$\int_0^1 dx \int_{\sqrt{x}}^1 e^{\frac{x}{y}}dy = \int_0^1 dy \int_0^{y^2} e^{\frac{x}{y}}dx = \int_0^1 dy\left[ye^{\frac{x}{y}}\right]_{x=0}^{y^2} = \int_0^1(ye^y - y)dy$$

$$= \left[ye^y\right]_0^1 - \int_0^1 e^y dy - \left[\frac{1}{2}y^2\right]_0^1 = e - \left[e^y\right]_0^1 - \frac{1}{2} = \frac{1}{2}$$

問題 5.5.1

(1), (2), (3) はすべて $x = r\cos\theta$, $y = r\sin\theta$ とおくと，ヤコビアンは $\dfrac{\partial(x,y)}{\partial(r,\theta)} = r$ である．

(1) D は $W = \{(r,\theta)|\ 0 \leqq r \leqq 1, 0 \leqq \theta \leqq 2\pi\}$ に写るから，

$$\iint_D x^2 dxdy = \int_0^1 dr \int_0^{2\pi} r^2\cos^2\theta\cdot r d\theta = \int_0^1 r^3 dr \int_0^{2\pi}\frac{1+\cos 2\theta}{2}d\theta$$

$$= \left[\frac{1}{4}r^4\right]_0^1 \left[\frac{1}{2}(\theta + \frac{1}{2}\sin 2\theta)\right]_0^{2\pi} = \frac{1}{4}\pi$$

(2) D は $W = \{(r,\theta)|\ 0 \leqq r \leqq 2, 0 \leqq \theta \leqq 2\pi\}$ に写るから，

$$\iint_D e^{x^2+y^2}dxdy = \int_0^{2\pi}d\theta\int_0^2 e^{r^2}\cdot r dr = 2\pi\left[\frac{1}{2}e^{r^2}\right]_0^2 = (e^4-1)\pi$$

(3) D は $W = \{(r,\theta)|\ 0 \leqq r \leqq a, 0 \leqq \theta \leqq 2\pi\}$ に写るから，

$$\iint_D \sqrt{a^2-x^2-y^2}dxdy = \int_0^{2\pi}d\theta\int_0^a \sqrt{a^2-r^2}\cdot r dr = 2\pi\cdot\left[\frac{-1}{3}(a^2-r^2)^{\frac{3}{2}}\right]_0^a$$

$$= 2\pi\cdot\frac{-1}{3}(-a^3) = \frac{2}{3}\pi a^3$$

問題 5.5.2

(1) $x = r\cos\theta$, $y = r\sin\theta$ とおくと，$\dfrac{\partial(x,y)}{\partial(r,\theta)} = r$ だから

$$\iint_D xy\,dxdy = \int_0^{\frac{\pi}{2}} d\theta \int_0^a r^2 \sin\theta\,\cos\theta \cdot r\,dr$$
$$= \int_0^{\frac{\pi}{2}} \frac{1}{2}\sin 2\theta\,d\theta \int_0^a r^3\,dr = \frac{-1}{4}\Big[\cos 2\theta\Big]_0^{\frac{\pi}{2}} \Big[\frac{1}{4}r^4\Big]_0^a$$
$$= \frac{-1}{4}(\cos\pi - \cos 0)\frac{1}{4}a^4 = \frac{1}{8}a^4$$

(2) $\displaystyle \int_0^a dx \int_0^{(\sqrt{a}-\sqrt{x})^2} (x+2y)\,dy = \int_0^a \Big[xy+y^2\Big]_{y=0}^{(\sqrt{a}-\sqrt{x})^2} dx$
$$= \int_0^a \Big(x(\sqrt{a}-\sqrt{x})^2 + (\sqrt{a}-\sqrt{x})^4\Big)\,dx \quad \text{(展開して計算)}$$
$$= \int_0^a (a^2 + 7ax + 2x^2 - 4a\sqrt{a}\sqrt{x} - 6\sqrt{a}\sqrt{x}\,x)dx$$
$$= \Big[a^2 x + \frac{7}{2}ax^2 + \frac{2}{3}x^3 - \frac{8}{3}a\sqrt{a}x^{\frac{3}{2}} - \frac{12}{5}\sqrt{a}x^{\frac{5}{2}}\Big]_0^a$$
$$= \Big(1 + \frac{7}{2} + \frac{2}{3} - \frac{8}{3} - \frac{12}{5}\Big)a^3 = \frac{1}{10}a^3$$

別解：$x = r^2 \cos^4\theta$, $y = r^2 \sin^4\theta$ とおくと，$\sqrt{x}+\sqrt{y} \leq \sqrt{a}$ は $r\cos^2\theta + r\sin^2\theta \leq \sqrt{a}$, $r \leq \sqrt{a}$ であり

$$\frac{\partial(x,y)}{\partial(r,\theta)} = \begin{vmatrix} 2r\cos^4\theta & 2r\sin^4\theta \\ 4r^2\cos^3\theta\,(-\sin\theta) & 4r^2\sin^3\theta\,\cos\theta \end{vmatrix}$$
$$= 8r^3 \begin{vmatrix} \cos^4\theta & \sin^4\theta \\ -\sin\theta\,\cos^3\theta & \sin^3\theta\,\cos\theta \end{vmatrix}$$
$$= 8r^3 \cos^3\theta\,\sin^3\theta \begin{vmatrix} \cos\theta & \sin\theta \\ -\sin\theta & \cos\theta \end{vmatrix} = 8r^3 \cos^3\theta\,\sin^3\theta$$

より

$$\iint_D (x+2y)\,dxdy = \int_0^{\sqrt{a}} dr \int_0^{\frac{\pi}{2}} (r^2\cos^4\theta + 2r^2\sin^4\theta)8r^3\cos^3\theta\,\sin^3\theta\,d\theta$$
$$= 8\int_0^{\sqrt{a}} r^5\,dr \int_0^{\frac{\pi}{2}} \Big(\sin^3\theta\,\cos^7\theta + 2\sin^7\theta\,\cos^3\theta\Big)\,d\theta$$
$$= 8\Big[\frac{1}{6}r^6\Big]_0^{\sqrt{a}} \Big(\frac{2!!6!!}{10!!} + 2\cdot\frac{6!!2!!}{10!!}\Big)$$
$$= 8\cdot\frac{1}{6}a^3\Big(\frac{2\cdot 6\cdot 4\cdot 2}{10\cdot 8\cdot 6\cdot 4\cdot 2} + 2\cdot\frac{6\cdot 4\cdot 2\cdot 2}{10\cdot 8\cdot 6\cdot 4\cdot 2}\Big) = \frac{1}{10}a^3$$

ただし，

$$\int_0^{\frac{\pi}{2}} \sin^m\theta\,\cos^n\theta\,d\theta = \begin{cases} \dfrac{(m-1)!!(n-1)!!}{(m+n)!!}\dfrac{\pi}{2}, & m,n \text{ ともに偶数} \\ \dfrac{(m-1)!!(n-1)!!}{(m+n)!!}, & m,n \text{ 少なくとも一方が奇数} \end{cases}$$

の公式を用いた（証明は第 3 章：演習問題 8 (2) の解 (p.245) 参照）．

(3) D は $(x-1)^2 + y^2 \leqq 1$ であるから $x = 1 + r\cos\theta, y = r\sin\theta$ とおくと $\dfrac{\partial(x, y)}{\partial(r, \theta)} = r$ である．

D は $W = \{(r, \theta)|\ 0 \leqq r \leqq 1, 0 \leqq \theta \leqq \pi\}$ に写る．よって，

$$\iint_D (x^2 + 3y^2)\,dxdy = \int_0^1 dr \int_0^\pi \left[(1 + r\cos\theta)^2 + 3r^2\sin^2\theta\right] r\,d\theta$$

$$= \int_0^1 dr \int_0^\pi \left(1 + 2r\cos\theta + r^2(\cos^2\theta + 3\sin^2\theta)\right) r\,d\theta$$

$$\left(\int_0^\pi \cos\theta d\theta = 0, \quad \int_0^\pi \cos^2\theta d\theta = \int_0^\pi \frac{1 + \cos 2\theta}{2}d\theta = \left[\frac{\theta + \frac{1}{2}\sin 2\theta}{2}\right]_0^\pi = \frac{\pi}{2},\right.$$

$$\left.\int_0^\pi \sin^2\theta d\theta = \int_0^\pi \frac{1 - \cos 2\theta}{2}d\theta = \frac{\pi}{2} \text{ より}\right)$$

$$= \int_0^1 (r\pi + r^3 \cdot 2\pi) dr = \pi \left[\frac{1}{2}r^2 + \frac{1}{2}r^4\right]_0^1 = \pi$$

問題 5.6.1

領域 $D = \{(x, y)|\ x \geqq 0, y \geqq 0\}$ の単調近似列を $D_n = \{(x, y)|\ 0 \leqq x \leqq n, 0 \leqq y \leqq n\}$ とする．D で $e^{-x-y}x^{p-1}y^{q-1} \geqq 0$ であるから

$$\Gamma(p)\Gamma(q) = \left(\int_0^\infty e^{-x}x^{p-1}dx\right)\left(\int_0^\infty e^{-y}y^{q-1}dy\right)$$

$$= \lim_{n\to\infty}\left(\int_0^n e^{-x}x^{p-1}dx\right)\left(\int_0^n e^{-y}y^{q-1}dy\right)$$

$$= \lim_{n\to\infty} \iint_{D_n} e^{-x-y}x^{p-1}y^{q-1}dxdy$$

$$= \iint_D e^{-x-y}x^{p-1}y^{q-1}dxdy$$

をえる．一方，$E_n = \{(x, y)|\ 0 \leqq x \leqq n, 0 \leqq y \leqq -x + n\}$ も D の単調近似列であるから

$$\iint_D e^{-x-y}x^{p-1}y^{q-1}dxdy = \lim_{n\to\infty} \iint_{E_n} e^{-x-y}x^{p-1}y^{q-1}dxdy$$

である．

次に，変数変換 $x = uv, y = u - uv$ をすると，$\dfrac{\partial(x, y)}{\partial(u, v)} = \begin{vmatrix} v & u \\ 1 - v & -u \end{vmatrix} = -u$ であり，単調近似列 E_n は $F_n = \{(u, v)|\ 0 \leqq u \leqq n, 0 \leqq v \leqq 1\}$ に対応する．なぜなら，E_n の条件式に変換式を代入して，$0 \leqq uv \leqq n$, $0 \leqq u - uv \leqq -uv + n$ より，$0 \leqq uv \leqq n$, $uv \leqq u \leqq n$ を

えるから，$0 \leqq u \leqq n, 0 \leqq uv \leqq u$ となる．最後の式を u で割ってえられる．

$$\iint_D e^{-x-y}x^{p-1}y^{q-1}dxdy = \lim_{n\to\infty}\iint_{F_n} e^{-u}(uv)^{p-1}(u-uv)^{q-1}|-u|dudv$$

$$= \lim_{n\to\infty}\int_0^n du \int_0^1 e^{-u}u^{p+q-1}v^{p-1}(1-v)^{q-1}dv$$

$$= \lim_{n\to\infty}\left(\int_0^n e^{-u}u^{p+q-1}du\right)\left(\int_0^1 v^{p-1}(1-v)^{q-1}dv\right)$$

$$= \left(\int_0^\infty e^{-u}u^{p+q-1}du\right)\left(\int_0^1 v^{p-1}(1-v)^{q-1}dv\right)$$

$$= \Gamma(p+q)B(p,q)$$

をえる．以上から，$\Gamma(p)\Gamma(q) = \Gamma(p+q)B(p,q)$ が証明された．

問題 5.7.1

円柱を $D = \{(x,y)|\ x^2-ax+y^2 \leqq 0\}$ とおく．球は $-\sqrt{a^2-x^2-y^2} \leqq z \leqq \sqrt{a^2-x^2-y^2}$ である．また，$x = r\cos\theta$, $y = r\sin\theta$ とおくと，ヤコビアンは $\dfrac{\partial(x,y)}{\partial(r,\theta)} = r$ で，D は，$W = \left\{(r,\theta)|\ 0 \leqq r \leqq a\cos\theta, -\dfrac{\pi}{2} \leqq \theta \leqq \dfrac{\pi}{2}\right\}$ に写るから，

求める体積 $V = \iint_D 2\sqrt{a^2-x^2-y^2}dxdy = \iint_W 2\sqrt{a^2-r^2}\ rdrd\theta$

$$= \int_{-\frac{\pi}{2}}^{\frac{\pi}{2}}d\theta \int_0^{a\cos\theta} 2r\sqrt{a^2-r^2}\ dr = \int_{-\frac{\pi}{2}}^{\frac{\pi}{2}}\left[\frac{-2}{3}(a^2-r^2)^{\frac{3}{2}}\right]_0^{a\cos\theta} d\theta$$

$$= \frac{2}{3}\int_{-\frac{\pi}{2}}^{\frac{\pi}{2}}\left(a^3 - a^3(1-\cos^2\theta)^{\frac{3}{2}}\right)d\theta = \frac{2}{3}a^3\int_{-\frac{\pi}{2}}^{\frac{\pi}{2}}(1-(\sin^2\theta)^{\frac{3}{2}})d\theta$$

$$= \frac{2}{3}a^3\int_{-\frac{\pi}{2}}^{\frac{\pi}{2}}(1-|\sin^3\theta|)d\theta = \frac{4}{3}a^3\int_0^{\frac{\pi}{2}}(1-\sin^3\theta)d\theta$$

$$= \frac{4}{3}a^3\left(\frac{\pi}{2} - \frac{2!!}{3!!}\right) = \frac{2}{9}(3\pi-4)a^3$$

問題 5.7.2

$D = \{(x,y)|\ x^2+y^2 \leqq 2ax\}$ とおく．$x = r\cos\theta$, $y = r\sin\theta$ とおくと，ヤコビアンは $\dfrac{\partial(x,y)}{\partial(r,\theta)} = r$ で，D は，$W = \left\{(r,\theta)|\ 0 \leqq r \leqq 2a\cos\theta, -\dfrac{\pi}{2} \leqq \theta \leqq \dfrac{\pi}{2}\right\}$ に写るから，

求める体積 $V = \iint_D |z|dxdy = \iint_W r^2|\sin\theta\cos\theta|rdrd\theta$

$$= \int_{-\frac{\pi}{2}}^0 d\theta \int_0^{2a\cos\theta}(-r^2\sin\theta\cos\theta)rdr + \int_0^{\frac{\pi}{2}}d\theta\int_0^{2a\cos\theta} r^2\sin\theta\cos\theta\ rdr$$

$$= 2\int_0^{\frac{\pi}{2}}d\theta\left[\frac{1}{4}r^4\sin\theta\cos\theta\right]_{r=0}^{2a\cos\theta} = 2\int_0^{\frac{\pi}{2}}\frac{16}{4}a^4\sin\theta\cos^5\theta d\theta$$

$$= 8a^4 \int_0^{\frac{\pi}{2}} \sin\theta \cos^5\theta\, d\theta = 8a^4 \left[\frac{-1}{6}\cos^6\theta\right]_0^{\frac{\pi}{2}} = \frac{4}{3}a^4$$

問題 5.7.3

$x = a\cos^3\theta$ とおく.

$$\text{体積 } V = \pi\int_{-a}^{a} y^2\, dx = 2\pi\int_0^a \left(a^{\frac{2}{3}} - x^{\frac{2}{3}}\right)^3 dx \quad (\text{直接展開して積分しても求まる})$$

$$= 2\pi\int_{\frac{\pi}{2}}^{0} a^2\left(1 - \cos^2\theta\right)^3 a\cdot 3\cos^2\theta\,(-\sin\theta)\,d\theta$$

$$= 6\pi a^3 \int_0^{\frac{\pi}{2}} \sin^7\theta\, \cos^2\theta\, d\theta$$

$\left(\text{公式を用いると, } \quad V = 6\pi a^3 \cdot \dfrac{6!!\,1!!}{9!!} = 6\pi a^3 \cdot \dfrac{6\cdot 4\cdot 2\cdot 1}{9\cdot 7\cdot 5\cdot 3\cdot 1} = \dfrac{32}{105}\pi a^3\right)$

直接証明する.

$I_n = \displaystyle\int_0^{\frac{\pi}{2}} \sin^n\theta\, d\theta$ とおくと, $\quad I_1 = \displaystyle\int_0^{\frac{\pi}{2}} \sin\theta\, d\theta = \left[-\cos\theta\right]_0^{\frac{\pi}{2}} = 1$

$$I_n = \int_0^{\frac{\pi}{2}} \sin^{n-2}\theta\, \sin^2\theta\, d\theta = \int_0^{\frac{\pi}{2}} \sin^{n-2}\theta\,(1 - \cos^2\theta)\, d\theta$$

$$= \int_0^{\frac{\pi}{2}} \sin^{n-2}\theta\, d\theta - \int_0^{\frac{\pi}{2}} \cos\theta\, \sin^{n-2}\theta\, \cos\theta\, d\theta$$

$$= I_{n-2} - \left\{\left[\cos\theta \frac{1}{n-1}\sin^{n-1}\theta\right]_0^{\frac{\pi}{2}} - \int_0^{\frac{\pi}{2}}(-\sin\theta)\frac{1}{n-1}\sin^{n-1}\theta\, d\theta\right\}$$

$$= I_{n-2} - \frac{1}{n-1}\int_0^{\frac{\pi}{2}} \sin^n\theta\, d\theta = I_{n-2} - \frac{1}{n-1}I_n$$

したがって, $I_n = \dfrac{n-1}{n}I_{n-2},\ I_7 = \dfrac{6}{7}\cdot\dfrac{4}{5}\cdot\dfrac{2}{3}I_1 = \dfrac{6\cdot 4\cdot 2}{7\cdot 5\cdot 3},\ I_9 = \dfrac{8}{9}I_7$, であるから

$$\text{体積 } V = 6\pi a^3\int_0^{\frac{\pi}{2}} \sin^7\theta\,(1 - \sin^2\theta)\, d\theta = 6\pi a^3 \cdot \left(\frac{6\cdot 4\cdot 2}{7\cdot 5\cdot 3} - \frac{8}{9}\cdot\frac{6\cdot 4\cdot 2}{7\cdot 5\cdot 3}\right)$$

$$= 6\pi a^3 \cdot \frac{6\cdot 4\cdot 2}{9\cdot 7\cdot 5\cdot 3}(9 - 8) = \frac{32}{105}\pi a^3 \quad (\text{第 3 章 : 演習問題 (1)})$$

次に, 表面積を求める. $y = \left(a^{\frac{2}{3}} - x^{\frac{2}{3}}\right)^{\frac{3}{2}}$ より $y' = \dfrac{3}{2}\left(a^{\frac{2}{3}} - x^{\frac{2}{3}}\right)^{\frac{1}{2}} \cdot \left(-\dfrac{2}{3}x^{-\frac{1}{3}}\right)$ であり,

$y\sqrt{1 + y'^2} = \left(a^{\frac{2}{3}} - x^{\frac{2}{3}}\right)^{\frac{3}{2}}\sqrt{1 + x^{-\frac{2}{3}}\left(a^{\frac{2}{3}} - x^{\frac{2}{3}}\right)} = \left(a^{\frac{2}{3}} - x^{\frac{2}{3}}\right)^{\frac{3}{2}} \cdot a^{\frac{1}{3}}x^{-\frac{1}{3}}$ である.

x 軸と y 軸に関して回転体は対称であるから,

$$\text{表面積 } S = 2\cdot 2\pi\int_0^a y\sqrt{1 + y'^2}\, dx$$

$$= 4\pi a^{\frac{1}{3}}\int_0^a \left(a^{\frac{2}{3}} - x^{\frac{2}{3}}\right)^{\frac{3}{2}} x^{-\frac{1}{3}}\, dx \quad (x = a\cos^3\theta\text{とおくと})$$

$$= 4\pi a \int_{\frac{\pi}{2}}^{0} (1-\cos^2\theta)^{\frac{3}{2}} \frac{1}{\cos\theta} \cdot 3a\cos^2\theta(-\sin\theta)\,d\theta$$

$$= 12\pi a^2 \int_0^{\frac{\pi}{2}} \sin^4\theta\,\cos\theta\,d\theta = 12\pi a^2 \left[\frac{1}{5}\sin^5\theta\right]_0^{\frac{\pi}{2}} = \frac{12}{5}\pi a^2$$

問題 5.7.4

$D = \{(y,z)|\ y^2 + z^2 = 2ax,\ x \leqq a\}$ とおくと, $D = \{(y,z)|\ y^2+z^2 \leqq 2a^2\}$ である. $x = f(y,z) = \dfrac{1}{2a}(y^2+z^2)$ とおくと, $f_y = \dfrac{y}{a},\ f_z = \dfrac{z}{a}$ であるから,

$$\text{表面積 } S = \iint_D \sqrt{1 + f_y^2 + f_z^2}\,dydz = \iint_D \sqrt{1 + \frac{y^2+z^2}{a^2}}\,dydz$$

である. $y = \sqrt{2}ar\cos\theta,\ z = \sqrt{2}ar\sin\theta$ とすると, ヤコビアンは $\dfrac{\partial(y,z)}{\partial(r,\theta)} = 2a^2 r$ で, D は $W = \{(r,\theta)|\ 0 \leqq r \leqq 1,\ 0 \leqq \theta \leqq 2\pi\}$ に写る. よって,

$$S = \int_0^1 \int_0^{2\pi} \sqrt{1+2r^2}\,2a^2 r\,dr d\theta = 2a^2 \int_0^{2\pi} d\theta \int_0^1 r\sqrt{1+2r^2}\,dr$$

$$= 2a^2 \cdot 2\pi \cdot \left[\frac{2}{3}(1+2r^2)^{\frac{3}{2}} \cdot \frac{1}{4}\right]_0^1 = \frac{2}{3}\pi a^2 (3^{\frac{3}{2}}-1) = \frac{2}{3}(3\sqrt{3}-1)\pi a^2$$

別解: $y^2 + z^2 = 2ax$ より, 平面 $x=a$ で切り取られる有限部分の表面積 S は $z=0$ として, $y^2 = 2ax$ を x 軸のまわりに回転した曲面であるから, (例題 5.7.1 で $z \leftarrow x,\ x \leftarrow y$ とせよ)

$$S = 2\pi \int_0^a y\sqrt{1+y'^2}\,dx, \quad (y = f(x)) \quad \text{(裏側はないので 4 ではなく 2 である)}$$

$y^2 = 2ax$ より $2yy' = 2a,\ yy' = a$ だから

$$S = 2\pi \int_0^a \sqrt{y^2+y^2y'^2}\,dx$$

$$= 2\pi \int_0^a \sqrt{2ax+a^2}\,dx = 2\pi \cdot \frac{2}{3} \cdot \frac{1}{2a}\left[(2ax+a^2)^{\frac{3}{2}}\right]_0^a$$

$$= \frac{2}{3a}\pi\left((3a^2)^{\frac{3}{2}} - a^3\right) = \frac{2}{3}\left(3\sqrt{3}-1\right)\pi a^2$$

6.10 第 5 章：演習問題解答

1.

(1) $\displaystyle\int_0^a dx \int_0^a e^{px+qy}\,dy = \int_0^a e^{px}\,dx \int_0^a e^{qy}dy = \left[\frac{1}{p}e^{px}\right]_0^a \left[\frac{1}{q}e^{qy}\right]_0^a$

$$= \frac{1}{pq}(e^{pa}-1)(e^{qa}-1)$$

(2) $\displaystyle\int_0^a dx \int_0^b xy(x-y)\,dy = \int_0^a x\,dx \int_0^b (xy-y^2)\,dy$

$$= \int_0^a x \left[\frac{1}{2}xy^2 - \frac{1}{3}y^3\right]_0^b dx = \int_0^a \left(\frac{1}{2}b^2x^2 - \frac{1}{3}b^3x\right) dx$$

$$= \left[\frac{1}{6}b^2x^3 - \frac{1}{6}b^3x^2\right]_0^a = \frac{1}{6}(b^2a^3 - b^3a^2) = \frac{1}{6}a^2b^2(a-b)$$

(3) $\displaystyle\int_{\theta_1}^{\theta_2} d\theta \int_a^b r^2 \sin\theta\, dr = \int_{\theta_1}^{\theta_2} \sin\theta\, d\theta \int_a^b r^2\, dr$

$$= \left[-\cos\theta\right]_{\theta_1}^{\theta_2} \left[\frac{1}{3}r^3\right]_a^b = \frac{1}{3}(b^3 - a^3)(\cos\theta_1 - \cos\theta_2)$$

(4) $\displaystyle\int_1^{\log 2} dy \int_0^{\log y} e^{x+y}\, dx = \int_1^{\log 2} e^y\, dy \int_0^{\log y} e^x\, dx$

$$= \int_1^{\log 2} e^y \left[e^x\right]_0^{\log y} dy = \int_1^{\log 2} e^y \left(e^{\log y} - 1\right) dy$$

$$= \int_1^{\log 2} e^y(y-1)\, dy = \left[e^y(y-1)\right]_1^{\log 2} - \int_1^{\log 2} e^y\, dy$$

$$= e^{\log 2}(\log 2 - 1) - \left[e^y\right]_1^{\log 2}$$

$$= 2(\log 2 - 1) - (e^{\log 2} - e) = 2\log 2 - 4 + e$$

2.

(1) $\displaystyle\iint_D (x+y^2)\, dxdy = \int_1^3 dx \int_2^3 (x+y^2)\, dy$

$$= \int_1^3 \left[xy + \frac{1}{3}y^3\right]_2^3 dx = \int_1^3 \left(3x + 9 - \left(2x + \frac{8}{3}\right)\right) dx$$

$$= \int_1^3 \left(x + \frac{19}{3}\right) dx = \left[\frac{1}{2}x^2 + \frac{19}{3}x\right]_1^3 = \frac{1}{2}\cdot 8 + \frac{19}{3}\cdot 2 = 4 + \frac{38}{3}$$

$$= \frac{50}{3}$$

(2) $x = r\cos\theta,\ y = r\sin\theta$ とおくと,$\dfrac{\partial(x,y)}{\partial(r,\theta)} = r$ だから

$$\iint_D (x^2+y^2)\, dxdy = \int_0^{2\pi} d\theta \int_0^1 (r^2\cos^2\theta + r^2\sin^2\theta)r\, dr = 2\pi \int_0^1 r^3\, dr = \frac{\pi}{2}$$

(3) $\displaystyle\iint_D \log\frac{x}{y^2}\, dxdy = \int_1^2 dx \int_1^x (\log x - 2\log y)\, dy$

$\left(\displaystyle\int \log y\, dy = \int y'\log y\, dy = y\log y - \int dy = y\log y - y\ \text{であるから}\right)$

$$= \int_1^2 \left[y\log x - 2y\log y + 2y\right]_1^x dx = \int_1^2 (x\log x - 2x\log x + 2x - (\log x + 2))\, dx$$

$$= \left[-\frac{1}{2}x^2\log x + \frac{1}{4}x^2 + x^2 - x\log x + x - 2x\right]_1^2$$

$$= (-2\log 2 + 1 + 4 - 2\log 2 - 2) - \left(\frac{1}{4} + 1 - 1\right) = -4\log 2 + \frac{11}{4}$$

(4) $\displaystyle\iint_D \sqrt{x}\, dxdy = \int_0^1 \sqrt{x}\, dx \int_{-\sqrt{x-x^2}}^{\sqrt{x-x^2}} dy$

$$= 2\int_0^1 \sqrt{x}\sqrt{x-x^2}\,dx = 2\int_0^1 x\sqrt{1-x}\,dx$$

($x = \sin^2\theta$ とおくと, $x: 0 \to 1$ のとき $\theta: 0 \to \dfrac{\pi}{2}$ で, $dx = 2\sin\theta\cos\theta\,d\theta$ より)

$$= 2\int_0^{\frac{\pi}{2}} \sin^2\theta\sqrt{1-\sin^2\theta}\,2\sin\theta\cos\theta\,d\theta = 4\int_0^{\frac{\pi}{2}} \sin^3\theta\cos^2\theta\,d\theta$$

$$= 4\int_0^{\frac{\pi}{2}} (1-\cos^2\theta)\cos^2\theta\sin\theta\,d\theta$$

($\cos\theta = t$ とおくと $-\sin\theta\,d\theta = dt$, $\theta: 0 \to \dfrac{\pi}{2}$ のとき $t: 1 \to 0$)

$$= 4\int_0^1 (1-t^2)t^2\,dt = 4\int_0^1 (t^2 - t^4)\,dt = 4\left[\frac{1}{3}t^3 - \frac{1}{5}t^5\right]_0^1 = 4\left(\frac{1}{3} - \frac{1}{5}\right) = \frac{8}{15}$$

(5) $\displaystyle\iint_D \frac{x^2}{1+y^4}\,dxdy = \int_0^1 dy \int_0^y \frac{x^2}{1+y^4}\,dx$

$$= \int_0^1 \left[\frac{1}{3}\cdot\frac{x^3}{1+y^4}\right]_{x=0}^y dy = \int_0^1 \frac{1}{3}\cdot\frac{y^3}{1+y^4}\,dy = \frac{1}{3}\left[\frac{1}{4}\log(1+y^4)\right]_0^1 = \frac{1}{12}\log 2$$

(6) $x = r\cos\theta$, $y = r\sin\theta$ とおくと, $\dfrac{\partial(x,y)}{\partial(r,\theta)} = r$ より,

$$\iint_D \frac{1}{\sqrt{1+x^2+y^2}}\,dxdy = \int_0^{\frac{\pi}{2}} d\theta \int_0^{\sqrt{3}} \frac{1}{\sqrt{1+r^2}}\cdot r\,dr$$

$$= \frac{\pi}{2}\cdot\left[\sqrt{1+r^2}\right]_0^{\sqrt{3}} = \frac{\pi}{2}(2-1) = \frac{\pi}{2}$$

(7) $x = r\cos\theta$, $y = r\sin\theta$ とおくと, $\dfrac{\partial(x,y)}{\partial(r,\theta)} = r$ より,

$$\iint_D \sqrt{\frac{1-x^2-y^2}{1+x^2+y^2}}\,dxdy = \int_0^{\frac{\pi}{2}} d\theta \int_0^1 \sqrt{\frac{1-r^2}{1+r^2}}\,r\,dr$$

$\left(\sqrt{\dfrac{1-r^2}{1+r^2}} = t\right.$ とおくと, $r: 0 \to 1$ のとき $t: 1 \to 0$ であり, $r^2 = \dfrac{1-t^2}{1+t^2}$, $2rdr =$

$\left(-1 + \dfrac{2}{1+t^2}\right)' dt = 2\left(\dfrac{1}{1+t^2}\right)' dt$ より $\bigg)$

$$= \frac{\pi}{2}\int_0^1 t\left(\frac{-1}{1+t^2}\right)' dt = \frac{\pi}{2}\left\{\left[t\left(\frac{-1}{1+t^2}\right)\right]_0^1 - \int_0^1 \frac{-1}{1+t^2}\,dt\right\}$$

$$= \frac{\pi}{2}\left\{-\frac{1}{2} + \int_0^1 \frac{1}{1+t^2}\,dt\right\} = \frac{\pi}{2}\left\{\left[\tan^{-1}t\right]_0^1 - \frac{1}{2}\right\}$$

$$= \frac{\pi}{2}\left\{\frac{\pi}{4} - \frac{1}{2}\right\} = \frac{\pi}{8}(\pi - 2)$$

3.

(1), (2) 共通に $x = r\cos\theta$, $y = r\sin\theta$ とおくと, $\dfrac{\partial(x,y)}{\partial(r,\theta)} = r$ だから

(1) $\iint_D \dfrac{1}{\sqrt{a^2-x^2-y^2}}\,dxdy = \int_0^{2\pi} d\theta \int_0^a \dfrac{1}{\sqrt{a^2-r^2}} \cdot r\,dr$
$= 2\pi \left[-\sqrt{a^2-r^2} \right]_0^a = 2\pi a$

(2) $\iint_D \tan^{-1}\dfrac{y}{x}\,dxdy = \int_0^{\frac{\pi}{2}} d\theta \int_0^{\sqrt{2}} \tan^{-1}\left(\dfrac{r\sin\theta}{r\cos\theta}\right) r\,dr$
$= \int_0^{\frac{\pi}{2}} d\theta \int_0^{\sqrt{2}} \tan^{-1}(\tan\theta)\, r\,dr = \int_0^{\frac{\pi}{2}} \theta\,d\theta \int_0^{\sqrt{2}} r\,dr$
$= \left[\dfrac{1}{2}\theta^2\right]_0^{\frac{\pi}{2}} \left[\dfrac{1}{2}r^2\right]_0^{\sqrt{2}} = \dfrac{1}{8}\pi^2$

(3) $\iint_D \dfrac{dxdy}{(x+y)^{\frac{3}{2}}} = \int_0^1 dx \int_0^1 (x+y)^{-\frac{3}{2}}\,dy = \int_0^1 \left[-2(x+y)^{-\frac{1}{2}} \right]_0^1 dx$
$= -2\int_0^1 \left((x+1)^{-\frac{1}{2}} - x^{-\frac{1}{2}} \right) dx = -2\left[2(x+1)^{\frac{1}{2}} - 2x^{\frac{1}{2}} \right]_0^1$
$= -2(2\sqrt{2}-2-2) = 4(2-\sqrt{2})$

4. 曲面 $\dfrac{x^2}{a^2}+\left(\dfrac{y}{b}+\dfrac{z}{c}\right)^2 = 1$ より, $x = \pm a\sqrt{1-\left(\dfrac{y}{b}+\dfrac{z}{c}\right)^2}$ である. また $\left(\dfrac{y}{b}+\dfrac{z}{c}\right)^2 \leqq 1$ でなければならないから,

$$-1 \leqq \dfrac{y}{b}+\dfrac{z}{c} \leqq 1, \quad -c-\dfrac{c}{b}y \leqq z \leqq c-\dfrac{c}{b}y$$

である. したがって,

体積 $V = \iiint_V dxdydz = \int_0^{\frac{b}{2}} dy \iint dxdz$

$= \int_0^{\frac{b}{2}} dy \int_{-c-\frac{c}{b}y}^{c-\frac{c}{b}y} dz \int_{-a\sqrt{1-\left(\frac{y}{b}+\frac{z}{c}\right)^2}}^{a\sqrt{1-\left(\frac{y}{b}+\frac{z}{c}\right)^2}} dx$

$= 2a \int_0^{\frac{b}{2}} dy \int_{-c-\frac{c}{b}y}^{c-\frac{c}{b}y} \sqrt{1-\left(\dfrac{y}{b}+\dfrac{z}{c}\right)^2}\,dz$

$\left(\dfrac{y}{b}+\dfrac{z}{c}=t \text{ とおくと, } dz = c\,dt \text{ で, } z: -c-\dfrac{c}{b}y \to c-\dfrac{c}{b}y \text{ のとき } t: -1 \to 1 \text{ だから}\right)$

$= 2a \int_0^{\frac{b}{2}} dy \int_{-1}^1 \sqrt{1-t^2}\,c\,dt$

$= 2a \cdot \dfrac{b}{2} \cdot c \cdot 2 \int_0^1 \sqrt{1-t^2}\,dt = 2abc \int_0^1 \sqrt{1-t^2}\,dt$

$= 2abc \cdot \dfrac{1}{2}\left[t\sqrt{1-t^2} + \sin^{-1} t \right]_0^1 = 2abc \cdot \dfrac{1}{2}\sin^{-1} 1 = \dfrac{\pi}{2}abc$

5.
体積 $V = \pi \int_0^{2\pi a} y^2 \, dx = \pi \int_0^{2\pi} a^2(1-\cos\theta)^2 \cdot a(1-\cos\theta) \, d\theta$

$= \pi a^3 \int_0^{2\pi} (1-\cos\theta)^3 \, d\theta = \pi a^3 \int_0^{2\pi} (1 - 3\cos\theta + 3\cos^2\theta - \cos^3\theta) \, d\theta$

$= \pi a^3 \int_0^{2\pi} \left(1 + \frac{3}{2}(1+\cos 2\theta)\right) d\theta = \pi a^3 \left[\frac{5}{2}\theta + \frac{3}{4}\sin 2\theta\right]_0^{2\pi} = 5\pi^2 a^3$

ただし、グラフから明らかな、$\int_0^{2\pi} \cos\theta \, d\theta = \int_0^{2\pi} \cos^3\theta \, d\theta = 0$ を使った。

6.
表面積 $S = 2\pi \int_0^{2\pi a} y\sqrt{1 + \left(\frac{dy}{dx}\right)^2} \, dx$ である.

$$\frac{dy}{dx} = \frac{dy}{d\theta} \bigg/ \frac{dx}{d\theta} = \frac{a\sin\theta}{a(1-\cos\theta)} = \frac{\sin\theta}{1-\cos\theta}$$

より,

$S = 2\pi \int_0^{2\pi} a\sqrt{(1-\cos\theta)^2 + \sin^2\theta} \cdot a(1-\cos\theta) \, d\theta$

$= 2\pi a^2 \int_0^{2\pi} \sqrt{2-2\cos\theta} \, (1-\cos\theta) \, d\theta = 2\pi a^2 \int_0^{2\pi} \sqrt{4\sin^2\frac{\theta}{2}} \cdot 2\sin^2\frac{\theta}{2} \, d\theta$

$= 8\pi a^2 \int_0^{2\pi} \sin\frac{\theta}{2} \left(1 - \cos^2\frac{\theta}{2}\right) d\theta = 16\pi a^2 \int_{-1}^{1} (1-t^2) \, dt$

$= 32\pi a^2 \left[t - \frac{1}{3}t^3\right]_0^1 = \frac{64}{3}\pi a^2 \quad \left(\cos\frac{\theta}{2} = t \text{ とおいた}\right)$

補　遺

A　極限 $\dfrac{\sin x}{x} \to 1 \quad (x \to 0)$ の厳密な証明

高校や大学の初年度の教科書では，面積を比較して，
$$\sin x < x < \tan x$$
を導いている．この関係式から $\displaystyle\lim_{x \to 0} \dfrac{\sin x}{x} = 1$ を導き，三角関数の微分 $(\sin x)' = \cos x$ を導き，$\displaystyle\int_0^1 \sqrt{1-x^2}\, dx$ の定積分を求め，円の面積が求まる．これによって，円の面積公式が正確に確定する．しかし，面積公式を使って，はじめの式 $\sin x < x < \tan x$ を証明している．堂々巡りの循環論法である．

$\sin x < x$ は，直線が最短である，すなわち三角形の 2 辺の長さの和は他の辺よりも長いこと，より分かるが，弧の長さ $x < \tan x$ は必ずしも明らかでない．

循環論法を避けるために，$x < \tan x$ に対して，正確な証明をする．証明は，「一松信 著，解析学序説，裳華房」を参考にした．

$$0 < x < \dfrac{\pi}{2} \text{ のとき}, \quad \sin x < x < \tan x$$

注意　半径 1 である円において，弧長 $2x$ を張る弦の長さが $2\sin x$ であるから，$x \to 0$ のとき，弦の長さと弧長との比の極限値が 1 に等しい，すなわち
$$\lim_{x \to +0} \dfrac{\sin x}{x} = 1$$
は，弧長の定義からの当然の結論である．しかし，弧長の定義はされてなく，明確でない．

Hardy（A Course of Pure Mathematics, Cambridge, pp. 316–317）によれば，角 θ の大きさの定義を次のように定義すると，問題が解決する．半径 1 の円の一部である，扇形の円弧の部分の長さ θ で中心角 θ を定義する（ラジアンの定義）のではなく，扇形の面積の 2 倍が中心角 θ であると定義する．これは，半径 r で中心角 θ ラジアンの扇形の面積が $\dfrac{1}{2}r^2\theta$ で与えられることによる．

A 極限 $\frac{\sin x}{x} \to 1$ $(x \to 0)$ の厳密な証明

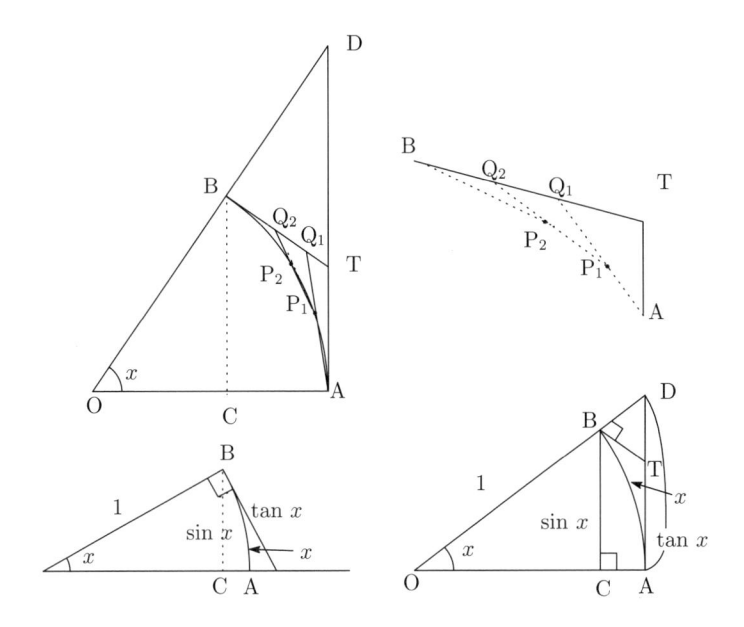

簡単にいえば，ラジアンの定義を，中心を O とする半径 1 の円に対する円弧 AB の長さではなく，扇形 OAB の面積の 2 倍であると定義する，すなわち，「π **を単位円の面積として定義する**」のである．こうすると，困難な問題（面積を比較して $x < \tan x$ を示すこと，以下の方法で $x < \tan x$ を証明する問題）はすべて解決する．

証明 中心 O，半径 1 の扇形 OAB の B から半径 OA に下ろした垂線の足を C，A における接線が半径 OB の延長線と交わる点を D とする．$\angle AOB = x$ であるから，ラジアンの定義より弧 AB の長さ $= x$ であり，$\angle OCB = \frac{\pi}{2}$ より弦 $\overline{BC} = \sin x$，弦 $\overline{AD} = \tan x$ である．よって，

$$\text{弧 } AB \text{ の長さ} > \overline{AB} > \overline{BC} \qquad \text{であるから，} \quad \sin x < x$$

である．$\sin x < x$ を導くために，「円の面積公式は使っていない」ことを注意しておく．

次に，弧 $AB < \overline{AD}$，すなわち，必ずしも明らかでない $x < \tan x$ を示す．

B における接線が AD と交わる点を T とすれば，$\angle DBT$ は直角であるから，$\overline{DT} > \overline{BT}$ である．したがって，$\overline{AD} > \overline{AT} + \overline{BT}$ である．

弧 AB に内接する折れ線 $AP_1P_2\cdots P_nB$ をとる（n を充分大きくとる）ことによって，折れ線の長さと弧 AB との差が，$\overline{DT} - \overline{BT}$ よりも小さくなるようにすることが，弧の長さの定義よりできる．すなわち，

$$\text{弧 } AB - (\overline{AP_1} + \overline{P_1P_2} + \cdots + \overline{P_nB}) < \overline{DT} - \overline{BT} \qquad \cdots\cdots\cdots (1)$$

である．このとき，折れ線 $AP_1P_2\cdots P_nB$ の長さ ℓ は，三角形 ABT の内部にある T の側に

凸な折れ線であるから，その長さ ℓ は

$$\ell < \overline{AT} + \overline{BT}$$

を満たすことが次のようにして証明される．

> 弦 AP_1, P_1P_2, ..., $P_{n-1}P_n$ を延長して，線分 BT と交わる点を $Q_1, Q_2, ..., Q_n$ とすれば，これらは BT 上に
> T, $Q_1, Q_2, ..., Q_n$, B の順に並ぶ．
> 三角形 ATQ_1, $P_1Q_1Q_2$, ..., $P_{n-1}Q_{n-1}Q_n$, P_nQ_nB について，それぞれ 2 辺の和が他の 1 辺より大きいという式
>
> $$\overline{AP_1} + \overline{P_1Q_1} < \overline{AT} + \overline{TQ_1}, \quad \overline{P_1P_2} + \overline{P_2Q_2} < \overline{P_1Q_1} + \overline{Q_1Q_2},$$
> $$\cdots\cdots\cdots$$
> $$\overline{P_{n-1}P_n} + \overline{P_nQ_n} < \overline{P_{n-1}Q_{n-1}} + \overline{Q_{n-1}Q_n}, \quad \overline{P_nB} < \overline{P_nQ_n} + \overline{Q_nB}$$
>
> を並べて，両辺を加えると，$\overline{P_kQ_k}$ $(k = 1, 2, ..., n)$ が両辺から消去され，
>
> $$\overline{TQ_1} + \overline{Q_1Q_2} + \cdots + \overline{Q_{n-1}Q_n} + \overline{Q_nB} = \overline{TB} = \overline{BT}$$
>
> より，
>
> $$\ell = \overline{AP_1} + \overline{P_1P_2} + \cdots + \overline{P_{n-1}P_n} + \overline{P_nB} < \overline{AT} + \overline{BT}$$
>
> を得る．

したがって，(1) 式より，

$$\ell = \overline{AP_1} + \overline{P_1P_2} + \cdots + \overline{P_{n-1}P_n} + \overline{P_nB} > \text{弧 } AB - (\overline{DT} - \overline{BT})$$

であるから，

$$\text{弧 } AB - (\overline{DT} - \overline{BT}) < (\ell <) \overline{AT} + \overline{BT}, \quad \text{弧 } AB - \overline{DT} < \overline{AT}$$

である．よって，

$$\text{弧 } AB < \overline{AT} + \overline{DT} = \overline{AD}$$

を得る．これは証明すべき式 弧 $AB < \overline{AD}$ である． □

B シュワルツの提灯（曲面積の定義）

　曲線の長さは，曲線を線分で近似しそれらの線分の長さの和の極限値で定義される．これにならい，曲面積は次のように定義したらよいように思われる．曲面積とは，曲面に内接する多面体の表面積の極限である．1 つの曲面上に多くの点をとり，これらを 3 つずつ適当に組み合わせてできる三角形の面積の和を作り，それらの三角形を限りなく小さくしていくとき（すべ

ての分割に対して），ある極限値に収束するとき，その曲面積と定義する．

19 世紀の中頃まではどの本にもそのように書いていた．誰もがこれでよいと考えていた．しかし，具合の悪い例が，1880 年にシュワルツによって指摘された．同じ頃にペアノも同じ例を示したといわれている．

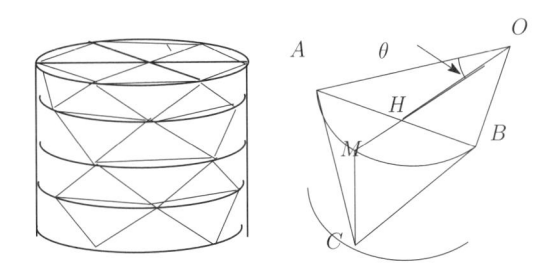

高さ h，半径 r の円柱の側面積は，円柱を平面に切り開いて $2\pi rh$ とするのが自然である．ところが，「曲面積とは，曲面に内接する多面体の表面積の極限である．」と定義すると，奇妙なことが起こる．

円柱の高さを $2m$ 等分，周を n 等分し，1 つおきに半分ずつずらして円柱に内接する多面体を作る．この立体を**シュワルツの提灯**（ちょうちん）とよぶ．このとき，隣接する円周上の 1 つの分点 C は弧 AB の中点 M の真上または真下にあるようにとる．$\triangle ABC$ と同じ方法で作られるすべての三角形の面積の和を作り，分割を細かくしていくときの極限値を求める．

A, B がある円の中心を O とし，$\theta = \angle AOM = \dfrac{\pi}{n}$ とおく．$\triangle ABC$ の C から辺 AB に下ろした垂線の足 H は OM 上にある．

$$AH = BH = r\sin\theta, \quad OH = r\cos\theta$$

である．よって，

$$MH = OM - OH = r(1 - \cos\theta) = 2r\sin^2\frac{\theta}{2}$$

$$CH = (CM^2 + MH^2)^{\frac{1}{2}} = \left(\frac{h^2}{(2m)^2} + 4r^2\sin^4\frac{\theta}{2}\right)^{\frac{1}{2}}$$

を得る．したがって，1 つの三角形の面積は

$$\triangle ABC = \frac{1}{2} \cdot 2AH \cdot CH = r\sin\theta\left(\frac{h^2}{(2m)^2} + 4r^2\sin^4\frac{\theta}{2}\right)^{\frac{1}{2}}$$

$$= r \cdot \frac{\pi}{n} \cdot \frac{\sin\frac{\pi}{n}}{\frac{\pi}{n}}\left(\frac{h^2}{(2m)^2} + 4r^2\sin^4\frac{\pi}{2n}\right)^{\frac{1}{2}}$$

である．

このような三角形は $2m \cdot 2n$ 個あるから，面積の和は

$$I_{m,n} = 2r\pi \cdot \frac{\sin\frac{\pi}{n}}{\frac{\pi}{n}} \left(h^2 + \frac{1}{4}r^2 \frac{(2m)^2}{n^4}\pi^4 \left(\frac{\sin\frac{\pi}{2n}}{\frac{\pi}{2n}} \right)^4 \right)^{\frac{1}{2}}$$

である.

したがって $\frac{2m}{n^2} \to c$ を満たしながら,$m \to \infty$,$n \to \infty$ とすると,$\lim_{\theta \to 0}\frac{\sin\theta}{\theta} = 1$ だから,

$$\lim_{m,n \to \infty} I_{m,\,n} = 2r\pi \left(h^2 + \frac{1}{4}r^2 c^2 \pi^4 \right)^{\frac{1}{2}}$$

となる.

$m = n$ として $\to \infty$ とすれば $c = 0$ だから,$2\pi rh$ に収束する.ふつうの表面積である.$m = n^2 \to \infty$ とすれば $c = 2$ だから $2\pi r\sqrt{h^2 + r^2\pi^4}$ という値になる.さらに,$m = n^3 \to \infty$ とすると,$c \to \infty$ だから,表面積は ∞ になる.

これは,よく考えると自然である.n に比べて m を多くとれば,小さい三角形は激しく波打つ.見かけ上狭い範囲に,面積をもつおびただしい数の面が折り畳まれる.提灯のイメージである.これから**シュワルツの提灯**といわれる.曲線の場合には,内接する折れ線を細かくすれば,弦と弧の方向が自然に同じ向きに近づいてきた.しかし,曲面の場合には,ただ分割を細かくしただけでは,面どうしが同じ法線をもつようにならない.

それでは曲面積をどう定義すればよいか? C^1 級関数の曲面の場合の定義は確定しているが,そうでない連続だけの条件の曲面積の定義は,定義により値がまちまちであり,未だにこれといった定義はない.well–defined な定義はないようだ.

(参考文献:理工系の微分積分学,田代嘉宏・北山毅,森北出版)

索引

■あ行■

アークコサイン　47
アークサイン　47
アークタンジェント　48
1次関数　17
一般角　22
ε 近傍　117
ε-δ 論法　36
ε-N 法　7
陰関数　139
陰関数定理　139
因数定理　19
n 回微分可能　71
n 次関数　18
n 次導関数　71
n 次偏導関数　127
n 乗根　30
オイラーの公式　79
凹凸　81

■か行■

回転体の側面積　105
回転体の体積　105
ガウス記号　31
角の単位　22
加法定理　27
関数　14
偶関数　15
関数行列式
　　2変数の——　134
関数の極限の厳密な定義　35
関数のグラフ　15
関数の定義　14

関数の有界　42
カントールの定理　52
ガンマ (Γ) 関数　102
奇関数　15
基本的な関数の微分　66
逆関数　43
逆関数の導関数　64
逆三角関数　47
逆三角関数の導関数　64
極限
　　関数の——　32
極限値
　　関数の——　33
　　2変数関数の——　120
極座標変換　168
極小値
　　1変数の——　79
　　2変数の——　141
極大値
　　1変数の——　79
　　2変数の——　141
極値
　　1変数の——　79
　　2変数の——　141
曲面積　173, 174
曲線の長さ　107
虚数解　18
区間　3
　　開区間　3
　　閉区間　3
区間縮小法　52
グラフの凹凸　81
結節点　149

原始関数　85
広義積分　98, 99
広義の重積分　170
高次導関数　71
合成関数の微分　60
　　2 変数の——　131
コーシーの剰余項　75
コーシーの平均値定理　68
弧度法　22
孤立点　149

■さ行■

サイクロイド　51
最大値・最小値の定理
　　1 変数の——　43
　　2 変数の——　123
座標　1, 2
三角関数　23
三角関数の導関数　61
3 重積分　177
3 倍角公式　28
指数関数　32
指数関数の導関数　63
指数法則　31
自然対数　46
自然対数の底　14
実数解　18
実数の公理　12
重解　18
周期関数　16
重積分　156
重積分の変数変換　166
主値　47
シュワルツの提灯　288
条件付き極値　145
常用対数　46
剰余の定理　19
初等関数　108

振動　6
シンプソンの公式　111
数列　3
数列の極限　5
数列の極限の厳密な定義　6
数列の収束　5
数列の単調　5
数列の単調減少　5
数列の単調増加　5
数列の発散　5
数列の有界　5
積分可能　94
積分定数　85
積分の順序変更　163
積分の平均値の定理　97
接線　56
接平面　131
尖点　149
　　第 1 種尖点　151
　　第 2 種尖点　151
全微分可能　129
双曲線関数　49
双曲線関数の導関数　65

■た行■

台形公式　110
代数学の基本定理　20
対数関数　45
対数関数の導関数　62
体積　172
楕円積分　108
単調
　　区間で——　16
単調近似列　170
置換積分　86
逐次積分　159, 162
中間値の定理
　　関数の——　41

2変数の——　　*123*
長方形による近似　　*109*
直線に関して対称　　*17*
底
　　対数関数の——　　*46*
定積分　　*93, 94*
テイラー展開
　　1変数の——　　*76*
テイラーの定理
　　1変数の——　　*73*
　　2変数の——　　*136*
導関数　　*57*
等差数列　　*4*
等比数列　　*4*
特異点　　*148*
度数法（六十分法）　　*22*

■な行■
2項定理　　*10*
2次関数　　*18*
2次偏導関数　　*127*
ニュートンの標準形　　*152*
ネイピア数　　*14*

■は行■
媒介変数表示関数の導関数　　*66*
媒介変数　　*51*
媒介変数表示　　*51*
倍角公式　　*27*
パスカルの三角形　　*10*
パラメータ　　*51*
被積分関数　　*94*
微分積分の基本定理　　*97*
左側極限値　　*34*
微分可能　　*56*
微分係数　　*56*
　　左——　　*56*
　　右——　　*56*

不定形の極限　　*69*
不定積分　　*85*
部分数列　　*7*
部分積分　　*86*
部分分数に分解　　*21*
分数関数　　*21*
平均値の定理　　*67*
平均変化率　　*55*
閉領域　　*118*
ベータ関数　　*100*
変曲点　　*81*
変数変換　　*166*
偏導関数　　*125*
偏微分可能　　*124*
偏微分係数　　*124*
法線ベクトル　　*131*
放物線　　*18*

■ま行■
マクローリン展開
　　1変数の——　　*76*
　　2変数の——　　*137*
マクローリンの定理
　　1変数の——　　*75*
　　2変数の——　　*137*
右側極限値　　*34*
∞回微分可能　　*71*
無限小　　*58*
無理関数　　*45*
面積　　*103*

■や行■
ヤコビアン
　　3変数の——　　*179*
　　2変数の——　　*134*
有理関数の積分　　*88*
有理式　　*21*

■ら行■
ライプニッツの公式　72
ラグランジュの剰余項　74
ラグランジュの未定係数法　145
ラジアン　22
ランダウの記号　58
領域　118
累次積分　159, 162
連続
　1変数関数の——　39
　2変数関数の——　122
連続関数
　1変数の——　38
ロピタルの定理　69
ロルの定理　67

■わ行■
ワイエルシュトラス
　——の上限下限の定理　52
　——の定理　52

〈著者〉

後藤和雄（ごとう　かずお）
　　鳥取大学　大学教育支援機構，准教授　理学博士

小島政利（こじま　まさとし）
　　鳥取大学　元教授　数理学博士

初歩からの微分積分 ―豊富な問題・詳しい解答付―	著　者　後藤和雄　　ⓒ 2005 　　　　　小島政利 発行者　南　條　光　章 発行所　共立出版株式会社 　　　　〒112-0006 　　　　東京都文京区小日向 4-6-19 　　　　電話　03-3947-2511（代表） 　　　　振替口座　00110-2-57035 　　　　URL www.kyoritsu-pub.co.jp
2005 年 11 月 25 日　初版 1 刷発行 2024 年 2 月 10 日　初版 10 刷発行	
検印廃止 NDC 413.3 ISBN 978-4-320-01799-3	印　刷　藤原印刷 製　本 　　　　一般社団法人 　　　　自然科学書協会 　　　　会員 　　　　Printed in Japan

JCOPY　<出版者著作権管理機構委託出版物>
本書の無断複製は著作権法上での例外を除き禁じられています．複製される場合は，そのつど事前に，
出版者著作権管理機構（TEL：03-5244-5088，FAX：03-5244-5089，e-mail：info@jcopy.or.jp）の
許諾を得てください．

◆ 色彩効果の図解と本文の簡潔な解説により数学の諸概念を一目瞭然化！

ドイツ Deutscher Taschenbuch Verlag 社の『dtv-Atlas事典シリーズ』は，見開き２ページで１つのテーマが完結するように構成されている．右ページに本文の簡潔で分り易い解説を記載し，かつ左ページにそのテーマの中心的な話題を図像化して表現し，本文と図解の相乗効果で理解をより深められるように工夫されている．これは，他の類書には見られない『dtv-Atlas 事典シリーズ』に共通する最大の特徴と言える．本書は，このシリーズの『dtv-Atlas Mathematik』と『dtv-Atlas Schulmathematik』の日本語翻訳版．

カラー図解 数学事典

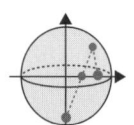

Fritz Reinhardt・Heinrich Soeder [著]
Gerd Falk [図作]
浪川幸彦・成木勇夫・長岡昇勇・林　芳樹 [訳]

数学の最も重要な分野の諸概念を網羅的に収録し，その概観を分り易く提供．数学を理解するためには，繰り返し熟考し，計算し，図を書く必要があるが，本書のカラー図解ページはその助けとなる．

【主要目次】　まえがき／記号の索引／序章／数理論理学／集合論／関係と構造／数系の構成／代数学／数論／幾何学／解析幾何学／位相空間論／代数的位相幾何学／グラフ理論／実解析学の基礎／微分法／積分法／関数解析学／微分方程式論／微分幾何学／複素関数論／組合せ論／確率論と統計学／線形計画法／参考文献／索引／著者紹介／訳者あとがき／訳者紹介

■菊判・ソフト上製本・508頁・定価6,050円(税込)■

カラー図解 学校数学事典

Fritz Reinhardt [著]
Carsten Reinhardt・Ingo Reinhardt [図作]
長岡昇勇・長岡由美子 [訳]

『カラー図解 数学事典』の姉妹編として，日本の中学・高校・大学初年級に相当するドイツ・ギムナジウム第５学年から13学年で学ぶ学校数学の基礎概念を１冊に編纂．定義は青で印刷し，定理や重要な結果は緑色で網掛けし，幾何学では彩色がより効果を上げている．

【主要目次】　まえがき／記号一覧／図表頁凡例／短縮形一覧／学校数学の単元分野／集合論の表現／数集合／方程式と不等式／対応と関数／極限値概念／微分計算と積分計算／平面幾何学／空間幾何学／解析幾何学とベクトル計算／推測統計学／論理学／公式集／参考文献／索引／著者紹介／訳者あとがき／訳者紹介

■菊判・ソフト上製本・296頁・定価4,400円(税込)■

www.kyoritsu-pub.co.jp　　共立出版　　(価格は変更される場合がございます)